变电运维一体化项目标准作业指导书

国网安徽省电力有限公司超高压分公司 组编

中国电力出版社
CHINA ELECTRIC POWER PRESS

内 容 提 要

本书依据《国家电网有限公司变电设备主人制实施指导意见》的相关要求，以变电运维 119 项内容为主要框架，贴合电网企业变电运维岗位生产实际，满足“全科医生”式运维人员培养的相关要求，以条目式编制运维一体化项目标准化指导书。

本书分为 13 章，每章又分为若干个项目，每个项目下设 6 个模块，分别为适用范围、参考资料、作业标准化流程图、作业前工作准备、作业程序流程及工艺标准、作业执行情况评估。

本书可供电网企业变电运维岗位技能人员、相关技术人员及管理人员使用。

图书在版编目（CIP）数据

变电运维一体化项目标准作业指导书/国网安徽省电力有限公司超高压分公司编. --北京：中国电力出版社，2025.1. --ISBN 978-7-5198-9639-3

Ⅰ. TM63-65

中国国家版本馆 CIP 数据核字第 2024HM5050 号

出版发行：中国电力出版社
地　　址：北京市东城区北京站西街 19 号（邮政编码 100005）
网　　址：http://www.cepp.sgcc.com.cn
责任编辑：杨　扬（010-63412524）
责任校对：黄　蓓　朱丽芳　王海南
装帧设计：赵姗姗
责任印制：杨晓东

印　　刷：北京雁林吉兆印刷有限公司
版　　次：2025 年 1 月第一版
印　　次：2025 年 1 月北京第一次印刷
开　　本：787 毫米×1092 毫米　16 开本
印　　张：27.25
字　　数：613 千字
定　　价：148.00 元

编委会

前　言

随着电力系统的快速发展，变电站的数量不断增多，对变电运维人员也提出了更高的要求。设备主人制度在变电运维中发挥了重要作用，提升了设备的运维效率和运维人员的责任感。

根据《国家电网公司变电设备主人制实施指导意见》《国家电网公司2023年设备运检全业务核心班组建设重点工作任务》的相关要求，国网安徽省电力公司超高压分公司充分结合本省实际，依托省内变电运检实训基地资源，组建了以一线技术专家、技能大师、青年技术骨干为核心的编写团队，以“变电运维119项”“变电运维专业关键业务清单”中的相关项目为基础，以变电运维一体化项目现场作业流程和标准工艺为主要内容，编写了《变电运维一体化项目标准作业指导书》。本书紧贴实际、实用性强，每个变电运维一体化项目配套一个作业指导书。

本书在编写原则上，突出了以各级标准、规范为基础，涵盖了新标准、新规程、新设备、新技术和新工艺的相关要求，并将标准、规范的具体条款应用在实操项目作业流程中；在编写内容上，从生产作业现场实际出发，列出基本操作步骤、基本工艺流程，可切实提高变电运维技能岗位人员的实操作业水平；在编写形式上，采用项目任务结构，便于生产现场或者实训教学灵活选用。

本书由国网安徽超高压公司组编，国网安徽省电力有限公司、国网合肥供电公司、国网阜阳供电公司、国网宣城供电公司、国网蚌埠供电公司的部分技术专家参与编写，在此一并表示感谢。

限于编者水平，疏漏之处难免，恳请各位专家读者提出宝贵意见，以便不断改进。

编　者

2024年11月

目 录

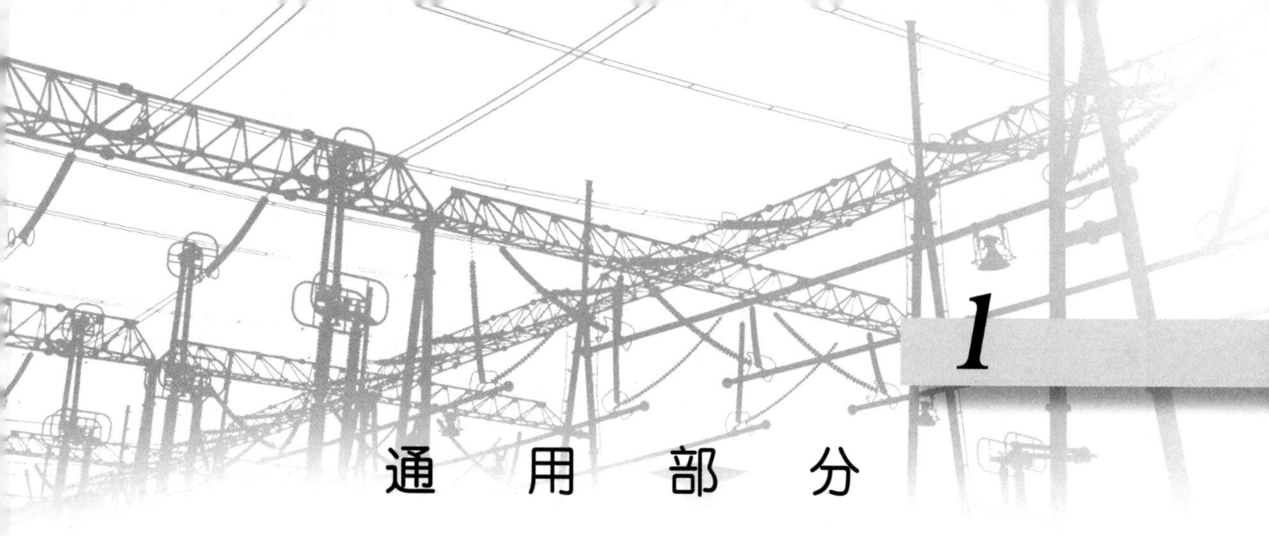

1 通用部分

1.1 设备巡视

1.1.1 适用范围

本节适用于变电运维人员实施变电运维一体化项目作业，变电运维一体化作业实操培训可参考执行。

1.1.2 参考资料

下列文件对于本节的应用是必不可少的。凡是注日期的引用文件，仅所注日期的版本适用于本节。凡是不注日期的引用文件，其最新版本（包括所有的修改单）适用于本节。

DL/T 572—2021　电力变压器运行规程

DL/T 603—2017　气体绝缘金属封闭开关设备运行维护规程

DL/T 724—2021　电力系统用蓄电池直流电源装置运行与维护技术规程

Q/GDW 1799.1　国家电网公司电力安全工作规程　变电部分

国网〔运检/3〕828—2017　国家电网公司变电运维管理规定（试行）

1.1.3 作业前准备工作

1.1.3.1 作业人员要求

√	序号	责任人	工作要求	备注
	1	作业负责人	1）具备必要的电气知识，基本掌握本专业作业技能及《国家电网公司电力安全工作规程　变电部分》的相关知识，并经考试合格。 2）人员精神状态正常，无妨碍工作的病症，着装符合现场巡视要求。 3）具有一定的现场工作经验，熟悉现场一、二次电气设备。 4）作业负责人必须为经所在单位批准具有单独巡视高压设备能力的人员	
	2	作业人员	1）现场工作人员的身体状况、精神状态良好。 2）作业辅助人员（外来）必须经负责施教的人员对其进行安全措施、作业范围、安全注意事项等方面施教后方可参加工作。 3）所有作业人员必须具备必要的电气知识，基本掌握本专业作业技能及《国家电网公司安全工作规程　变电部分》的相关知识，并经考试合格	

1.1.3.2 作业材料及工器具准备

√	序号	名称	规格	单位	数量	备注
	1	作业指导书		份	1	
	2	安全帽		顶	2	
	3	绝缘靴		双	2	根据需要
	4	望远镜		只	1	
	5	护目镜		个	2	根据需要
	6	测温仪		台	1	
	7	应急灯		盏	1	夜晚
	8	钥匙		套	1	
	9	对讲机		套	1	

1.1.3.3 作业危险点分析及安全预控措施

√	序号	危险点分析	安全控制措施
	1	误碰、误动、误登运行设备，误入带电间隔	1）巡视检查时应与带电设备保持足够的安全距离，10kV为不小于0.7m，35（20）kV为不小于1m，110（66）kV为不小于1.5m，220kV为不小于3m，330kV为不小于4m，500kV为不小于5m，750kV为不小于7.2m，1000kV为不小于8.7m。 2）巡视中运维人员应按照巡视路线进行，在进入设备室、打开机构箱、屏柜门时不得进行其他工作（严禁进行电气工作）。不得移开或越过遮栏
	2	设备有接地故障时，巡视人员误入产生跨步电压	高压设备发生接地时，室内不得接近故障点4m以内，室外不得靠近故障点8m以内，进入上述范围人员应穿绝缘靴，接触设备的外壳和构架时，应戴绝缘手套
	3	进入户内SF_6设备室或SF_6设备发生故障气体外逸，巡视人员窒息或中毒	1）进入户内SF_6设备室巡视时，运维人员应检查其氧量仪和SF_6气体泄漏报警仪显示是否正常。显示SF_6含量超标时，人员不得进入设备室。 2）进入户内SF_6设备室之前，应先通风15min以上。并用仪器检测含氧量合格后（不低于18%），人员才准进入。 3）室内SF_6设备发生故障，人员应迅速撤出现场，开启所有排风机进行排风。未佩戴防毒面具或正压式空气呼吸器人员禁止入内。只有经过充分的自然排风或强制排风，并用检漏仪测量SF_6气体合格，用仪器检测含氧量合格后（不低于18%），人员才准进入
	4	登高检查设备，如登上开关机构平台检查设备时，感应电造成人员失去平衡，造成人员碰伤、摔伤	登高巡视时应注意力集中，登上开关机构平台检查设备、接触设备的外壳和构架时，应做好感应电防护

续表

√	序号	危险点分析	安全控制措施
	5	高空落物伤人	进入设备区，应正确佩戴安全帽
	6	使用无线通信设备，造成保护误动。	在保护室、电缆层禁止使用移动通信工具，防止造成保护及自动装置误动
	7	小动物进入，造成事故	进出高压室、打开端子箱、机构箱、汇控柜、智能柜、保护屏等设备箱（柜、屏）门后应随手将门关闭锁好

1.1.4 作业流程图

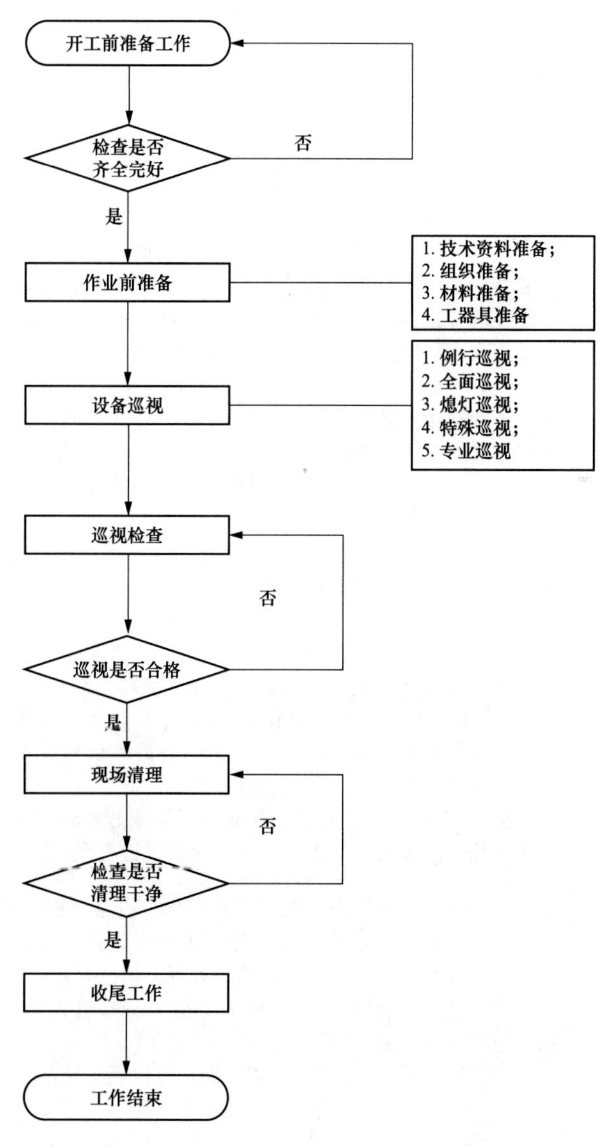

1.1.5 主要作业流程及工艺标准

作业流程	作业项目	作业内容及工艺标准	备注
作业前准备	人员检查	1）所有作业人员必须掌握《国家电网公司电力安全工作规程　变电部分》相关知识，并经考试合格。 2）作业人员应精神饱满，身体状态良好。 3）正确佩戴安全帽，着装符合安全要求。 4）作业指导教师对出勤情况进行记录	
	场地检查	1）作业场地整洁，无积水、污物，必要时进行清理。 2）检查急救箱，急救物品，应齐备。 3）检查电源容量和电压符合要求	
	设备、工具、材料、资料检查	1）检查作业中需要使用的设备处于良好状态，必要时提前试运行。设备摆放位置合理。 2）对照工器具清单检查工器具，应齐全、完好、清洁。安全工器具和试验设备符合技术要求。工具摆放整齐。 3）对照材料清单检查材料应齐全、合格。 4）对照资料清单准备作业工作票、作业指导书和作业记录	
	安全、组织、技术准备	1）全体作业人员列队，作业指导教师作业交代安全、组织和技术要求：对所有作业人员布置作业任务、作业内容、操作要求和重要注意事项。明确作业过程中的危险因素、防范措施和事故紧急处理措施；强调操作要点并进行安全和技术交底，必要时，应进行演示操作；将作业人员分组。指定每个作业班组工作负责人，交代负责内容并强调监护要求；就技术和安全问题向作业人员提问，保证每位作业人员掌握。 2）作业班组工作负责人组织作业人员按要求对安全措施进行布置，操作应正确规范。 3）作业班组工作负责人进行安全措施自检。合格后，通知作业指导教师进行检查。 4）作业指导教师对安全措施检查合格后，由作业班组工作负责人填写工作票，并办理许可手续（作业指导教师、作业工作负责人在作业工作票指定位置签字）。 5）作业班组列队，由作业班组工作负责人宣读作业工作票，交代安全注意事项。作业工作人员确认后在作业工作票上指定位置签字，作业班组方可开始作业。 6）作业指导教师对整个作业进行巡视，及时纠正不安全行为。作业班组工作负责人对作业人员进行安全监护	
设备巡视	例行巡视	对站内设备及设施外观、异常声响、设备渗漏、监控系统、二次装置及辅助设施异常告警、消防安防系统完好性、变电站运行环境、缺陷和隐患跟踪检查等方面的常规性巡查。 1）变压器例行巡视。本体及套管、分接开关、冷却系统、非电量保护装置、储油柜等无异常。 2）断路器例行巡视。本体、操动机构等无异常。 3）隔离开关例行巡视。导电部分、绝缘子、传动部分、基座、机械闭锁及限位部分、操动机构等无异常。	

续表

作业流程	作业项目	作业内容及工艺标准	备注
设备巡视	例行巡视	4）互感器例行巡视。套管绝缘子清洁，无裂纹、破损及放电现象；各连接引线及接头无松动、发热、变色迹象；油色、油位指示正常，各部位无渗漏油现象；无异常振动、异常声响及异味。 5）避雷器例行巡视。外观无异常、引流线无松股、断股和弛度过紧及过松现象；接头无松动、发热或变色等现象；监测装置外观完整、清洁、密封良好、连接紧固，表计指示正常，数值无超标；放电计数器完好，内部无受潮、进水等。 6）补偿装置例行巡视。本体及支架上无杂物，外观无异常、引线无散股、断股、扭曲，无发热发黑、放电现象，各部件安装牢固，无异响。 7）母线例行巡视。外观完好，表面清洁，连接牢固，线夹、接头无过热、无异常，无异常振动和声响，无异物，硬母线应平直、焊接面无开裂、脱焊，伸缩节应正常，软母线无断股、散股及腐蚀现象，表面光滑整洁，绝缘母线表面绝缘包敷严密，无开裂、起层和变色现象	
	全面巡视	在例行巡视项目基础上，对站内设备开启箱门检查，记录设备运行数据，检查设备污秽情况，检查防火、防小动物、防误闭锁等有无漏洞，检查接地引下线是否完好，检查变电站设备厂房等方面的详细巡查。持标准作业卡巡视，并逐项填写巡视结果	
	熄灯巡视	检查设备有无电晕、放电，接头有无过热现象	
	特殊巡视	特殊巡视指因设备运行环境、方式变化而开展的巡视。遇有以下情况，应进行特殊巡视。 1）大风后。 2）雷雨后。 3）冰雪、冰雹后、雾霾过程中。 4）新设备投入运行后。 5）设备经过检修、改造或长期停运后重新投入系统运行后。 6）设备缺陷有发展时。 7）设备发生过负载或负载剧增、超温、发热、系统冲击、跳闸等异常情况。 8）法定节假日、上级通知有重要保供电任务时。 9）电网供电可靠性下降或存在发生较大电网事故（事件）风险时段	
	专业巡视	由运维、检修、设备状态评价人员联合开展对设备的集中巡查和检测	
现场清理	场地清理	1）对作业设备、材料、工器具等进行整理，对照记录进行检查清点。 2）检查作业现场无遗留物，关闭电源，清扫作业场地	

续表

作业流程	作业项目	作业内容及工艺标准	备注
收尾工作	自检及填写记录报告	1）由作业班组工作负责人组织学员进行全面检查，自检作业项目是否具备验收条件，填写作业自检报告。 2）由作业班组工作负责人按要求填写作业报告和作业记录	
工作结束	结束	经作业指导教师验收合格后，作业指导教师和作业学员检查确认施工器具已全部撤离工作现场、作业现场无遗留物	
	总结	全体作业人员列队，作业指导教师对作业情况进行总结	
	人员撤离	所有作业人员撤离作业场地	

1.1.6 作业指导书执行情况评估

<table>
<tr><td rowspan="6">评估内容</td><td rowspan="3">符合性</td><td>优秀</td><td></td><td>可操作项</td><td rowspan="6"></td></tr>
<tr><td>良好</td><td></td><td rowspan="2">不可操作项</td></tr>
<tr><td>一般</td><td></td></tr>
<tr><td rowspan="3">可操作性</td><td>优秀</td><td></td><td>修改项</td></tr>
<tr><td>良好</td><td></td><td>增补项</td></tr>
<tr><td>一般</td><td></td><td>删除项</td></tr>
<tr><td>存在问题</td><td colspan="5"></td></tr>
<tr><td>改进意见</td><td colspan="5"></td></tr>
</table>

1.2 高压带电显示装置更换

1.2.1 适用范围

本节适用于变电运维人员实施变电运维一体化项目作业，变电运维一体化作业实操培训可参考执行。

1.2.2 参考资料

下列文件对于本节的应用是必不可少的。凡是注日期的引用文件，仅所注日期的版本适用于本节。凡是不注日期的引用文件，其最新版本（包括所有的修改单）适用于本节。

GB/T 25081 高压带电显示装置（VPIS）

IEC 61243—5 带电作业 电压检测器 第 5 部分：电压检测系统（VDS）

IEC 61243—2 带电作业 电压检测器 第 2 部分：1kV～36kV 交流电压用电阻型

IEC 61958 预制的高压开关设备和控制设备组件 电压指示系统

Q/GDW 1799.1 国家电网公司电力安全工作规程 变电部分

国网〔运检/3〕828—2017 国家电网公司变电运维管理规定（试行）

1.2.3 作业前准备工作

1.2.3.1 作业人员要求

√	序号	责任人	工作要求	备注
	1	作业负责人	1）具备必要的电气知识，基本掌握本专业作业技能及《国家电网公司电力安全工作规程　变电部分》的相关知识，并经考试合格。 2）人员精神状态正常，无妨碍工作的病症，着装符合现场巡视要求。 3）具有一定的现场工作经验，熟悉现场一、二次电气设备。 4）作业负责人必须为经所在单位批准具有单独巡视高压设备能力的人员	
	2	作业人员	1）现场工作人员的身体状况、精神状态良好。 2）作业辅助人员（外来）必须经负责施教的人员对其进行安全措施、作业范围、安全注意事项等方面施教后方可参加工作。 3）所有作业人员必须具备必要的电气知识，基本掌握本专业作业技能及《国家电网公司电力安全工作规程　变电部分》的相关知识，并经考试合格	

1.2.3.2 作业材料及工器具准备

√	序号	名称	规格	单位	数量	备注
	1	作业指导书		份	1	
	2	安全帽		顶	2	
	3	螺丝刀	一字、十字	把	2	根据需要
	4	绝缘胶带		卷	1	
	5	万用表		个	1	
	6	线手套		副	1	
	7	应急灯		盏	1	夜晚
	8	钥匙		套	1	
	9	对讲机		套	1	

1.2.3.3 作业危险点分析及安全预控措施

√	序号	危险点分析	安全控制措施
	1	防触电	1）巡视检查时应与带电设备保持足够的安全距离，10kV为不小于0.7m，35（20）kV为不小于1m，110（66）kV为不小于1.5m，220kV为不小于3m，330kV为不小于4m，500kV为不小于5m，750kV为不小于7.2m，1000kV为不小于8.7m。 2）不得移开或越过遮栏
	2	带电显示装置电源未断开，触电	工作前，必须确认带电显示装置电源完全断开

续表

√	序号	危险点分析	安全控制措施
	3	使用低压电源不规范，触电	拆接低压电源应由专人监护，检修电源应安装触电保安器，严禁“一火一地”电源工作，仪器仪表的外壳应可靠接地
	4	工作未协调伤人	工作班成员在工作中要相互配合，测试前应征得检修工作负责人的同意
	5	防误碰	严禁误碰与工作无关的运行设备。防止造成运行设备异常

1.2.4 作业流程图

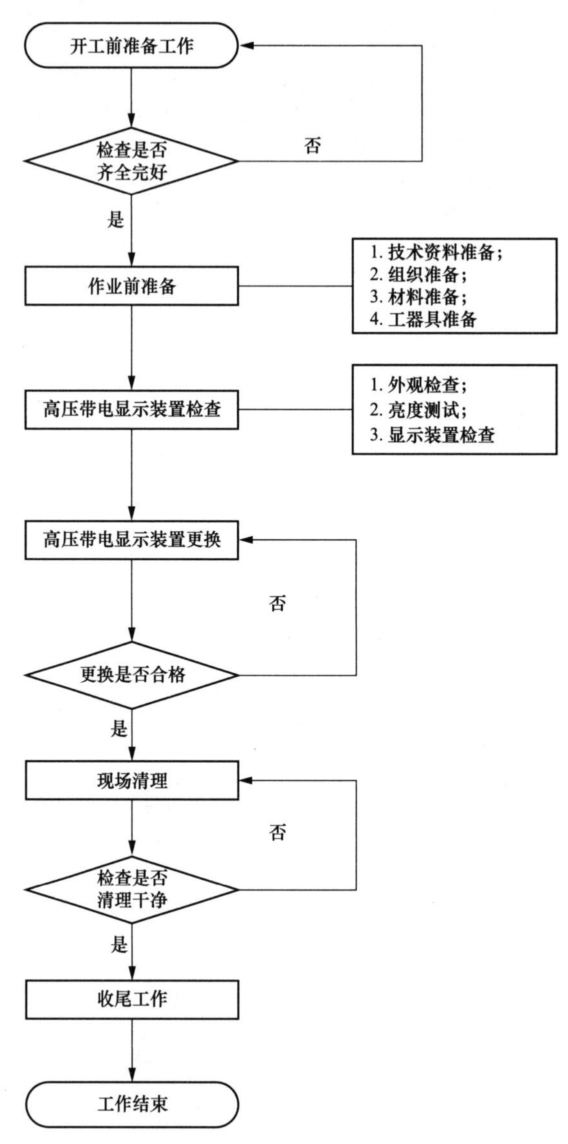

1.2.5 主要作业流程及工艺标准

作业流程	作业项目	作业内容及工艺标准	备注
作业前准备	人员检查	1）所有作业人员必须掌握《国家电网公司电力安全工作规程　变电部分》相关知识，并经考试合格。 2）作业人员应精神饱满，身体状态良好。 3）正确佩戴安全帽，着装符合安全要求。 4）作业指导教师对出勤情况进行记录	
	场地检查	1）作业场地整洁，无积水、污物，必要时进行清理。 2）检查急救箱，急救物品，应齐备。 3）检查电源容量和电压符合要求	
	设备、工具、材料、资料检查	1）检查作业中需要使用的设备处于良好状态，必要时提前试运行。设备摆放位置合理。 2）对照工器具清单检查工器具，应齐全、完好、清洁。安全工器具和试验设备符合技术要求。工具摆放整齐。 3）对照材料清单检查材料，应齐全、合格。 4）对照资料清单准备作业工作票、作业指导书和作业记录	
	安全、组织、技术准备	1）全体作业人员列队，作业指导教师作业交代安全、组织和技术要求：对所有作业人员布置作业任务、作业内容、操作要求和重要注意事项。明确作业过程中的危险因素、防范措施和事故紧急处理措施；强调操作要点并进行安全和技术交底，必要时，应进行演示操作；将作业人员分组。指定每个作业班组工作负责人，交代负责内容并强调监护要求；就技术和安全问题向作业人员提问，保证每位作业人员掌握。 2）作业班组工作负责人组织作业人员按要求对安全措施进行布置，操作应正确规范。 3）作业班组工作负责人进行安全措施自检。合格后，通知作业指导教师进行检查。 4）作业指导教师对安全措施检查合格后，由作业班组工作负责人填写工作票，并办理许可手续（作业指导教师、作业工作负责人在作业工作票指定位置签字）。 5）作业班组列队，由作业班组工作负责人宣读作业工作票，交代安全注意事项。作业工作人员确认后在作业工作票上指定位置签字，作业班组方可开始作业。 6）作业指导教师对整个作业进行巡视，及时纠正不安全行为。作业班组工作负责人对作业人员进行安全监护	
高压带电显示装置更换	外观检查	高压带电显示装置的显示器外壳应有明显的接地标识，接地导线应为多股铜绞线，并且截面不得小于 $1.5mm^2$；接地螺钉直径不得小于 4mm；接地面应有防锈措施	

续表

作业流程	作业项目	作业内容及工艺标准	备注
高压带电显示装置更换	亮度测量	应有足够的发光亮度	
	高压带电显示装置检查	1）对于具备自检功能的带电显示装置，利用自检按钮确认显示单元是否正常。 2）对于不具备自检功能的带电显示装置，分别测量显示单元三相输入端电压：若有电压则可判断为显示单元故障，自行更换；若无电压或电压明显低于正常值，则判断为传感单元故障或设备本体传感端接触不良。确认传感单元故障后，进行高压带电显示装置更换处理	
	高压带电显示装置更换	1）更换显示单元前，应断开装置电源，拆解二次线时应做绝缘包扎处理。 2）维护后，应检查装置运行正常，显示正确	
现场清理	场地清理	1）对作业设备、材料、工器具等进行整理，对照记录进行检查清点。 2）检查作业现场无遗留物。关闭电源，清扫作业场地	
收尾工作	自检及填写记录报告	1）由作业班组工作负责人组织学员进行全面检查，自检作业项目是否具备验收条件，填写作业自检报告。 2）由作业班组工作负责人按要求填写作业报告和作业记录	
工作结束	结束	经作业指导教师验收合格后，作业指导教师和作业学员检查确认施工器具已全部撤离工作现场、作业现场无遗留物	
	总结	全体作业人员列队，作业指导教师对作业情况进行总结	
	人员撤离	所有作业人员撤离作业场地	

1.2.6 作业指导书执行情况评估

<table>
<tr><td rowspan="6">评估内容</td><td rowspan="3">符合性</td><td>优秀</td><td></td><td>可操作项</td><td rowspan="6"></td></tr>
<tr><td>良好</td><td></td><td rowspan="2">不可操作项</td></tr>
<tr><td>一般</td><td></td></tr>
<tr><td rowspan="3">可操作性</td><td>优秀</td><td></td><td>修改项</td></tr>
<tr><td>良好</td><td></td><td>增补项</td></tr>
<tr><td>一般</td><td></td><td>删除项</td></tr>
<tr><td>存在问题</td><td colspan="5"></td></tr>
<tr><td>改进意见</td><td colspan="5"></td></tr>
</table>

1.3 设备构架、接地引下线防腐除锈

1.3.1 适用范围

本节适用于变电运维人员实施变电运维一体化项目作业，变电运维一体化作业实操培训可参考执行。

1.3.2 参考资料

下列文件对于本节的应用是必不可少的。凡是注日期的引用文件，仅所注日期的版本适用于本章节。凡是不注日期的引用文件，其最新版本（包括所有的修改单）适用于本章节。

GB 50169 电气装置安装工程 接地装置施工及验收规范

GB/T 13452.2 色漆和清漆 漆膜厚度的测定

DL/T 5394 电力工程地下金属构筑物防腐技术导则

Q/GDW 1799.1 国家电网公司电力安全工作规程 变电部分

Q/GDW 11651.25 变电站设备验收规范 第25部分：构支架

国网〔运检/3〕828—2017 国家电网公司变电运维管理规定（试行）

1.3.3 作业前准备工作

1.3.3.1 作业人员要求

√	序号	责任人	工作要求	备注
	1	作业负责人	1）具备必要的电气知识，基本掌握本专业作业技能及《国家电网公司安全工作规程 变电部分》的相关知识，并经考试合格。 2）人员精神状态正常，无妨碍工作的病症，着装符合现场巡视要求。 3）具有一定的现场工作经验，熟悉现场一、二次电气设备。 4）作业负责人必须为经所在单位批准具有单独巡视高压设备能力的人员	
	2	作业人员	1）现场工作人员的身体状况、精神状态良好。 2）作业辅助人员（外来）必须经负责施教的人员对其进行安全措施、作业范围、安全注意事项等方面施教后方可参加工作。 3）所有作业人员必须具备必要的电气知识，基本掌握本专业作业技能及《国家电网公司电力安全工作规程 变电部分》的相关知识，并经考试合格	

1.3.3.2 作业材料及工器具准备

√	序号	名称	规格	单位	数量	备注
	1	作业指导书		份	1	

续表

√	序号	名称	规格	单位	数量	备注
	2	安全帽		顶	1	
	3	凿锤		把	1	
	4	铲刀		把	1	
	5	钢丝刷		个	1	
	6	有机溶剂		瓶	若干	
	7	防锈漆		瓶	若干	
	8	毛刷		个	1	
	9	其他工具				

1.3.3.3 作业危险点分析及安全预控措施

√	序号	危险点分析	安全控制措施
	1	与带电设备安全距离不够	严禁跨越设备遮栏作业，并与1000kV设备保持不小于8.7m、500kV设备保持不小于5m、220kV设备保持不小于3m、110kV设备保持不小于1.5m、35kV设备保持不小于1m、10kV设备保持不小于0.7m的安全距离
	2	防误碰	1）必须将所有易误碰部位向每一个施工人员交待清楚，并设专人监护。 2）梯子、管子、钢材等长物，应两人放倒搬运，禁止竖直举高或扛在肩上搬运，使用铁锹、锄头等工具高度不得超过1.8m。 3）在带电设备周围严禁使用钢卷尺、皮卷尺、线尺等进行测量。 4）收放电源线必须两人进行，轻轻收起；严禁对电源线进行抛、扔、甩、拽等造成其大幅度摆动的动作
	3	防止高空坠落	凡在离地面2m及以上的地点进行的工作，都应视作高处作业，应系好安全带
	4	低压触电	1）严禁私接施工电源，从检修电源箱接取电源时，应征得值班负责人同意，接取电源时要加强监护；用电动工具时，不得失去二级漏电保护器的保护。 2）使用的电气必须为合格产品，不得有漏电现象
	5	防漂浮物	检查和清理施工中遗落在变电站设备区、变电站围墙及周围的漂浮物，防止被大风刮到设备上造成故障

1.3.4 作业流程图

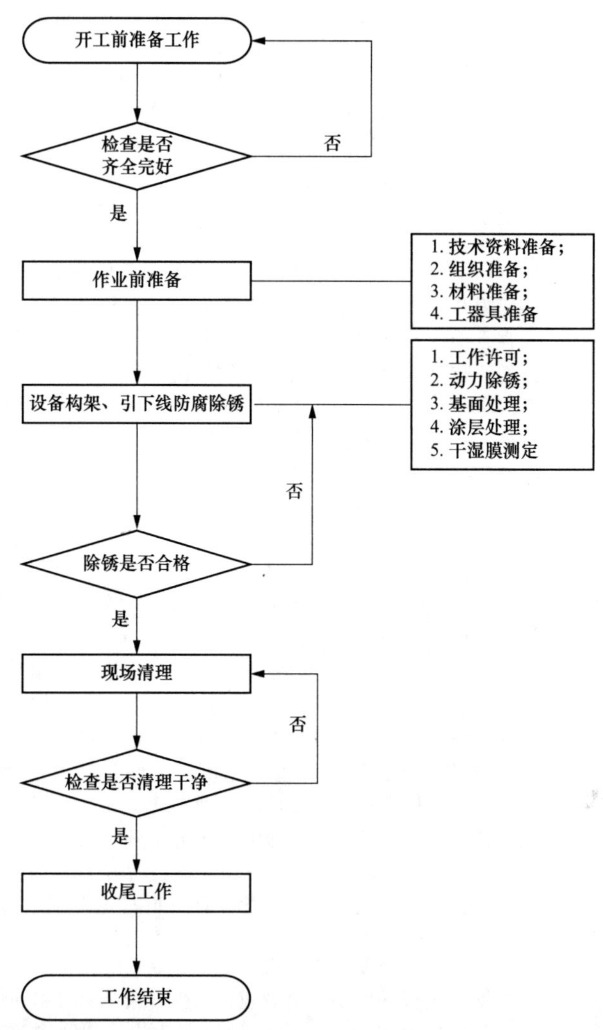

1.3.5 主要作业流程及工艺标准

作业流程	作业项目	作业内容及工艺标准	备注
作业前准备	人员检查	1）所有作业人员必须掌握《国家电网公司电力安全工作规程 变电部分》相关知识，并经考试合格。 2）作业人员应精神饱满，身体状态良好。 3）正确佩戴安全帽，着装符合安全要求。 4）作业指导教师对出勤情况进行记录	
	场地检查	1）作业场地整洁，无积水、污物，必要时进行清理。 2）检查急救箱，急救物品应齐备。 3）检查电源容量和电压符合要求	

续表

作业流程	作业项目	作业内容及工艺标准	备注
作业前准备	设备、工具、材料、资料检查	1）检查作业中需要使用的设备处于良好状态，必要时提前试运行。设备摆放位置合理。 2）对照工器具清单检查工器具，应齐全、完好、清洁。安全工器具和试验设备符合技术要求。工具摆放整齐。 3）对照材料清单检查材料，应齐全、合格。 4）对照资料清单准备作业工作票、作业指导书和作业记录	
	安全、组织、技术准备	1）全体作业人员列队，作业指导教师作业交代安全、组织和技术要求：对所有作业人员布置作业任务、作业内容、操作要求和重要注意事项。明确作业过程中的危险因素、防范措施和事故紧急处理措施；强调操作要点并进行安全和技术交底，必要时，应进行演示操作；将作业人员分组。指定每个作业班组工作负责人，交代负责内容并强调监护要求；就技术和安全问题向作业人员提问，保证每位作业人员掌握。 2）作业班组工作负责人组织作业人员按要求对安全措施进行布置，操作应正确规范。 3）作业班组工作负责人进行安全措施自检。合格后，通知作业指导教师进行检查。 4）作业指导教师对安全措施检查合格后，由作业班组工作负责人填写工作票，并办理许可手续（作业指导教师、作业工作负责人在作业工作票指定位置签字）。 5）作业班组列队，由作业班组工作负责人宣读作业工作票，交代安全注意事项。作业工作人员确认后在作业工作票上指定位置签字，作业班组方可开始作业。 6）作业指导教师对整个作业进行巡视，及时纠正不安全行为。作业班组工作负责人对作业人员进行安全监护	
设备构架、引下线防腐除锈	工作许可	工作许可人按照已审核的地面设备构架、基础防锈和除锈工作票布置现场安全措施，工作许可人和工作负责人同时到现场再次检查安全措施，交待注意事项并在工作票签名	
	除锈工作	1）采用动力除锈（角磨）。先用凿锤、铲刀和钢丝刷去除钢结构表面的焊渣、锈疤、混凝土附着物和老化涂层，同时用有机溶剂（二甲苯）涂刷钢结构表面以彻底清除钢结构表面的油污和其他附着物。 2）除锈后的钢件表面，应达到规定标准，即无可见的油脂和污垢，无松动的氧化皮。 3）表面处理后的结构表面应尽快进行涂料涂装（防锈漆），即做基面处理两遍。时间间隔愈短愈好，在晴天或不太潮湿的天气（即相对湿度小于 85%），间隔时间不可超过 4h，在雨天、潮湿或含盐雾气氛下，间隔时间不可超过 2h。	

续表

作业流程	作业项目	作业内容及工艺标准	备注
设备构架、引下线防腐除锈	除锈工作	4）在基面处理完毕后，即进行涂层处理（两遍），颜色银灰。涂层厚度要求，喷涂（刷）完一道油漆后，应立即进行湿膜测厚，若湿膜厚度不达标，应进行补刷，同时调整油漆黏度，若湿膜厚度超过标准，则应当在油漆中加入适当的稀释剂，每一道涂层实干后，还要进行干膜测定，厚度不达标补涂一道油漆，允许正误差。干湿膜测定，执行《色漆和清漆 漆膜厚度的测定》（GB/T 13452.2—2008）。 5）工序要求：两底两面	
现场清理	场地清理	1）对作业设备、材料、工器具等进行整理，对照记录进行检查清点。 2）检查作业现场无遗留物。关闭电源，清扫作业场地	
收尾工作	自检及填写记录报告	1）由作业班组工作负责人组织学员进行全面检查，自检作业项目是否具备验收条件，填写作业自检报告。 2）由作业班组工作负责人按要求填写作业报告和作业记录	
工作结束	结束	经作业指导教师验收合格后，作业指导教师和作业学员检查确认施工器具已全部撤离工作现场、作业现场无遗留物	
	总结	全体作业人员列队，作业指导教师对作业情况进行总结	
	人员撤离	所有作业人员撤离作业场地	

1.3.6 作业指导书执行情况评估

<table>
<tr><td rowspan="6">评估内容</td><td rowspan="3">符合性</td><td>优秀</td><td></td><td>可操作项</td><td rowspan="6"></td></tr>
<tr><td>良好</td><td></td><td rowspan="2">不可操作项</td></tr>
<tr><td>一般</td><td></td></tr>
<tr><td rowspan="3">可操作性</td><td>优秀</td><td></td><td>修改项</td></tr>
<tr><td>良好</td><td></td><td>增补项</td></tr>
<tr><td>一般</td><td></td><td>删除项</td></tr>
<tr><td>存在问题</td><td colspan="5"></td></tr>
<tr><td>改进意见</td><td colspan="5"></td></tr>
</table>

1.4 接地网开挖抽检

1.4.1 适用范围

本节适用于变电运维人员实施变电运维一体化项目作业，变电运维一体化作业实操培训可参考执行。

1.4.2 参考资料

下列文件对于本节的应用是必不可少的。凡是注日期的引用文件，仅所注日期的版本适用于本节。凡是不注日期的引用文件，其最新版本（包括所有的修改单）适用于本节。

GB 50169 电气装置安装工程 接地装置施工及验收规范

GB/T 50065 交流电气装置的接地设计规范

DL/T 475 接地装置特性参数测量导则

DL/T 596 电力设备预防性试验规程

Q/GDW 1799.1 国家电网公司电力安全工作规程 变电部分

国网〔运检/3〕828—2017 国家电网公司变电运维管理规定（试行）

1.4.3 作业前准备工作

1.4.3.1 作业人员要求

√	序号	责任人	工作要求	备注
	1	作业负责人	1）具备必要的电气知识，基本掌握本专业作业技能及《国家电网公司电力安全工作规程 变电部分》的相关知识，并经考试合格。 2）人员精神状态正常，无妨碍工作的病症，着装符合现场巡视要求。 3）具有一定的现场工作经验，熟悉现场一、二次电气设备。 4）作业负责人必须为经所在单位批准具有单独巡视高压设备能力的人员	
	2	作业人员	1）现场工作人员的身体状况、精神状态良好。 2）作业辅助人员（外来）必须经负责施教的人员对其进行安全措施、作业范围、安全注意事项等方面施教后方可参加工作。 3）所有作业人员必须具备必要的电气知识，基本掌握本专业作业技能及《国家电网公司电力安全工作规程 变电部分》的相关知识，并经考试合格	

1.4.3.2 作业材料及工器具准备

√	序号	名称	规格	单位	数量	备注
	1	作业指导书		份	1	
	2	安全帽		顶	2	
	3	线手套		副	2	根据需要
	4	铁锹		把	1	
	5	图纸		份	2	根据需要

1.4.3.3 作业危险点分析及安全预控措施

√	序号	危险点分析	安全控制措施
	1	与带电设备安全距离不够	严禁跨越设备遮栏作业，并与 1000kV 设备保持不小于 8.7m、500kV 设备保持不小于 5m、220kV 设备保持不小于 3m、110kV 设备保持不小于 1.5m、35kV 设备保持不小于 1m 的安全距离、10kV 设备保持不小于 0.7m 的安全距离
	2	防误碰	严禁误碰与工作无关的运行设备，防止造成运行设备异常
	3	防跌摔	开挖后防止踏空、滑倒
	4	防止挖断运行电缆	1）工作前查明图纸，确认地网分布。 2）严禁直接用挖机等器械直接开挖，应待确认无误后，人工开挖抽检

1.4.4 作业流程图

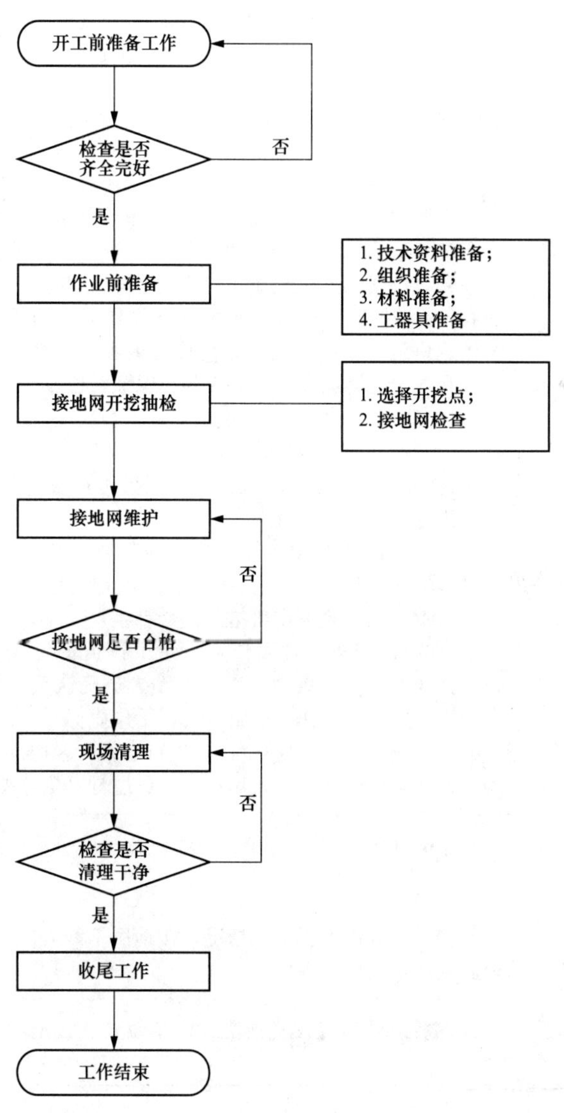

1.4.5 主要作业流程及工艺标准

作业流程	作业项目	作业内容及工艺标准	备注
作业前准备	人员检查	1）所有作业人员必须掌握《国家电网公司电力安全工作规程　变电部分》相关知识，并经考试合格。 2）作业人员应精神饱满，身体状态良好。 3）正确佩戴安全帽，着装符合安全要求。 4）作业指导教师对出勤情况进行记录	
	场地检查	1）作业场地整洁，无积水、污物，必要时进行清理。 2）检查急救箱，急救物品，应齐备。 3）检查电源容量和电压符合要求	
	设备、工具、材料、资料检查	1）检查作业中需要使用的设备处于良好状态，必要时提前试运行。设备摆放位置合理。 2）对照工器具清单检查工器具，应齐全、完好、清洁。安全工器具和试验设备符合技术要求。工具摆放整齐。 3）对照材料清单检查材料，应齐全、合格。 4）对照资料清单准备作业工作票、作业指导书和作业记录	
	安全、组织、技术准备	1）全体作业人员列队，作业指导教师作业交代安全、组织和技术要求：对所有作业人员布置作业任务、作业内容、操作要求和重要注意事项。明确作业过程中的危险因素、防范措施和事故紧急处理措施；强调操作要点并进行安全和技术交底，必要时，应进行演示操作；将作业人员分组。指定每个作业班组工作负责人，交代负责内容并强调监护要求；就技术和安全问题向作业人员提问，保证每位作业人员掌握。 2）作业班组工作负责人组织作业人员按要求对安全措施进行布置，操作应正确规范。 3）作业班组工作负责人进行安全措施自检。合格后，通知作业指导教师进行检查。 4）作业指导教师对安全措施检查合格后，由作业班组工作负责人填写工作票，并办理许可手续（作业指导教师、作业工作负责人在作业工作票指定位置签字）。 5）作业班组列队，由作业班组工作负责人宣读作业工作票，交代安全注意事项。作业工作人员确认后在作业工作票上指定位置签字，作业班组方可开始作业。 6）作业指导教师对整个作业进行巡视，及时纠正不安全行为。作业班组工作负责人对作业人员进行安全监护	
接地网开挖抽检	选择开挖点	根据电气设备重要性和安全性，沿接地引下线选择数个开挖点	
	开挖点接地网检查	开挖后检查接地引下线情况，接地引下线要求不得有开断、松脱或严重腐蚀等现象	
	填写抽检记录	开挖后记录相应大气情况、设备位置、接地引下线情况等数据	

续表

作业流程	作业项目	作业内容及工艺标准	备注
现场清理	场地清理	1）对作业设备、材料、工器具等进行整理，对照记录进行检查清点。 2）检查作业现场无遗留物。关闭电源，清扫作业场地	
收尾工作	自检及填写记录报告	1）由作业班组工作负责人组织学员进行全面检查，自检作业项目是否具备验收条件，填写作业自检报告。 2）由作业班组工作负责人按要求填写作业报告和作业记录	
工作结束	结束	经作业指导教师验收合格后，作业指导教师和作业学员检查确认施工器具已全部撤离工作现场、作业现场无遗留物	
	总结	全体作业人员列队，作业指导教师对作业情况进行总结	
	人员撤离	所有作业人员撤离作业场地	

1.4.6 作业指导书执行情况评估

<table>
<tr><td rowspan="6">评估内容</td><td rowspan="3">符合性</td><td>优秀</td><td></td><td>可操作项</td><td rowspan="6"></td></tr>
<tr><td>良好</td><td></td><td rowspan="2">不可操作项</td></tr>
<tr><td>一般</td><td></td></tr>
<tr><td rowspan="3">可操作性</td><td>优秀</td><td></td><td>修改项</td></tr>
<tr><td>良好</td><td></td><td>增补项</td></tr>
<tr><td>一般</td><td></td><td>删除项</td></tr>
<tr><td>存在问题</td><td colspan="5"></td></tr>
<tr><td>改进意见</td><td colspan="5"></td></tr>
</table>

1.5 接地引下线检查

1.5.1 适用范围

本节适用于变电运维人员实施变电运维一体化项目作业，变电运维一体化作业实操培训可参考执行。

1.5.2 参考资料

下列文件对于本节的应用是必不可少的。凡是注日期的引用文件，仅所注日期的版本适用于本节。凡是不注日期的引用文件，其最新版本（包括所有的修改单）适用于本节。

GB 50169 电气装置安装工程 接地装置施工及验收规范

GB/T 50065 交流电气装置的接地设计规范

DL/T 475 接地装置特性参数测量导则

DL/T 596 电力设备预防性试验规程

Q/GDW 1799.1　国家电网公司电力安全工作规程　变电部分

国网〔运检/3〕828—2017　国家电网公司变电运维管理规定（试行）

1.5.3　作业前准备工作

1.5.3.1　作业人员要求

√	序号	责任人	工作要求	备注
	1	作业负责人	1）具备必要的电气知识，基本掌握本专业作业技能及《国家电网公司电力安全工作规程　变电部分》的相关知识，并经考试合格。 2）人员精神状态正常，无妨碍工作的病症，着装符合现场巡视要求。 3）具有一定的现场工作经验，熟悉现场一、二次电气设备。 4）作业负责人必须为经所在单位批准具有单独巡视高压设备能力的人员	
	2	作业人员	1）现场工作人员的身体状况、精神状态良好。 2）作业辅助人员（外来）必须经负责施教的人员对其进行安全措施、作业范围、安全注意事项等方面施教后方可参加工作。 3）所有作业人员必须具备必要的电气知识，基本掌握本专业作业技能及《国家电网公司电力安全工作规程　变电部分》的相关知识，并经考试合格	

1.5.3.2　作业材料及工器具准备

√	序号	名称	规格	单位	数量	备注
	1	作业指导书		份	1	
	2	安全帽		顶	2	
	3	线手套		副	2	根据需要
	4	接地网测试仪		个	1	
	5	组合工具		套	2	根据需要

1.5.3.3　作业危险点分析及安全预控措施

√	序号	危险点分析	安全控制措施
	1	与带电设备安全距离不够	严禁跨越设备遮栏作业，并与1000kV设备保持不小于8.7m、500kV设备保持不小于5m、220kV设备保持不小于3m、110kV设备保持不小于1.5m、35kV设备保持不小于1m的安全距离、10kV设备保持不小于0.7m的安全距离
	2	防误碰	严禁误碰与工作无关的运行设备，防止造成运行设备异常
	3	设备停电或损坏	工作中严禁做与工作无关的事情，严禁误动误碰运行设备，工作中发现设备故障异常及时汇报，按正常工作程序处理，严禁擅自处理
	4	防触电	测试前试验设备应可靠接地，防止工作人员触摸测试接地引下线，测试过程中，接线人员与加压人员应密切配合，高声呼唱，在确认参考点铁夹和被测点线夹均与接地引下线接触良好，接线人员停止工作后，方可加压。移动测试线应与带电设备保持足够安全距离

1.5.4 作业流程图

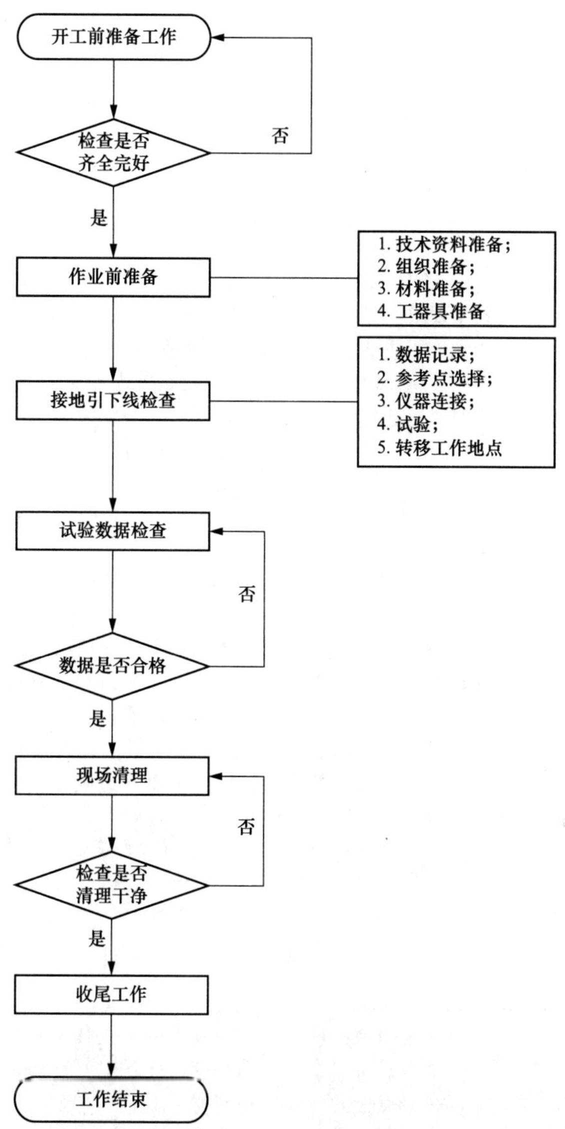

1.5.5 主要作业流程及工艺标准

作业流程	作业项目	作业内容及工艺标准	备注
作业前准备	人员检查	1）所有作业人员必须掌握《国家电网公司电力安全工作规程　变电部分》相关知识，并经考试合格。 2）作业人员应精神饱满，身体状态良好。 3）正确佩戴安全帽，着装符合安全要求。 4）作业指导教师对出勤情况进行记录	
	场地检查	1）作业场地整洁，无积水、污物，必要时进行清理。 2）检查急救箱，急救物品，应齐备。 3）检查电源容量和电压符合要求	

续表

作业流程	作业项目	作业内容及工艺标准	备注
作业前准备	设备、工具、材料、资料检查	1）检查作业中需要使用的设备处于良好状态，必要时提前试运行。设备摆放位置合理。 2）对照工器具清单检查工器具，应齐全、完好、清洁。安全工器具和试验设备符合技术要求。工具摆放整齐。 3）对照材料清单检查材料，应齐全、合格。 4）对照资料清单准备作业工作票、作业指导书和作业记录	
	安全、组织、技术准备	1）全体作业人员列队，作业指导教师作业交代安全、组织和技术要求：对所有作业人员布置作业任务、作业内容、操作要求和重要注意事项。明确作业过程中的危险因素、防范措施和事故紧急处理措施；强调操作要点并进行安全和技术交底，必要时，应进行演示操作；将作业人员分组。指定每个作业班组工作负责人，交代负责内容并强调监护要求；就技术和安全问题向作业人员提问，保证每位作业人员掌握。 2）作业班组工作负责人组织作业人员按要求对安全措施进行布置，操作应正确规范。 3）作业班组工作负责人进行安全措施自检。合格后，通知作业指导教师进行检查。 4）作业指导教师对安全措施检查合格后，由作业班组工作负责人填写工作票，并办理许可手续（作业指导教师、作业工作负责人在作业工作票指定位置签字）。 5）作业班组列队，由作业班组工作负责人宣读作业工作票，交代安全注意事项。作业工作人员确认后在作业工作票上指定位置签字，作业班组方可开始作业。 6）作业指导教师对整个作业进行巡视，及时纠正不安全行为。作业班组工作负责人对作业人员进行安全监护	
接地引下线检查	数据记录	记录被试验设备运行编号及大气条件	
	参考点选择	先找出与地网连接良好的接地引下线作为参考点。宜选择多点接地设备引下线作为基准，在各电气设备的接地引下线上选在一点作为该设备导通测试点	
	仪器连接	将接地导通电阻测试仪先可靠接地，然后输出连接分别连接到参考点、测试点	
	试验	打开仪器电源，按下测试按钮，记录相应的电阻值	
	转移工作地点	断开仪器电源，将测试点移到下一位置，依次测试并记录	
现场清理	场地清理	1）对作业设备、材料、工器具等进行整理，对照记录进行检查清点。 2）检查作业现场无遗留物。关闭电源，清扫作业场地	

续表

作业流程	作业项目	作业内容及工艺标准	备注
收尾工作	自检及填写记录报告	1）由作业班组工作负责人组织学员进行全面检查，自检作业项目是否具备验收条件，填写作业自检报告。 2）由作业班组工作负责人按要求填写作业报告和作业记录	
工作结束	结束	经作业指导教师验收合格后，作业指导教师和作业学员检查确认施工器具已全部撤离工作现场、作业现场无遗留物	
	总结	全体作业人员列队，作业指导教师对作业情况进行总结	
	人员撤离	所有作业人员撤离作业场地	

1.5.6 作业指导书执行情况评估

<table>
<tr><td rowspan="6">评估内容</td><td rowspan="3">符合性</td><td>优秀</td><td></td><td>可操作项</td><td rowspan="6"></td></tr>
<tr><td>良好</td><td></td><td rowspan="2">不可操作项</td></tr>
<tr><td>一般</td><td></td></tr>
<tr><td rowspan="3">可操作性</td><td>优秀</td><td></td><td>修改项</td></tr>
<tr><td>良好</td><td></td><td>增补项</td></tr>
<tr><td>一般</td><td></td><td>删除项</td></tr>
<tr><td>存在问题</td><td colspan="5"></td></tr>
<tr><td>改进意见</td><td colspan="5"></td></tr>
</table>

1.6 五箱维护消缺

1.6.1 适用范围

本节适用于变电运维人员实施变电运维一体化项目作业，变电运维一体化作业实操培训可参考执行。

1.6.2 参考资料

下列文件对于本节的应用是必不可少的。凡是注日期的引用文件，仅所注日期的版本适用于本节。凡是不注日期的引用文件，其最新版本（包括所有的修改单）适用于本节。

GB 50010 混凝土结构设计规范

GB 50007 建筑地基基础设计规范

GB 50017 钢结构设计标准

GB 50229 火力发电厂与变电站设计防火标准

GB 50217 电力工程电缆设计标准

Q/GDW 1799.1 国家电网公司电力安全工作规程 变电部分

国网〔运检/3〕828—2017 国家电网公司变电运维管理规定（试行）

1.6.3 作业前准备工作

1.6.3.1 作业人员要求

√	序号	责任人	工作要求	备注
	1	作业负责人	1）具备必要的电气知识，基本掌握本专业作业技能及《国家电网公司电力安全工作规程　变电部分》的相关知识，并经考试合格。 2）人员精神状态正常，无妨碍工作的病症，着装符合现场巡视要求。 3）具有一定的现场工作经验，熟悉现场一、二次电气设备。 4）作业负责人必须为经所在单位批准具有单独巡视高压设备能力的人员	
	2	作业人员	1）现场工作人员的身体状况、精神状态良好。 2）作业辅助人员（外来）必须经负责施教的人员对其进行安全措施、作业范围、安全注意事项等方面施教后方可参加工作。 3）所有作业人员必须具备必要的电气知识，基本掌握本专业作业技能及《国家电网公司电力安全工作规程　变电部分》的相关知识，并经考试合格	

1.6.3.2 作业材料及工器具准备

√	序号	名称	规格	单位	数量	备注
	1	作业指导书		份	1	
	2	安全帽		顶	2	
	3	万用表		个	1	
	4	毛刷		个	2	
	5	螺丝刀	一字、十字	把	2	
	6	封堵泥		块	5	
	7	润滑油		瓶	2	
	8	备件（灯具、驱潮加热器）		个	若干	

1.6.3.3 作业危险点分析及安全预控措施

√	序号	危险点分析	安全控制措施
	1	防触电	维护前，确认加热及照明电源已断开，实测待检设备及回路已无电压；检查并有效隔离周围运行设备及带电导体，保证有足够的作业空间，防止操作不当，人员及维护工器具误碰运行设备与带电导体。必要时，应正确使用绝缘防护用具；工作过程中，工作负责人应加强对执行人的监护，随时提醒操作人员与周围带电导体保持足够的安全距离，不得触碰低压带电导体，并与1000kV设备保持不小于8.7m、500kV设备保持不小于5m、220kV设备保持不小于3m、110kV设备保持不小于1.5m、35kV设备保持不小于1m的安全距离、10kV设备保持不小于0.7m的安全距离

续表

√	序号	危险点分析	安全控制措施
	2	防误碰	严禁误碰与工作无关的运行设备，防止造成运行设备异常
	3	跑错位置，误入其他间隔	工作前仔细核对检查内容、设备名称与运行编号，应与断开加热回路的间隔一致
	4	防机械伤害	在开展机构箱维护时，与机构箱操动、连杆部分保持足够安全距离

1.6.4 作业流程图

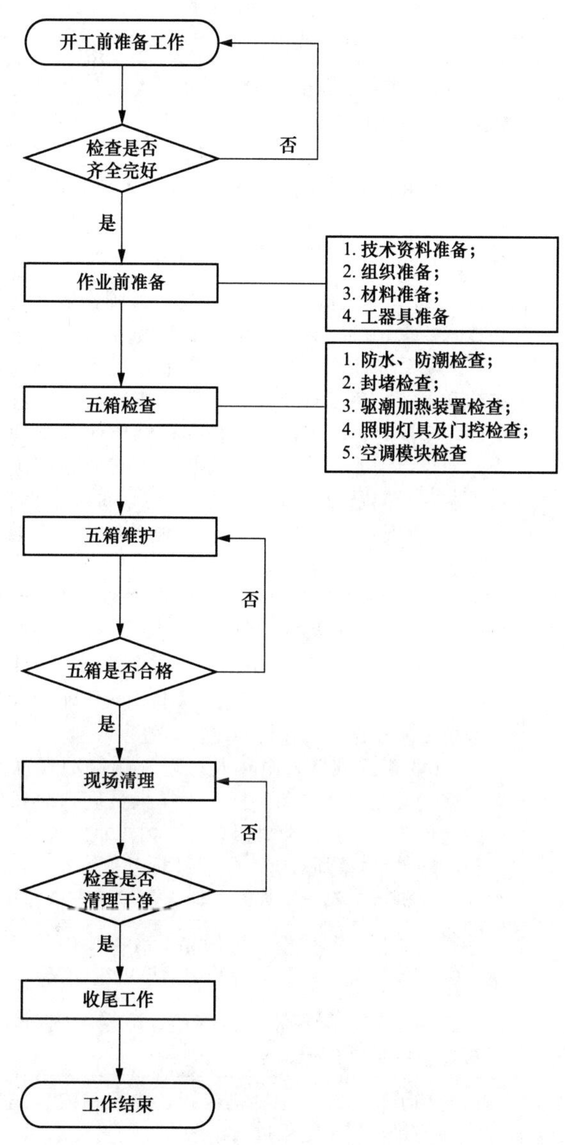

1.6.5 主要作业流程及工艺标准

<table>
<tr><th>作业流程</th><th>作业项目</th><th>作业内容及工艺标准</th><th>备注</th></tr>
<tr><td rowspan="4">作业前准备</td><td>人员检查</td><td>1）所有作业人员必须掌握《国家电网公司电力安全工作规程　变电部分》相关知识，并经考试合格。
2）作业人员应精神饱满，身体状态良好。
3）正确佩戴安全帽，着装符合安全要求。
4）作业指导教师对出勤情况进行记录</td><td></td></tr>
<tr><td>场地检查</td><td>1）作业场地整洁，无积水、污物，必要时进行清理。
2）检查急救箱，急救物品，应齐备。
3）检查电源容量和电压符合要求</td><td></td></tr>
<tr><td>设备、工具、材料、资料检查</td><td>1）检查作业中需要使用的设备处于良好状态，必要时提前试运行。设备摆放位置合理。
2）对照工器具清单检查工器具，应齐全、完好、清洁。安全工器具和试验设备符合技术要求。工具摆放整齐。
3）对照材料清单检查材料，应齐全、合格。
4）对照资料清单准备作业工作票、作业指导书和作业记录</td><td></td></tr>
<tr><td>安全、组织、技术准备</td><td>1）全体作业人员列队，作业指导教师作业交代安全、组织和技术要求：对所有作业人员布置作业任务、作业内容、操作要求和重要注意事项。明确作业过程中的危险因素、防范措施和事故紧急处理措施；强调操作要点并进行安全和技术交底，必要时，应进行演示操作；将作业人员分组。指定每个作业班组工作负责人，交代负责内容并强调监护要求；就技术和安全问题向作业人员提问，保证每位作业人员掌握。
2）作业班组工作负责人组织作业人员按要求对安全措施进行布置，操作应正确规范。
3）作业班组工作负责人进行安全措施自检。合格后，通知作业指导教师进行检查。
4）作业指导教师对安全措施检查合格后，由作业班组工作负责人填写工作票，并办理许可手续（作业指导教师、作业工作负责人在作业工作票指定位置签字）。
5）作业班组列队，由作业班组工作负责人宣读作业工作票，交代安全注意事项。作业工作人员确认后在作业工作票上指定位置签字。作业班组方可开始作业。
6）作业指导教师对整个作业进行巡视，及时纠正不安全行为。作业班组工作负责人对作业人员进行安全监护</td><td></td></tr>
<tr><td rowspan="4">五箱检查</td><td>防水、防潮检查</td><td>检查端子箱、汇控柜、机构箱、冷控箱内是否有凝露、积水，密封性是否完好，并对检查结果进行记录</td><td></td></tr>
<tr><td>封堵检查</td><td>检查端子箱、汇控柜、机构箱、冷控箱内封堵是否完好，并对检查结果进行记录</td><td></td></tr>
<tr><td>驱潮加热装置检查</td><td>检查端子箱、汇控柜、机构箱、冷控箱内驱潮加热装置是否完好，并对检查结果进行记录</td><td></td></tr>
<tr><td>照明灯具及门控检查</td><td>检查端子箱、汇控柜、机构箱、冷控箱内照明灯具及门控是否完好，并对检查结果进行记录</td><td></td></tr>
</table>

续表

作业流程	作业项目	作业内容及工艺标准	备注
五箱检查	空调模块检查	检查端子箱、汇控柜、机构箱、冷控箱内空调模块是否完好，并对检查结果进行记录	
五箱维护	五箱维护	1）根据箱体锁具现场实际情况，卡涩，锈蚀等情况可以通过添加润滑油达到改善的目的，如锁具损坏，及时更换新锁具。 2）密封圈老化，及时根据现场尺寸进行更换处理。 3）发现损坏灯具或照明、门控开关设施部件损坏，断开照明设施电源进行更换、修理。必要时可用500V绝缘电阻表摇测回路绝缘，绝缘电阻一般不小于0.5MΩ。对事故照明不能进行正常切换的，一定要查明原因，消除故障。对照明及门控开关回路进行外观检查、清扫，抽检接线端子、螺丝坚固情况并进行维护后通电检查。 4）全面检查箱内二次电缆封堵，确定需更修补的地方，施工前，将电缆作必要的整理。在电缆周围宜裹一层有机防火堵料，将阻火包平服地嵌入电缆空隙中，阻火包应交叉堆砌。 5）用毛刷和干抹布缓慢擦拭、清扫箱体内外灰尘及污垢，防止误碰运行设备。处理箱体锈蚀部分，喷涂防腐材料，喷涂需均匀、光滑。黄绿相间的接地标识起皮、脱色或损坏时，应去除起皮部分，重新涂刷或粘贴	
现场清理	场地清理	1）对作业设备、材料、工器具等进行整理，对照记录进行检查清点。 2）检查作业现场无遗留物。关闭电源，清扫作业场地	
收尾工作	自检及填写记录报告	1）由作业班组工作负责人组织学员进行全面检查，自检作业项目是否具备验收条件，填写作业自检报告。 2）由作业班组工作负责人按要求填写作业报告和作业记录	
工作结束	结束	经作业指导教师验收合格后，作业指导教师和作业学员检查确认施工器具已全部撤离工作现场、作业现场无遗留物	
	总结	全体作业人员列队，作业指导教师对作业情况进行总结	
	人员撤离	所有作业人员撤离作业场地	

1.6.6 作业指导书执行情况评估

<table>
<tr><td rowspan="6">评估内容</td><td rowspan="3">符合性</td><td>优秀</td><td></td><td>可操作项</td><td rowspan="6"></td></tr>
<tr><td>良好</td><td></td><td rowspan="2">不可操作项</td></tr>
<tr><td>一般</td><td></td></tr>
<tr><td rowspan="3">可操作性</td><td>优秀</td><td></td><td>修改项</td></tr>
<tr><td>良好</td><td></td><td>增补项</td></tr>
<tr><td>一般</td><td></td><td>删除项</td></tr>
<tr><td>存在问题</td><td colspan="5"></td></tr>
<tr><td>改进意见</td><td colspan="5"></td></tr>
</table>

1.7 二次屏柜维护消缺

1.7.1 适用范围

本节适用于变电运维人员实施变电运维一体化项目作业，变电运维一体化作业实操培训可参考执行。

1.7.2 参考资料

下列文件对于本节的应用是必不可少的。凡是注日期的引用文件，仅所注日期的版本适用于本节。凡是不注日期的引用文件，其最新版本（包括所有的修改单）适用于本节。

DL/T 720 电力系统继电保护及安全自动装置柜（屏）通用技术条件

T/CEC 486 保护屏柜及端子箱接线端子排技术规范

Q/GDW 1799.1 国家电网公司电力安全工作规程 变电部分

国网〔运检/3〕828—2017 国家电网公司变电运维管理规定（试行）

国家电网公司输变电工程标准工艺（2022年版）

国家电网设备〔2018〕979号 国家电网有限公司关于印发十八项电网重大反事故措施（修订版）的通知

1.7.3 作业前准备工作

1.7.3.1 作业人员要求

√	序号	责任人	工作要求	备注
	1	作业负责人	1）具备必要的电气知识，基本掌握本专业作业技能及《国家电网公司电力安全工作规程 变电部分》的相关知识，并经考试合格。 2）人员精神状态正常，无妨碍工作的病症，着装符合现场巡视要求。 3）具有一定的现场工作经验，熟悉现场一、二次电气设备。 4）作业负责人必须为经所在单位批准具有单独巡视高压设备能力的人员	
	2	作业人员	1）现场工作人员的身体状况、精神状态良好。 2）作业辅助人员（外来）必须经负责施教的人员对其进行安全措施、作业范围、安全注意事项等方面施教后方可参加工作。 3）所有作业人员必须具备必要的电气知识，基本掌握本专业作业技能及《国家电网公司电力安全工作规程 变电部分》的相关知识，并经考试合格	

1.7.3.2 作业材料及工器具准备

√	序号	名称	规格	单位	数量	备注
	1	作业指导书		份	1	
	2	安全帽		顶	2	
	3	毛刷		个	2	
	4	吸尘器		个	1	
	5	润滑油		瓶	2	根据需要
	6	钥匙		套	1	

1.7.3.3 作业危险点分析及安全预控措施

√	序号	危险点分析	安全控制措施
	1	防误入带电间隔	严禁误入带电运行间隔屏柜，工作前核实清楚保护屏前后柜名称，严格遵守现场安全措施指引开展工作
	2	防误碰	严禁误碰与工作无关的运行设备，施工工具应做好绝缘防护，防止造成运行设备异常
	3	防震动	不得在运行的保护屏附近进行震动较大的工作，以免造成误动
	4	防人身伤害	开展屏柜维护锁具更换时，避免尖锐部件直接接触屏柜玻璃，开关屏柜门时保持严禁用力过猛，防止玻璃破碎造成人身伤害

1.7.4 作业流程图

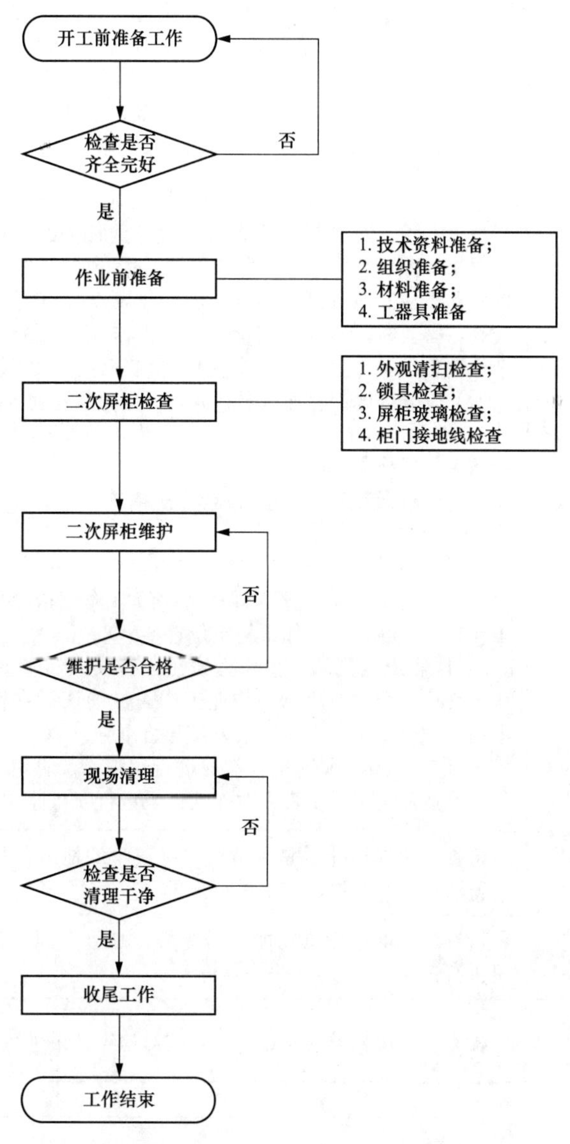

1.7.5 主要作业流程及工艺标准

作业流程	作业项目	作业内容及工艺标准	备注
作业前准备	人员检查	1）所有作业人员必须掌握《国家电网公司电力安全工作规程　变电部分》相关知识，并经考试合格。 2）作业人员应精神饱满，身体状态良好。 3）正确佩戴安全帽，着装符合安全要求。 4）作业指导教师对出勤情况进行记录	
	场地检查	1）作业场地整洁，无积水、污物，必要时进行清理。 2）检查急救箱，急救物品，应齐备。 3）检查电源容量和电压符合要求	
	设备、工具、材料、资料检查	1）检查作业中需要使用的设备处于良好状态，必要时提前试运行。设备摆放位置合理。 2）对照工器具清单检查工器具，应齐全、完好、清洁。安全工器具和试验设备符合技术要求。工具摆放整齐。 3）对照材料清单检查材料，应齐全、合格。 4）对照资料清单准备作业工作票、作业指导书和作业记录	
	安全、组织、技术准备	1）全体作业人员列队，作业指导教师作业交代安全、组织和技术要求：对所有作业人员布置作业任务、作业内容、操作要求和重要注意事项。明确作业过程中的危险因素、防范措施和事故紧急处理措施；强调操作要点并进行安全和技术交底，必要时，应进行演示操作；将作业人员分组。指定每个作业班组工作负责人，交代负责内容并强调监护要求；就技术和安全问题向作业人员提问，保证每位作业人员掌握。 2）作业班组工作负责人组织作业人员按要求对安全措施进行布置，操作应正确规范。 3）作业班组工作负责人进行安全措施自检。合格后，通知作业指导教师进行检查。 4）作业指导教师对安全措施检查合格后，由作业班组工作负责人填写工作票，并办理许可手续（作业指导教师、作业工作负责人在作业工作票指定位置签字）。 5）作业班组列队，由作业班组工作负责人宣读作业工作票，交代安全注意事项。作业工作人员确认后在作业工作票上指定位置签字。作业班组方可开始作业。 6）作业指导教师对整个作业进行巡视，及时纠正不安全行为。作业班组工作负责人对作业人员进行安全监护	
二次屏柜检查	二次屏柜外观清扫检查	检查二次屏柜外观是否清洁，有灰尘的地方使用棉质抹布进行清洁；并对检查结果进行记录	
	二次屏柜锁具检查	检查二次屏柜锁具功能是否完好，是否卡涩，并对检查结果进行记录	
	二次屏柜玻璃检查	检查二次屏柜玻璃是否完好，并对检查结果进行记录	

续表

作业流程	作业项目	作业内容及工艺标准	备注
二次屏柜检查	二次屏柜柜门接地线检查	检查二次屏柜柜门接地线是否符合要求，是否接地良好，并对检查结果进行记录	
二次屏柜维护消缺	二次屏柜外观清扫、锁具、玻璃、柜门接地线消缺	1）保护屏外部污渍、灰尘使用清扫布、吸尘器进行清洁。 2）屏顶、屏内部位使用毛刷清扫后使用吸尘器清洁。 3）根据箱体锁具现场实际情况，卡涩，锈蚀等情况可以通过添加润滑油达到改善的目的，如锁具损坏，及时更换新锁具。 4）柜门、柜体间接地连线完好且接地线截面不小于 $4mm^2$	
现场清理	场地清理	1）对作业设备、材料、工器具等进行整理，对照记录进行检查清点。 2）检查作业现场无遗留物。关闭电源，清扫作业场地	
收尾工作	自检及填写记录报告	1）由作业班组工作负责人组织学员进行全面检查，自检作业项目是否具备验收条件，填写作业自检报告。 2）由作业班组工作负责人按要求填写作业报告和作业记录	
工作结束	结束	经作业指导教师验收合格后，作业指导教师和作业学员检查确认施工器具已全部撤离工作现场、作业现场无遗留物	
	总结	全体作业人员列队，作业指导教师对作业情况进行总结	
	人员撤离	所有作业人员撤离作业场地	

1.7.6 作业指导书执行情况评估

<table>
<tr><td rowspan="6">评估内容</td><td rowspan="3">符合性</td><td>优秀</td><td></td><td>可操作项</td><td rowspan="6"></td></tr>
<tr><td>良好</td><td></td><td rowspan="2">不可操作项</td></tr>
<tr><td>一般</td><td></td></tr>
<tr><td rowspan="3">可操作性</td><td>优秀</td><td></td><td>修改项</td></tr>
<tr><td>良好</td><td></td><td>增补项</td></tr>
<tr><td>一般</td><td></td><td>删除项</td></tr>
<tr><td>存在问题</td><td colspan="5"></td></tr>
<tr><td>改进意见</td><td colspan="5"></td></tr>
</table>

1.8 设备故障及跳闸应急处置

1.8.1 适用范围

本节适用于变电运维人员实施变电运维一体化项目作业，变电运维一体化作业实操培训可参考执行。

1.8.2 参考资料

下列文件对于本节的应用是必不可少的。凡是注日期的引用文件，仅所注日期的版本适用于本节。凡是不注日期的引用文件，其最新版本（包括所有的修改单）适用于本节。

DL/T 417—2019　电力设备局部放电现场测量导则

DL/T 1785—2017　电力设备 X 射线数字成像检测技术导则

DL 5027—2015　电力设备典型消防规程

DL/T 1359—2014　六氟化硫电气设备故障气体分析和判断方法

Q/GDW 1799.1　国家电网公司电力安全工作规程　变电部分

国网〔运检/3〕828—2017　国家电网公司变电运维管理规定（试行）

1.8.3　作业前准备工作

1.8.3.1　作业人员要求

√	序号	责任人	工作要求	备注
	1	作业负责人	1）具备必要的电气知识，基本掌握本专业作业技能及《国家电网公司电力安全工作规程　变电部分》的相关知识，并经考试合格。 2）人员精神状态正常，无妨碍工作的病症，着装符合现场巡视要求。 3）具有一定的现场工作经验，熟悉现场一、二次电气设备。 4）作业负责人必须为经所在单位批准具有单独巡视高压设备能力的人员	
	2	作业人员	1）现场工作人员的身体状况、精神状态良好。 2）作业辅助人员（外来）必须经负责施教的人员对其进行安全措施、作业范围、安全注意事项等方面施教后方可参加工作。 3）所有作业人员必须具备必要的电气知识，基本掌握本专业作业技能及《国家电网公司电力安全工作规程　变电部分》的相关知识，并经考试合格	

1.8.3.2　作业材料及工器具准备

√	序号	名称	规格	单位	数量	备注
	1	作业指导书		份	1	
	2	安全帽		顶	2	
	3	绝缘靴		双	2	根据需要
	4	望远镜		只	1	
	5	测温仪		台	1	
	6	应急灯		盏	1	夜晚
	7	钥匙		套	1	
	8	对讲机		套	1	

1.8.3.3　作业危险点分析及安全预控措施

√	序号	危险点分析	安全控制措施
	1	跑错间隔，误操作运行设备	操作设备前核对设备双重名称，确认无误后再进行下一步操作
	2	未按规定进行检查汇报	严格按照设备故障及跳闸信息进行检查汇报
	3	故障处置错误	事故处理的全过程严格按照调度指令进行
	4	防人身伤害	1）对存在爆炸、爆燃风险的设备异常，应优先使用智巡系统查看设备，确认无风险后，方可进一步检查。 2）对于接地故障的检查，运维人员应保持与故障点安全距离，防止跨步电压伤人

1.8.4　作业流程图

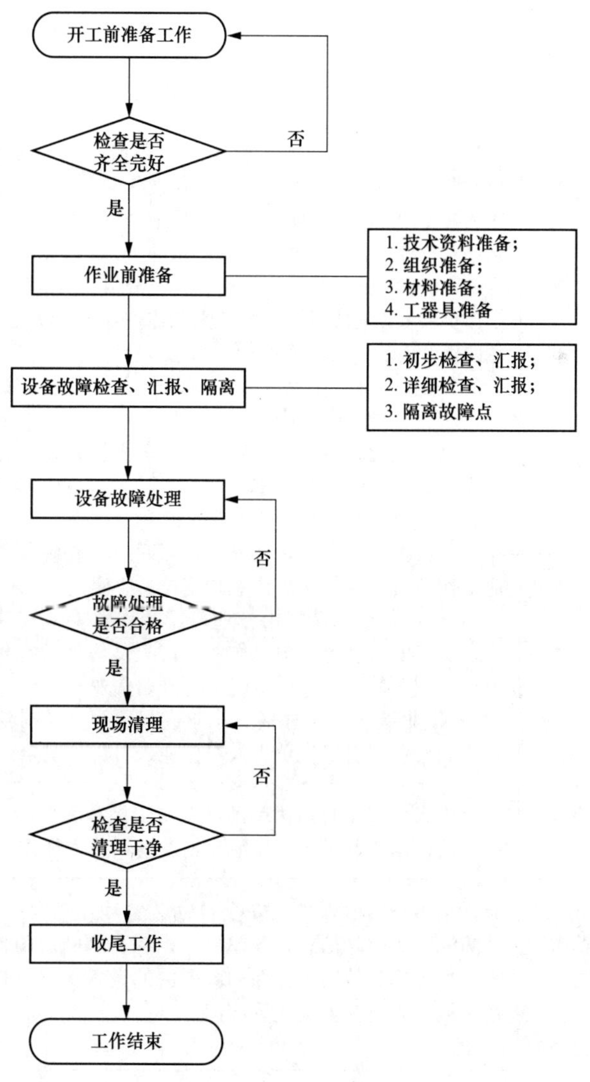

1.8.5 主要作业流程及工艺标准

作业流程	作业项目	作业内容及工艺标准	备注
作业前准备	人员检查	1）所有作业人员必须掌握《国家电网公司电力安全工作规程 变电部分》相关知识，并经考试合格。 2）作业人员应精神饱满，身体状态良好。 3）正确佩戴安全帽，着装符合安全要求。 4）作业指导教师对出勤情况进行记录	
	场地检查	1）作业场地整洁，无积水、污物，必要时进行清理。 2）检查急救箱，急救物品，应齐备。 3）检查电源容量和电压符合要求	
	设备、工具、材料、资料检查	1）检查作业中需要使用的设备处于良好状态，必要时提前试运行。设备摆放位置合理。 2）对照工器具清单检查工器具，应齐全、完好、清洁。安全工器具和试验设备符合技术要求。工具摆放整齐。 3）对照材料清单检查材料，应齐全、合格。 4）对照资料清单准备作业工作票、作业指导书和作业记录	
	安全、组织、技术准备	1）全体作业人员列队，作业指导教师作业交代安全、组织和技术要求：对所有作业人员布置作业任务、作业内容、操作要求和重要注意事项。明确作业过程中的危险因素、防范措施和事故紧急处理措施；强调操作要点并进行安全和技术交底，必要时，应进行演示操作；将作业人员分组。指定每个作业班组工作负责人，交代负责内容并强调监护要求；就技术和安全问题向作业人员提问，保证每位作业人员掌握。 2）作业班组工作负责人组织作业人员按要求对安全措施进行布置，操作应正确规范。 3）作业班组工作负责人进行安全措施自检。合格后，通知作业指导教师进行检查。 4）作业指导教师对安全措施检查合格后，由作业班组工作负责人填写工作票，并办理许可手续（作业指导教师、作业工作负责人在作业工作票指定位置签字）。 5）作业班组列队，由作业班组工作负责人宣读作业工作票，交代安全注意事项。作业工作人员确认后在作业工作票上指定位置签字。作业班组方可开始作业。 6）作业指导教师对整个作业进行巡视，及时纠正不安全行为。作业班组工作负责人对作业人员进行安全监护	
设备故障检查、汇报	初步检查汇报	运维人员应及时到达现场进行初步检查和判断，将天气情况、监控信息及保护动作简要情况向调控人员作汇报	
	详细检查汇报	详细检查继电保护、安全自动装置动作信号、故障相别、故障测距等故障信息，复归信号，综合判断故障性质、地点和停电范围，然后检查保护范围内的设备情况。将检查结果汇报调控人员和上级主管部门	

续表

作业流程	作业项目	作业内容及工艺标准	备注
设备故障处理	隔离故障点	迅速隔离故障点，并尽力设法保持或恢复设备的正常运行。根据应急预案和现场运行专用规程采取必要的应急措施，如投入备用电源或设备，对允许强送电的设备进行强送电，停用有关可能误碰的保护，拉开控制电源，解除设备自保持等	
	故障处理	进行检查试验，判明故障的性质、地点及其范围，若运维人员无法处理，立即通知检修人员前来处理，在检修人员到达之前做好现场安全措施（如将设备停电、安装接地线、装设围栏及标识牌等）	
	填写事故处理报告	处理结束后及时汇报管辖调度，并根据事故处理过程，编写现场事故报告	
现场清理	场地清理	1）对作业设备、材料、工器具等进行整理，对照记录进行检查清点。 2）检查作业现场无遗留物。关闭电源，清扫作业场地	
收尾工作	自检及填写记录报告	1）由作业班组工作负责人组织学员进行全面检查，自检作业项目是否具备验收条件，填写作业自检报告。 2）由作业班组工作负责人按要求填写作业报告和作业记录	
工作结束	结束	经作业指导教师验收合格后，作业指导教师和作业学员检查确认施工器具已全部撤离工作现场、作业现场无遗留物	
	总结	全体作业人员列队，作业指导教师对作业情况进行总结	
	人员撤离	所有作业人员撤离作业场地	

1.8.6 作业指导书执行情况评估

评估内容	符合性	优秀		可操作项	
		良好		不可操作项	
		一般			
	可操作性	优秀		修改项	
		良好		增补项	
		一般		删除项	
存在问题					
改进意见					

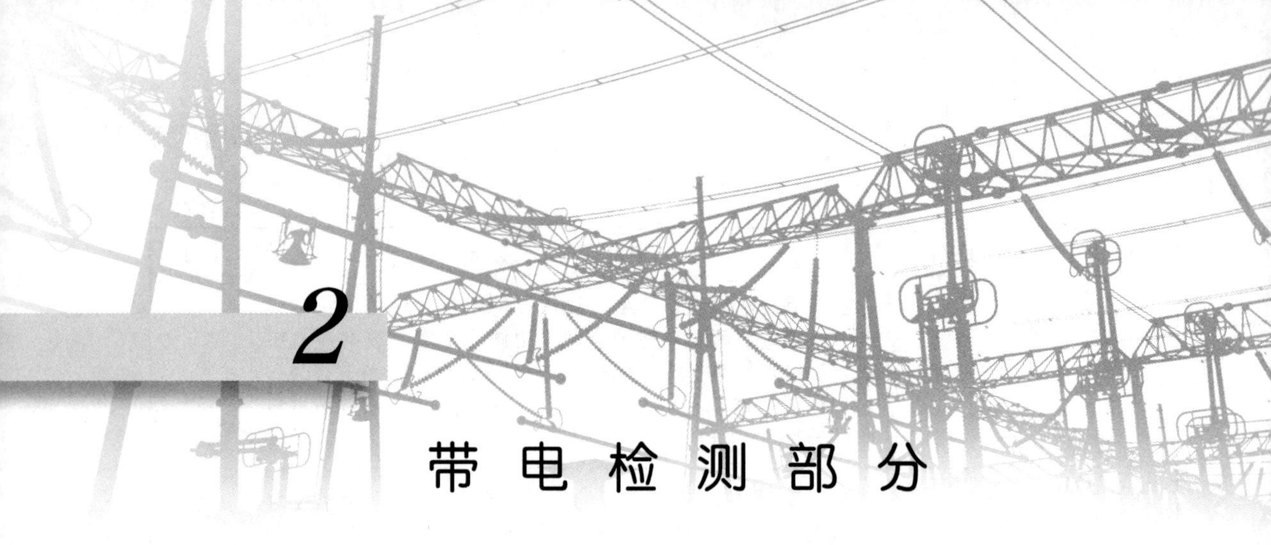

2 带电检测部分

2.1 红外热成像一般检测

2.1.1 适用范围

本节适用于变电运维人员实施变电运维一体化项目作业，变电运维一体化作业实操培训可参考执行。

2.1.2 参考资料

下列文件对于本节的应用是必不可少的。凡是注日期的引用文件，仅所注日期的版本适用于本节。凡是不注日期的引用文件，其最新版本（包括所有的修改单）适用于本节。

GB/T 11022　高压交流开关设备和控制设备标准的共用技术要求

DL/T 664　带电设备红外诊断应用规范

Q/GDW 1799.1　国家电网公司电力安全工作规程　变电部分

Q/GDW 1168　输变电设备状态检修试验规程

国网〔运检/3〕828—2017　国家电网公司变电检测管理规定（试行）

2.1.3 作业前准备工作

2.1.3.1 作业人员要求

√	序号	责任人	工作要求	备注
	1	作业负责人	1）熟悉红外诊断技术的基本原理和诊断程序。 2）了解红外热成像仪的工作原理、技术参数和性能。 3）掌握红外热成像仪的操作程序和使用方法。 4）了解被测设备的结构特点、工作原理、运行状况和导致设备故障的基本因素。 5）具有一定的现场工作经验，熟悉并能严格遵守电力生产和工作现场的相关安全管理规定。 6）作业负责人必须经本单位批准	

续表

√	序号	责任人	工作要求	备注
	2	作业人员	1）现场工作人员的身体状况、精神状态良好。 2）作业辅助人员（外来）必须经负责施教的人员对其进行安全措施、作业范围、安全注意事项等方面施教后方可参加工作。 3）所有作业人员必须具备必要的电气知识，基本掌握本专业作业技能及《国家电网公司电力安全工作规程　变电部分》的相关知识，并经考试合格	

2.1.3.2　作业材料及工器具准备

√	序号	名称	规格	单位	数量	备注
	1	作业指导书		份	1	
	2	上次检测记录		份	1	
	3	检测记录表		份	1	
	4	红外热成像仪器		台	1	
	5	温湿度仪		个	1	
	6	风速仪		个	1	
	7	应急灯		盏	1	

2.1.3.3　作业危险点分析及安全预控措施

√	序号	危险点分析	安全控制措施
	1	触电伤害	严禁跨越设备遮栏作业，并与1000kV设备保持不小于8.7m、500kV设备保持不小于5m、220kV设备保持不小于3m、110kV设备保持不小于1.5m、35kV设备保持不小于1m、10kV设备不小于0.7m的安全距离
	2	设备损坏	工作中严禁误动误碰运行设备，工作中发现设备故障异常及时汇报，按正常工作程序处理，严禁擅自处理
	3	摔跌	熟悉现场环境，防止人员摔跌，夜间检测应带照明工具

2.1.4 作业流程图

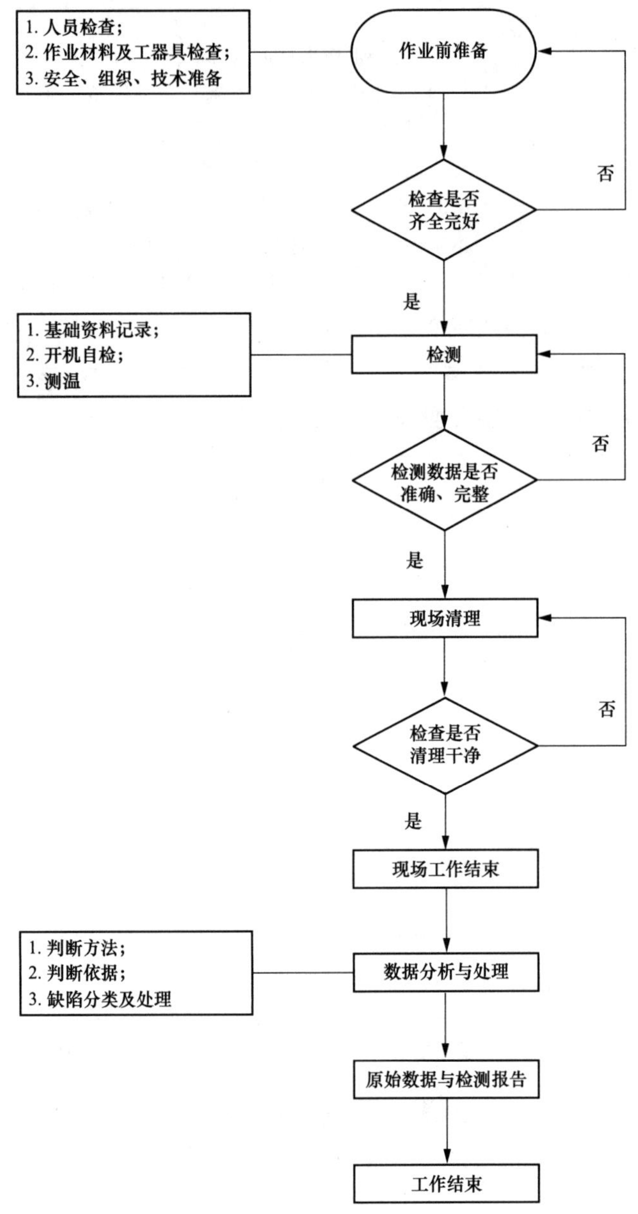

2.1.5 主要作业流程及工艺标准

作业流程	作业项目	作业内容及工艺标准	备注
作业前准备	人员检查	1）所有作业人员必须掌握《国家电网公司电力安全工作规程 变电部分》相关知识，并经考试合格。 2）作业人员应精神饱满，身体状态良好。 3）正确佩戴安全帽，着装符合安全要求	

续表

<table>
<tr><th>作业流程</th><th>作业项目</th><th>作业内容及工艺标准</th><th>备注</th></tr>
<tr><td rowspan="2">作业前准备</td><td>作业材料及工器具检查</td><td>1）了解相关设备数量、型号、制造厂家、安装日期等信息以及运行情况，制定相应的技术措施。
2）配备与检测工作相符的图纸、上次检测的记录。
3）确认待测设备处于运行状态，待测设备上无其他外部作业。
4）电流致热型设备最好在高峰负荷下进行检测，一般应在不低于30%的额定负荷下进行，同时应充分考虑小负荷电流对测试结果的影响</td><td></td></tr>
<tr><td>安全、组织、技术准备</td><td>全体作业人员列队，作业负责人交代安全、组织和技术要求：对所有作业人员布置作业任务、作业内容、操作要求和重要注意事项。明确作业过程中的危险因素、防范措施和事故紧急处理措施；强调操作要点并进行安全和技术交底</td><td></td></tr>
<tr><td rowspan="3">检测</td><td>基础资料记录</td><td>1）天气以阴天、多云为宜，夜间图像质量为佳；记录环境温度（不宜低于0℃）、环境相对湿度（不宜大于85%）。
2）风速（一般不大于5m/s），若检测中风速发生明显变化，应记录风速，必要时可参照附件6。
3）记录待测设备信息（双重名称、额定电流、负荷电流等）</td><td></td></tr>
<tr><td>开机自检</td><td>1）仪器开机，进行内部温度校准，待图像稳定后对仪器的参数进行设置。
2）根据被测设备的材料设置辐射率，作为一般检测，被测设备的辐射率一般取0.9左右。
3）设置仪器的色标温度量程，一般宜设置在环境温度加－10～＋20K的温升范围。
4）户外晴天要避开阳光直接照射或反射进入仪器镜头，在室内或晚上检测应避开灯光的直射，宜闭灯检测</td><td></td></tr>
<tr><td>测温</td><td>1）远距离对所有被测设备进行全面扫描，宜选择彩色显示方式，调节图像使其具有清晰的温度层次显示，并结合数值测温手段，如热点跟踪、区域温度跟踪等手段进行检测。应充分利用仪器的有关功能，如图像平均、自动跟踪等，以达到最佳检测效果。
2）环境温度发生较大变化时，应对仪器重新进行内部温度校准。
3）发现有异常后，再有针对性地近距离对异常部位和重点被测设备进行精确检测。
4）测温时，应确保现场实际测量距离满足仪器有效测量距离的要求</td><td></td></tr>
<tr><td>现场工作收尾</td><td>现场清理</td><td>1）检查检测数据是否准确、完整。
2）恢复设备到检测前状态。
3）检查确认施工器具已全部撤离工作现场、作业现场无遗留物。
4）所有作业人员撤离作业场地</td><td></td></tr>
<tr><td>数据分析与处理</td><td>判断方法</td><td>1）表面温度判断法。主要适用于电流致热型和电磁效应引起发热的设备。根据测得的设备表面温度值，对照GB/T 11022中高压开关设备和控制设备各种部件、材料及绝缘介质的温度和温升极限的有关规定（详细规定见附件3），结合检测时环境气候条件和设备的实际电流（负荷）、正常运行中可能出现的最大电流（负荷）以及设备的额定电流（负荷）等进行分析判断。</td><td></td></tr>
</table>

续表

作业流程	作业项目	作业内容及工艺标准	备注
数据分析与处理	判断方法	2）相对温差判断法。主要适用于电流致热型设备。特别是对于检测时电流（负荷）较小，且按照1）未能确定设备缺陷类型的电流致热型设备，在不与附件3规定相冲突的前提下，采用相对温差判断法，可提高对设备缺陷类型判断的准确性，降低运行电流（负荷）较小时设备缺陷的漏判率。 3）图像特征判断法。主要适用于电压致热型设备。根据同类设备的正常状态和异常状态的热像图，判断设备是否正常。注意应尽量排除各种干扰因素对图像的影响，必要时结合电气试验或化学分析的结果进行综合判断。 4）同类比较判断法。根据同类设备之间对应部位的表面温差进行比较分析判断。对于电压致热型设备，应结合3）进行判断；对于电流致热型设备，应先按照1）进行判断，如未能确定设备的缺陷类型时，再按照2）进行判断，最后才按照4）判断。档案（或历史）热像图也多用作同类比较判断。 5）综合分析判断法。主要适用于综合致热型设备。对于油浸式套管、电流互感器等综合致热型设备，当缺陷由两种或两种以上因素引起的，应根据运行电流、发热部位和性质，结合1)～4）进行综合分析判断。对于因磁场和漏磁引起的过热，可依据电流致热型设备的判据进行判断。 6）实时分析判断法。在一段时间内让红外热像仪连续检测/监测某被测设备，观察、记录设备温度随负载、时间等因素变化，并进行实时分析判断。多用于非常态大负荷试验或运行、带缺陷运行设备的跟踪和分析判断	
	判断依据	1）电流致热型设备的判断依据详细见附件4。 2）电压致热型设备的判断依据详细见附件5	
	缺陷分类及处理	1）一般缺陷。当设备存在过热，比较温度分布有差异，但不会引发设备故障，一般仅做记录，可利用停电（或周期）检修机会，有计划地安排试验检修，消除缺陷。对于负荷率低、温升小但相对温差大的设备，如果负荷有条件或机会改变时，可在增大负荷电流后进行复测，以确定设备缺陷的性质，否则，可视为一般缺陷，记录在案。 2）严重缺陷。当设备存在过热，或出现热像特征异常，程度较严重，应早作计划，安排处理。未消缺期间，对电流致热型设备，应有措施（如加强检测次数，清楚温度随负荷等变化的相关程度等），必要时可限负荷运行；对电压致热型设备，应加强监测并安排其他测试手段进行检查，缺陷性质确认后，安排计划消缺。 3）危急缺陷。当电流（磁）致热型设备热点温度超过附件3规定的允许限值温度（或温升）时，应立即安排设备消缺处理，或设备带负荷限值运行；对于电压致热型设备和容易判定内部缺陷性质的设备（如缺油的充油套管、未打开的冷却器阀、温度异常的高压电缆终端等）其缺陷明显严重时，应立即消缺或退出运行，必要时，可安排其他试验手段进行确诊，并处理解决。 4）电压致热型设备的缺陷宜纳入严重及以上缺陷处理程序管理	

续表

作业流程	作业项目	作业内容及工艺标准	备注
原始数据与检测报告	原始数据	1）在检测过程中，应随时保存有缺陷的红外热像检测原始数据，如文件夹名称可建立为变电站名＋检测日期（如芜湖站 20230101）。 2）按仪器自动生成编号进行命名，依次顺序定为 20230101001、20230101002、20230101003……，并通过附件 1 与相应间隔的具体设备对应（如 1 号主变高压套管接线板 A 相、1 号主变高压套管接线板 B 相等）	
	检测报告	检修工作结束后，应在 15 个工作日内将试验报告整理完毕，记录格式见附件 1。对于存在缺陷设备应提供检测异常报告，报告格式见附件 2	

2.1.6 作业指导书执行情况评估

评估内容	符合性	优秀		可操作项	
		良好		不可操作项	
		一般			
	可操作性	优秀		修改项	
		良好		增补项	
		一般		删除项	
存在问题					
改进意见					

2.1.7 附件

附件 1　红外热像检测报告

×××变电站红外热像检测报告

一、基本信息						
变电站		委托单位		试验单位		
试验性质		试验日期		试验人员		试验地点
报告日期		编制人		审核人		批准人
试验天气		温度/℃		湿度（%）		

二、检测数据									
序号	间隔名称	设备名称	缺陷部位	表面温度	正常温度	环境温度	负荷电流	图谱编号	备注（辐射系数/风速/距离等）
1									
2									
3									

续表

序号	间隔名称	设备名称	缺陷部位	表面温度	正常温度	环境温度	负荷电流	图谱编号	备注（辐射系数/风速/距离等）
4									
5									
6									
7									
8									
9									
10									
…									
检测仪器									
结论									
备注									

附件 2　红外热像检测异常报告

×××变电站红外检测异常报告

天气______　温度______℃　湿度______%　　　检测日期：________年______月______日

发热设备名称			检测性质	
具体发热部位				
三相温度/℃	A：	B：	C：	
环境参照体温度/℃：		风速/(m/s)		
温差/K		相对温差（%）		
负荷电流/A		额定电流/A		
测试仪器（厂家/型号）		额定电压/kV		
红外图像：（图像应有必要信息的描述，如测试距离、反射率、测试具体时间等）				
可见光图：（必要时）				
备注：				

编制人：________________　　　　审核人：________________

附件 3　高压开关设备和控制设备各种部件、材料和绝缘介质的温度和温升极限

部件、材料和绝缘介质的类别（见说明 1 、说明 2 和说明 3）	最大值	
	温度/℃	周围空气温度不超过40℃时的温升/K
触头（见说明 4）		
（1）裸铜或裸铜合金。		
1）在空气中；	75	35
2）在 SF_6（六氟化硫）中（见说明 5）；	105	65
3）在油中。	80	40
（2）镀银或镀镍（见说明 6）。		
1）在空气中；	105	65
2）在 SF_6（六氟化硫）中（见说明 5）；	105	65
3）在油中。	90	50
（3）镀锡（见说明 6）。		
1）在空气中；	90	50
2）在 SF_6（六氟化硫）中（见说明 5）；	90	50
3）在油中	90	50
用螺栓或与其等效的连接（见说明 4）		
（1）裸铜、裸铜合金或裸铝合金。		
1）在空气中；	90	50
2）在 SF_6（六氟化硫）中（见说明 5）；	115	75
3）在油中。	100	60
（2）镀银或镀镍。		
1）在空气中；	115	75
2）在 SF_6（六氟化硫）中（见说明 5）；	115	75
3）在油中。	100	60
（3）镀锡。		
1）在空气中；	105	65
2）在 SF_6（六氟化硫）中（见说明 5）；	105	65
3）在油中	100	60
其他裸金属制成的或其他镀层的触头、连接	见说明 7	见说明 7
用螺钉或螺栓与外部导体连接的端子（见说明 8）		
1）裸的；	90	50
2）镀银、镀镍或镀锡；	105	65
3）其他镀层	见说明 7	见说明 7
油断路器装置用油（见说明 9 和说明 10）	90	50
用作弹簧的金属零件	见说明 11	见说明 11

续表

部件、材料和绝缘介质的类别（见说明 1 、说明 2 和说明 3）	最大值	
	温度/℃	周围空气温度不超过40℃时的温升/K
绝缘材料以及与下列等级的绝缘材料接触的金属材料（见说明 12） 1）Y； 2）A； 3）E； 4）B； 5）F； 6）瓷漆：油基； 合成； 7）H； 8）C 其他绝缘材料	 90 105 120 130 155 100 120 180 见说明 13	 60 65 80 90 115 60 80 140 见说明 13
除触头外，与油接触的任何金属或绝缘件	100	60
可触及的部件 1）在正常操作中可触及的； 2）在正常操作中不需触及的	 70 80	 30 40

说明 1：按其功能，同一部件可以属于本表列出的几种类别。在这种情况下，允许的最高温度和温升值是相关类别中的最低值。

说明 2：对真空断路器装置，温度和温升的极限值不适用于处在真空中的部件。其余部件不应该超过本表给出的温度和温升值。

说明 3：应注意保证周围的绝缘材料不遭到损坏。

说明 4：当接合的零件具有不同的镀层或一个零件是裸露的材料制成的，允许的温度和温升应该是：①对触头，表项 1 中有最低允许值的表面材料的值；②对连接，表项 2 中的最高允许值的表面材料的值。

说明 5：SF_6 是指纯 SF_6 或 SF_6 与其他无氧气体的混合物。

注 1 ：由于不存在氧气，把 SF_6 开关设备中各种触头和连接的温度极限加以协调看来是合适的。在 SF_6 环境下，裸铜和裸铜合金零件的允许温度极限可以等于镀银或镀镍零件的值。在镀锡零件的特殊情况下，由于摩擦腐蚀效应，即使在 SF_6 无氧的条件下，提高其允许温度也是不合适的。因此镀锡零件仍取原来的值。

注 2 ：裸铜和镀银触头在 SF_6 中的温升正在考虑中。

说明 6：按照设备有关的技术条件，即在关合和开断试验（如果有的话）后、在短时耐受电流试验后或在机械耐受试验后，有镀层的触头在接触区应该有连续的镀层，不然触头应该被看作是“裸露”的。

说明 7：当使用本附件中没有给出的材料时，应该研究他们的性能，以便确定最高的允许温升。

说明 8：即使和端子连接的是裸导体，这些温度和温升值仍是有效的。

说明 9 ：在油的上层。

说明 10 ：当采用低闪点的油时，应当特别注意油的汽化和氧化。

说明 11 ：温度不应该达到使材料弹性受损的数值。

说明 12 ：绝缘材料的分级在 GB/T 11021—2014《电气绝缘耐热性和表示方法》中给出。

说明 13 ：仅以不损害周围的零部件为限。

附件 4　电流致热型设备缺陷诊断判据

设备类别和部位		热像特征	故障特征	缺陷性质			处理建议	备注
				一般缺陷	严重缺陷	危急缺陷		
电气设备与金属部件的连接	接头和线夹	以线夹和接头为中心的热像，热点明显	接触不良	$\delta \geq 35\%$，但热点温度未达到严重缺陷温度值	80℃≤热点温度≤110℃或$\delta \geq 80\%$但热点温度未达到危急缺陷温度值	热点温度＞110℃或$\delta \geq 95\%$且热点温度＞80℃		
金属部件与金属部件的连接	接头和线夹	以线夹和接头为中心的热像，热点明显	接触不良		90℃≤热点温度≤130℃或$\delta \geq 80\%$但热点温度未达到危急缺陷温度值	热点温度＞130℃或$\delta \geq 95\%$且热点温度＞90℃		
金属导线		以导线为中心的热像，热点明显	松股、断股、老化或截面积不够	$\delta \geq 35\%$，但热点温度未达到严重缺陷温度值	80℃≤热点温度≤110℃或$\delta \geq 80\%$但热点温度未达到危急缺陷温度值	热点温度＞110℃或$\delta \geq 95\%$且热点温度＞80℃		
输电导线的连接器（耐张线夹、接续管、修补管、并沟线夹、跳线线夹、T型线夹、设备线夹等）		以线夹和接头为中心的热像，热点明显	接触不良	$\delta \geq 35\%$，但热点温度未达到严重缺陷温度值	90℃≤热点温度≤130℃或$\delta \geq 80\%$但热点温度未达到危急缺陷温度值	热点温度＞130℃或$\delta \geq 95\%$且热点温度＞90℃		
隔离开关	转头	以转头为中心的热像	转头接触不良或断股	$\delta \geq 35\%$，但热点温度未达到严重缺陷温度值	90℃≤热点温度≤130℃或$\delta \geq 80\%$但热点温度未达到危急缺陷温度值	热点温度＞130℃或$\delta \geq 95\%$且热点温度＞90℃		
	刀口	以刀口压接弹簧为中心的热像	弹簧压接不良				测量接触电阻	

续表

<table>
<tr><th colspan="2" rowspan="2">设备类别和部位</th><th rowspan="2">热像特征</th><th rowspan="2">故障特征</th><th colspan="3">缺陷性质</th><th rowspan="2">处理建议</th><th rowspan="2">备注</th></tr>
<tr><th>一般缺陷</th><th>严重缺陷</th><th>危急缺陷</th></tr>
<tr><td rowspan="2">断路器</td><td>动静触头</td><td>以顶帽和下法兰为中心的热像，顶帽温度大于下法兰温度</td><td rowspan="2">压指压接不良</td><td rowspan="2">δ≥35%，但热点温度未达到严重缺陷温度值</td><td rowspan="2">55℃≤热点温度≤80℃或δ≥80%但热点温度未达到危急缺陷温度值</td><td rowspan="2">热点温度>80℃或δ≥95%且热点温度>55℃</td><td rowspan="2">测量接触电阻</td><td>内外部的温差为50～70K</td></tr>
<tr><td>中间触头</td><td>以下法兰和顶帽为中心的热像，下法兰温度大于顶帽温度</td><td>内外部的温差为40～60K</td></tr>
<tr><td>电流互感器</td><td>内连接</td><td>以串并联出线头或大螺杆出线夹为最高温度的热像或以顶部铁帽发热为特征</td><td>螺杆接触不良</td><td rowspan="4">δ≥35%，但热点温度未达到严重缺陷温度值</td><td rowspan="4">55℃≤热点温度≤80℃或δ≥80%但热点温度未达到危急缺陷温度值</td><td rowspan="4">热点温度>80℃或δ≥95%且热点温度>55℃</td><td>测量一次回路电阻</td><td>内外部的温差为30～45K</td></tr>
<tr><td>套管</td><td>柱头</td><td>以套管顶部柱头为最热的热像</td><td>柱头内部并线压接不良</td><td></td><td></td></tr>
<tr><td rowspan="2">电容器</td><td>熔丝</td><td>以熔丝中部靠电容侧为最热的热像</td><td>熔丝容量不够</td><td>检查熔丝</td><td>环氧管的遮挡</td></tr>
<tr><td>熔丝座</td><td>以熔丝座为最热的热像</td><td>熔丝与熔丝座之间接触不良</td><td>检查熔丝座</td><td></td></tr>
</table>

续表

设备类别和部位		热像特征	故障特征	缺陷性质			处理建议	备注
				一般缺陷	严重缺陷	危急缺陷		
直流换流阀	电抗器	以铁心表面过热为特征	铁心损耗异常	温差＞5K，热点温度未达到严重缺陷温度值	温差＞10K，60℃≤热点温度≤70℃	热点温度＞70℃（设计允许限值）		
变压器	箱体	以箱体局部表面过热为特征	漏磁环（涡）流现象	$\delta \geqslant 35\%$，但热点温度未达到严重缺陷温度值	85℃≤热点温度≤105℃	热点温度＞105℃	检查油色谱和轻瓦斯动作情况	
干式变压器、接地变压器、串联电抗器、并联电抗器	铁心	以铁心局部表面过热为特征	铁心局部短路	$\delta \geqslant 35\%$，但热点温度未达到严重缺陷温度值	F级绝缘130℃≤热点温度≤155℃；H级绝缘140℃≤热点温度≤180℃	F级绝缘热点温度＞155℃；H级绝缘热点温度＞180℃		
	绕组	以绕组表面有局部过热或出线端子处过热为特征	绕组匝间短路或接头接触不良	$\delta \geqslant 35\%$，但热点温度未达到严重缺陷温度值	F级绝缘130℃≤热点温度≤155℃；H级绝缘140℃≤热点温度≤180℃；相间温差＞10℃	F级绝缘热点温度＞155℃；H级绝缘热点温度＞180℃；相间温差＞20℃		

相对温差计算公式为

$$\delta_t = (\tau_1 - \tau_2)/\tau_1 \times 100\% = (T_1 - T_2)/(T_1 - T_0) \times 100\%$$

式中 τ_1、T_1——分别为发热点的温升和温度；

τ_2、T_2——分别为正常相对应点的温升和温度；

T_0——被测设备区域的环境温度，即气温。

附件5　电压致热型设备缺陷诊断判据

<table>
<tr><th colspan="2">设备类别</th><th>热像特征</th><th>故障特征</th><th>温差/K</th><th>处理建议</th><th>备注</th></tr>
<tr><td rowspan="2">电流互感器</td><td>10kV浇注式</td><td>以本体为中心整体发热</td><td>铁心短路或局部放电增大</td><td>4</td><td>伏安特性或局部放电量试验</td><td></td></tr>
<tr><td>油浸式</td><td>以瓷套整体温升增大，且瓷套上部温度偏高</td><td>介质损耗偏大</td><td>2～3</td><td>介质损耗、油色谱、油中含水量检测</td><td>含气体绝缘的</td></tr>
<tr><td rowspan="2">电压互感器（含电容式电压互感器的互感器部分）</td><td>10kV浇注式</td><td>以本体为中心整体发热</td><td>铁心短路或局部放电增大</td><td>4</td><td>特性或局部放电量试验</td><td></td></tr>
<tr><td>油浸式</td><td>以整体温升偏高，且中上部温度大</td><td>介质损耗偏大、匝间短路或铁心损耗增大</td><td>2～3</td><td>介质损耗、空载、油色谱及油中含水量测量</td><td>铁心故障特征相似，温升更明显</td></tr>
<tr><td>耦合电容器</td><td>油浸式</td><td>以整体温升偏高或局部过热，且发热符合自上而下逐步的递减的规律</td><td>介质损耗偏大，电容量变化、老化或局部放电</td><td rowspan="4">2～3</td><td rowspan="2">介质损耗测量</td><td></td></tr>
<tr><td colspan="2">移相电容器</td><td>热像一般以本体上部为中心的热像图，正常热像最高温度一般在宽面垂直平分线的2/3高度左右，其表面温升略高，整体发热或局部发热</td><td>介质损耗偏大，电容量变化、老化或局部放电</td><td>采用相对温差判别即δ>20%或有不均匀热像</td></tr>
<tr><td colspan="2" rowspan="2">高压套管</td><td>热像特征呈现以套管整体发热热像</td><td>介质损耗偏大</td><td>介质损耗测量</td><td rowspan="2">穿墙套管或电缆头套管温差更小</td></tr>
<tr><td>热像为对应部位呈现局部发热区故障</td><td>局部放电故障，油路或气路的堵塞</td><td></td></tr>
</table>

续表

设备类别		热像特征	故障特征	温差/K	处理建议	备注
充油套管	瓷瓶柱	热像特征是以油面处为最高温度的热像，油面有一明显的水平分界线	缺油			
氧化锌避雷器		正常为整体轻微发热，分部均匀，较热点一般在靠近上部，多节组合从上到下各节温度递减，引起整体（或单节）发热或局部发热为异常	阀片受潮或老化	0.5～1	进行直流和交流试验	合成套比瓷套温差更小
绝缘子	瓷绝缘子	正常绝缘子串的温度分布同电压分布规律，即呈现不对称的马鞍型，相邻绝缘子温差很小，以铁帽为发热中心的热像图，其比正常绝缘子温度高	低值绝缘子发热（绝缘电阻在10～300MΩ）	1	进行精确检测或其他电气方法零、低阻值的检测确认，视缺陷绝缘子片数作相应的缺陷处理	
		发热温度比正常绝缘子要低，热像特征与绝缘子相比，呈暗色调	零值绝缘子发热（0～10MΩ）	1		5～10MΩ时可出现检测盲区，热像同正常绝缘子
		其热像特征是以瓷盘（或玻璃盘）为发热区的热像	由于表面污秽引起绝缘子泄漏电流增大	0.5		
	合成绝缘子	在绝缘良好和绝缘劣化的结合处出现局部过热，随着时间的延长，过热部位会移动	伞裙破损或芯棒受潮	0.5～1		
		球头部位过热	球头部位松脱、进水			

续表

<table>
<tr><th>设备类别</th><th>热像特征</th><th>故障特征</th><th>温差/K</th><th>处理建议</th><th>备注</th></tr>
<tr><td rowspan="5">电缆终端</td><td>橡塑绝缘电缆半导电断口过热</td><td>内部可能有局部放电</td><td>5～10</td><td></td><td>10kV、35kV热缩终端</td></tr>
<tr><td>以整个电缆头为中心的热像</td><td>电缆头受潮、劣化或气隙</td><td>0.5～1</td><td></td><td></td></tr>
<tr><td>以护层接地连接为中心的发热</td><td>接地不良</td><td>5～10</td><td></td><td rowspan="3">采用相对温差判别即 $\delta > 20\%$ 或有不均匀热像</td></tr>
<tr><td>伞裙局部区域过热</td><td>内部可能有局部放电</td><td rowspan="2">0.5～1</td><td></td></tr>
<tr><td>根部有整体性过热</td><td>内部介质受潮或性能异常</td><td></td></tr>
</table>

附件 6　风速、风级的关系

风力等级	风速/(m/s)	地面特征
0	0～0.2	静烟直上
1	0.3～1.5	烟能表示方向，树枝略有摆动，但风向标不能转动
2	1.6～3.3	人脸感觉有风，树枝有微响，旗帜开始飘动，风向标能转动
3	3.4～5.4	树叶和微枝摆动不息，旌旗展开
4	5.5～7.9	能吹起地面灰尘和纸张，小树枝摆动
5	8.0～10.7	有叶的小树摇摆，内陆水面有水波
6	10.8～13.8	大树枝摆动，电线呼呼有声，举伞困难
7	13.9～17.1	全树摆动，迎风行走不便

2.2　红外热成像精确检测

2.2.1　适用范围

本节适用于变电运维人员实施变电运维一体化项目作业，变电运维一体化作业实操培训可参考执行。

2.2.2　参考资料

下列文件对于本节的应用是必不可少的。凡是注日期的引用文件，仅所注日期的版本适用于本节。凡是不注日期的引用文件，其最新版本（包括所有的修改单）适用于本节。

GB/T 11022 高压交流开关设备和控制设备标准的共用技术要求
DL/T 664 带电设备红外诊断应用规范
Q/GDW 1799.1 国家电网公司电力安全工作规程 变电部分
Q/GDW 1168 输变电设备状态检修试验规程
国网〔运检/3〕828—2017 国家电网公司变电检测管理规定（试行）

2.2.3 作业前准备工作

2.2.3.1 作业人员要求

√	序号	责任人	工作要求	备注
	1	作业负责人	1）熟悉红外诊断技术的基本原理和诊断程序。 2）了解红外热成像仪的工作原理、技术参数和性能。 3）掌握红外热成像仪的操作程序和使用方法。 4）了解被测设备的结构特点、工作原理、运行状况和导致设备故障的基本因素。 5）具有一定的现场工作经验，熟悉并能严格遵守电力生产和工作现场的相关安全管理规定。 6）作业负责人必须经本单位批准	
	2	作业人员	1）现场工作人员的身体状况、精神状态良好。 2）作业辅助人员（外来）必须经负责施教的人员对其进行安全措施、作业范围、安全注意事项等方面施教后方可参加工作。 3）所有作业人员必须具备必要的电气知识，基本掌握本专业作业技能及《国家电网公司电力安全工作规程 变电部分》的相关知识，并经考试合格	

2.2.3.2 作业材料及工器具准备

√	序号	名称	规格	单位	数量	备注
	1	作业指导书		份	1	
	2	上次检测记录		份	1	
	3	检测记录表		份	1	
	4	红外热成像仪器		台	1	
	5	温湿度仪		个	1	
	6	风速仪		个	1	
	7	应急灯		盏	1	

2.2.3.3 作业危险点分析及安全预控措施

√	序号	危险点分析	安全控制措施
	1	触电伤害	严禁跨越设备遮栏作业，并与1000kV设备保持不小于8.7m、500kV设备保持不小于5m、220kV设备保持不小于3m、110kV设备保持不小于1.5m、35kV设备保持不小于1m、10kV设备不小于0.7m的安全距离

续表

√	序号	危险点分析	安全控制措施
	2	设备损坏	工作中严禁误动误碰运行设备，工作中发现设备故障异常及时汇报，按正常工作程序处理，严禁擅自处理
	3	摔跌	熟悉现场环境，防止人员摔跌，夜间检测应带照明工具

2.2.4 作业流程图

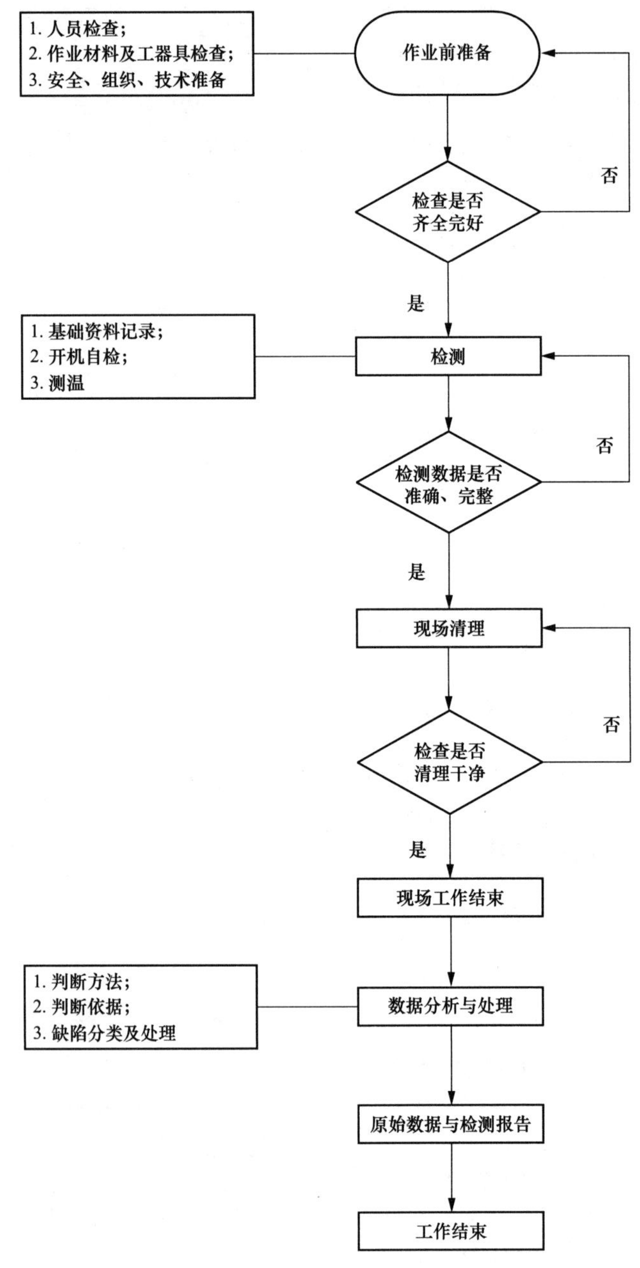

2.2.5 主要作业流程及工艺标准

作业流程	作业项目	作业内容及工艺标准	备注
作业前准备	人员检查	1）所有作业人员必须掌握《国家电网公司电力安全工作规程 变电部分》相关知识，并经考试合格。 2）作业人员应精神饱满，身体状态良好。 3）正确佩戴安全帽，着装符合安全要求	
	作业材料及工器具检查	1）了解相关设备数量、型号、制造厂家、安装日期等信息以及运行情况，制定相应的技术措施。 2）配备与检测工作相符的图纸、上次检测的记录。 3）确认待测设备处于运行状态且连续通电时间不小于 6h，最好在 24h 以上；待测设备上无其他外部作业	
	安全、组织、技术准备	1）全体作业人员列队，作业负责人交代安全、组织和技术要求，对所有作业人员布置作业任务、作业内容、操作要求和重要注意事项。 2）明确作业过程中的危险因素、防范措施和事故紧急处理措施；强调操作要点并进行安全和技术交底	
检测	基础资料记录	1）检测期间天气为阴天、多云天气、夜间或晴天日落 2h 后。记录环境温度（不宜低于 0℃）、环境相对湿度（不宜大于 85%）。 2）风速（一般不大于 1.5m/s），若检测中风速发生明显变化，应记录风速，必要时可参照附件 6。 3）记录待测设备信息（双重名称、额定电流、负荷电流等）	
	开机自检	1）被检测设备周围应具有均衡的背景辐射，应尽量避开附近热辐射源的干扰，某些设备被检测时还应避开人体热源等的红外辐射。 2）仪器开机，将环境温度、相对湿度、测量距离等其他补偿参数输入，进行必要修正，并选择适当的测温范围。 3）正确选择被测设备的辐射率，特别要考虑金属材料表面氧化对选取辐射率的影响，辐射率选取具体可参见附件 7	
	测温	1）宜事先选择 2 个以上不同的检测方向和角度，确定一最佳检测位置并记录（或设置作为其基准图像），以供今后的复测用，提高互比性和工作效率。 2）在安全距离允许的条件下，红外仪器宜尽量靠近被测设备，使被测设备（或目标）尽量充满整个仪器的视场，以提高仪器对被测设备表面细节的分辨能力及测温准确度，必要时，可使用中、长焦距镜头。 3）发现设备可能存在温度分布特征异常时，应手动进行温度范围及电平的调节，使异常设备或部位突出显示。 4）记录被检测设备的实际负荷电流、额定电流、运行电压及被检物体温度及环境温度值，同时记录热像图	

续表

作业流程	作业项目	作业内容及工艺标准	备注
现场工作收尾	现场清理	1）检查检测数据是否准确、完整。 2）恢复设备到检测前状态。 3）检查确认施工器具已全部撤离工作现场、作业现场无遗留物。 4）所有作业人员撤离作业场地	
数据分析与处理	判断方法	1）表面温度判断法。主要适用于电流致热型和电磁效应引起发热的设备。根据测得的设备表面温度值，对照 GB/T 11022 中高压开关设备和控制设备各种部件、材料及绝缘介质的温度和温升极限的有关规定（详细规定见附件 3），结合检测时环境气候条件和设备的实际电流（负荷）、正常运行中可能出现的最大电流（负荷）以及设备的额定电流（负荷）等进行分析判断。 2）相对温差判断法。主要适用于电流致热型设备。特别是对于检测时电流（负荷）较小，且按照 1）未能确定设备缺陷类型的电流致热型设备，在不与附件 3 规定相冲突的前提下，采用相对温差判断法，可提高对设备缺陷类型判断的准确性，降低运行电流（负荷）较小时设备缺陷的漏判率。 3）图像特征判断法。主要适用于电压致热型设备。根据同类设备的正常状态和异常状态的热像图，判断设备是否正常。注意应尽量排除各种干扰因素对图像的影响，必要时结合电气试验或化学分析的结果进行综合判断。 4）同类比较判断法。根据同类设备之间对应部位的表面温差进行比较分析判断。对于电压致热型设备，应结合 3)进行判断；对于电流致热型设备，应先按照 1）进行判断，如未能确定设备的缺陷类型时，再按照 2）进行判断，最后才按照 4）判断。档案（或历史）热像图也多用作同类比较判断。 5）综合分析判断法。主要适用于综合致热型设备。对于油浸式套管、电流互感器等综合致热型设备，当缺陷由两种或两种以上因素引起的，应根据运行电流、发热部位和性质，结合 1）～4）进行综合分析判断。对于因磁场和漏磁引起的过热，可依据电流致热型设备的判据进行判断。 6）实时分析判断法。在一段时间内让红外热像仪连续检测/监测某被测设备，观察、记录设备温度随负载、时间等因素变化，并进行实时分析判断。多用于非常态大负荷试验或运行、带缺陷运行设备的跟踪和分析判断	
	判断依据	1）电流致热型设备的判断依据详细见附件 4。 2）电压致热型设备的判断依据详细见附件 5	
	缺陷分类及处理方法	1）一般缺陷。当设备存在过热，比较温度分布有差异，但不会引发设备故障，一般仅做记录，可利用停电（或周期）检修机会，有计划地安排试验检修，消除缺陷。对于负荷率低、温升小但相对温差大的设备，如果负荷有条件或机会改变时，可在增大负荷电流后进行复测，以确定设备缺陷的性质，否则，可视为一般缺陷，记录在案。	

续表

作业流程	作业项目	作业内容及工艺标准	备注
数据分析与处理	缺陷分类及处理方法	2）严重缺陷。当设备存在过热，或出现热像特征异常，程度较严重，应早作计划，安排处理。未消缺期间，对电流致热型设备，应有措施（如加强检测次数，清楚温度随负荷等变化的相关程度等），必要时可限负荷运行；对电压致热型设备，应加强监测并安排其他测试手段进行检查，缺陷性质确认后，安排计划消缺。 3）危急缺陷。当电流（磁）致热型设备热点温度超过附件3规定的允许限值温度（或温升）时，应立即安排设备消缺处理，或设备带负荷限值运行；对于电压致热型设备和容易判定内部缺陷性质的设备（如缺油的充油套管、未打开的冷却器阀、温度异常的高压电缆终端等）其缺陷明显严重时，应立即消缺或退出运行，必要时，可安排其他试验手段进行确诊，并处理解决。 4）电压致热型设备的缺陷宜纳入严重及以上缺陷处理程序管理	
原始数据与检测报告	原始数据	1）在检测过程中，应随时保存有缺陷的红外热像检测原始数据，文件夹名称可建立为变电站名＋检测日期（如芜湖站20230101）。 2）按仪器自动生成编号进行命名，依次顺序定为20230101001、20230101002、20230101003……，并通过附件1与相应间隔的具体设备对应（如1号主变高压套管接线板A相、1号主变高压套管接线板B相等）	
	检测报告	检修工作结束后，应在15个工作日内将试验报告整理完毕，记录格式见附件1。对于存在缺陷设备应提供检测异常报告，报告格式见附件2	

2.2.6 作业指导书执行情况评估

<table>
<tr><td rowspan="6">评估内容</td><td rowspan="3">符合性</td><td>优秀</td><td></td><td>可操作项</td><td rowspan="6"></td></tr>
<tr><td>良好</td><td></td><td rowspan="2">不可操作项</td></tr>
<tr><td>一般</td><td></td></tr>
<tr><td rowspan="3">可操作性</td><td>优秀</td><td></td><td>修改项</td></tr>
<tr><td>良好</td><td></td><td>增补项</td></tr>
<tr><td>一般</td><td></td><td>删除项</td></tr>
<tr><td>存在问题</td><td colspan="5"></td></tr>
<tr><td>改进意见</td><td colspan="5"></td></tr>
</table>

2.2.7 附件

附件 1 红外热像检测报告

×××变电站红外热像检测报告

一、基本信息						
变电站		委托单位		试验单位		
试验性质		试验日期		试验人员		试验地点
报告日期		编制人		审核人		批准人
试验天气		温度/℃		湿度（%）		

二、检测数据									
序号	间隔名称	设备名称	缺陷部位	表面温度	正常温度	环境温度	负荷电流	图谱编号	备注（辐射系数/风速/距离等）
1									
2									
3									
4									
5									
6									
7									
8									
9									
10									
…									
检测仪器									
结论									
备注									

附件 2　红外热像检测异常报告

×××变电站红外检测异常报告

天气______　温度______℃　湿度______%　　　　　检测日期：________年______月______日

发热设备名称			检测性质：	
具体发热部位				
三相温度/℃	A：	B：		C：
环境参照体温度/℃		风速/(m/s)		
温差/K		相对温差（%）		
负荷电流/A		额定电流/A		
测试仪器（厂家/型号）		额定电压/kV		
红外图像：(图像应有必要信息的描述，如测试距离、反射率、测试具体时间等)				
可见光图：(必要时)				
备注：				

编制人：________________　　　　　　　　　　审核人：________________

附件3 高压开关设备和控制设备各种部件、材料和绝缘介质的温度和温升极限

部件、材料和绝缘介质的类别（见说明1、说明2和说明3）	最大值	
	温度/℃	周围空气温度不超过40℃时的温升/K
触头（见说明4） （1）裸铜或裸铜合金。 1）在空气中； 2）在 SF_6（六氟化硫）中（见说明5）； 3）在油中。 （2）镀银或镀镍（见说明6）。 1）在空气中； 2）在 SF_6（六氟化硫）中（见说明5）； 3）在油中。 （3）镀锡（见说明6）。 1）在空气中； 2）在 SF_6（六氟化硫）中（见说明5）； 3）在油中	 75 105 80 105 105 90 90 90 90	 35 65 40 65 65 50 50 50 50
用螺栓或与其等效的连接（见说明4） （1）裸铜、裸铜合金或裸铝合金。 1）在空气中； 2）在 SF_6（六氟化硫）中（见说明5）； 3）在油中。 （2）镀银或镀镍。 1）在空气中； 2）在 SF_6（六氟化硫）中（见说明5）； 3）在油中。 （3）镀锡。 1）在空气中； 2）在 SF_6（六氟化硫）中（见说明5）； 3）在油中	 90 115 100 115 115 100 105 105 100	 50 75 60 75 75 60 65 65 60
其他裸金属制成的或其他镀层的触头、连接	见说明7	见说明7
用螺钉或螺栓与外部导体连接的端子（见说明8） 1）裸的； 2）镀银、镀镍或镀锡； 3）其他镀层	 90 105 见说明7	 50 65 见说明7
油断路器装置用油（见说明9和说明10）	90	50
用作弹簧的金属零件	见说明11	见说明11

续表

部件、材料和绝缘介质的类别（见说明 1 、说明 2 和说明 3）	最大值	
	温度/℃	周围空气温度不超过40℃时的温升/K
绝缘材料以及与下列等级的绝缘材料接触的金属材料（见说明 12）		
1）Y；	90	60
2）A；	105	65
3）E；	120	80
4）B；	130	90
5）F；	155	115
6）瓷漆：油基；	100	60
合成；	120	80
7）H；	180	140
8）C 其他绝缘材料	见说明 13	见说明 13
除触头外，与油接触的任何金属或绝缘件	100	60
可触及的部件		
1）在正常操作中可触及的；	70	30
2）在正常操作中不需触及的	80	40

说明 1：按其功能，同一部件可以属于本表列出的几种类别。在这种情况下，允许的最高温度和温升值是相关类别中的最低值。

说明 2：对真空断路器装置，温度和温升的极限值不适用于处在真空中的部件。其余部件不应该超过本表给出的温度和温升值。

说明 3：应注意保证周围的绝缘材料不遭到损坏。

说明 4：当接合的零件具有不同的镀层或一个零件是裸露的材料制成的，允许的温度和温升应该是：①对触头，表项 1 中有最低允许值的表面材料的值；②对连接，表项 2 中的最高允许值的表面材料的值。

说明 5：SF_6 是指纯 SF_6 或 SF_6 与其他无氧气体的混合物。

注 1：由于不存在氧气，把 SF_6 开关设备中各种触头和连接的温度极限加以协调看来是合适的。在 SF_6 环境下，裸铜和裸铜合金零件的允许温度极限可以等于镀银或镀镍零件的值。在镀锡零件的特殊情况下，由于摩擦腐蚀效应，即使在 SF_6 无氧的条件下，提高其允许温度也是不合适的。因此镀锡零件仍取原来的值。

注 2：裸铜和镀银触头在 SF_6 中的温升正在考虑中。

说明 6：按照设备有关的技术条件，即在关合和开断试验（如果有的话）后、在短时耐受电流试验后或在机械耐受试验后，有镀层的触头在接触区应该有连续的镀层，不然触头应该被看作是“裸露”的。

说明 7：当使用本附件中没有给出的材料时，应该研究他们的性能，以便确定最高的允许温升。

说明 8：即使和端子连接的是裸导体，这些温度和温升值仍是有效的。

说明 9：在油的上层。

说明 10：当采用低闪点的油时，应当特别注意油的汽化和氧化。

说明 11：温度不应该达到使材料弹性受损的数值。

说明 12：绝缘材料的分级在 GB/T 11021—2014《电气绝缘耐热性和表示方法》中给出。

说明 13：仅以不损害周围的零部件为限。

附件4　电流致热型设备缺陷诊断判据

设备类别和部位		热像特征	故障特征	缺陷性质			处理建议	备注
				一般缺陷	严重缺陷	危急缺陷		
电气设备与金属部件的连接	接头和线夹	以线夹和接头为中心的热像，热点明显	接触不良	δ≥35%，但热点温度未达到严重缺陷温度值	80℃≤热点温度≤110℃或δ≥80%但热点温度未达到危急缺陷温度值	热点温度＞110℃或δ≥95%且热点温度＞80℃		
金属部件与金属部件的连接	接头和线夹	以线夹和接头为中心的热像，热点明显	接触不良	δ≥35%，但热点温度未达到严重缺陷温度值	90℃≤热点温度≤130℃或δ≥80%但热点温度未达到危急缺陷温度值	热点温度＞130℃或δ≥95%且热点温度＞90℃		
金属导线		以导线为中心的热像，热点明显	松股、断股、老化或截面积不够	δ≥35%，但热点温度未达到严重缺陷温度值	80℃≤热点温度≤110℃或δ≥80%但热点温度未达到危急缺陷温度值	热点温度＞110℃或δ≥95%且热点温度＞80℃		
输电导线的连接器（耐张线夹、接续管、修补管、并沟线夹、跳线线夹、T型线夹、设备线夹等）		以线夹和接头为中心的热像，热点明显	接触不良	δ≥35%，但热点温度未达到严重缺陷温度值	90℃≤热点温度≤130℃或δ≥80%但热点温度未达到危急缺陷温度值	热点温度＞130℃或δ≥95%且热点温度＞90℃		
隔离开关	转头	以转头为中心的热像	转头接触不良或断股	δ≥35%，但热点温度未达到严重缺陷温度值	90℃≤热点温度≤130℃或δ≥80%但热点温度未达到危急缺陷温度值	热点温度＞130℃或δ≥95%且热点温度＞90℃		
	刀口	以刀口压接弹簧为中心的热像	弹簧压接不良				测量接触电阻	

续表

设备类别和部位		热像特征	故障特征	缺陷性质			处理建议	备注
				一般缺陷	严重缺陷	危急缺陷		
断路器	动静触头	以顶帽和下法兰为中心的热像，顶帽温度大于下法兰温度	压指压接不良	$\delta \geqslant 35\%$，但热点温度未达到严重缺陷温度值	55℃≤热点温度≤80℃或 $\delta \geqslant 80\%$ 但热点温度未达到危急缺陷温度值	热点温度>80℃或 $\delta \geqslant 95\%$ 且热点温度>55℃	测量接触电阻	内外部的温差为50～70K
	中间触头	以下法兰和顶帽为中心的热像，下法兰温度大于顶帽温度						内外部的温差为40～60K
电流互感器	内连接	以串并联出线头或大螺杆出线夹为最高温度的热像或以顶部铁帽发热为特征	螺杆接触不良	$\delta \geqslant 35\%$，但热点温度未达到严重缺陷温度值	55℃≤热点温度≤80℃或 $\delta \geqslant 80\%$ 但热点温度未达到危急缺陷温度值	热点温度>80℃或 $\delta \geqslant 95\%$ 且热点温度>55℃	测量一次回路电阻	内外部的温差为30～45K
套管	柱头	以套管顶部柱头为最热的热像	柱头内部并线压接不良					
电容器	熔丝	以熔丝中部靠电容侧为最热的热像	熔丝容量不够				检查熔丝	环氧管的遮挡
	熔丝座	以熔丝座为最热的热像	熔丝与熔丝座之间接触不良				检查熔丝座	
直流换流阀	电抗器	以铁心表面过热为特征	铁心损耗异常	温差>5K，热点温度未达到严重缺陷温度值	温差>10K，60℃≤热点温度≤70℃	热点温度>70℃（设计允许限值）		

续表

设备类别和部位		热像特征	故障特征	缺陷性质			处理建议	备注
				一般缺陷	严重缺陷	危急缺陷		
变压器	箱体	以箱体局部表面过热为特征	漏磁环（涡）流现象	δ≥35%，但热点温度未达到严重缺陷温度值	85℃≤热点温度≤105℃	热点温度>105℃	检查油色谱和轻瓦斯动作情况	
干式变压器、接地变压器、串联电抗器、并联电抗器	铁心	以铁心局部表面过热为特征	铁心局部短路	δ≥35%，但热点温度未达到严重缺陷温度值	F级绝缘130℃≤热点温度≤155℃；H级绝缘140℃≤热点温度≤180℃	F级绝缘热点温度>155℃；H级绝缘热点温度>180℃		
	绕组	以绕组表面有局部过热或出线端子处过热为特征	绕组匝间短路或接头接触不良	δ≥35%，但热点温度未达到严重缺陷温度值	F级绝缘130℃≤热点温度≤155℃；H级绝缘140℃≤热点温度≤180℃；相间温差>10℃	F级绝缘热点温度>155℃；H级绝缘热点温度>180℃；相间温差>20℃		

相对温差计算公式为

$$\delta_t = (\tau_1 - \tau_2)/\tau_1 \times 100\% = (T_1 - T_2)/(T_1 - T_0) \times 100\%$$

式中 τ_1、T_1——分别为发热点的温升和温度；

τ_2、T_2——分别为正常相对应点的温升和温度；

T_0——被测设备区域的环境温度，即气温。

附件5　电压致热型设备缺陷诊断判据

设备类别		热像特征	故障特征	温差/K	处理建议	备注
电流互感器	10kV浇注式	以本体为中心整体发热	铁心短路或局部放电增大	4	伏安特性或局部放电量试验	
	油浸式	以瓷套整体温升增大，且瓷套上部温度偏高	介质损耗偏大	2～3	介质损耗、油色谱、油中含水量检测	含气体绝缘的

续表

<table>
<tr><th colspan="2">设备类别</th><th>热像特征</th><th>故障特征</th><th>温差/K</th><th>处理建议</th><th>备注</th></tr>
<tr><td rowspan="2">电压互感器（含电容式电压互感器的互感器部分）</td><td>10kV浇注式</td><td>以本体为中心整体发热</td><td>铁心短路或局部放电增大</td><td>4</td><td>特性或局部放电量试验</td><td></td></tr>
<tr><td>油浸式</td><td>以整体温升偏高，且中上部温度大</td><td>介质损耗偏大、匝间短路或铁心损耗增大</td><td>2～3</td><td>介质损耗、空载、油色谱及油中含水量测量</td><td>铁心故障特征相似，温升更明显</td></tr>
<tr><td>耦合电容器</td><td>油浸式</td><td>以整体温升偏高或局部过热，且发热符合自上而下逐步的递减的规律</td><td>介质损耗偏大，电容量变化、老化或局部放电</td><td rowspan="4">2～3</td><td rowspan="2">介质损耗测量</td><td></td></tr>
<tr><td colspan="2">移相电容器</td><td>热像一般以本体上部为中心的热像图，正常热像最高温度一般在宽面垂直平分线的2/3高度左右，其表面温升略高，整体发热或局部发热</td><td>介质损耗偏大，电容量变化、老化或局部放电</td><td>采用相对温差判别即$\delta > 20\%$或有不均匀热像</td></tr>
<tr><td colspan="2" rowspan="2">高压套管</td><td>热像特征呈现以套管整体发热热像</td><td>介质损耗偏大</td><td>介质损耗测量</td><td rowspan="2">穿墙套管或电缆头套管温差更小</td></tr>
<tr><td>热像为对应部位呈现局部发热区故障</td><td>局部放电故障，油路或气路的堵塞</td><td></td></tr>
<tr><td>充油套管</td><td>瓷瓶柱</td><td>热像特征是以油面处为最高温度的热像，油面有一明显的水平分界线</td><td>缺油</td><td></td><td></td><td></td></tr>
<tr><td>氧化锌避雷器</td><td></td><td>正常为整体轻微发热，分部均匀，较热点一般在靠近上部，多节组合从上到下各节温度递减，引起整体（或单节）发热或局部发热为异常</td><td>阀片受潮或老化</td><td>0.5～1</td><td>进行直流和交流试验</td><td>合成套比瓷套温差更小</td></tr>
</table>

续表

设备类别		热像特征	故障特征	温差/K	处理建议	备注
绝缘子	瓷绝缘子	正常绝缘子串的温度分布同电压分布规律，即呈现不对称的马鞍型，相邻绝缘子温差很小，以铁帽为发热中心的热像图，其比正常绝缘子温度高	低值绝缘子发热（绝缘电阻在10～300MΩ）	1	进行精确检测或其他电气方法零、低阻值的检测确认，视缺陷绝缘子片数作相应的缺陷处理	
		发热温度比正常绝缘子要低，热像特征与绝缘子相比，呈暗色调	零值绝缘子发热（0～10MΩ）	1		5～10MΩ时可出现检测盲区，热像同正常绝缘子
		其热像特征是以瓷盘（或玻璃盘）为发热区的热像	由于表面污秽引起绝缘子泄漏电流增大	0.5		
	合成绝缘子	在绝缘良好和绝缘劣化的结合处出现局部过热，随着时间的延长，过热部位会移动	伞裙破损或芯棒受潮	0.5～1		
		球头部位过热	球头部位松脱、进水			
电缆终端		橡塑绝缘电缆半导电断口过热	内部可能有局部放电	5～10		10kV、35kV热缩终端
		以整个电缆头为中心的热像	电缆头受潮、劣化或气隙	0.5～1		
		以护层接地连接为中心的发热	接地不良	5～10		采用相对温差判别即$\delta>20\%$或有不均匀热像
		伞裙局部区域过热	内部可能有局部放电	0.5～1		
		根部有整体性过热	内部介质受潮或性能异常			

附件 6　风速、风级的关系

风力等级	风速/(m/s)	地面特征
0	0～0.2	静烟直上
1	0.3～1.5	烟能表示方向，树枝略有摆动，但风向标不能转动
2	1.6～3.3	人脸感觉有风，树枝有微响，旗帜开始飘动，风向标能转动
3	3.4～5.4	树叶和微枝摆动不息，旌旗展开
4	5.5～7.9	能吹起地面灰尘和纸张，小树枝摆动
5	8.0～10.7	有叶的小树摇摆，内陆水面有水波
6	10.8～13.8	大树枝摆动，电线呼呼有声，举伞困难
7	13.9～17.1	全树摆动，迎风行走不便

附件 7　常用材料辐射率的参考值

材料	温度/℃	辐射率近似值	材料	温度/℃	辐射率近似值
抛光铝或铝箔	100	0.09	橡胶（软、硬质）	20	0.95
轻度氧化铝	25～600	0.10～0.20	棉纺织品（全颜色）	—	0.95
强氧化铝	25～600	0.30～0.40	丝绸	—	0.78
黄铜镜面	28	0.03	羊毛	—	0.78
氧化黄铜	200～600	0.59～0.61	皮肤	—	0.98
抛光铸铁	200	0.21	木材	—	0.78
加工铸铁	20	0.44	树皮	—	0.98
完全生锈轧铁板	20	0.69	石头	—	0.92
完全生锈氧化钢	22	0.66	混凝土	—	0.94
完全生锈铁板	25	0.80	石子	—	0.28～0.44
完全生锈铸铁	40～250	0.95	墙粉		0.92
镀锌亮铁板	28	0.23	石棉板	25	0.96
黑亮漆（喷在粗糙铁上）	26	0.88	大理石	23	0.93
黑或白漆	38～90	0.80～0.95	红砖	20	0.95
平滑黑漆	38～90	0.96～0.98	白砖	20	0.93

续表

材料	温度/℃	辐射率近似值	材料	温度/℃	辐射率近似值
亮漆（所有颜色）	—	0.90	沥青	0～200	0.85
非亮漆	—	0.95	玻璃（面）	23	0.94
纸	0～100	0.80～0.95	碳片	—	0.85
不透明塑料	—	0.95	绝缘片	—	0.91～0.94
瓷器（亮）	23	0.92	金属片	—	0.88～0.90
电瓷	—	0.90～0.92	环氧玻璃板	—	0.80
屋顶材料	20	0.91	镀金铜片	—	0.30
水	0～100	0.95～0.96	涂焊料的铜	—	0.35
冰	—	0.98	铜丝	—	0.87～0.88
塑料（PVC）	70	0.93～0.94			

2.3 开关柜局部放电检测

2.3.1 适用范围

本节适用于变电运维人员实施变电运维一体化项目作业，变电运维一体化作业实操培训可参考执行。

2.3.2 参考资料

下列文件对于本节的应用是必不可少的。凡是注日期的引用文件，仅所注日期的版本适用于本节。凡是不注日期的引用文件，其最新版本（包括所有的修改单）适用于本节。

DL/T 417 电力设备局部放电现场测量导则

Q/GDW 1168 输变电设备状态检修试验规程

Q/GDW 1799.1 国家电网公司电力安全工作规程 变电部分

Q/GDW 11060 交流金属封闭开关设备暂态地电压局部放电带电测试技术现场应用导则

Q/GDW 11304.1 电力设备带电检测仪器技术规范 第1部分：带电检测仪器通用技术规范

Q/GDW 11304.9 电力设备带电检测仪器技术规范 第9部分：超声波检测仪

Q/GDW 11304.16 电力设备带电检测仪器技术规范 第16部分：暂态地电压局部放电检测仪

国网〔运检/3〕828—2017 国家电网公司变电检测管理规定（试行）

2.3.3 作业前准备工作

2.3.3.1 作业人员要求

√	序号	责任人	工作要求	备注
	1	作业负责人	1）接受过超声波、暂态地电压局部放电带电检测培训，熟悉超声波、暂态地电压局部放电检测技术的基本原理、诊断分析方法，了解局部放电检测仪器的工作原理、技术参数和性能，掌握局部放电检测仪器的操作方法，具备现场检测能力。 2）了解被测开关柜的结构特点、工作原理、运行状况和导致设备故障的基本因素。 3）具有一定的现场工作经验，熟悉并能严格遵守电力生产和工作现场的相关安全管理规定。 4）作业负责人必须经本单位批准	
	2	作业人员	1）现场工作人员的身体状况、精神状态良好。 2）作业辅助人员（外来）必须经负责施教的人员对其进行安全措施、作业范围、安全注意事项等方面施教后方可参加工作。 3）所有作业人员必须具备必要的电气知识，基本掌握本专业作业技能及《国家电网公司电力安全工作规程　变电部分》的相关知识，并经考试合格	

2.3.3.2 作业材料及工器具准备

√	序号	名称	规格	单位	数量	备注
	1	作业指导书		份	1	
	2	局部放电检测仪		台	1	
	3	温湿度计		个	1	
	4	绝缘手套		副	1	

2.3.3.3 作业危险点分析及安全预控措施

√	序号	危险点分析	安全控制措施
	1	触电伤害	严禁跨越设备遮栏作业，并与1000kV设备保持不小于8.7m、500kV设备保持不小于5m、220kV设备保持不小于3m、110kV设备保持不小于1.5m、35kV设备保持不小于1m、10kV设备不小于0.7m的安全距离
	2	设备损坏	工作中严禁误动误碰运行设备，工作中发现设备故障异常及时汇报，按正常工作程序处理，严禁擅自处理
	3	摔跌	熟悉现场环境，防止人员摔跌

2.3.4 作业流程图

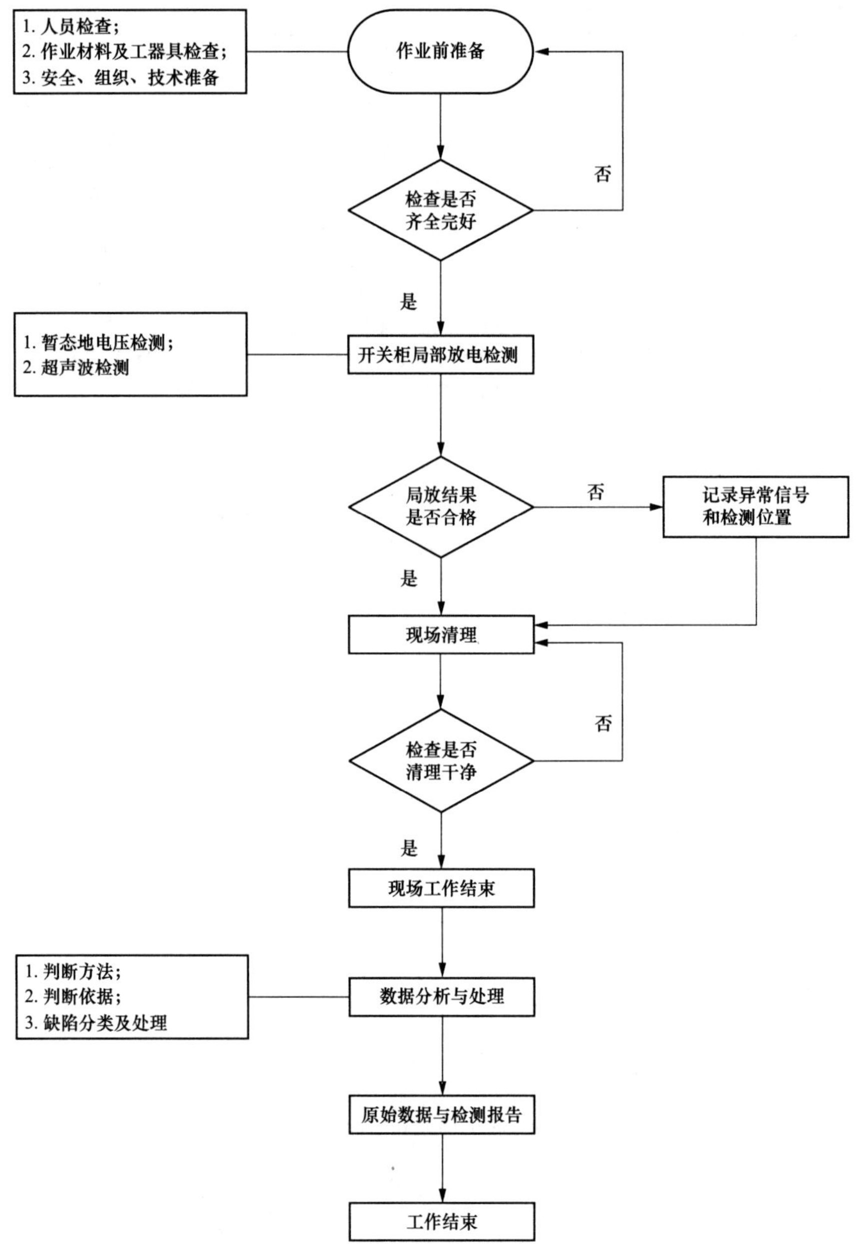

2.3.5 主要作业流程及工艺标准

作业流程	作业项目	作业内容及工艺标准	备注
作业前准备	人员检查	1）所有作业人员必须掌握《国家电网公司电力安全工作规程　变电部分》相关知识，并经考试合格。 2）作业人员应精神饱满，身体状态良好。 3）正确佩戴安全帽，着装符合安全要求	

续表

作业流程	作业项目	作业内容及工艺标准	备注
作业前准备	场地检查	1）作业场地整洁，无积水、污物，必要时进行清理。 2）检查急救箱，急救物品应齐备。 3）检查电源容量和电压符合要求。 4）环境温度宜在－10～40℃。 5）环境相对湿度不高于80%。 6）室内检测应尽量避免气体放电灯、排风系统电机、手机、相机闪光灯等干扰源对检测的影响	
	设备、工具、材料、资料检查	1）检查仪器完整性和各通道完好性，确认仪器能正常工作，保证仪器电量充足或者现场交流电源满足仪器使用要求。仪器摆放位置合理。 2）对照工器具清单检查工器具，应齐全、完好、清洁。安全工器具和试验设备符合技术要求。工具摆放整齐。 3）对照材料清单检查材料，应齐全、合格。 4）对照资料清单准备作业工作票、作业指导书和作业记录	
	安全、组织、技术准备	全体作业人员列队，作业负责人交代安全、组织和技术要求：对所有作业人员布置作业任务、作业内容、操作要求和重要注意事项。明确作业过程中的危险因素、防范措施和事故紧急处理措施；强调操作要点并进行安全和技术交底	
局部放电检测	暂态地电压检测	1）有条件情况下，关闭开关室内照明及通风设备，以避免对检测工作造成干扰。 2）检查仪器完整性，按照仪器说明书连接检测仪器各部件，将检测仪器开机。 3）开机后，运行检测软件，检查界面显示、模式切换是否正常稳定。 4）进行仪器自检，确认暂态地电压传感器和检测通道工作正常。 5）若具备该功能，设置变电站名称、开关柜名称、检测位置并做好标注。 6）测试环境（空气和金属）中的背景值。一般情况下，测试金属背景值时可选择开关室内远离开关柜的金属门窗；测试空气背景时，可在开关室内远离开关柜的位置，放置一块20cm×20cm的金属板，将传感器贴紧金属板进行测试。 7）每面开关柜的前面和后面均应设置测试点，具备条件时（如一排开关柜的第一面和最后一面）可在侧面设置测试点，检测位置可参考下图。 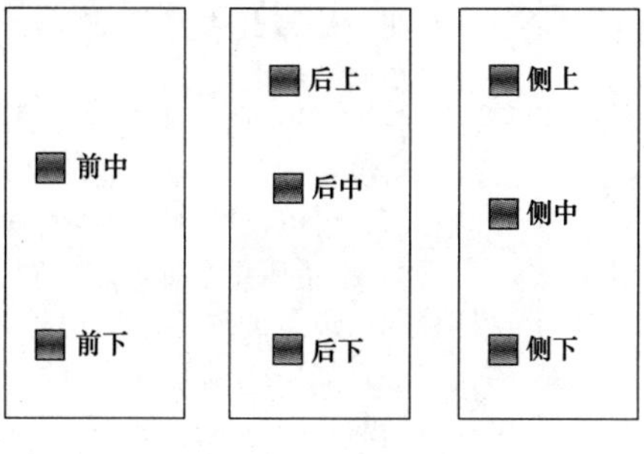 前中 前下 后上 后中 后下 侧上 侧中 侧下	

续表

作业流程	作业项目	作业内容及工艺标准	备注
局部放电检测	暂态地电压检测	8）确认洁净后，施加适当压力将暂态地电压传感器紧贴于金属壳体外表面，检测时传感器应与开关柜壳体保持相对静止，人体不能接触暂态地电压传感器，应尽可能保持每次检测点的位置一致，以便于进行比较分析。 9）在显示界面观察检测到的信号，待读数稳定后，如果发现信号无异常，幅值较低，则记录数据，继续下一点检测。如存在异常信号，则应在该开关柜进行多次、多点检测，查找信号最大点的位置，记录异常信号和检测位置。 10）出具检测报告，对于存在异常的开关柜隔室，应附检测图片和缺陷分析	
	超声波检测	1）检查仪器完整性，按照仪器说明书连接检测仪器各部件，将检测仪器正确接地后开机。 2）开机后，运行检测软件，检查界面显示、模式切换是否正常稳定。 3）进行仪器自检，确认超声波传感器和检测通道工作正常。若具备该功能，设置变电站名称、设备名称、检测位置并做好标注。 4）将检测仪器调至适当量程，传感器悬浮于空气中，测量空间背景噪声并记录，根据现场噪声水平设定信号检测阈值。 5）检测时应将超声波传感器沿开关柜缝隙进行扫描检测，并利用耳机接收的局部放电声音信号特征辅助判断是否存在放电源，如有则记录测量值。超声波局部放电检测时，由于超声波在空气中衰减较快，传感器应尽量贴近开关柜的缝隙，注意调整传感器探头角度，以获取最大测量值，且传感器不应碰触开关柜，以免影响检测结果。 6）填写设备检测数据记录表，对于存在异常的开关柜隔室，应附检测图片和缺陷分析	
现场工作收尾	现场清理	1）对作业设备、材料、工器具等进行整理，对照记录进行检查清点。 2）检查作业现场无遗留物；关闭电源，清扫作业场地。 3）所有作业人员撤离作业场地	
检测数据分析和处理	超声波检测	1）根据连续图谱、时域图谱、相位图谱特和特征指数图谱征判断测量信号是否具备 50Hz/100Hz 相关性。若是，说明可能存在局部放电。 2）同一类设备局部放电信号的横向对比，相似设备在相似环境下检测得到的局部放电信号，其测试幅值和测试图谱应比较相似，可以帮助判断是否有放电。 3）同一设备历史数据的纵向对比，通过在较长的时间内多次测量同一设备的局部放电信号，可以跟踪设备的绝缘状态劣化趋势，如果测量值有明显增大，或出现典型局部放电图谱，可判断此测试部位存在异常。	

续表

作业流程	作业项目	作业内容及工艺标准	备注
检测数据分析和处理	超声波检测	4）若检测到异常信号，可借助其他检测仪器（如特高频局部放电检测仪、示波器、频谱分析仪）对异常信号进行综合分析，并判断放电的类型，根据不同的判据对被测设备进行危险性评估。在条件具备时，利用声声定位/声电定位等方法，根据不同布置位置传感器检测信号的强度变化规律和时延规律来确定缺陷部位。同时进行缺陷类型识别，可以根据超声波检测信号的 50Hz/100Hz 频率相关性、信号幅值水平以及信号的相位关系，进行缺陷类型识别，具体分析方法见附件 3	
	暂态地电压检测	暂态地电压结果分析方法可采取纵向分析法、横向分析法，详见附件 4。判断指导原则如下。 1）若开关柜检测结果与环境背景值的差值大于 20dBmV，需查明原因。 2）若开关柜检测结果与历史数据的差值大于 20dBmV，需查明原因。 3）若本开关柜检测结果与邻近开关柜检测结果的差值大于 20dBmV，需查明原因。 4）必要时，进行局部放电定位、超声波检测等诊断性检测	
检测报告	检测报告	检测工作完成后，应在 15 个工作日内完成检测报告整理，超声波局部放电检测报告格式见附件 1，暂态地电压局部放电检测报告格式见附件 2	

2.3.6　作业指导书执行情况评估

评估内容	符合性	优秀		可操作项	
		良好		不可操作项	
		一般			
	可操作性	优秀		修改项	
		良好		增补项	
		一般		删除项	
存在问题					
改进意见					

2.3.7 附件

附件 1　超声波局部放电检测报告

×××变电站超声波局部放电检测报告

一、基本信息							
变电站		委托单位		试验单位		运行编号	
试验性质		试验日期		试验人员		试验地点	
报告日期		编制人		审核人		批准人	
试验天气		环境温度/℃		环境相对湿度（%）			

二、设备铭牌					
生产厂家		出厂日期		出厂编号	
设备型号		额定电压/kV			

三、检测数据						
背景噪声						
序号	检测位置	检测数值	图谱文件	负荷电流/A	结论	备注（可见光照片）
1						
2						
3						
4						
5						
6						
7						
8						
9						
10						
特征分析						
背景值						
仪器厂家						
仪器型号						
仪器编号						
备注						

附件 2　暂态地电压局部放电检测报告

×××变电站暂态地电压局部放电检测报告

一、基本信息							
变电站		委托单位		试验单位			
试验性质		试验日期		试验人员		试验地点	
报告日期		编制人		审核人		批准人	
试验天气		温湿度		背景噪声			

二、设备铭牌					
设备型号		生产厂家		额定电压	
投运日期		出厂日期			

三、检测数据													
序号	开关柜编号		前中	前下	后上	后中	后下	侧上	侧中	侧下	负荷 A	备注（可见光照片）	结论
1		前次											
		本次											
2		前次											
		本次											
3		前次											
		本次											
4		前次											
		本次											
5		前次											
		本次											
6		前次											
		本次											

特征分析	
背景值	
仪器厂家	
仪器型号	
仪器编号	
备注	

附件3　超声波局部放电缺陷部位和缺陷类型判断依据

1. 缺陷部位判断依据

（1）多传感器定位。利用时延方法实现空间定位。在疑似故障部位利用多个传感器同时测量，并以信号首先到达的传感器作为触发信号源，就可以得到超声波从放电源至各个传感器的传播时间，再根据超声波在设备媒质中的传播速度和方向，就可以确定放电源的空间位置。

（2）单传感器定位。移动传感器，测试气室不同的部位，找到信号的最大点，对应的位置即为缺陷点。可通过以下两种方法判断缺陷在罐体或中心导体上。

1）通过调整测量频带的方法，将带通滤波器测量频率从100kHz减小到50kHz，如果信号幅值明显减小，则缺陷位置应在壳体上；如果信号水平基本不变，则缺陷位置应在中心导体上。

2）如果信号水平的最大值在罐体表面周线方向的较大范围出现，则缺陷位置应在中心导体上；如果最大值在一个特定点出现，则缺陷位置应在壳体上。

2. 缺陷类型判断依据

缺陷类型判断依据见下表

缺陷类型判断依据

判断依据＼缺陷类型	自由微粒缺陷	电晕放电	悬浮电位
信号水平	高	低	高
峰值/有效值	高	低	高
50Hz频率相关性	无	高	低
100Hz频率相关性	无	低	高
相位关系	无	有	有

注　局部放电信号50Hz相关性（50Hz correlation of partial discharge signal）指局部放电在一个电源周期内只发生一次放电的几率。几率越大，50Hz相关性越强。局部放电信号100Hz相关性（correlation of partial discharge signal）指局部放电在一个电源周期内发生2次放电的几率。几率越大，100Hz相关性越强。

（1）自由金属微粒。对于运行中的设备，微粒信号的幅值：背景噪声$<V_{peak}<$5dB可不进行处理，5dB$<V_{peak}\leqslant$10dB应缩短检测周期，监测运行；$V_{peak}\geqslant$10dB应进行检查。注：这里的推荐参考值，各地因设备状况、运行条件和检测仪器等因素的不同，推荐参考值可能不同。各地可根据的历史检测数据、自身所能承受的系统风险进行统计分析，定期修订完善推荐参考值。

（2）电晕放电（数据参考带电设备带电检测技术规范中规定）。毛刺一般在壳体上，但导体上的毛刺危害更大。只要信号高于背景值，都是有害的，应根据工况酌情处理。在耐压过程中发现毛刺放电现象，即便低于标准值，也应进行处理。

（3）悬浮电位。电位悬浮一般发生在断路器气室的屏蔽松动，电压互感器/电流互感器气室绝缘支撑松动或偏移，母线气室绝缘支撑松动或偏移，气室连接部位接插件偏离或螺栓松动等。设备内部只要形成了电位悬浮，就是危险的，应加强监测，有条件就应及时处理。对于126kV GIS，如果100Hz信号幅值远大于50Hz信号幅值，且$V_{peak}>$10mV，应缩短检测周期并密切监测其增长量，如果$V_{peak}>$20mV，应停电处理。对于363kV和550kV及以上设备，应提高标准。注：这里的推荐参考值，各地因设备状况、运行条件和检测仪器等因素的不同，推荐参考值可能不同。各地可根据的历史检测数据、自身所能承受的系统风险进行统计分析，定期修订完善推荐参考值。其中，A（dBmV）＝20lg（B mV/1mV）。

附件4　暂态地电压局部放电检测数据分析方法

1. 纵向分析法

对同一开关柜不同时间的暂态地电压测试结果进行比较，从而判断开关柜的运行状况。需要电力工作人员周期性地对开关室内开关柜进行检测，并将每次检测的结果存档备份，以便于分析。

2. 横向分析法

对同一个开关室内同类开关柜的暂态地电压测试结果进行比较，从而判断开关柜的运行状况。当某一开关柜个体测试结果大于其他同类开关柜的测试结果和环境背景值时，推断该设备有存在缺陷的可能。

3. 故障定位

定位技术主要根据暂态地电压信号到达传感器的时间来确定放电活动的位置，先被触发的传感器表明其距离放电点位置较近。

首先在开关柜的横向进行定位，当两个传感器同时触发时，说明放电位置在两个传感器的中线上。同理，在开关柜的纵向进行定位，同样确定一根中线，两根中线的交点，就是局部放电的具体位置。在检测过程中需要注意以下几点。

（1）两个传感器触发不稳定。出现这种情况的原因之一是信号到达两个传感器的时间相差很小，超过了定位仪器的分辨率。也可能是由于两个传感器与放电点的距离大致相等造成的，可略微移动其中一个传感器，使得定位仪器能够分辨出哪个传感器先被触发。

（2）离测量位置较远处存在强烈的放电活动。由于信号高频分量的衰减，信号经过较长距离的传输后波形前沿发生畸变，且因为信号不同频率分量传播的速度略微不同，造成波形前沿进一步畸变，影响定位仪器判断。此外，强烈的噪声干扰也会导致定位仪器判断不稳定。

2.4　组合电器局部放电检测

2.4.1　适用范围

本节适用于变电运维人员实施变电运维一体化项目作业，变电运维一体化作业实操培训可参考执行。

2.4.2 参考资料

下列文件对于本节的应用是必不可少的。凡是注日期的引用文件，仅所注日期的版本适用于本节。凡是不注日期的引用文件，其最新版本（包括所有的修改单）适用于本节。

DL/T 417 电力设备局部放电现场测量导则

DL/T 1250 气体绝缘金属封闭开关设备带电超声局部放电检测应用导则

DL/T 1630 气体绝缘金属封闭开关设备局部放电特高频检测技术规范

Q/GDW 1168 输变电设备状态检修试验规程

Q/GDW 1799.1 国家电网公司电力安全工作规程 变电部分

国网〔运检/3〕828—2017 国家电网公司变电检测管理规定（试行）

2.4.3 作业前准备工作

2.4.3.1 作业人员要求

√	序号	责任人	工作要求	备注
	1	作业负责人	1）熟悉超声波、特高频局部放电检测技术的基本原理、诊断分析方法。 2）了解超声波、特高频局部放电检测仪的工作原理、技术参数和性能。 3）掌握超声波、特高频局部放电检测仪的操作方法。 4）了解被测设备的结构特点、工作原理、运行状况和导致设备故障的基本因素。 5）具有一定的现场工作经验，熟悉并能严格遵守电力生产和工作现场的相关安全管理规定。 6）作业负责人必须经本单位批准	
	2	作业人员	1）现场工作人员的身体状况、精神状态良好。 2）作业辅助人员（外来）必须经负责施教的人员对其进行安全措施、作业范围、安全注意事项等方面施教后方可参加工作。 3）所有作业人员必须具备必要的电气知识，基本掌握本专业作业技能及《国家电网公司电力安全工作规程 变电部分》的相关知识，并经考试合格	

2.4.3.2 作业材料及工器具准备

√	序号	名称	规格	单位	数量	备注
	1	作业指导书		份	1	
	2	局部放电测试仪		台	1	
	3	温湿度计		个	1	
	4	绝缘手套		副	1	

2.4.3.3 作业危险点分析及安全预控措施

√	序号	危险点分析	安全控制措施
	1	触电伤害	严禁跨越设备遮栏作业，并与1000kV设备保持不小于8.7m、500kV设备保持不小于5m、220kV设备保持不小于3m、110kV设备保持不小于1.5m、35kV设备保持不小于1m、10kV设备不小于0.7m的安全距离
	2	设备损坏	工作中严禁误动误碰运行设备，工作中发现设备故障异常及时汇报，按正常工作程序处理，严禁擅自处理
	3	摔跌	熟悉现场环境，防止人员摔跌

2.4.4 作业流程图

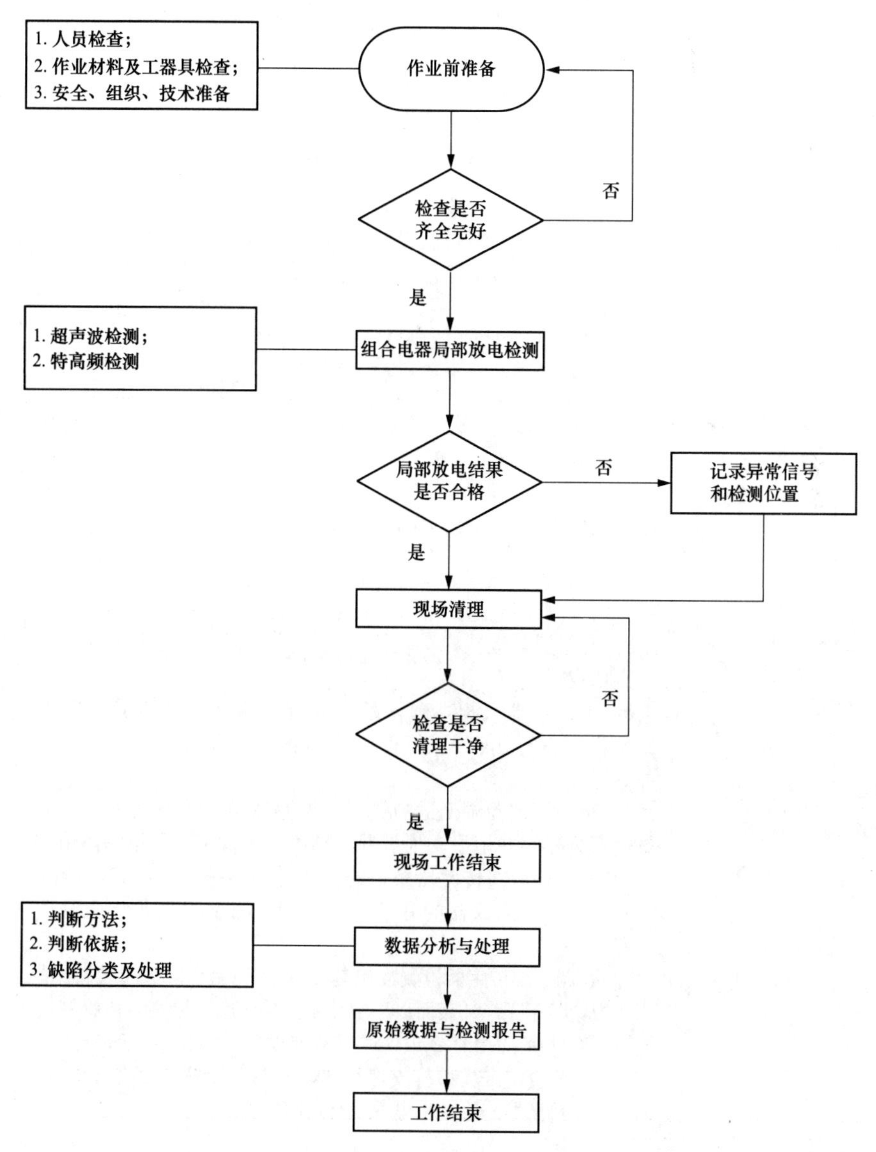

2.4.5 主要作业流程及工艺标准

作业流程	作业项目	作业内容及工艺标准	备注
作业前准备	人员检查	1）所有作业人员必须掌握《国家电网公司电力安全工作规程 变电部分》相关知识，并经考试合格。 2）作业人员应精神饱满，身体状态良好。 3）正确佩戴安全帽，着装符合安全要求	
	场地检查	1）作业场地整洁，无积水、污物，必要时进行清理。 2）环境温度不宜低于5℃。 3）环境相对湿度不宜大于80%，若在室外不应在有雷、雨、雾、雪的环境下进行检测。 4）在检测时应避免手机、雷达、电动机、照相机闪光灯等无线信号的干扰。 5）室内检测避免气体放电灯、电子捕鼠器等对检测数据的影响。 6）进行检测时应避免大型设备振动源等带来的影响。 7）检查急救箱，急救物品应齐备。 8）检查电源容量和电压符合要求	
	设备、工具、材料、资料检查	1）检查作业中需要使用的设备处于良好状态，必要时提前试运行。设备摆放位置合理。 2）对照工器具清单检查工器具，应齐全、完好、清洁。安全工器具和试验设备符合技术要求。工具摆放整齐。 3）对照材料清单检查材料齐全、合格。 4）对照资料清单准备作业工作票、作业指导书和作业记录	
	安全、组织、技术准备	全体作业人员列队，作业负责人交代安全、组织和技术要求：对所有作业人员布置作业任务、作业内容、操作要求和重要注意事项。明确作业过程中的危险因素、防范措施和事故紧急处理措施；强调操作要点并进行安全和技术交底	
局部放电检测	超声波检测	1）检查仪器完整性，按照仪器说明书连接检测仪器各部件，将检测仪器正确接地后开机。 2）开机后，运行检测软件，检查界面显示、模式切换是否正常稳定。 3）进行仪器自检，确认超声波传感器和检测通道工作正常。若具备该功能，设置变电站名称、设备名称、检测位置并做好标注。 4）将检测仪器调至适当量程，传感器悬浮于空气中，测量空间背景噪声并记录，根据现场噪声水平设定信号检测阈值。 5）检测前应将传感器贴合的壳体外表面擦拭干净，检测点间隔应小于检测仪器的有效检测范围，测量时测点应选取于气室侧下方。 6）在超声波传感器检测面均匀涂抹专用检测耦合剂，施加适当压力紧贴于壳体外表面以尽量减小信号衰减，检测时传感器应与被试壳体保持相对静止，对于高处设备，如某些GIS母线气室，可用配套绝缘支撑杆支撑传感器紧贴壳体外表面进行检测，但须确保传感器与设备带电部位有足够的安全距离。	

续表

作业流程	作业项目	作业内容及工艺标准	备注
局部放电检测	超声波检测	7）在显示界面观察检测到的信号，观察时间不低于15s，如果发现信号有效值/峰值无异常，50Hz/100Hz频率相关性较低，则保存数据，继续下一点检测。 8）如果发现信号异常，则在该气室进行多点检测，延长检测时间不少于30s并记录多组数据进行幅值对比和趋势分析，为准确进行相位相关性分析，可利用具有与运行设备相同相位关系的电源引出同步信号至检测仪器进行相位同步。亦可用耳机监听异常信号的声音特性，根据声音特性的持续性、频率高低等进行初步判断，并通过按压可能震动的部件，初步排除干扰。 9）填写设备检测数据记录表，对于存在异常的气室，应附检测图片和缺陷分析	
	特高频检测	1）按照设备接线图连接测试仪各部件，将传感器固定在盆式绝缘子非金属封闭处，传感器应与盆式绝缘子紧密接触并在测量过程保持相对静止，并避开紧固绝缘盆子螺栓，将检测仪相关部件正确接地，电脑、检测仪主机连接电源，开机。 2）开机后，运行检测软件，检查仪器通信状况、同步状态、相位偏移等参数。 3）进行系统自检，确认各检测通道工作正常。 4）设置变电站名称、检测位置并做好标注。对于GIS设备，利用外露的盆式绝缘子处或内置式传感器，在断路器断口处、隔离开关、接地开关、电流互感器、电压互感器、避雷器、导体连接部件等处均应设置测试点。一般每个GIS间隔取2～3点，对于较长的母线气室，可5～10m左右取一点，应保持每次测试点的位置一致，以便于进行比较分析。 5）将传感器放置在空气中，检测并记录为背景噪声，根据现场噪声水平设定各通道信号检测阈值。 6）打开连接传感器的检测通道，观察检测到的信号，测试时间不少于30s。如果发现信号无异常，保存数据，退出并改变检测位置继续下一点检测。如果发现信号异常，则延长检测时间并记录多组数据，进入异常诊断流程。必要的情况下，可以接入信号放大器。测量时应尽可能保持传感器与盆式绝缘子的相对静止，避免因为传感器移动引起的信号而干扰正确判断。 7）记录三维检测图谱，在必要时进行二维图谱记录。每个位置检测时间要求30s，若存在异常，应出具检测报告。 8）如果特高频信号较大，影响GIS本体的测试，则需采取干扰抑制措施，排除干扰信号，干扰信号的抑制可采用关闭干扰源、屏蔽外部干扰、软硬件滤波、避开干扰较大时间、抑制噪声、定位干扰源、比对典型干扰图谱等方法	
现场工作收尾	现场清理	1）对作业设备、材料、工器具等进行整理，对照记录进行检查清点。 2）检查作业现场无遗留物，关闭电源，清扫作业场地。 3）所有作业人员撤离作业场地	

续表

作业流程	作业项目	作业内容及工艺标准	备注
检测数据分析和处理	超声波检测	1）根据连续图谱、时域图谱、相位图谱特和特征指数图谱征判断测量信号是否具备 50Hz/100Hz 相关性。若是，说明可能存在局部放电。 2）同一类设备局部放电信号的横向对比，相似设备在相似环境下检测得到的局部放电信号，其测试幅值和测试图谱应比较相似，可以帮助判断是否有放电。 3）同一设备历史数据的纵向对比，通过在较长的时间内多次测量同一设备的局部放电信号，可以跟踪设备的绝缘状态劣化趋势，如果测量值有明显增大，或出现典型局部放电图谱，可判断此测试部位存在异常。 4）若检测到异常信号，可借助其他检测仪器（如特高频局部放电检测仪、示波器、频谱分析仪），对异常信号进行综合分析，并判断放电的类型，根据不同的判据对被测设备进行危险性评估。在条件具备时，利用声声定位/声电定位等方法，根据不同布置位置传感器检测信号的强度变化规律和时延规律来确定缺陷部位。同时进行缺陷类型识别，可以根据超声波检测信号的 50Hz/100Hz 频率相关性、信号幅值水平以及信号的相位关系，进行缺陷类型识别，具体分析方法见附件 3	
	特高频检测	1）首先根据相位图谱特征判断测量信号是否具备典型放电图谱特征或与背景或其他测试位置有明显不同，若具备，继续如下分析和处理：排除外界环境干扰，将传感器放置于绝缘盆子上检测信号与在空气中检测信号进行比较（对于无金属屏蔽的绝缘子应沿绝缘子外侧加装屏蔽带或采取屏蔽措施，防止设备内部信号从绝缘子传出被空气中传感器接收到造成误判），若一致并且信号较小，则基本可判断为外部干扰。若不一样或变大，则需进一步检测判断。对于分相布置的设备，也可采用同位置不同相之间的比较，如果三相之间存在较大差异，则基本可判断为内部信号，如三相之间无明显差异，则需结合超声波、高频局部放电等检测手段进一步判断信号源位置。 2）检测相邻间隔的信号，根据各检测间隔的幅值大小（即信号衰减特性）初步定位局部放电部位。 3）必要时可使用工具把传感器绑置于绝缘盆子处进行长时间检测，时间不少于 15min，进一步分析峰值图形、放电速率图形和三维检测图形，综合判断放电类型。 4）在条件具备时，综合应用超声波局放仪、示波器等仪器进行精确的定位	
检测报告	检测报告	检测工作完成后，应在 15 个工作日内完成检测报告整理，超声波局部放电检测报告格式见附件 1，特高频局部放电检测报告格式见附件 2	

2.4.6 作业指导书执行情况评估

<table>
<tr><td rowspan="6">评估内容</td><td rowspan="3">符合性</td><td>优秀</td><td></td><td>可操作项</td><td rowspan="6"></td></tr>
<tr><td>良好</td><td></td><td rowspan="2">不可操作项</td></tr>
<tr><td>一般</td><td></td></tr>
<tr><td rowspan="3">可操作性</td><td>优秀</td><td></td><td>修改项</td></tr>
<tr><td>良好</td><td></td><td>增补项</td></tr>
<tr><td>一般</td><td></td><td>删除项</td></tr>
<tr><td>存在问题</td><td colspan="5"></td></tr>
<tr><td>改进意见</td><td colspan="5"></td></tr>
</table>

2.4.7 附件

附件 1　超声波局部放电检测报告

×××变电站超声波局部放电检测报告

<table>
<tr><td colspan="8">一、基本信息</td></tr>
<tr><td>变电站</td><td></td><td>委托单位</td><td></td><td>试验单位</td><td></td><td>运行编号</td><td></td></tr>
<tr><td>试验性质</td><td></td><td>试验日期</td><td></td><td>试验人员</td><td></td><td>试验地点</td><td></td></tr>
<tr><td>报告日期</td><td></td><td>编制人</td><td></td><td>审核人</td><td></td><td>批准人</td><td></td></tr>
<tr><td>试验天气</td><td></td><td>环境温度/℃</td><td></td><td>环境相对湿度（%）</td><td></td><td></td><td></td></tr>
<tr><td colspan="8">二、设备铭牌</td></tr>
<tr><td>生产厂家</td><td></td><td>出厂日期</td><td></td><td>出厂编号</td><td></td></tr>
<tr><td>设备型号</td><td></td><td>额定电压/kV</td><td></td><td></td><td></td></tr>
<tr><td colspan="8">三、检测数据</td></tr>
<tr><td>背景噪声</td><td colspan="6"></td></tr>
<tr><td>序号</td><td>检测位置</td><td>检测数值</td><td>图谱文件</td><td>负荷电流/A</td><td>结论</td><td>备注（可见光照片）</td></tr>
<tr><td>1</td><td></td><td></td><td></td><td></td><td></td><td></td></tr>
<tr><td>2</td><td></td><td></td><td></td><td></td><td></td><td></td></tr>
<tr><td>3</td><td></td><td></td><td></td><td></td><td></td><td></td></tr>
<tr><td>4</td><td></td><td></td><td></td><td></td><td></td><td></td></tr>
<tr><td>5</td><td></td><td></td><td></td><td></td><td></td><td></td></tr>
<tr><td>6</td><td></td><td></td><td></td><td></td><td></td><td></td></tr>
<tr><td>7</td><td></td><td></td><td></td><td></td><td></td><td></td></tr>
<tr><td>8</td><td></td><td></td><td></td><td></td><td></td><td></td></tr>
<tr><td>9</td><td></td><td></td><td></td><td></td><td></td><td></td></tr>
<tr><td>10</td><td></td><td></td><td></td><td></td><td></td><td></td></tr>
</table>

续表

特征分析	
背景值	
仪器厂家	
仪器型号	
仪器编号	
备注	

附件 2　特高频局部放电检测报告

×××变电站特高频局部放电检测报告

一、基本信息							
变电站		委托单位		试验单位		运行编号	
试验性质		试验日期		试验人员		试验地点	
报告日期		编制人		审核人		批准人	
试验天气		环境温度/℃		环境相对湿度（%）			

二、设备铭牌					
设备型号		生产厂家		额定电压/kV	
投运日期		出厂日期		出厂编号	

三、检测数据			
序号	检测位置	负荷电流/A	图谱文件
1			图谱
2			图谱
3			图谱
4			图谱
5			图谱
6			图谱
7			图谱
8			图谱
9			图谱
10			图谱
…			图谱

续表

特征分析	
仪器型号	
结论	
备注	

附件3　超声波局部放电缺陷部位和缺陷类型判断依据

1. 缺陷部位判断依据

（1）多传感器定位。利用时延方法实现空间定位。在疑似故障部位利用多个传感器同时测量，并以信号首先到达的传感器作为触发信号源，就可以得到超声波从放电源至各个传感器的传播时间，再根据超声波在设备媒质中的传播速度和方向，就可以确定放电源的空间位置。

（2）单传感器定位。移动传感器，测试气室不同的部位，找到信号的最大点，对应的位置即为缺陷点。可通过以下两种方法判断缺陷在罐体或中心导体上。

1）通过调整测量频带的方法，将带通滤波器测量频率从100kHz减小到50kHz，如果信号幅值明显减小，则缺陷位置应在壳体上；如果信号水平基本不变，则缺陷位置应在中心导体上。

2）如果信号水平的最大值在罐体表面周线方向的较大范围出现，则缺陷位置应在中心导体上；如果最大值在一个特定点出现，则缺陷位置应在壳体上。

2. 缺陷类型判断依据

缺陷类型判断依据见下表。

缺陷类型判断依据

判断依据＼缺陷类型	自由微粒缺陷	电晕放电	悬浮电位
信号水平	高	低	高
峰值/有效值	高	低	高
50Hz频率相关性	无	高	低
100Hz频率相关性	无	低	高
相位关系	无	有	有

注　局部放电信号50Hz相关性（50Hz correlation of partial discharge signal）指局部放电在一个电源周期内只发生一次放电的几率。几率越大，50Hz相关性越强。局部放电信号100Hz相关性（correlation of partial discharge signal）指局部放电在一个电源周期内发生2次放电的几率。几率越大，100Hz相关性越强。

（1）自由金属微粒。对于运行中的设备，微粒信号的幅值：背景噪声$<V_{peak}<$5dB可不进行处理，5dB$<V_{peak}\leqslant$10dB应缩短检测周期，监测运行；$V_{peak}\geqslant$10dB应进行检查。注：这里的推荐参考值，各地因设备状况、运行条件和检测仪器等因素的不同，推荐参考值可能不同。各地可根据的历史检测数据、自身所能承受的系统风险进行统计分析，定期修订完善推荐参考值。

（2）电晕放电（数据参考带电设备带电检测技术规范中规定）。毛刺一般在壳体上，但导体上的毛刺危害更大。只要信号高于背景值，都是有害的，应根据工况酌情处理。在耐压过程中发现毛刺放电现象，即便低于标准值，也应进行处理。

（3）悬浮电位。电位悬浮一般发生在断路器气室的屏蔽松动，电压互感器/电流互感器气室绝缘支撑松动或偏移，母线气室绝缘支撑松动或偏移，气室连接部位接插件偏离或螺栓松动等。设备内部只要形成了电位悬浮，就是危险的，应加强监测，有条件就应及时处理。对于126kV GIS，如果100Hz信号幅值远大于50Hz信号幅值，且$V_{peak}>$10mV，应缩短检测周期并密切监测其增长量，如果$V_{peak}>$20mV，应停电处理。对于363kV和550kV及以上设备，应提高标准。注：这里的推荐参考值，各地因设备状况、运行条件和检测仪器等因素的不同，推荐参考值可能不同。各地可根据的历史检测数据、自身所能承受的系统风险进行统计分析，定期修订完善推荐参考值。其中，A（dBmV）＝20lg（B mV /1mV）。

2.5 一次设备紫外成像检测

2.5.1 适用范围

本节适用于变电运维人员实施变电运维一体化项目作业，变电运维一体化作业实操培训可参考执行。

2.5.2 参考资料

下列文件对于本节的应用是必不可少的。凡是注日期的引用文件，仅所注日期的版本适用于本节。凡是不注日期的引用文件，其最新版本（包括所有的修改单）适用于本节。

Q/GDW 1168　输变电设备状态检修试验规程

Q/GDW 1799.1　国家电网公司电力安全工作规程　变电部分

Q/GDW 11003　高压电气设备紫外检测技术导则

Q/GDW 11304.1　电力设备带电检测仪器技术规范　第1部分：带电检测仪器通用技术规范

Q/GDW 11304.3　电力设备带电检测仪器技术规范　第3部分：紫外成像仪技术规范

国网〔运检/3〕828—2017　国家电网公司变电检测管理规定（试行）

2.5.3 作业前准备工作

2.5.3.1 作业人员要求

√	序号	责任人	工作要求	备注
	1	作业负责人	1）熟悉紫外成像检测技术的基本原理、诊断分析方法。 2）了解紫外成像检测仪的工作原理、技术参数和性能。 3）掌握紫外成像检测仪的操作方法。 4）了解被测设备的结构特点、工作原理、运行状况和导致设备故障的基本因素。 5）具有一定的现场工作经验，熟悉并能严格遵守电力生产和工作现场的相关安全管理规定，应经过上岗培训并考试合格。 6）作业负责人必须经本单位批准	
	2	作业人员	1）现场工作人员的身体状况、精神状态良好。 2）作业辅助人员（外来）必须经负责施教的人员对其进行安全措施、作业范围、安全注意事项等方面施教后方可参加工作。 3）所有作业人员必须具备必要的电气知识，基本掌握本专业作业技能及《国家电网公司电力安全工作规程　变电部分》的相关知识，并经考试合格	

2.5.3.2 作业材料及工器具准备

√	序号	名称	规格	单位	数量	备注
	1	作业指导书		份	1	
	2	紫外成像仪		台	1	
	3	温湿度计		个	1	

2.5.3.3 作业危险点分析及安全预控措施

√	序号	危险点分析	安全控制措施
	1	触电伤害	严禁跨越设备遮栏作业，并与1000kV设备保持不小于8.7m、500kV设备保持不小于5m、220kV设备保持不小于3m、110kV设备保持不小于1.5m、35kV设备保持不小于1m、10kV设备不小于0.7m的安全距离
	2	设备损坏	工作中严禁误动误碰运行设备，工作中发现设备故障异常及时汇报，按正常工作程序处理，严禁擅自处理
	3	摔跌	熟悉现场环境，防止人员摔跌

2.5.4 作业流程图

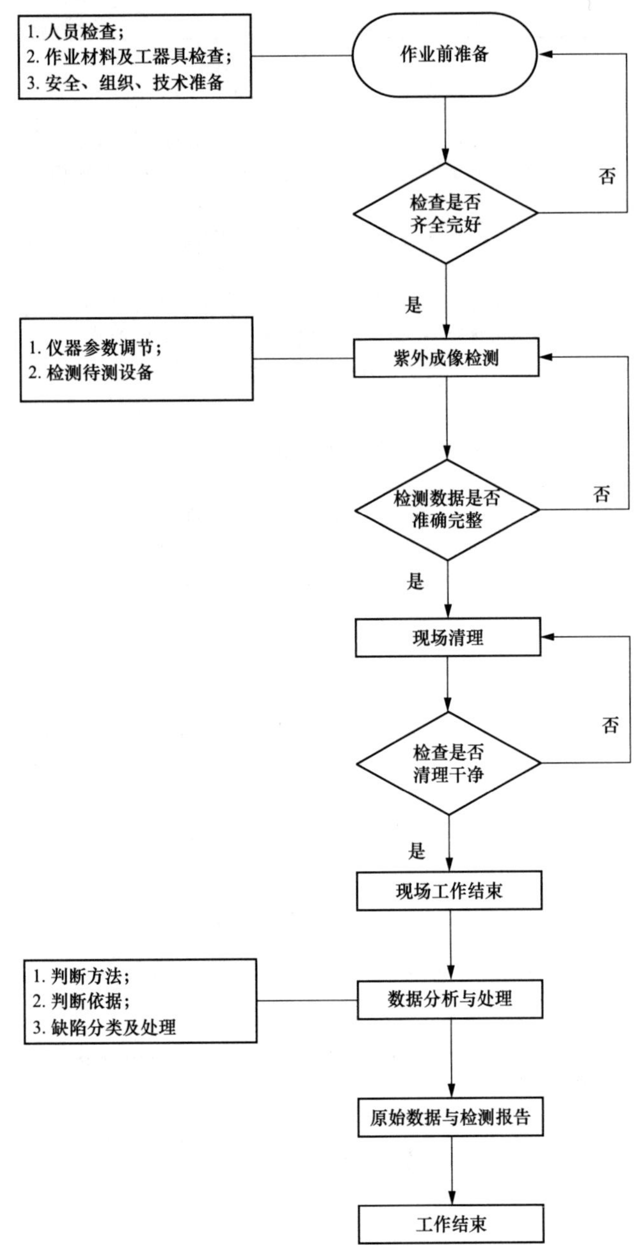

2.5.5 主要作业流程及工艺标准

作业流程	作业项目	作业内容及工艺标准	备注
作业前准备	人员检查	1）所有作业人员必须掌握《国家电网公司电力安全工作规程 变电部分》相关知识，并经考试合格。 2）作业人员应精神饱满，身体状态良好。 3）正确佩戴安全帽，着装符合安全要求	

续表

作业流程	作业项目	作业内容及工艺标准	备注
作业前准备	场地检查	1）作业场地整洁，无积水、污物，必要时进行清理。 2）检查急救箱，急救物品应齐备。 3）一般检测时风速宜不大于 5m/s，准确检测时风速宜不大于 1.5m/s。 4）检测温度不宜低于 5 ℃。 5）应尽量减少或避开电磁干扰或强紫外光干扰源	
	设备、工具、材料、资料检查	1）检查作业中需要使用的仪器处于良好状态，必要时提前试运行。 2）对照工器具清单检查工器具，应齐全、完好、清洁。安全工器具和试验设备符合技术要求。工具摆放整齐。 3）对照材料清单检查材料，应齐全、合格。 4）对照资料清单准备作业工作票、作业指导书和作业记录	
	安全、组织、技术准备	全体作业人员列队，作业负责人交代安全、组织和技术要求：对所有作业人员布置作业任务、作业内容、操作要求和重要注意事项。明确作业过程中的危险因素、防范措施和事故紧急处理措施；强调操作要点并进行安全和技术交底	
紫外成像检测	仪器参数调节	1）打开仪器电源开关，取下镜头盖。 2）仪器开机后，将增益设置为最大。根据光子数的饱和情况，逐渐调整增益。 3）调节焦距，直至图像清晰度最佳	
	检测待测设备	1）图像稳定后进行检测，对所测设备进行全面扫描，发现电晕放电部位进行精确检测。 2）在同一方向或同一视场内观测电晕部位，选择检测的最佳位置，避免其他设备放电干扰。 3）在安全距离允许范围内，在图像内容完整情况下，尽量靠近被测设备，使被测设备电晕放电在视场范围内最大化，记录此时紫外成像仪与电晕放电部位距离，紫外检测电晕放电量的结果与检测距离呈指数衰减关系，在测量后需要进行校正，按 5.5m 标准距离检测，换算公式为 $y_1 = 0.033x_2^2 y_2 \exp(0.4125 - 0.075x_2)$ 式中 x_2——检测距离，m； y_2——在 x_2 距离时紫外光检测的电晕放电量； y_1——换算到 5.5m 标准距离时的电晕放电量。 4）在一定时间内，紫外成像仪检测电晕放电强度以多个相差不大的极大值的平均值为准，并同时记录电晕放电形态、具有代表性的动态视频过程、图片以及绝缘体表面电晕放电长度范围。若存在异常，应出具检测报告	

续表

作业流程	作业项目	作业内容及工艺标准	备注
现场工作收尾	场地清理	1）对作业设备、材料、工器具等进行整理，对照记录进行检查清点。 2）检查作业现场无遗留物，清扫作业场地。 3）所有作业人员撤离作业场地	
检测数据分析	数据分析	根据设备外绝缘的结构、当时的气候条件及未来天气变化情况、周边微气候环境，综合判断电晕放电对电气设备的影响	
检测报告	检测报告	检测工作完成后，应在15个工作日内完成检测报告整理，报告格式见附件	

2.5.6 作业指导书执行情况评估

<table>
<tr><td rowspan="6">评估内容</td><td rowspan="3">符合性</td><td>优秀</td><td></td><td>可操作项</td><td rowspan="6"></td></tr>
<tr><td>良好</td><td></td><td rowspan="2">不可操作项</td></tr>
<tr><td>一般</td><td></td></tr>
<tr><td rowspan="3">可操作性</td><td>优秀</td><td></td><td>修改项</td></tr>
<tr><td>良好</td><td></td><td>增补项</td></tr>
<tr><td>一般</td><td></td><td>删除项</td></tr>
<tr><td>存在问题</td><td colspan="5"></td></tr>
<tr><td>改进意见</td><td colspan="5"></td></tr>
</table>

2.5.7 附件

附件　紫外成像检测报告

×××变电站紫外成像检测报告

<table>
<tr><td colspan="8">一、基本信息</td></tr>
<tr><td>变电站</td><td></td><td>委托单位</td><td></td><td>试验单位</td><td></td><td></td><td></td></tr>
<tr><td>试验性质</td><td></td><td>试验日期</td><td></td><td>试验人员</td><td></td><td>试验地点</td><td></td></tr>
<tr><td>报告日期</td><td></td><td>编制人</td><td></td><td>审核人</td><td></td><td>批准人</td><td></td></tr>
<tr><td>试验天气</td><td></td><td>温度/℃</td><td></td><td>湿度（%）</td><td></td><td></td><td></td></tr>
<tr><td colspan="8">二、设备铭牌</td></tr>
</table>

运行编号		生产厂家		额定电压	
投运日期		出厂日期		出厂编号	
设备型号					

续表

三、检测数据			
序号	检测位置	紫外图像	可见光图像
1			
2			
3			
4			
5			
…			
仪器增益		测试距离/m	
光子计数		图像编号	
仪器型号			
诊断分析			
结论			
备注			

2.6 接地引下线导通检测

2.6.1 适用范围

本节适用于变电运维人员实施变电运维一体化项目作业，变电运维一体化作业实操培训可参考执行。

2.6.2 参考资料

下列文件对于本节的应用是必不可少的。凡是注日期的引用文件，仅所注日期的版本适用于本节。凡是不注日期的引用文件，其最新版本（包括所有的修改单）适用于本节。

DL/T 475 接地装置特性参数测量导则

Q/GDW 1168 输变电设备状态检修试验规程

Q/GDW 1799.1 国家电网公司电力安全工作规程 变电部分

国网〔运检/3〕828—2017 国家电网公司变电检测管理规定（试行）

2.6.3 作业前准备工作

2.6.3.1 作业人员要求

√	序号	责任人	工作要求	备注
	1	作业负责人	1）熟悉接地引下线导通测试技术的基本原理、分析方法。 2）了解接地引下线导通测试仪的工作原理、技术参数和性能。 3）掌握接地引下线导通测试仪的操作方法。 4）能正确完成现场各种试验项目的接线、操作及测量。 5）熟悉各种影响试验结论的因素及消除方法。 6）具有一定的现场工作经验，熟悉并能严格遵守电力生产和工作现场的相关安全管理规定。 7）作业负责人必须经本单位批准	
	2	作业人员	1）现场工作人员的身体状况、精神状态良好。 2）作业辅助人员（外来）必须经负责施教的人员对其进行安全措施、作业范围、安全注意事项等方面施教后方可参加工作。 3）所有作业人员必须具备必要的电气知识，基本掌握本专业作业技能及《国家电网公司电力安全工作规程 变电部分》的相关知识，并经考试合格	

2.6.3.2 作业材料及工器具准备

√	序号	名称	规格	单位	数量	备注
	1	作业指导书		份	1	
	2	接地导通测试仪		台	1	
	3	电源盘		个	1	
	4	锉刀		把	1	
	5	绝缘手套		副	1	
	6	绝缘垫		块	1	
	7	温湿度计		个	1	
	8	万用表		个	1	
	9	砂纸		块	若干	

2.6.3.3 作业危险点分析及安全预控措施

√	序号	危险点分析	安全控制措施
	1	触电伤害	严禁跨越设备遮栏作业，并与1000kV设备保持不小于8.7m、500kV设备保持不小于5m、220kV设备保持不小于3m、110kV设备保持不小于1.5m、35kV设备保持不小于1m、10kV设备不小于0.7m的安全距离
	2	设备损坏	工作中严禁误动误碰运行设备，工作中发现设备故障异常及时汇报，按正常工作程序处理，严禁擅自处理
	3	摔跌	熟悉现场环境，防止人员摔跌

2.6.4 作业流程图

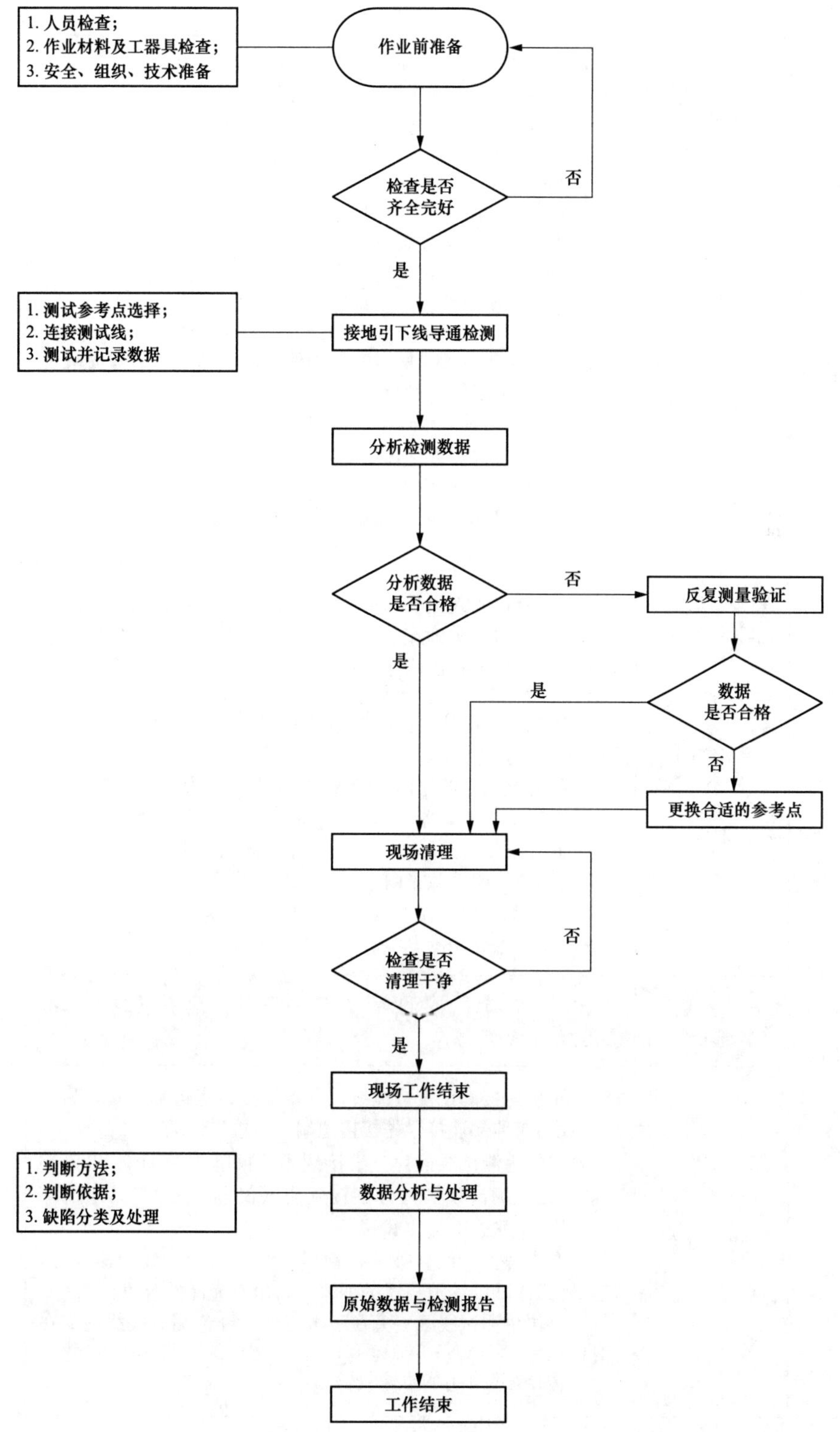
1. 人员检查;
2. 作业材料及工器具检查;
3. 安全、组织、技术准备
作业前准备
检查是否齐全完好
否
是
1. 测试参考点选择;
2. 连接测试线;
3. 测试并记录数据
接地引下线导通检测
分析检测数据
分析数据是否合格
否
反复测量验证
是
数据是否合格
是
否
更换合适的参考点
现场清理
检查是否清理干净
否
是
现场工作结束
1. 判断方法;
2. 判断依据;
3. 缺陷分类及处理
数据分析与处理
原始数据与检测报告
工作结束

2.6.5 主要作业流程及工艺标准

作业流程	作业项目	作业内容及工艺标准	备注
作业前准备	人员检查	1）所有作业人员必须掌握《国家电网公司电力安全工作规程　变电部分》相关知识，并经考试合格。 2）作业人员应精神饱满，身体状态良好。 3）正确佩戴安全帽，着装符合安全要求	
	场地检查	1）作业场地整洁，无积水、污物，必要时进行清理。 2）不应在雷、雨、雪中或雨、雪后立即进行。 3）检查急救箱，急救物品应齐备。 4）检查电源容量和电压符合要求	
	设备、工具、材料、资料检查	1）检查作业中需要使用的设备处于良好状态，必要时提前试运行。设备摆放位置合理。 2）对照工器具清单检查工器具，应齐全、完好、清洁。安全工器具和试验设备符合技术要求。工具摆放整齐。 3）对照材料清单检查材料，应齐全、合格。 4）对照资料清单准备作业工作票、作业指导书和作业记录	
	安全、组织、技术准备	全体作业人员列队，作业负责人交代安全、组织和技术要求：对所有作业人员布置作业任务、作业内容、操作要求和重要注意事项。明确作业过程中的危险因素、防范措施和事故紧急处理措施；强调操作要点并进行安全和技术交底	
检测	接取电源	1）现场电源应从检修电源箱接取，应由两人进行，一人监护，另一人操作。 2）打开检修电源箱门，检查空气断路器动作是否正常。 3）合上空气断路器，用万用表测试电源电压是否正常。 4）断开空气断路器，将电源盘插头插入电源插孔后合上空气断路器，关闭电源箱门。 5）将电源盘放置在测试点，检查电源盘漏电保护动作是否正常，用万用表测量电源盘电压是否正常	
	测试参考点选择	选定一个与主地网连接合格的设备接地引下线为基准参考点	
	连接测试线	1）正确连接测试仪接地线，一端与接地点可靠连接，另一端与仪器接地端连接，先接接地端，后接仪器端。 2）将黑色测试线插片分别接到测试仪电压端 U^-、电流端 I^-，将红色测试线插片分别接到测试仪电压端 U^+、电流端 I^+，拧紧电压、电流接线端子。 3）在参考引下线、被测接地引下线与试验接线的连接处，使用锉刀或砂纸锉掉防锈的油漆，露出有光泽的金属。 4）将黑色测试线线夹夹在参考点处，红色测试线线夹夹在测试点处。 5）连接仪器电源线	

续表

作业流程	作业项目	作业内容及工艺标准	备注
检测	测试并记录数据	1）检查接线并确认无误后，按下仪器开关等待仪器开机自检完成。 2）选择合适的测试电流且不低于5A，按下测试按钮。 3）数据稳定后记录试验数据与测试位置，当发现测试值异常时，应反复测试验证。如有很多设备测试结果不良，宜考虑更换参考点。 4）测试结束后，关掉电源并收好试验线	
现场工作收尾	现场清理	1）对作业设备、材料、工器具等进行整理，对照记录进行检查清点。 2）检查作业现场无遗留物，关闭电源，清扫作业场地。 3）所有作业人员撤离作业场地	
检测数据分析和处理	数据分析和处理	1）状况良好的设备测试值应在50mΩ以下。 2）50～200mΩ的设备状况尚可，宜在以后例行测试中重点关注其变化，重要的设备宜在适当时候检查处理。 3）200mΩ～1Ω的设备状况不佳，对重要的设备应尽快检查处理，其他设备宜在适当时候检查处理。 4）1Ω以上的设备与主地网未连接，应尽快检查处理。 5）独立避雷针的测试值应在500mΩ以上。 6）测试中相对值明显高于其他设备，而绝对值又不大的，按状况尚可对待	
检测报告	检测报告	检测工作完成后，应在15个工作日内完成检测报告整理，报告格式见附件	

2.6.6 作业指导书执行情况评估

评估内容	符合性	优秀		可操作项	
		良好		不可操作项	
		一般			
	可操作性	优秀		修改项	
		良好		增补项	
		一般		删除项	
存在问题					
改进意见					

2.6.7 附件

附件　接地引下线导通检测报告

×××变电站接地引下线导通检测报告

一、基本信息							
变电站		委托单位		试验单位			
试验性质		试验日期		试验人员		试验地点	
报告日期		编写人员		审核人员		批准人员	
试验天气		环境温度/℃		环境相对湿度（%）			

二、试验结果			
序号	参考点	测量地点	测量值/mΩ
1			
2			
3			
4			
5			
6			
7			
8			
9			
10			
…			
仪器型号			
结　　论			
备　　注			

2.7　避雷器阻性电流检测

2.7.1　适用范围

本节适用于变电运维人员实施变电运维一体化项目作业，变电运维一体化作业实操培训可参考执行。

2.7.2　参考资料

下列文件对于本节的应用是必不可少的。凡是注日期的引用文件，仅所注日期的版本适用于本节。凡是不注日期的引用文件，其最新版本（包括所有的修改单）适用于本节。

GB 11032　交流无间隙金属氧化物避雷器

DL/T 987 氧化锌避雷器阻性电流测试仪通用技术条件
Q/GDW 1168 输变电设备状态检修试验规程
Q/GDW 1799.1 国家电网公司电力安全工作规程 变电部分
Q/GDW 11369 避雷器泄漏电流带电检测技术现场应用导则
国网〔运检/3〕828—2017 国家电网公司变电检测管理规定（试行）

2.7.3 作业前准备工作

2.7.3.1 作业人员要求

√	序号	责任人	工作要求	备注
	1	作业负责人	1）熟悉阻性电流检测技术的基本原理、诊断分析方法。 2）了解阻性电流检测仪的工作原理、技术参数和性能。 3）掌握阻性电流检测仪的操作方法。 4）了解被测设备的结构特点、工作原理、运行状况和导致设备故障的基本因素。 5）具有一定的现场工作经验，熟悉并能严格遵守电力生产和工作现场的相关安全管理规定。 6）作业负责人必须经本单位批准	
	2	作业人员	1）现场工作人员的身体状况、精神状态良好。 2）作业辅助人员（外来）必须经负责施教的人员对其进行安全措施、作业范围、安全注意事项等方面施教后方可参加工作。 3）所有作业人员必须具备必要的电气知识，基本掌握本专业作业技能及《国家电网公司电力安全工作规程 变电部分》的相关知识，并经考试合格	

2.7.3.2 作业材料及工器具准备

√	序号	名称	规格	单位	数量	备注
	1	作业指导书		份	1	
	2	阻性电流测试仪		台	1	
	3	电源盘		个	1	
	4	绝缘手套		副	1	
	5	绝缘垫		块	1	
	6	温湿度计		个	1	
	7	万用表		个	1	

2.7.3.3 作业危险点分析及安全预控措施

√	序号	危险点分析	安全控制措施
	1	触电伤害	1）严禁跨越设备遮栏作业，并与1000kV设备保持不小于8.7m、500kV设备保持不小于5m、220kV设备保持不小于3m、110kV设备保持不小于1.5m、35kV设备保持不小于1m、10kV设备不小于0.7m的安全距离。 2）在拆接检修电源时必须有2人一起，一人监护，另一人操作，防止低压触电

续表

√	序号	危险点分析	安全控制措施
	2	机械伤人	1）搬运装置或装置备件时，应2人一起搬运。 2）施工器具使用应符合安全规程、制造厂的规定
	3	设备损坏	1）在进行检测时，要防止误碰误动其他设备。 2）在使用传感器进行检测时，应戴绝缘手套，避免手部直接接触传感器金属部件。 3）从电压互感器获取电压信号时，应有专人做监护并做好防止二次回路短路的措施

2.7.4 作业流程图

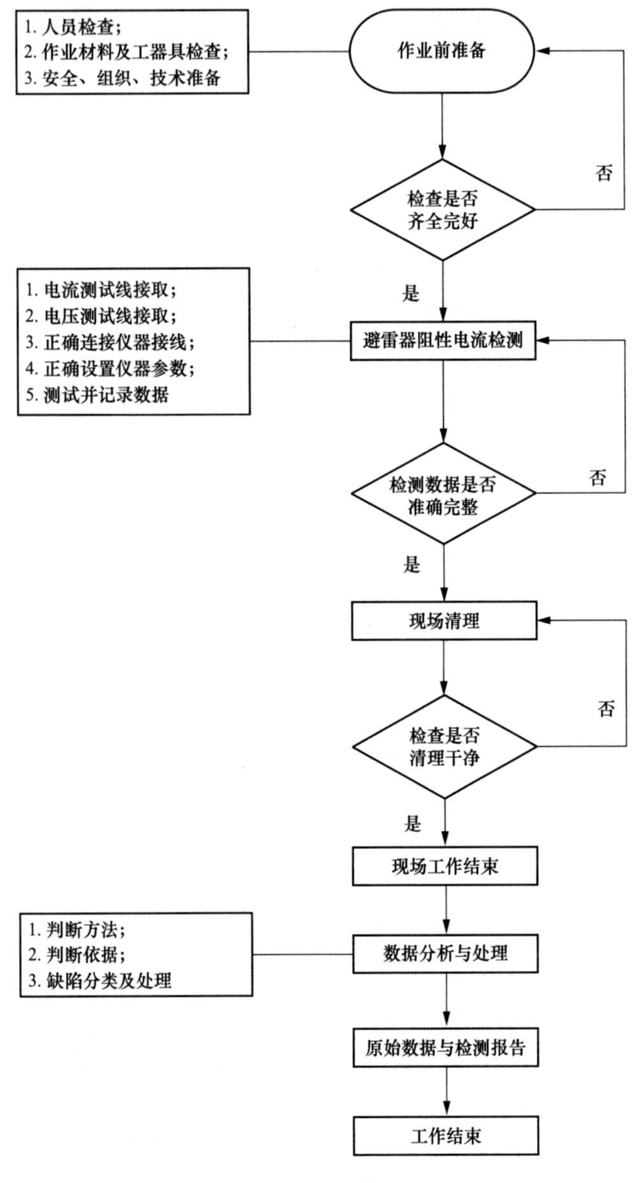

2.7.5 主要作业流程及工艺标准

作业流程	作业项目	作业内容及工艺标准	备注
作业前准备	人员检查	1）所有作业人员必须掌握《国家电网公司电力安全工作规程　变电部分》相关知识，并经考试合格。 2）作业人员应精神饱满，身体状态良好。 3）正确佩戴安全帽，着装符合安全要求	
	场地检查	1）作业场地整洁，无积水、污物，必要时进行清理。 2）环境温度不宜低于+5℃。 3）检测宜在晴天进行，环境相对湿度不宜大于80%。 4）检查急救箱，急救物品应齐备。 5）检查电源容量和电压符合要求	
	设备、工具、材料、资料检查	1）检查作业中需要使用的设备处于良好状态，必要时提前试运行。设备摆放位置合理。 2）对照工器具清单检查工器具，应齐全、完好、清洁。安全工器具和试验设备符合技术要求。工具摆放整齐。 3）对照材料清单检查材料，应齐全、合格。 4）对照资料清单准备作业工作票、作业指导书和作业记录	
	安全、组织、技术准备	全体作业人员列队，作业负责人交代安全、组织和技术要求：对所有作业人员布置作业任务、作业内容、操作要求和重要注意事项。明确作业过程中的危险因素、防范措施和事故紧急处理措施；强调操作要点并进行安全和技术交底	
检测	电流取样	电流取样方式有放电计数器短接法、钳形电流传感器法两种方式。 1）放电计数器短接法。若避雷器下端泄漏电流表为高阻型，则采用测试线夹将其短接，通过测试仪器内部的高精度电流传感器获得电流信号。 2）钳形电流传感器法。若避雷器下端泄漏电流表为低阻型，则采用高精度钳形电流传感器采样	
	电压取样	电压取样方式通常有二次电压法、检修电源法、感应板法及末屏电流法4种。 1）二次电压法。电压信号取与自待测金属氧化物避雷器同间隔的电压互感器二次电压。其传输方式分为有线传输和无线传输方式两种。 2）检修电源法。通过测取交流检修电源220V电压作为虚拟参考电压，再通过相角补偿求出参考电压，避免了通过取电压互感器端子箱内二次参考电压的误碰、误接线存在的风险。 3）感应板法。即将感应板放置在金属氧化物避雷器底座上，与高压导体之间形成电容。仪器利用电容电流做参考对金属氧化物避雷器总电流进行分解。由于感应板对位置比较敏感，该种测试方法受外界电场影响较大，如测试主变侧避雷器或仪器上方具有横拉母线时，测量结果误差较大。 4）末屏电流法。选取同电压等级的容性设备末屏电流做参考量。容性设备可选取电流互感器、电压互感器，用钳形电流表测容性设备末屏电流误差较大	

续表

作业流程	作业项目	作业内容及工艺标准	备注
检测	仪器操作	1）将阻性电流检测仪可靠接地，先接接地端，后接信号端。 2）正确连接电压、电流测试引线和测试仪器。 3）仪器开机后正确进行仪器设置，包括电压选取方式、电压互感器变比等参数。 4）测试并记录数据，记录全电流、阻性电流，运行电压数据，相邻间隔设备运行情况。 5）测试完毕，关闭仪器。拆除试验线时，先拆信号侧，再拆接地端，最后拆除仪器接地线	
现场工作收尾	现场清理	1）对作业设备、材料、工器具等进行整理，对照记录进行检查清点。 2）检查作业现场无遗留物，关闭电源，清扫作业场地。 3）所有作业人员撤离作业场地	
检测数据分析和处理	数据分析和处理	1）纵向比较。同一产品，在相同的环境条件下，阻性电流与上次或初始值比较应≤50%，全电流与上次或初始值比较应≤20%。当阻性电流增加 0.5 倍时应缩短试验周期并加强监测，增加 1 倍时应停电检查。 2）横向比较。同一厂家、同一批次的产品，避雷器各参数应大致相同，彼此应无显著差异。如果全电流或阻性电流差别超过 70%，即使参数不超标，避雷器也有可能异常。 3）综合分析法。当怀疑避雷器泄漏电流存在异常时，应排除各种因素的干扰，测试结果的影响因素见附件 2，并结合红外精确测温、高频局部放电测试结果进行综合分析判断，必要时应开展停电诊断试验	
检测报告	检测报告	检测工作完成后，应在 15 个工作日内完成检测报告整理，报告格式见附件 1	

2.7.6 作业指导书执行情况评估

评估内容	符合性	优秀		可操作项	
		良好		不可操作项	
		一般			
	可操作性	优秀		修改项	
		良好		增补项	
		一般		删除项	
存在问题					
改进意见					

2.7.7 附件

附件 1 避雷器阻性电流检测报告

×××变电站避雷器阻性电流检测报告

一、基本信息							
变电站		委托单位		试验单位		运行编号	
试验性质		试验日期		试验人员		试验地点	
报告日期		编制人		审核人		批准人	
试验天气		环境温度/℃		环境相对湿度（%）			
二、检测数据							
设备名称	I_x/mA	I_{r1p}/mA	I_{r3p}/mA	I_c/mA	角度（°）	功率	备注
							运行情况说明等（如旁边是否新增加运行设备，上方是否有运行母线干扰等）
仪器型号							
结论							
备注							

附件 2　测试结果影响因素

1. 瓷套外表面受潮污秽的影响

瓷套外表面潮湿污秽引起的泄漏电流，如果不加屏蔽会进入测量仪器，会使测量结果偏大。

2. 温度对金属氧化物避雷器泄漏电流的影响

由于金属氧化物避雷器的氧化锌电阻片在小电流区域具有负的温度系数，及金属氧化物避雷器内部空间较小，散热条件较差，加之有功损耗产生的热量会使电阻片的温度高于环境温度。这些都会使金属氧化物避雷器的阻性电流增大，电阻片在持续运行电压下从＋20℃～＋60℃，阻性电流增加 79%，而实际运行中的金属氧化物避雷器电阻片温度变化范围是比较大的，阻性电流的变化范围也很大。因此在进行检测数据的纵向比较时应充分考虑该因素。DL/T 474.5—2018《现场绝缘试验导则 避雷器实验》指出，温度每升高 10℃，电流增大 3%～5%，可参照换算。

3. 湿度对测试结果的影响

湿度比较大的情况下，一方面会使金属氧化物避雷器瓷套的表面泄漏电流明显增大，同时引起金属氧化物避雷器内部阀片的电位分布发生变化，使芯体电流明显增大。严重时芯体电流能增大 1 倍左右，瓷套表面电流会成几十倍增加。

4. 相间干扰的影响

对于一字排列的三相金属氧化物避雷器，在进行泄漏电流带电检测时，由于相间干扰影响，A、C 相电流相位都要向 B 相方向偏移，一般偏移角度 2°～4°左右，这导致 A 相阻性电流增加，C 相变小甚至为负，相间干扰原理如下图所示。由于相间干扰是固定的，采用历史数据的纵向比较，仍能较好地反映金属氧化物避雷器运行情况。

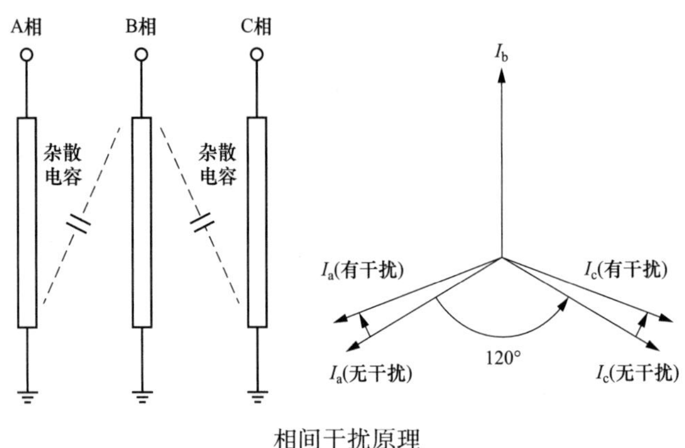

相间干扰原理

5. 电网谐波的影响

电网含有的电压谐波，会在避雷器中产生谐波电流，可能导致无法准确检测金属氧化物避雷器自身的谐波电流。

6. 参考电压方法选取的不同

金属氧化物避雷器测量仪一般具有电压互感器（TV）二次电压法、检修电源法、感应板法、容性设备末屏电流法几种参考电压方式，各种方法不同带来系统性的电压误差，影响试验结果。

7. 测试点电磁场对测试结果的影响

测试点电磁场较强时，会影响到电压 U 与总电流 I_X 的夹角，从而会使测得的阻性电流数据不真实，给测试人员正确判断金属氧化物避雷器的质量状况带来不利影响。测试时应选取多个测试点进行分析比较。

2.8 油中溶解气体分析

2.8.1 适用范围

本节适用于变电运维人员实施变电运维一体化项目作业，变电运维一体化作业实操培训可参考执行。

2.8.2 参考资料

下列文件对于本节的应用是必不可少的。凡是注日期的引用文件，仅所注日期的版本适用于本节。凡是不注日期的引用文件，其最新版本（包括所有的修改单）适用于本节。

GB/T 17623 绝缘油中溶解气体组分含量的气相色谱测定法

GB/T 30431 实验室气相色谱仪

DL/T 722 变压器油中溶解气体分析和判断导则

Q/GDW 1168 输变电设备状态检修试验规程

Q/GDW 1799.1 国家电网公司电力安全工作规程 变电部分

Q/GDW 11304.1 电力设备带电检测仪器技术规范 第1部分：带电检测仪器通用技术规范

Q/GDW 11304.41 电力设备带电检测仪器技术规范 第4-1部分：油中溶解气体分析仪（气相色谱法）

2.8.3 作业前准备工作

2.8.3.1 作业人员要求

√	序号	责任人	工作要求	备注
	1	作业负责人	1）熟悉气相色谱仪的基本原理和技术标准。 2）了解气相色谱仪的技术参数和性能。 3）掌握气相色谱仪操作方法和影响因素。 4）熟悉油中溶解气体检测仪的工作原理、操作方法。 5）了解被检测设备的结构特点、工作原理、运行状况。 6）掌握油中溶解气体的分析及诊断方法。 7）具有一定的现场工作经验，熟悉并能严格遵守电力生产和工作现场的相关安全管理规定。 8）作业负责人必须经本单位批准	

续表

√	序号	责任人	工作要求	备注
	2	作业人员	1）现场工作人员的身体状况、精神状态良好。 2）作业辅助人员（外来）必须经负责施教的人员对其进行安全措施、作业范围、安全注意事项等方面施教后方可参加工作。 3）所有作业人员必须具备必要的电气知识，基本掌握本专业作业技能及《国家电网公司电力安全工作规程　变电部分》的相关知识，并经考试合格	

2.8.3.2　作业材料及工器具准备

√	序号	名称	规格	单位	数量	备注
	1	作业指导书		份	1	
	2	气相色谱仪		台	1	
	3	脱气装置		台	1	
	4	100mL 玻璃注射器		个	1	注射器 B
	5	10mL 玻璃注射器		个	1	注射器 C
	6	5mL 玻璃注射器		个	1	注射器 A
	7	1mL 玻璃注射器		个	1	注射器 D
	8	不锈钢注射针头		个	1	
	9	双头针头		个	1	
	10	注射器用橡胶封帽		个	若干	
	11	标准混合气体		瓶	1	
	12	氮气（或氩气）		瓶	1	

2.8.3.3　作业危险点分析及安全预控措施

√	危险点分析	安全控制措施
	设备损坏	1）仪器接地应良好。 2）使用的氢气发生器、氮气发生器、无油空压机（或高压氢气瓶、高压氮气瓶、高压空气瓶）及其管路应经过渗漏检查，防止漏气。 3）使用中的氢气发生器、氮气发生器、无油空压机（或高压氢气瓶、高压氮气瓶、高压空气瓶）出口阀（减压阀）不得沾有油脂，气瓶应置于阴凉处，不得暴晒。 4）氮气瓶、标气瓶应采取固定装置，防止倾倒

2.8.4 作业流程图

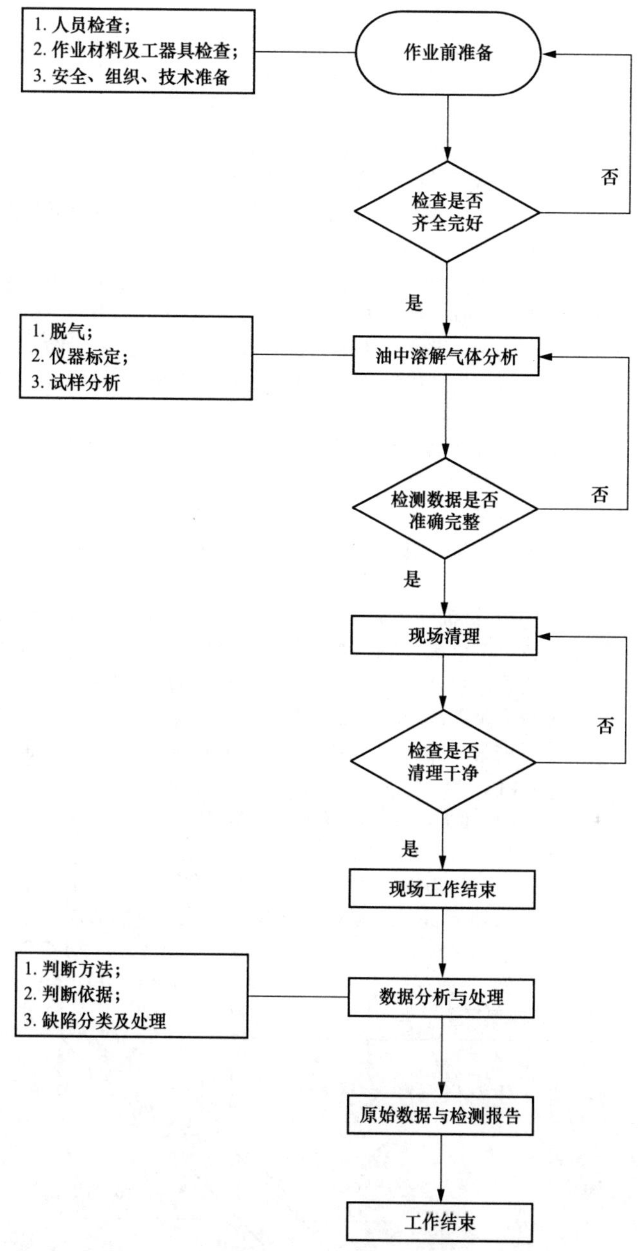

2.8.5 主要作业流程及工艺标准

作业流程	作业项目	作业内容及工艺标准	备注
作业前准备	人员检查	1）所有作业人员必须掌握《国家电网公司电力安全工作规程　变电部分》相关知识，并经考试合格。 2）作业人员应精神饱满，身体状态良好。 3）正确佩戴安全帽，着装符合安全要求	

续表

作业流程	作业项目	作业内容及工艺标准	备注
作业前准备	设备、工具、材料、资料检查	1）检查作业中需要使用的设备处于良好状态，必要时提前试运行。设备摆放位置合理。 2）对照工器具清单检查工器具，应齐全、完好、清洁。安全工器具和试验设备符合技术要求。工具摆放整齐。 3）对照材料清单检查材料，应齐全、合格。 4）对照资料清单准备作业工作票、作业指导书和作业记录	
	安全、组织、技术准备	全体作业人员列队，作业负责人交代安全、组织和技术要求：对所有作业人员布置作业任务、作业内容、操作要求和重要注意事项。明确作业过程中的危险因素、防范措施和事故紧急处理措施；强调操作要点并进行安全和技术交底	
油中溶解气体分析	脱气	1）储气玻璃注射器的准备。取5mL玻璃注射器A，抽取少量试油冲洗器筒内壁1～2次后，吸入约0.5mL试油，套上橡胶封帽，插入双头针头，针头垂直向上。将注射器内的空气和试油慢慢排出，使试油充满注射器内壁缝隙而不致残存空气。 2）试油体积调节。将100mL玻璃注射器B中油样推出部分，准确调节注射器芯至40.0mL刻度（V_1），立即用橡胶封帽将注射器出口密封。为了排除封帽凹部内空气，可用试油填充其凹部或在密封时先用手指压扁封帽挤出凹部空气后进行密封。操作过程中应注意防止空气气泡进入油样注射器B内。 3）加平衡载气。取10mL玻璃注射器C，用氮气（或氩气）清洗1～2次，再准确抽取5.0mL氮气（或10.0mL氩气），然后将注射器C内气体缓慢注入有试油的注射器B内，操作示意如下图。含气量低的试油，可适当增加注入平衡载气体积，但平衡后气相体积应不超过5mL。一般分析时，采用氮气做平衡载气，如需测定氮组分，则要改用氩气做平衡载气。 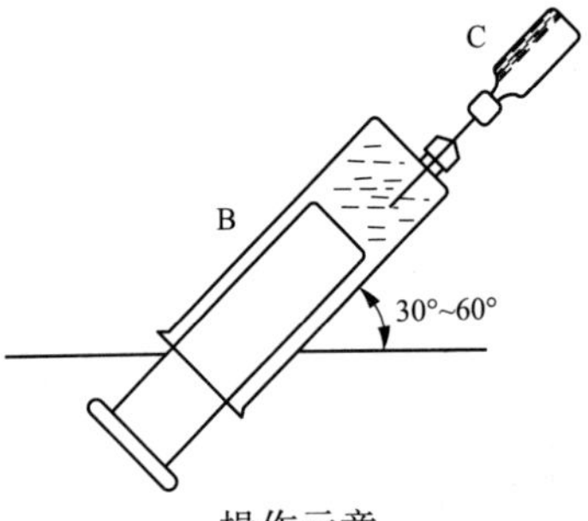 操作示意 4）振荡平衡。将注射器B放入恒温定时振荡器内的振荡盘上。注射器放置后，注射器头部要高于尾部约5°，且注射器出口在下部（振荡盘按此要求设计制造）。启动振荡器振荡操作钮，连续振荡20min，然后静止10min。室温在10℃以下，振荡前，注射器B应适当预热后，再进行振荡	

续表

作业流程	作业项目	作业内容及工艺标准	备注
油中溶解气体分析	脱气	5）转移平衡气：将注射器B从振荡盘中取出，并立即将其中的平衡气体通过双头针头转移到注射器A内。室温下放置2min，准确读其体积 V_g（准确至0.1mL），以备色谱分析用。为了使平衡气完全转移，也不吸入空气，应采用微正压法转移，即微压注射器B的芯塞，使气体通过双头针头进入注射器A。不允许使用抽拉注射器A芯塞的方法转移平衡气。注射器芯塞应洁净，以保证其活动灵活。转移气体时，如发现注射器A芯塞卡涩时，可轻轻旋动注射器A的芯塞	
	仪器标定	采用外标定量法，标定仪器应在仪器运行工况稳定且相同的条件下进行。 1）用1mL玻璃注射器D准确抽取已知各组分浓度 C_{is} 的标准混合气1mL进样标定。从得到的色谱图上量取各组分的峰面积（或峰高）。 2）至少重复操作2次，取峰面积 A_i（或峰高 h_i）的平均值，2次标定的重复性应在其平均值的±2%以内。每次试验均应标定仪器	
	试样分析	1）用1mL玻璃注射器D从注射器A中准确抽取样品气1mL，进样分析。从所得色谱图上量取各组分的峰面积 A_i（或峰高 h_i）。 2）重复操作2次，取其平均值	
现场工作收尾	现场清理	1）对作业设备、材料、工器具等进行整理，对照记录进行检查清点。 2）检查作业现场无遗留物；关闭电源，清扫作业场地。 3）所有作业人员撤离作业场地	
检测报告	检测报告	检测工作完成后，应在15个工作日内完成检测报告整理，报告格式见附件	

2.8.6 作业指导书执行情况评估

<table>
<tr><td rowspan="6">评估内容</td><td rowspan="3">符合性</td><td>优秀</td><td></td><td>可操作项</td><td></td></tr>
<tr><td>良好</td><td></td><td rowspan="2">不可操作项</td><td rowspan="2"></td></tr>
<tr><td>一般</td><td></td></tr>
<tr><td rowspan="3">可操作性</td><td>优秀</td><td></td><td>修改项</td><td></td></tr>
<tr><td>良好</td><td></td><td>增补项</td><td></td></tr>
<tr><td>一般</td><td></td><td>删除项</td><td></td></tr>
<tr><td>存在问题</td><td colspan="5"></td></tr>
<tr><td>改进意见</td><td colspan="5"></td></tr>
</table>

2.8.7 附件

附件 油中溶解气体检测报告

×××变电站油中溶解气体检测报告

一、基本信息							
变电站		委托单位		检测单位		运行编号	
检测性质		检测日期		检测人员		检测地点	
报告日期		编写人员		审核人		批准人	
检测天气		环境温度/℃		环境相对湿度（%）		大气压力/kPa	
取样日期							
二、设备铭牌							
设备信息	设备名称		型号		电压等级/kV		
	容量/MVA		油重/t		油种		
	出厂序号		出厂年月		投运日期		
	冷却方式		调压方式		油保护方式		
取样条件	取样原因		油温/℃		负荷/MVA		
三、标准气体信息							
标准气体批号		标准气体状态	□正常 □ 异常	最佳使用期限			
四、检测数据							
相别							
氢气（H_2）/(μL/L)							
一氧化碳（CO）/(μL/L)							
二氧化碳（CO_2）/(μL/L)							
甲烷（CH_4）/(μL/L)							
乙烯（C_2H_4）/(μL/L)							
乙烷（C_2H_6）/(μL/L)							
乙炔（C_2H_2）/(μL/L)							
总烃/(μL/L)							
仪器型号							
结论							
备注							

2.9 变压器铁心、夹件接地电流检测

2.9.1 适用范围

本节适用于变电运维人员实施变电运维一体化项目作业，变电运维一体化作业实操培训可参考执行。

2.9.2 参考资料

下列文件对于本节的应用是必不可少的。凡是注日期的引用文件，仅所注日期的版本适用于本节。凡是不注日期的引用文件，其最新版本（包括所有的修改单）适用于本节。

Q/GDW 1799.1 国家电网公司电力安全工作规程 变电部分

Q/GDW 1168 输变电设备状态检修试验规程

国网〔运检/3〕828—2017 国家电网公司变电检测管理规定（试行）

2.9.3 作业前准备工作

2.9.3.1 作业人员要求

√	序号	责任人	工作要求	备注
	1	作业负责人	1）熟悉变压器铁心、夹件接地电流带电检测技术的基本原理、诊断分析方法。 2）了解钳形电流表和专用铁心、夹件接地电流带电检测仪器的工作原理、技术参数和性能。 3）掌握钳形电流表和专用铁心、夹件接地电流带电检测仪器的操作程序和使用方法。 4）了解变压器的结构特点、工作原理、运行状况和故障分析的基本知识。 5）具有一定的现场工作经验，熟悉并能严格遵守电力生产和工作现场的相关安全管理规定。 6）作业负责人必须经本单位批准	
	2	作业人员	1）现场工作人员的身体状况、精神状态良好。 2）作业辅助人员（外来）必须经负责施教的人员对其进行安全措施、作业范围、安全注意事项等方面施教后方可参加工作。 3）所有作业人员必须具备必要的电气知识，基本掌握本专业作业技能及《国家电网公司电力安全工作规程 变电部分》的相关知识，并经考试合格	

2.9.3.2 作业材料及工器具准备

√	序号	名称	规格	单位	数量	备注
	1	作业指导书		份	1	
	2	上次检测记录		份	1	
	3	检测记录表		份	1	
	4	钳形电流表或专用铁心、夹件接地电流带电检测仪器		台	1	

2.9.3.3 作业危险点分析及安全预控措施

√	序号	危险点分析	安全控制措施
	1	触电伤害	严禁跨越设备遮栏作业，并与1000kV设备保持不小于8.7m、500kV设备保持不小于5m、220kV设备保持不小于3m、110kV设备保持不小于1.5m、35kV设备保持不小于1m、10kV设备不小于0.7m的安全距离
	2	设备损坏	工作中严禁误动误碰运行设备，工作中发现设备故障异常及时汇报，按正常工作程序处理，严禁擅自处理
	3	摔跌	熟悉现场环境，防止人员摔跌

2.9.4 作业流程图

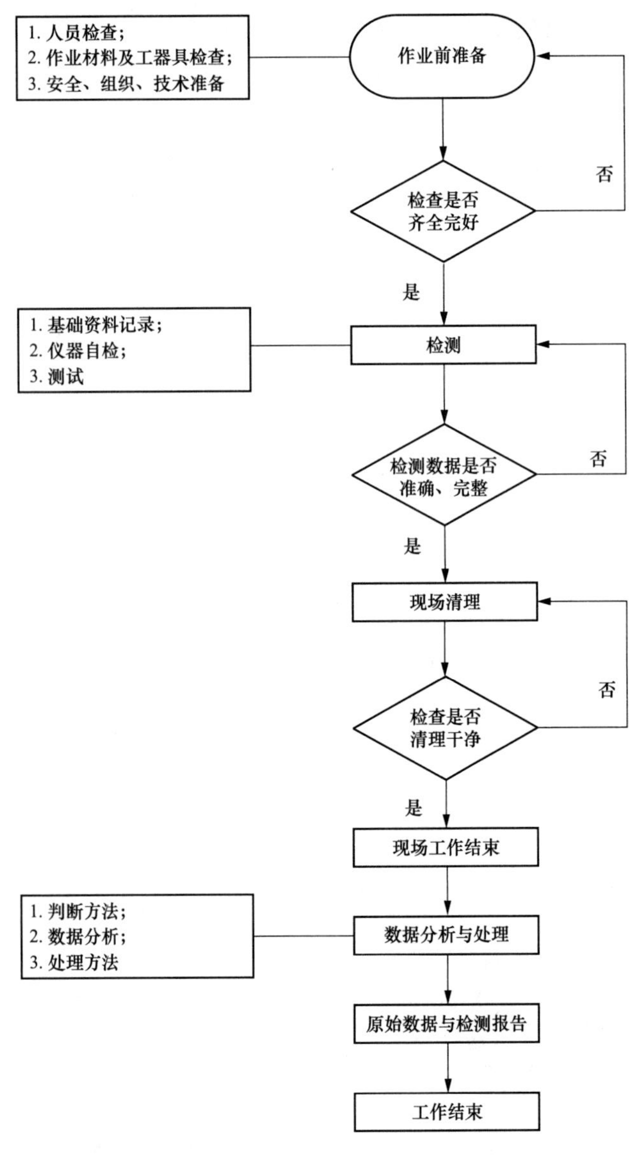

2.9.5 主要作业流程及工艺标准

作业流程	作业项目	作业内容及工艺标准	备注
作业前准备	人员检查	1）所有作业人员必须掌握《国家电网公司电力安全工作规程 变电部分》相关知识，并经考试合格。 2）作业人员应精神饱满，身体状态良好。 3）正确佩戴安全帽，着装符合安全要求	
	作业材料及工器具检查	1）掌握设备型号、制造厂家、安装日期等信息以及运行情况。 2）掌握被试设备及参考设备历次停电例行试验和带电检测数据及被试设备运行状况、历史缺陷以及家族性缺陷等信息等。 3）确认待测设备处于运行状态，变压器启、停运过程中严禁检测。 4）被测变压器铁心、夹件接地引线引出至变压器下部并可靠接地	
	安全、组织、技术准备	全体作业人员列队，作业负责人交代安全、组织和技术要求：对所有作业人员布置作业任务、作业内容、操作要求和重要注意事项。明确作业过程中的危险因素、防范措施和事故紧急处理措施；强调操作要点并进行安全和技术交底	
检测	基础资料记录	1）在良好的天气下进行检测。 2）环境温度不宜低于5℃。 3）环境相对湿度不大于80%	
	仪器自检	1）钳形电流表具备电流测量、显示及锁定功能，检查钳形电流表卡钳钳口闭合是否良好。 2）变压器铁心、夹件接地电流检测仪具备电流采集、处理、波形分析及超限告警等功能，确认检测仪引线导通良好	
	测试	1）打开测量仪器，电流选择适当的量程，频率选取工频（50Hz）量程进行测量，尽量选取符合要求的最小量程，确保测量的精确度。 2）在接地电流直接引下线段进行测试（历次测试位置应相对固定，将钳形电流表置于器身高度的下1/3处，沿接地引下线方向，上下移动仪表观察数值应变化不大，测试条件允许时还可以将仪表钳口以接地引下线为轴左右转动，观察数值也不应有明显变化）。 3）使钳形电流表与接地引下线保持垂直。 4）待电流表数据稳定后，读取数据并做好记录	
现场工作收尾	现场清理	1）检查检测数据是否准确、完整。 2）恢复设备到检测前状态。 3）检查确认作业现场无遗留物。 4）所有作业人员撤离作业场地	

续表

作业流程	作业项目	作业内容及工艺标准	备注
数据分析与处理	判断方法	铁心接地电流检测结果应符合以下要求。 1）1000kV 变压器：≤300mA（注意值）。 2）其他变压器：≤100mA（注意值）。 3）与历史数值比较无较大变化	
	数据分析	1）当变压器铁心、夹件接地电流检测结果受环境及检测方法的影响较大时，可通过历次试验结果进行综合比较，根据其变化趋势做出判断。 2）数据分析还需综合考虑设备历史运行状况、同类型设备参考数据，同时结合其他带电检测试验结果，如油色谱试验、红外精确测温及高频局部放电检测等手段进行综合分析	
	处理方法	1）接地电流大于 300 mA 应考虑铁心（夹件）存在多点接地故障，必要时串接限流电阻。 2）当怀疑有铁心多点间歇性接地时可辅以在线监测装置进行连续检测	
原始数据与检测报告	检测报告	检修工作结束后，应在 15 个工作日内将试验报告整理完毕，记录格式见附件	

2.9.6 作业指导书执行情况评估

评估内容	符合性	优秀		可操作项	
		良好		不可操作项	
		一般			
	可操作性	优秀		修改项	
		良好		增补项	
		一般		删除项	
存在问题					
改进意见					

2.9.7 附件

附件　铁心、夹件接地电流检测报告

×××变电站铁心、夹件接地电流检测报告

一、基本信息							
变电站		委托单位		试验单位			
试验性质		试验日期		试验人员		试验地点	
报告日期		编制人		审核人		批准人	
试验天气		温度/℃		湿度（%）			

续表

<table>
<tr><td colspan="6">二、设备铭牌</td></tr>
<tr><td>运行编号</td><td></td><td>生产厂家</td><td></td><td>额定电压/kV</td><td></td></tr>
<tr><td>投运日期</td><td></td><td>出厂日期</td><td></td><td>出厂编号</td><td></td></tr>
<tr><td>设备型号</td><td></td><td>额定容量</td><td></td><td></td><td></td></tr>
<tr><td colspan="6">三、检测数据</td></tr>
<tr><td>铁心接地电流/mA</td><td colspan="5"></td></tr>
<tr><td>夹件接地电流/mA</td><td colspan="5"></td></tr>
<tr><td>仪器型号</td><td colspan="5"></td></tr>
<tr><td>结论</td><td colspan="5"></td></tr>
<tr><td>备注</td><td colspan="5"></td></tr>
</table>

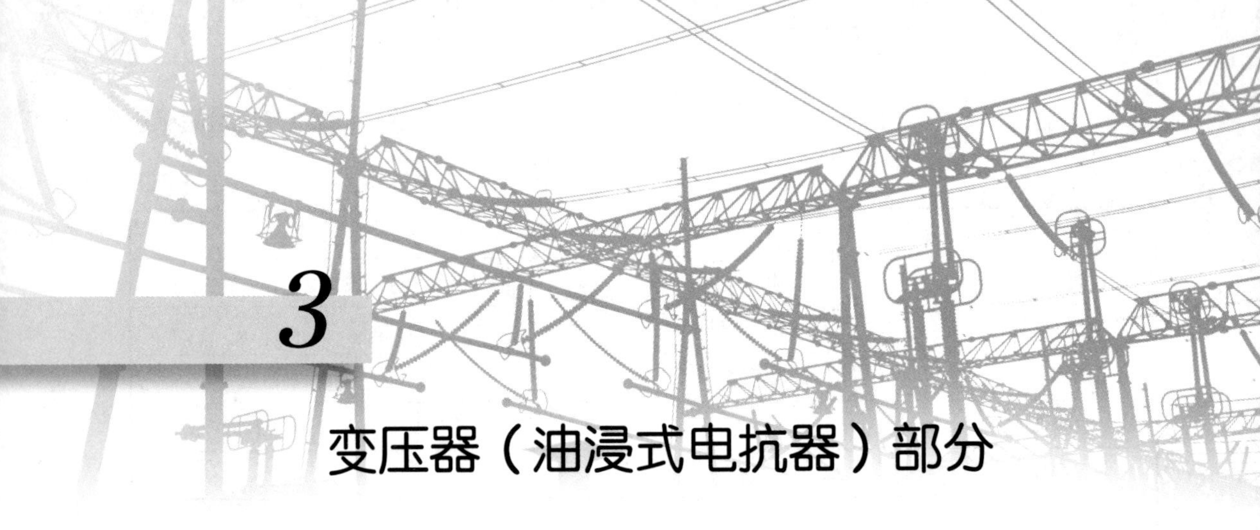

3 变压器（油浸式电抗器）部分

3.1 变压器（油浸式电抗器）取油及送样

3.1.1 适用范围

本节适用于变电运维人员实施变电运维一体化项目作业，变电运维一体化作业实操培训可参考执行。

3.1.2 参考资料

下列文件对于本节的应用是必不可少的。凡是注日期的引用文件，仅所注日期的版本适用于本节。凡是不注日期的引用文件，其最新版本（包括所有的修改单）适用于本节。

GB/T 7597 电力用油（变压器油、汽轮机油） 取样方法

GB/T 17623 绝缘油中溶解气体组分含量的气相色谱测定法

DL/T 722 变压器油中溶解气体分析和判断导则

Q/GDW 1799.1 国家电网公司电力安全工作规程 变电部分

Q/GDW 1168 输变电设备状态检修试验规程

3.1.3 作业前准备工作

3.1.3.1 作业人员要求

√	序号	责任人	工作要求	备注
	1	作业负责人	1）熟悉变压器油密封取样的基本要求和方法。 2）具有一定的现场工作经验，熟悉并能严格遵守电力生产和工作现场的相关安全管理规定。 3）作业负责人必须经本单位批准	
	2	作业人员	1）现场工作人员的身体状况、精神状态良好。 2）作业辅助人员（外来）必须经负责施教的人员对其进行安全措施、作业范围、安全注意事项等方面施教后方可参加工作。 3）所有作业人员必须具备必要的电气知识，基本掌握本专业作业技能及《国家电网公司电力安全工作规程 变电部分》的相关知识，并经考试合格	

3.1.3.2 作业材料及工器具准备

√	序号	名称	规格	单位	数量	备注
	1	作业指导书		份	1	
	2	注射器	100mL	只	2	
	3	螺丝刀		把	1	
	4	扳手		把	1	
	5	橡胶封帽		个	若干	
	6	取样导管	长度适中	根	3	
	7	标签纸		个	若干	
	8	三通		个	2	
	9	废油桶		个	1	
	10	擦油布		块	2	
	11	油样盒		个	1	
	12	工具箱		个	1	
	13	无毛纸		张	若干	

3.1.3.3 作业危险点分析及安全预控措施

√	序号	危险点分析	安全控制措施
	1	触电伤害	严禁跨越设备遮栏作业，并与 1000kV 设备保持不小于 8.7m、500kV 设备保持不小于 5m、220kV 设备保持不小于 3m、110kV 设备保持不小于 1.5m、35kV 设备保持不小于 1m、10kV 设备不小于 0.7m 的安全距离
	2	设备损坏	工作中严禁误动误碰运行设备，工作中发现设备故障异常及时汇报，按正常工作程序处理，严禁擅自处理
	3	跌落或踩踏设备管道	行走中注意脚下，防止踩踏设备管道

3.1.4 作业流程图

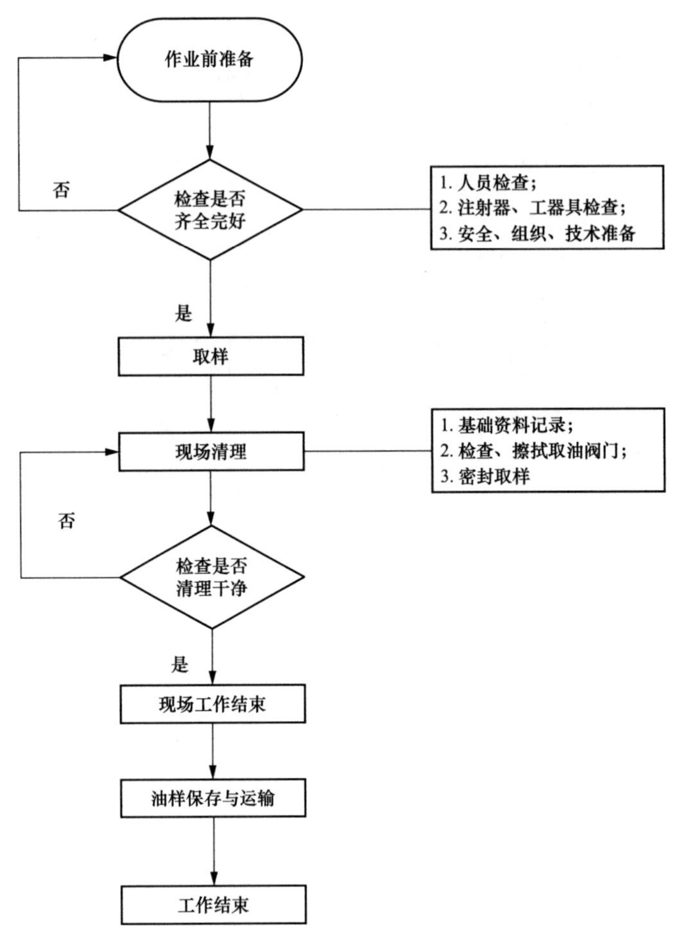

3.1.5 主要作业流程及工艺标准

作业流程	作业项目	作业内容及工艺标准	备注
作业前准备	人员检查	1）所有作业人员必须掌握《国家电网公司电力安全工作规程 变电部分》相关知识，并经考试合格。 2）作业人员应精神饱满，身体状态良好。 3）正确佩戴安全帽，着装符合安全要求	
	注射器、工器具检查	1）检查橡胶封帽是否全新，捏紧胶帽检查有无老化，龟裂等现象。 2）注射器使用前，应顺序用有机溶剂、自来水、蒸馏水洗净，在105℃下充分干燥或采用吹风机热风干燥。干燥后立即用橡胶封帽盖住头部（最好保存在干燥器中）。 3）通过抽拉注射器内芯检查灵活性、气密性，注射器出口用手或者检查过的橡胶封帽进行封堵，抽拉注射器内芯，通过刻度观察注射器的回弹是否正常（GB 17623 中注射器气密性检查方法：用注射器取可检出氢气含量的油样，应至少储存两周，在储存开始和结束时，分析样品中的氢气含量，以检验注射器的气密性。合格的注射器，每周允许损失的氢气含量应小于2.5%）。	

续表

作业流程	作业项目	作业内容及工艺标准	备注
作业前准备	注射器、工器具检查	4）检查注射器可用之后填写粘贴标签。标签内容至少应包括取样人、取样日期、样品类型、取样部位、设备名称等信息。 5）检查三通转向是否灵活不卡涩。 6）检查取样导管无开裂	
	安全、组织、技术准备	全体作业人员列队，作业负责人交代安全、组织和技术要求：对所有作业人员布置作业任务、作业内容、操作要求和重要注意事项。明确作业过程中的危险因素、防范措施和事故紧急处理措施；强调操作要点并进行安全和技术交底	
取样	基础资料记录	1）在良好的天气下进行检测。 2）环境温度不宜低于5℃。 3）环境相对湿度不大于80％	
	检查、擦拭取油阀门	1）油样应能代表变压器本体油，避免在油循环不够充分的死角处取样。一般应从设备底部的取样阀取样，在特殊情况下可在不同取样部位取样。 2）用擦油布擦拭取油阀门保护帽，拆下保护帽后，用螺丝刀检查取样阀确已旋紧。 3）另取新无毛纸对内部进行擦拭，并擦拭转接头进行连接	
	密封取样	1）将取样导管、三通和注射器依次接好。 2）排除变压器放油阀死油（排入废油桶内），并冲洗连接管路。 3）旋转三通，利用油本身压力使油注入注射器，以便湿润和冲洗注射器（注射器需要冲洗2～3次）。 4）旋转三通与变压器本体隔绝，推注射器芯子使其排空（变压器油排入废油桶内）。 5）旋转三通与大气隔绝，借变压器油的自然压力使油缓慢进入注射器中。 6）当注射器中油样达到所需毫升数时，立即旋转三通与注射器隔绝，从注射器上拔下三通，在橡胶封帽内的空气泡被油置换之后，盖在注射器的头部，将注射器置于专用油样盒内。 1. 排死油、冲洗连接管路 2. 润洗注射器 3. 排空注射器 4. 取样 5. 取下注射器	

续表

作业流程	作业项目	作业内容及工艺标准	备注
取样	密封取样	7）做油中溶解气体分析时，取样量为50～100mL；专用于测定油中水分含量的油样，可取10～20mL；进行油中水分含量测定用的油样可同时用于油中溶解气体分析，不必单独取样	
现场工作收尾	现场清理	1）用无毛纸擦拭残油，拧紧取油阀螺丝及防尘罩，用擦油布擦净取油阀周围油污。 2）观察确认取样阀无渗、漏油。 3）检查确认作业现场无遗留物。 4）所有作业人员撤离作业场地	
油样保存与运输	油样保存与运输	1）油样应尽快进行分析，做油中溶解气体分析的油样不得超过4天，做油中水分含量的油样不得超过7天。 2）油样在运输中应尽量避免剧烈震动，防止注射器破裂，尽可能避免空运。 3）油样运输和保存期间，必须避光，并保证注射器芯体能自由滑动（避免形成负压空腔）	

3.1.6 作业指导书执行情况评估

评估内容	符合性	优秀		可操作项	
		良好		不可操作项	
		一般			
	可操作性	优秀		修改项	
		良好		增补项	
		一般		删除项	
存在问题					
改进意见					

3.2 变压器（油浸式电抗器）气体继电器集气盒取气及分析

3.2.1 适用范围

本节适用于变电运维人员实施变电运维一体化项目作业，变电运维一体化作业实操培训可参考执行。

3.2.2 参考资料

下列文件对于本节的应用是必不可少的。凡是注日期的引用文件，仅所注日期的版本适用于本节。凡是不注日期的引用文件，其最新版本（包括所有的修改单）适用于本节。

GB/T 7597 电力用油（变压器油、汽轮机油） 取样方法

GB/T 17623 绝缘油中溶解气体组分含量的气相色谱测定法

DL/T 722 变压器油中溶解气体分析和判断导则

DL/T 572　电力变压器运行规程

Q/GDW 1799.1　国家电网公司电力安全工作规程　变电部分

Q/GDW 1168　输变电设备状态检修试验规程

国网安徽省电力公司500kV变电站现场运行通用规程

3.2.3 作业前准备工作

3.2.3.1 作业人员要求

√	序号	责任人	工作要求	备注
	1	作业负责人	1）熟悉变压器气体继电器集气盒取气的基本要求和方法。 2）熟悉气相色谱仪的基本原理和技术标准。 3）了解气相色谱仪的技术参数和性能。 4）掌握气相色谱仪操作方法和影响因素。 5）具有一定的现场工作经验，熟悉并能严格遵守电力生产和工作现场的相关安全管理规定。 6）作业负责人必须经本单位批准	
	2	作业人员	1）现场工作人员的身体状况、精神状态良好。 2）作业辅助人员（外来）必须经负责施教的人员对其进行安全措施、作业范围、安全注意事项等方面施教后方可参加工作。 3）所有作业人员必须具备必要的电气知识，基本掌握本专业作业技能及《国家电网公司电力安全工作规程　变电部分》的相关知识，并经考试合格	

3.2.3.2 作业材料及工器具准备

√	序号	名称	规格	单位	数量	备注
	1	作业指导书		份	1	
	2	注射器	100mL	支	2	
	3	螺丝刀		把	1	
	4	扳手		把	1	
	5	橡胶封帽		个	若干	
	6	取样导管	长度适中	根	3	
	7	标签纸		张	若干	
	8	三通		个	2	
	9	废油桶		个	1	
	10	擦油布		块	2	
	11	油样盒		个	1	
	12	工具箱		个	1	
	13	定量进样注射器	1mL	支	1	
	14	无毛纸		张	若干	

3.2.3.3 作业危险点分析及安全预控措施

√	序号	危险点分析	安全控制措施
	1	触电伤害	严禁跨越设备遮栏作业，并与 1000kV 设备保持不小于 8.7m、500kV 设备保持不小于 5m、220kV 设备保持不小于 3m、110kV 设备保持不小于 1.5m、35kV 设备保持不小于 1m、10kV 设备不小于 0.7m 的安全距离
	2	设备损坏	工作中严禁误动误碰运行设备，工作中发现设备故障异常及时汇报，按正常工作程序处理，严禁擅自处理
	3	跌落或踩踏设备管道	行走中注意脚下，防止踩踏设备管道

3.2.4 作业流程图

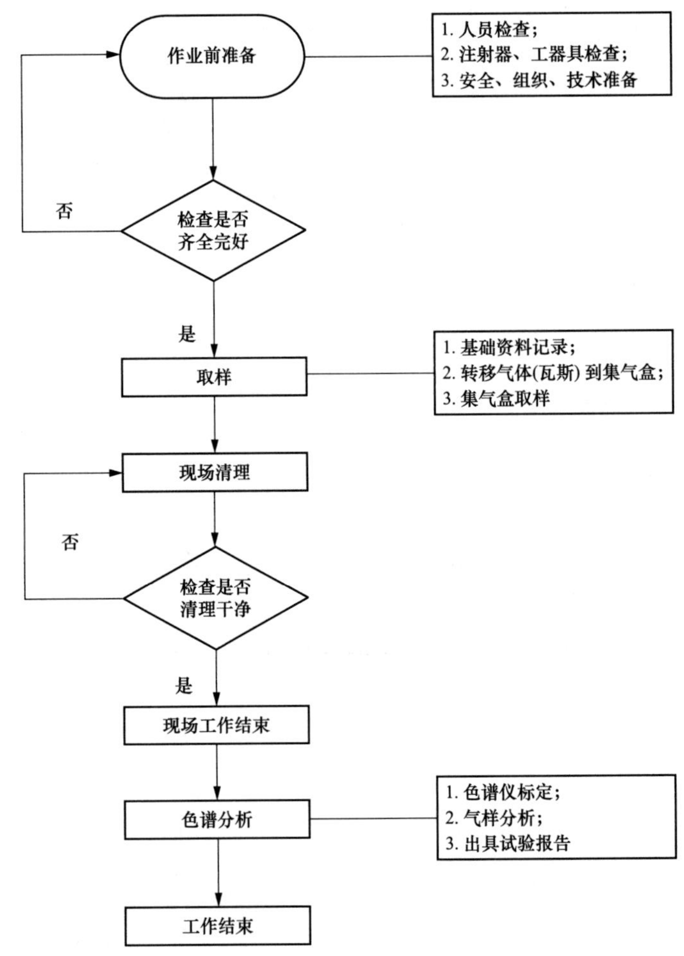

3.2.5 主要作业流程及工艺标准

作业流程	作业项目	作业内容及工艺标准	备注
作业前准备	人员检查	1）所有作业人员必须掌握《国家电网公司电力安全工作规程　变电部分》相关知识，并经考试合格。 2）作业人员应精神饱满，身体状态良好。 3）正确佩戴安全帽，着装符合安全要求	
	注射器、工器具检查	1）检查橡胶封帽是否全新，捏紧胶帽检查有无老化、龟裂等现象。 2）注射器使用前应顺序用有机溶剂、自来水、蒸馏水洗净，在105℃下充分干燥或采用吹风机热风干燥，干燥后立即用橡胶封帽盖住头部（最好保存在干燥器中）。 3）通过抽拉注射器内芯检查灵活性、气密性，注射器出口用手或者检查过的橡胶封帽进行封堵，抽拉注射器内芯，通过刻度观察注射器的回弹是否正常（GB 17623 中注射器气密性检查方法：用注射器取可检出氢气含量的油样，应至少储存两周，在储存开始和结束时，分析样品中的氢气含量，以检验注射器的气密性。合格的注射器，每周允许损失的氢气含量应小于2.5%）。 4）检查注射器可用之后填写粘贴标签。标签内容至少应包括取样人、取样日期、样品类型、取样部位、设备名称等信息。 5）检查三通转向是否灵活不卡涩。 6）检查取样导管无开裂。 7）检查定量进样注射器刻度是否准确、针头是否弯折、内芯抽拉是否卡涩	
	安全、组织、技术准备	全体作业人员列队，作业负责人交代安全、组织和技术要求：对所有作业人员布置作业任务、作业内容、操作要求和重要注意事项。明确作业过程中的危险因素、防范措施和事故紧急处理措施；强调操作要点并进行安全和技术交底	
取样	基础资料记录	1）在良好的天气下进行检测。 2）环境温度不宜低于5℃。 3）环境相对湿度不大于80%	
	转移瓦斯气到集气盒	1）用无毛纸擦拭集气盒放油阀门及取气阀门。 2）使用三通与取样导管与集气盒放油口连接，注意调整三通位置，使注射器与大气隔绝，打开阀门将集气盒内变压器缓慢排入废油桶内，将继电器中气体完全转移至集气盒中（集气盒中液面不再下降为止）。 3）关闭排油阀门并擦拭残油，拧紧放油螺帽并擦拭，观察是否渗、漏油	

续表

作业流程	作业项目	作业内容及工艺标准	备注
取样	集气盒取样	1）用擦油布擦拭集气盒取气螺帽并打开，用无毛纸擦拭取气口残油，并使用同一套三通及取样导管与注射器、阀门连接，排油管另一端放入废油桶中。 2）旋转三通，用扳手拧开取气阀门并控制流速，排放少量气体冲洗连接管路（气量少时可不进行此步骤）。 3）旋转三通，用少量气体冲洗注射器 1～2 次后排空（气量少时可不进行此步骤）。 4）旋转三通，正压取气样 30～50mL。 5）旋转三通，取下注射器，立即用橡胶封帽密封气样，气样中不能混入空气。气样密封方法：用手指压扁封帽完全挤出凹部空气后进行密封，密封过程中注射器芯不能滑动，注意在密封气样的时候，注射器要尽量水平放置，避免注射器口朝上内芯滑落抽入空气，或者注射器口朝下使气样逸散。 6）将注射器置于专用油样盒内。 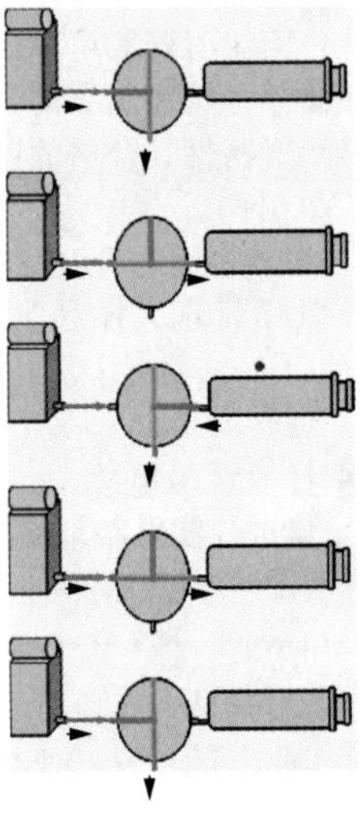 1. 冲洗连接管路 2. 润洗注射器 3. 排空注射器 4. 取样 5. 取下注射器	
现场工作收尾	现场清理	1）待集气盒中气体完全排出至有油排出后，关闭取气阀门，拆掉取样管路和三通，并擦拭残油，最后关闭取气螺帽并擦拭。 2）观察确认无渗、漏油。 3）检查确认作业现场无遗留物。 4）所有作业人员撤离作业场地	
色谱分析	色谱仪标定	1）采用外标定量法，标定仪器应在仪器运行工况稳定且相同的条件下进行。 2）用 1mL 玻璃注射器准确抽取已知各组分浓度 C_{is} 的标准混合气 1mL 进样标定。从得到的色谱图上量取各组分的峰面积（或峰高）。 3）至少重复操作 2 次，取峰面积 A_i（或峰高 h_i）的平均值，2 次标定的重复性应在其平均值的±2%以内。每次试验均应标定仪器	

续表

作业流程	作业项目	作业内容及工艺标准	备注
色谱分析	气样分析	1）在数据工作站选择（手动）气体继电器方法进行工作站切换。 2）用 1mL 定量进样注射器从注射器中准确抽取样品气 1mL，进样分析。从所得色谱图上量取各组分的峰面积 A_i（或峰高 h_i）。 3）重复操作 2 次，取其平均值。 4）如一时不能对气体继电器内的气体进行色谱分析，则可按下面方法鉴别：①无色、不可燃的是空气；②黄色、可燃的是木质故障产生的气体；③淡灰色、可燃并有臭味的是纸质故障产生的气体；④灰黑色、易燃的是铁质故障使绝缘油分解产生的气体	
	出具试验报告	检测工作完成后，应在 15 个工作日内完成检测报告整理，报告格式见附件	

3.2.6 作业指导书执行情况评估

评估内容	符合性	优秀		可操作项	
		良好		不可操作项	
		一般			
	可操作性	优秀		修改项	
		良好		增补项	
		一般		删除项	
存在问题					
改进意见					

3.2.7 附件

附件　气样分析检测报告

×××变电站气样分析检测报告

一、基本信息					
变电站		运行编号		委托单位	
检测性质		检测单位		检测人员	
取样日期		检测日期		气体继电器气量	
检测天气		环境温度/℃		环境相对湿度（%）	
编写人员		审核人		批准人	

续表

<table>
<tr><td colspan="7">二、设备铭牌</td></tr>
<tr><td rowspan="4">设备信息</td><td>设备名称</td><td></td><td>型号</td><td></td><td>电压等级/kV</td><td></td></tr>
<tr><td>容量/MVA</td><td></td><td>油重/t</td><td></td><td>油种</td><td></td></tr>
<tr><td>出厂序号</td><td></td><td>出厂年月</td><td></td><td>投运日期</td><td></td></tr>
<tr><td>冷却方式</td><td></td><td>调压方式</td><td></td><td>油保护方式</td><td></td></tr>
<tr><td>取样条件</td><td>取样原因</td><td></td><td>油温/℃</td><td></td><td>负荷/MVA</td><td></td></tr>
<tr><td colspan="7">三、标准气体信息</td></tr>
<tr><td colspan="2">标准气体批号</td><td></td><td>标准气体状态</td><td>□正常 □异常</td><td>最佳使用期限</td><td></td></tr>
<tr><td colspan="7">四、检测数据</td></tr>
<tr><td colspan="3">相别</td><td colspan="2"></td><td></td><td></td></tr>
<tr><td colspan="3">氢气（H_2）/(μL/L)</td><td colspan="2"></td><td></td><td></td></tr>
<tr><td colspan="3">一氧化碳（CO)/(μL/L)</td><td colspan="2"></td><td></td><td></td></tr>
<tr><td colspan="3">二氧化碳（CO_2）/(μL/L)</td><td colspan="2"></td><td></td><td></td></tr>
<tr><td colspan="3">甲烷（CH_4）/(μL/L)</td><td colspan="2"></td><td></td><td></td></tr>
<tr><td colspan="3">乙烯（C_2H_4）/(μL/L)</td><td colspan="2"></td><td></td><td></td></tr>
<tr><td colspan="3">乙烷（C_2H_6）/(μL/L)</td><td colspan="2"></td><td></td><td></td></tr>
<tr><td colspan="3">乙炔（C_2H_2）/(μL/L)</td><td colspan="2"></td><td></td><td></td></tr>
<tr><td colspan="3">总烃（μL/L）</td><td colspan="2"></td><td></td><td></td></tr>
<tr><td colspan="3">仪器型号</td><td colspan="2"></td><td></td><td></td></tr>
<tr><td colspan="3">结论</td><td colspan="2"></td><td></td><td></td></tr>
<tr><td colspan="3">备注</td><td colspan="2"></td><td></td><td></td></tr>
</table>

3.3 变压器（油浸式电抗器）油位实测

3.3.1 适用范围

本节适用于变电运维人员实施变电运维一体化项目作业，变电运维一体化作业实操培训可参考执行。

3.3.2 参考资料

下列文件对于本节的应用是必不可少的。凡是注日期的引用文件，仅所注日期的版本适用于本节。凡是不注日期的引用文件，其最新版本（包括所有的修改单）适用于本节。

GB 50148 电气装置安装工程 电力变压器、油浸电抗器、互感器施工及验收规范

DL/T 572 电力变压器运行规程

DL/T 573 电力变压器检修导则

Q/GDW 1799.1 国家电网公司电力安全工作规程 变电部分

3.3.3 作业前准备工作

3.3.3.1 作业人员要求

√	序号	责任人	工作要求	备注
	1	作业负责人	1）熟悉油位实测的原理、方法和注意事项。 2）具有一定的现场工作经验，熟悉并能严格遵守电力生产和工作现场的相关安全管理规定。 3）作业负责人必须经运维管理部门批准	
	2	作业人员	1）现场工作人员的身体状况、精神状态良好。 2）作业辅助人员（外来）必须经负责施教的人员对其进行安全措施、作业范围、安全注意事项等方面施教后方可参加工作。 3）特种作业人员必须持有效证件上岗。 4）所有作业人员必须具备必要的电气知识，基本掌握本专业作业技能及《国家电网公司电力安全工作规程 变电部分》的相关知识，并经考试合格	

3.3.3.2 作业材料及工器具准备

√	序号	名称	规格	单位	数量	备注
	1	作业指导书		份	1	
	2	高低凳	0.8	m	1	
	3	活动扳手	8 寸、10 寸	把	各 1	
	4	开口扳手	8×10 寸、10×12 寸	把	各 1	
	5	老虎钳		把	1	
	6	一字螺丝刀		把	1	
	7	透明塑料管		m	15	
	8	小油盘		把	1	
	9	安全带		副	2	
	10	再生布		把	1	
	11	清洗剂		把	1	
	12	生料带		把	1	
	13	扎带		根	若干	
	14	细绳		根	若干	

3.3.3.3 作业危险点分析及安全预控措施

√	序号	危险点分析	安全控制措施
	1	触电伤害	1）油位实测不得少于 2 人。 2）工作负责人开工前，向工作班人员认真宣读工作票，交待现场带电部位、工作范围、现场安全措施及安全注意事项，进入间隔前，认真核对设备名称、编号。核对无误后方可开始工作
	2	高处坠落	1）高处作业人员用好安全带。 2）高处作业时，使用的工器具应用细绳系好，防止坠物
	3	跑油	开启取油样阀门时，应通知高处作业工作人员，上下协调一致
	4	人员滑倒	用小油盘接住漏出的变压器油，防止地面有油

3.3.4 作业流程图

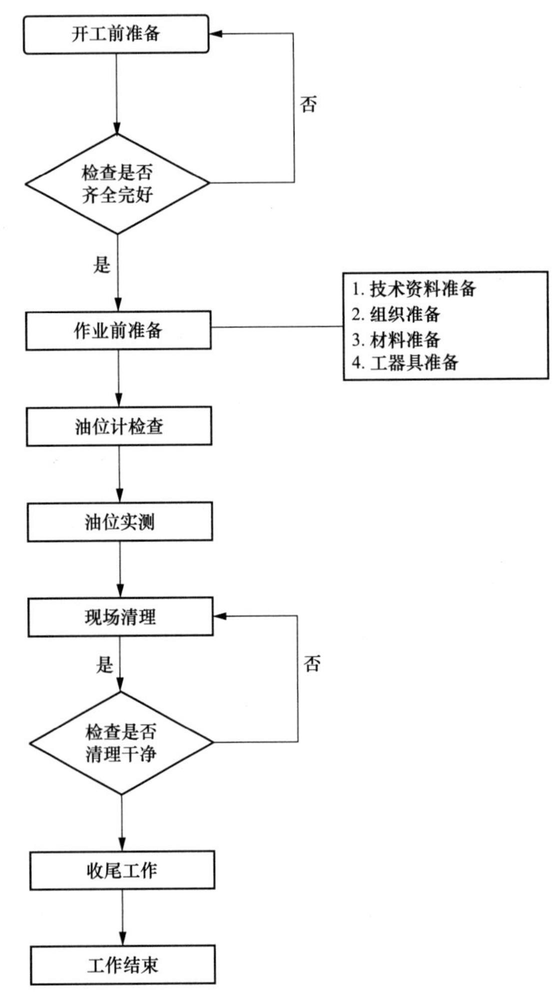

3.3.5 主要作业流程及工艺标准

作业流程	作业项目	作业内容及工艺标准	备注
作业前准备	人员检查	1）所有作业人员必须掌握《国家电网公司电力安全工作规程 变电部分》相关知识，并经考试合格。 2）作业人员应精神饱满，身体状态良好。 3）正确佩戴安全帽，着装符合安全要求。 4）作业指导教师对出勤情况进行记录	
	场地检查	1）作业场地整洁，无积水、污物，必要时进行清理。 2）检查急救箱，急救物品应齐备	
	设备、工具、材料、资料检查	1）检查作业中需要使用的设备处于良好状态，必要时提前试运行。设备摆放位置合理。 2）对照工器具清单检查工器具，应齐全、完好、清洁。安全工器具符合技术要求。工具摆放整齐。 3）对照材料清单检查材料，应齐全、合格。 4）对照资料清单准备作业工作票、作业指导书和作业记录	
	安全、组织、技术准备	1）全体作业人员列队，作业指导教师作业交代安全、组织和技术要求：对所有作业人员布置作业任务、作业内容、操作要求和重要注意事项。明确作业过程中的危险因素、防范措施和事故紧急处理措施；强调操作要点并进行安全和技术交底，必要时，应进行演示操作；将作业人员分组。指定每个作业班组工作负责人，交代负责内容并强调监护要求；就技术和安全问题向作业人员提问，保证每位作业人员掌握。 2）作业班组工作负责人组织作业人员按要求对安全措施进行布置，操作应正确规范。 3）作业班组工作负责人进行安全措施自检。合格后，通知作业指导教师进行检查。 4）作业指导教师对安全措施检查合格后由作业班组工作负责人填写工作票，并办理许可手续（作业指导教师、作业工作负责人在作业工作票指定位置签字）。 5）作业班组列队，由作业班组工作负责人宣读作业工作票，交代安全注意事项。作业工作人员确认后在作业工作票上指定位置签字，作业班组方可开始作业。 6）作业指导教师对整个作业作业进行巡视，及时纠正不安全行为。作业班组工作负责人对作业人员进行安全监护	
油位计检查	油枕油位计检查	1）检查油枕油位计指示，指针式的看刻度，数字显示式的看数字。 2）轻轻敲击油位计看是否有变动，防止卡涩指示不准。 3）检查变压器本体油温，对应“油温油位曲线”看油位是否正常	

续表

作业流程	作业项目	作业内容及工艺标准	备注
油位实测	油位实测	1）观察呼吸器呼吸正常，确保空气自由流通，防止呼吸器堵塞造成假油位。 2）打开本体取样阀的密封帽。 3）连接透明塑料管至取油样阀。 4）打开取油样阀。 5）将透明软管另一头挂起，观察软管内部油面高度变化，最终位置即为变压器本体油位	
现场清理	场地清理	1）对作业设备、材料、工器具等进行整理，对照记录进行检查清点。 2）检查作业现场无遗留物；关闭电源，清扫作业场地	
收尾工作	自检及填写记录报告	1）由作业班组工作负责人组织学员进行全面检查，自检作业项目是否具备验收条件，填写作业自检报告。 2）由作业班组工作负责人按要求填写作业报告和作业记录	
工作结束	结束	经作业指导教师验收合格后，作业指导教师和作业学员检查确认施工器具已全部撤离工作现场、作业现场无遗留物	
	总结	全体作业人员列队，作业指导教师对作业情况进行总结	
	人员撤离	所有作业人员撤离作业场地	

3.3.6 作业指导书执行情况评估

<table>
<tr><td rowspan="6">评估内容</td><td rowspan="3">符合性</td><td>优秀</td><td></td><td>可操作项</td><td rowspan="6"></td></tr>
<tr><td>良好</td><td></td><td rowspan="2">不可操作项</td></tr>
<tr><td>一般</td><td></td></tr>
<tr><td rowspan="3">可操作性</td><td>优秀</td><td></td><td>修改项</td></tr>
<tr><td>良好</td><td></td><td>增补项</td></tr>
<tr><td>一般</td><td></td><td>删除项</td></tr>
<tr><td>存在问题</td><td colspan="5"></td></tr>
<tr><td>改进意见</td><td colspan="5"></td></tr>
</table>

3.4 变压器（油浸式电抗器）噪声检测

3.4.1 适用范围

本节适用于变电运维人员实施变电运维一体化项目作业，变电运维一体化作业实操培训可参考执行。

3.4.2 参考资料

下列文件对于本节的应用是必不可少的。凡是注日期的引用文件，仅所注日期的版本适用于本节。凡是不注日期的引用文件，其最新版本（包括所有的修改单）适用于本节。

GB/T 1094.101　电力变压器　第101部分：声级测定　应用导则

Q/GDW 1799.1　国家电网公司电力安全工作规程　变电部分

Q/GDW 1168　输变电设备状态检修试验规程

国网〔运检/3〕828—2017　国家电网公司变电检测管理规定（试行）

3.4.3　作业前准备工作

3.4.3.1　作业人员要求

√	序号	责任人	工作要求	备注
	1	作业负责人	1）熟悉声级检测技术的基本原理、诊断分析方法。 2）了解检测仪的工作原理、技术参数和性能。 3）掌握检测仪的操作方法。 4）了解被测设备的结构特点、工作原理、运行状况和导致设备故障的基本因素。 5）具有一定的现场工作经验，熟悉并能严格遵守电力生产和工作现场的相关安全管理规定。 6）作业负责人必须经本单位批准	
	2	作业人员	1）现场工作人员的身体状况、精神状态良好。 2）作业辅助人员（外来）必须经负责施教的人员对其进行安全措施、作业范围、安全注意事项等方面施教后方可参加工作。 3）所有作业人员必须具备必要的电气知识，基本掌握本专业作业技能及《国家电网公司电力安全工作规程　变电部分》的相关知识，并经考试合格	

3.4.3.2　作业材料及工器具准备

√	序号	名称	规格	单位	数量	备注
	1	作业指导书		份	1	
	2	声级检测仪		台	1	
	3	温湿度计		台	1	
	4	风速仪		台	1	

3.4.3.3　作业危险点分析及安全预控措施

√	序号	危险点分析	安全控制措施
	1	触电伤害	严禁跨越设备遮栏作业，并与1000kV设备保持不小于8.7m、500kV设备保持不小于5m、220kV设备保持不小于3m、110kV设备保持不小于1.5m、35kV设备保持不小于1m、10kV设备保持不小于0.7m的安全距离
	2	设备损坏	工作中严禁误动误碰运行设备，工作中发现设备故障异常及时汇报，按正常工作程序处理，严禁擅自处理
	3	跌落或踩踏设备管道	行走中注意脚下，防止踩踏设备管道

3.4.4 作业流程图

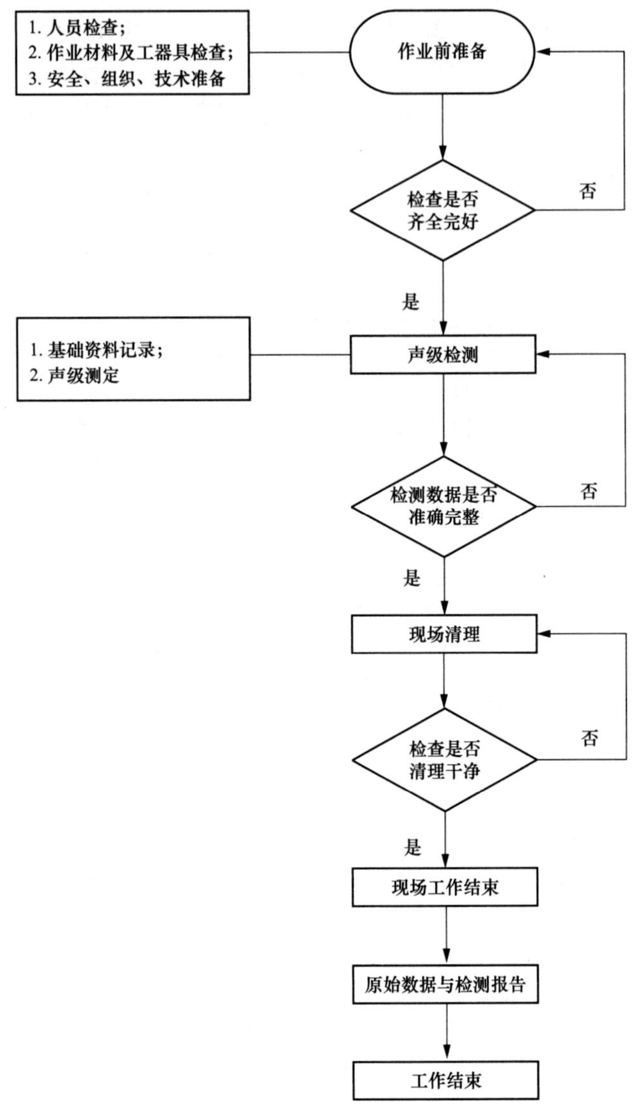

3.4.5 主要作业流程及工艺标准

作业流程	作业项目	作业内容及工艺标准	备注
作业前准备	人员检查	1）所有作业人员必须掌握《国家电网公司电力安全工作规程　变电部分》相关知识，并经考试合格。 2）作业人员应精神饱满，身体状态良好。 3）正确佩戴安全帽，着装符合安全要求	
	作业材料及工器具检查	1）了解相关设备数量、型号、制造厂家、安装日期等信息以及运行情况，制定相应的技术措施。 2）配备与检测工作相符的图纸、上次检测的记录	

续表

<table>
<tr><th>作业流程</th><th>作业项目</th><th>作业内容及工艺标准</th><th>备注</th></tr>
<tr><td>作业前准备</td><td>安全、组织、技术准备</td><td>全体作业人员列队，作业负责人交代安全、组织和技术要求：对所有作业人员布置作业任务、作业内容、操作要求和重要注意事项。明确作业过程中的危险因素、防范措施和事故紧急处理措施；强调操作要点并进行安全和技术交底</td><td></td></tr>
<tr><td rowspan="3">检测</td><td>环境要求</td><td>1）在无雨雪、无雷电天气进行检测。
2）声级检测时风速应低于5m/s，传声器加防风罩。
3）户外测量时，反射面可以是原状土地面，混凝土地面或沥青浇注地面。户内测量时，反射面通常是室内的地面。当反射面不是地平面或室内地面时，必须保证反射表面不致因振动而发射出显著的声能。
4）不属于被测声源的反射物体，不得放置入测量表面以内</td><td></td></tr>
<tr><td>待测设备要求</td><td>1）设备处于运行状态（或加压到额定运行电压）进行测量、电抗器选择在最高运行电压及额定频率下进行测量。
2）待试设备冲击合闸5min后进行声级检测。
3）设备外壳清洁、无覆冰。
4）设备上无各种外部作业</td><td></td></tr>
<tr><td>声级测定</td><td>1）对设备噪声的测量值应根据与背景噪声值的差值大小进行修正。
2）噪声测量值与背景噪声值相差大于10dB（A）时，噪声测量值可不做修正。
3）噪声测量值与背景噪声值相差在3～10dB（A）之间时，噪声测量值与背景噪声值的差值取整后，应按下表进行修正。
测量结果修正表　　dB（A）<table><tr><td>差值</td><td>3</td><td>4～5</td><td>6～10</td></tr><tr><td>修正值</td><td>−3</td><td>−2</td><td>−1</td></tr></table>4）噪声测量值与背景噪声值相差小于3 dB（A）时，应采取措施降低背景噪声后，按2）或3）进行修正。
5）设备声级测量点选择设备周边1m处进行，相邻测点声压级差值不大于3dB（A），如果大于3dB（A）则需要增加测点。测量仪器的传声器距地面高度应大于1.2m，小于1.8m，传声器对准声源方向。
6）设备声级测量每个测点连续读取3组数据并记录，对每一点测量结果逐一评价并给出所有测点的平均值，结果取连续等效A声级。对于稳态声源可取算数平均值。
7）当设备处于稳定功率状态下，记录检测数据</td><td></td></tr>
<tr><td>现场工作收尾</td><td>场地清理</td><td>1）对作业设备、材料、工器具等进行整理，对照记录进行检查清点。
2）检查作业现场无遗留物，清扫作业场地。
3）所有作业人员撤离作业场地</td><td></td></tr>
<tr><td>检测报告</td><td>检测报告</td><td>检修工作结束后，应在15个工作日内将试验报告整理完毕，记录格式见附件</td><td></td></tr>
</table>

3.4.6 作业指导书执行情况评估

<table>
<tr><td rowspan="6">评估内容</td><td rowspan="3">符合性</td><td>优秀</td><td></td><td>可操作项</td><td></td></tr>
<tr><td>良好</td><td></td><td rowspan="2">不可操作项</td><td rowspan="2"></td></tr>
<tr><td>一般</td><td></td></tr>
<tr><td rowspan="3">可操作性</td><td>优秀</td><td></td><td>修改项</td><td></td></tr>
<tr><td>良好</td><td></td><td>增补项</td><td></td></tr>
<tr><td>一般</td><td></td><td>删除项</td><td></td></tr>
<tr><td>存在问题</td><td colspan="5"></td></tr>
<tr><td>改进意见</td><td colspan="5"></td></tr>
</table>

3.4.7 附件

附件 声级检测报告

×××变电站声级检测报告

<table>
<tr><td colspan="8">一、基本信息</td></tr>
<tr><td>变电站</td><td></td><td>委托单位</td><td></td><td>试验单位</td><td></td><td>运行编号</td><td></td></tr>
<tr><td>试验性质</td><td></td><td>试验日期</td><td></td><td>试验人员</td><td></td><td>试验地点</td><td></td></tr>
<tr><td>报告日期</td><td></td><td>编制人</td><td></td><td>审核人</td><td></td><td>批准人</td><td></td></tr>
<tr><td>试验天气</td><td></td><td>环境温度/℃</td><td></td><td>环境相对湿度（%）</td><td></td><td>风速/(m/s)</td><td></td></tr>
</table>

<table>
<tr><td colspan="6">二、设备铭牌</td></tr>
<tr><td>生产厂家</td><td></td><td>出厂日期</td><td></td><td>出厂编号</td><td></td></tr>
<tr><td>设备型号</td><td></td><td>额定电压/kV</td><td></td><td></td><td></td></tr>
</table>

<table>
<tr><td colspan="5">三、检测数据</td></tr>
<tr><td>运行工况</td><td colspan="4"></td></tr>
<tr><td>示意图</td><td colspan="4">另附页（主要噪声源测点示意图、变电站平面图及监测点示意图、变电站周围情况及测点示意图）</td></tr>
<tr><td rowspan="2">测点名称</td><td colspan="4">L_{eq}/dB（A）</td></tr>
<tr><td>第一次</td><td>第二次</td><td>第三次</td><td>平均</td></tr>
<tr><td></td><td colspan="4"></td></tr>
<tr><td></td><td colspan="4"></td></tr>
<tr><td></td><td colspan="4"></td></tr>
<tr><td>适用标准</td><td colspan="4"></td></tr>
<tr><td>仪器型号</td><td colspan="4"></td></tr>
<tr><td>结论</td><td colspan="4"></td></tr>
<tr><td>备注</td><td colspan="4"></td></tr>
</table>

3.5 变压器冷却系统双电源自投功能试验

3.5.1 适用范围

本节适用于变电运维人员实施变电运维一体化项目作业，变电运维一体化作业实操培训可参考执行。

3.5.2 参考资料

下列文件对于本节的应用是必不可少的。凡是注日期的引用文件，仅所注日期的版本适用于本章节。凡是不注日期的引用文件，其最新版本（包括所有的修改单）适用于本节。

GB 50148　电气装置安装工程　电力变压器、油浸电抗器、互感器施工及验收规范

DL/T 572　电力变压器运行规程

DL/T 573　电力变压器检修导则

Q/GDW 1799.1　国家电网公司电力安全工作规程　变电部分

3.5.3 作业前准备工作

3.5.3.1 作业人员要求

√	序号	责任人	工作要求	备注
	1	作业负责人	1）熟悉冷控系统双电源自投的原理、方法和注意事项。 2）具有一定的现场工作经验，熟悉并能严格遵守电力生产和工作现场的相关安全管理规定。 3）作业负责人必须经本单位批准	
	2	作业人员	1）现场工作人员的身体状况、精神状态良好。 2）作业辅助人员（外来）必须经负责施教的人员对其进行安全措施、作业范围、安全注意事项等方面施教后方可参加工作。 3）所有作业人员必须具备必要的电气知识，基本掌握本专业作业技能及《国家电网公司电力安全工作规程　变电部分》的相关知识，并经考试合格	

3.5.3.2 作业材料及工器具准备

√	序号	名称	规格	单位	数量	备注
	1	作业指导书		份	1	
	2	万用表		个	1	

3.5.3.3 作业危险点分析及安全预控措施

√	序号	危险点分析	安全控制措施
	1	触电伤害	1）冷控系统双电源自投功能试验工作不得少于2人。 2）工作负责人开工前，向工作班人员认真宣读工作票，交代现场带电部位、工作范围、现场安全措施及安全注意事项，进入间隔前，认真核对设备名称、编号，核对无误后方可开始工作
	2	机械伤害	冷控系统启动时人员注意远离风机

3.5.4 作业流程图

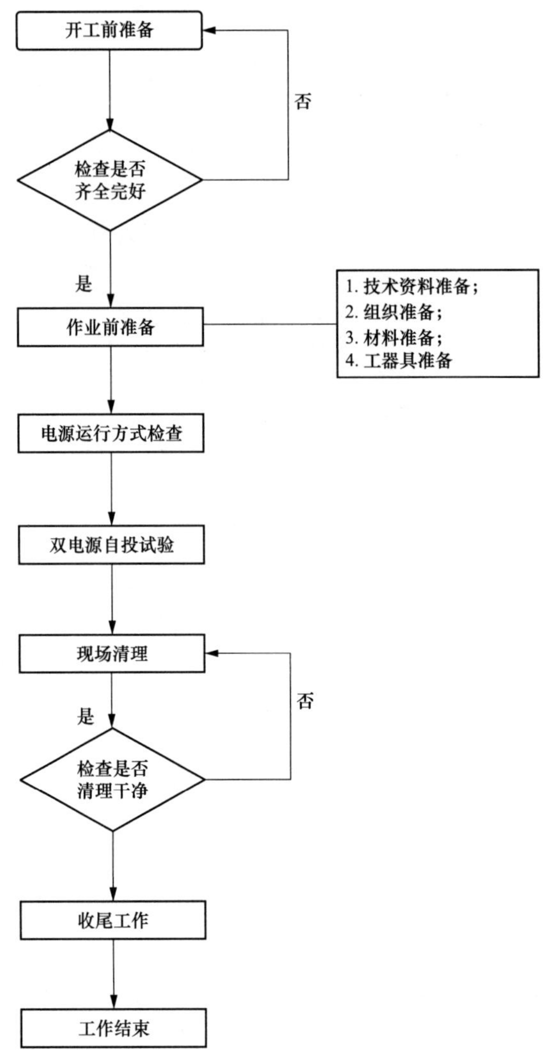

3.5.5 主要作业流程及工艺标准

作业流程	作业项目	作业内容及工艺标准	备注
作业前准备	人员检查	1）所有作业人员必须掌握《国家电网公司电力安全工作规程　变电部分》相关知识，并经考试合格。 2）作业人员应精神饱满，身体状态良好。 3）正确佩戴安全帽，着装符合安全要求。 4）作业指导教师对出勤情况进行记录	
	场地检查	1）作业场地整洁，无积水、污物，必要时进行清理。 2）检查急救箱，急救物品应齐备。 3）检查电源容量和电压符合要求	

续表

作业流程	作业项目	作业内容及工艺标准	备注
作业前准备	设备、工具、材料、资料检查	1）检查作业中需要使用的设备处于良好状态，必要时提前试运行。设备摆放位置合理。 2）对照工器具清单检查工器具，应齐全、完好、清洁。安全工器具和试验设备符合技术要求。工具摆放整齐。 3）对照材料清单检查材料，应齐全、合格。 4）对照资料清单准备作业工作票、作业指导书和作业记录	
	安全、组织、技术准备	1）全体作业人员列队，作业指导教师作业交代安全、组织和技术要求：对所有作业人员布置作业任务、作业内容、操作要求和重要注意事项。明确作业过程中的危险因素、防范措施和事故紧急处理措施；强调操作要点并进行安全和技术交底，必要时，应进行演示操作；将作业人员分组。指定每个作业班组工作负责人，交代负责内容并强调监护要求；就技术和安全问题向作业人员提问，保证每位作业人员掌握。 2）作业班组工作负责人组织作业人员按要求对安全措施进行布置，操作应正确规范。 3）作业班组工作负责人进行安全措施自检。合格后，通知作业指导教师进行检查。 4）作业指导教师对安全措施检查合格后，由作业班组工作负责人填写工作票，并办理许可手续（作业指导教师、作业工作负责人在作业工作票指定位置签字）。 5）作业班组列队，由作业班组工作负责人宣读作业工作票，交代安全注意事项。作业工作人员确认后在作业工作票上指定位置签字，作业班组方可开始作业。 6）作业指导教师对整个作业作业进行巡视，及时纠正不安全行为，作业班组工作负责人对作业人员进行安全监护	
电源运行方式检查	冷却系统电源运行方式	1）主变压器冷控Ⅰ、Ⅱ段电源切换把手在“电源Ⅰ”位置。 2）主变压器Ⅰ段冷控电源接触器在合闸位置，主变压器Ⅱ段冷控电源接触器在分闸位置	
双电源自投试验	冷却电源切换	1）断开主变压器Ⅰ段冷控电源，延时后检查主变压器Ⅰ段冷控电源接触器在分闸位置，主变压器Ⅱ段冷控电源接触器在合闸位置。 2）合上主变压器总冷控箱内主变压器Ⅰ段冷控电源，经延时后检查主变压器Ⅰ段冷控电源接触器在合闸位置，主变压器Ⅱ段冷控电源接触器在分闸位置	
	电源切换把手切换	1）将主变压器冷控Ⅰ、Ⅱ段电源切换把手由“电源Ⅰ”切至“电源Ⅱ”位置。 2）检查主变压器总冷控箱Ⅰ段冷控电源接触器在分闸位置，Ⅱ段冷控电源接触器在合闸位置。 3）断开主变压器Ⅱ段冷控电源，经延时后检查主变压器Ⅰ段冷控电源接触器在合闸位置，主变压器Ⅱ段冷控电源接触器在分闸位置。 4）合上主变压器Ⅱ段冷控电源，经延时后检查主变压器Ⅰ段冷控电源接触器在分闸位置，主变压器Ⅱ段冷控电源接触器在合闸位置	

续表

作业流程	作业项目	作业内容及工艺标准	备注
现场清理	场地清理	1）对作业设备、材料、工器具等进行整理，对照记录进行检查清点。 2）检查作业现场无遗留物；关闭电源，清扫作业场地	
收尾工作	自检及填写记录报告	1）由作业班组工作负责人组织学员进行全面检查，自检作业项目是否具备验收条件，填写作业自检报告。 2）由作业班组工作负责人按要求填写作业报告和作业记录	
工作结束	结束	经作业指导教师验收合格后，作业指导教师和作业学员检查确认施工器具已全部撤离工作现场、作业现场无遗留物	
	总结	全体作业人员列队，作业指导教师对作业情况进行总结	
	人员撤离	所有作业人员撤离作业场地	

3.5.6 作业指导书执行情况评估

评估内容	符合性	优秀		可操作项	
		良好		不可操作项	
		一般			
	可操作性	优秀		修改项	
		良好		增补项	
		一般		删除项	
存在问题					
改进意见					

3.6 变压器冷却系统冷却器的工作状态切换试验

3.6.1 适用范围

本节适用于变电运维人员实施变电运维一体化项目作业，变电运维一体化作业实操培训可参考执行。

3.6.2 参考资料

下列文件对于本节的应用是必不可少的。凡是注日期的引用文件，仅所注日期的版本适用于本节。凡是不注日期的引用文件，其最新版本（包括所有的修改单）适用于本节。

GB 50148 电气装置安装工程 电力变压器、油浸电抗器、互感器施工及验收规范
DL/T 572 电力变压器运行规程
DL/T 573 电力变压器检修导则
Q/GDW 1799.1 国家电网公司电力安全工作规程 变电部分

3.6.3 作业前准备工作

3.6.3.1 作业人员要求

√	序号	责任人	工作要求	备注
	1	作业负责人	1）熟悉冷控系统工作的原理、冷却器切换的试验方法和注意事项。 2）具有一定的现场工作经验，熟悉并能严格遵守电力生产和工作现场的相关安全管理规定。 3）作业负责人必须经本单位批准	
	2	作业人员	1）现场工作人员的身体状况、精神状态良好。 2）作业辅助人员（外来）必须经负责施教的人员对其进行安全措施、作业范围、安全注意事项等方面施教后方可参加工作。 3）所有作业人员必须具备必要的电气知识，基本掌握本专业作业技能及《国家电网公司电力安全工作规程 变电部分》的相关知识，并经考试合格	

3.6.3.2 作业材料及工器具准备

√	序号	名称	规格	单位	数量	备注
	1	作业指导书		份	1	
	2	万用表		个	1	

3.6.3.3 作业危险点分析及安全预控措施

√	序号	危险点分析	安全控制措施
	1	触电伤害	冷控系统冷却器工作状态切换试验工作不得少于 2 人；工作负责人开工前，向工作班人员认真宣读工作票，交待现场带电部位、工作范围、现场安全措施及安全注意事项，进入间隔前，认真核对设备名称、编号，核对无误后方可开始工作
	2	机械伤害	冷控系统启动时人员注意远离风机
	3	交直流短路或接地	使用绝缘工具，金属裸露部位应用绝缘胶布包好，按顺序拆接线，并做好标记，必要时戴手套

3.6.4 作业流程图

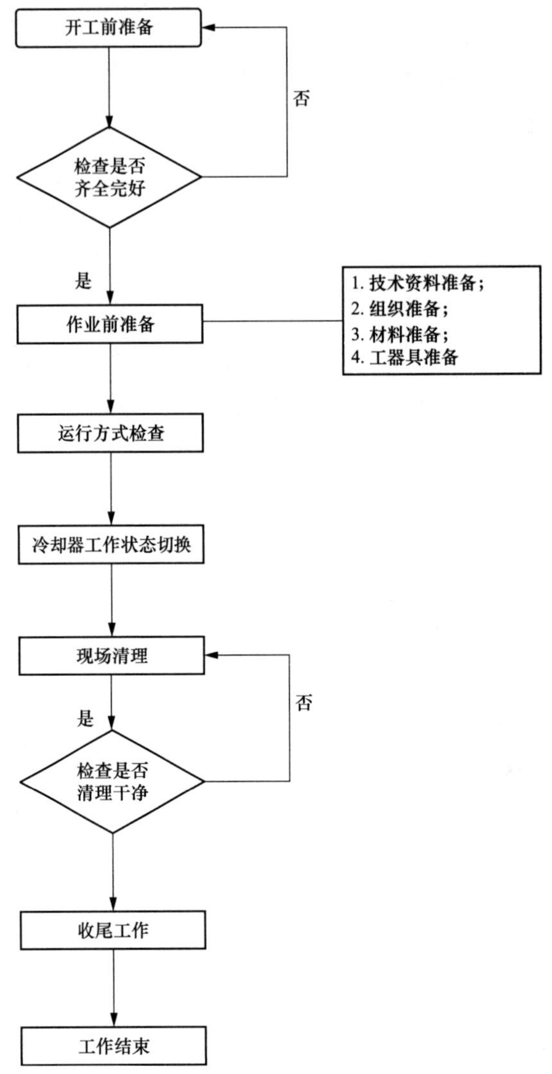

3.6.5 主要作业流程及工艺标准

作业流程	作业项目	作业内容及工艺标准	备注
作业前准备	人员检查	1）所有作业人员必须掌握《国家电网公司电力安全工作规程　变电部分》相关知识，并经考试合格。 2）作业人员应精神饱满，身体状态良好。 3）正确佩戴安全帽，着装符合安全要求。 4）作业指导教师对出勤情况进行记录	
	场地检查	1）作业场地整洁，无积水、污物，必要时进行清理。 2）检查急救箱，急救物品应齐备	

续表

作业流程	作业项目	作业内容及工艺标准	备注
作业前准备	设备、工具、材料、资料检查	1）检查作业中需要使用的设备处于良好状态，必要时提前试运行。设备摆放位置合理。 2）对照工器具清单检查工器具，应齐全、完好、清洁。安全工器具和试验设备符合技术要求。工具摆放整齐。 3）对照材料清单检查材料，应齐全、合格。 4）对照资料清单准备作业工作票、作业指导书和作业记录	
	安全、组织、技术准备	1）全体作业人员列队，作业指导教师作业交代安全、组织和技术要求：对所有作业人员布置作业任务、作业内容、操作要求和重要注意事项。明确作业过程中的危险因素、防范措施和事故紧急处理措施；强调操作要点并进行安全和技术交底，必要时，应进行演示操作；将作业人员分组。指定每个作业班组工作负责人，交代负责内容并强调监护要求；就技术和安全问题向作业人员提问，保证每位作业人员掌握。 2）作业班组工作负责人组织作业人员按要求对安全措施进行布置，操作应正确规范。 3）作业班组工作负责人进行安全措施自检。合格后，通知作业指导教师进行检查。 4）作业指导教师对安全措施检查合格后，由作业班组工作负责人填写工作票，并办理许可手续（作业指导教师、作业工作负责人在作业工作票指定位置签字）。 5）作业班组列队，由作业班组工作负责人宣读作业工作票，交代安全注意事项。作业工作人员确认后在作业工作票上指定位置签字。作业班组方可开始作业。 6）作业指导教师对整个作业作业进行巡视，及时纠正不安全行为。作业班组工作负责人对作业人员进行安全监护	
运行方式检查	冷控电源运行方式	1）主变压器冷控Ⅰ、Ⅱ段电源切换把手“电源Ⅰ”位置。 2）主变压器Ⅰ段冷控电源接触器在合闸位置，主变压器Ⅱ段冷控电源接触器在分闸位置	
	冷却器运行方式	1）检查主变压器冷却器切换把手在手动位置，手动指示灯亮，自动指示灯灭。 2）将主变压器冷却器切换把手切换到自动位置，自动指示灯亮，手动指示灯灭。 3）再将主变压器冷却器切换把手切换到手动位置，手动指示灯亮，自动指示灯灭	
冷却器工作状态切换	冷却器工作状态切换	1）将冷却器切换把手切至手动位置，在“工作”状态下的冷却器启动。 2）将在“工作”状态下的冷却器切换至“停止”状态，冷却器停止运行。 3）将在“停止”状态下的冷却器切换至“工作”状态，冷却器开始运行。	

续表

作业流程	作业项目	作业内容及工艺标准	备注
冷却器工作状态切换	冷却器工作状态切换	4）断开“工作”状态下的冷却器空气断路器，在“备用”状态下的冷却器延时启动。合上“工作”状态下的冷却器空气断路器，在“备用”状态下的冷却器停止。 5）温度或者负荷到达设定值时，在“辅助”状态下的冷却器延时启动	
现场清理	场地清理	1）对作业设备、材料、工器具等进行整理，对照记录进行检查清点。 2）检查作业现场无遗留物；关闭电源，清扫作业场地	
收尾工作	自检及填写记录报告	1）由作业班组工作负责人组织学员进行全面检查，自检作业项目是否具备验收条件，填写作业自检报告。 2）由作业班组工作负责人按要求填写作业报告和作业记录	
工作结束	结束	经作业指导教师验收合格后，作业指导教师和作业学员检查确认施工器具已全部撤离工作现场、作业现场无遗留物	
	总结	全体作业人员列队，作业指导教师对作业情况进行总结	
	人员撤离	所有作业人员撤离作业场地	

3.6.6 作业指导书执行情况评估

<table>
<tr><td rowspan="6">评估内容</td><td rowspan="3">符合性</td><td>优秀</td><td></td><td>可操作项</td><td rowspan="6"></td></tr>
<tr><td>良好</td><td></td><td rowspan="2">不可操作项</td></tr>
<tr><td>一般</td><td></td></tr>
<tr><td rowspan="3">可操作性</td><td>优秀</td><td></td><td>修改项</td></tr>
<tr><td>良好</td><td></td><td>增补项</td></tr>
<tr><td>一般</td><td></td><td>删除项</td></tr>
<tr><td>存在问题</td><td colspan="5"></td></tr>
<tr><td>改进意见</td><td colspan="5"></td></tr>
</table>

3.7 变压器（油浸式电抗器）温度计变送器状态检查

3.7.1 适用范围

本节适用于变电运维人员实施变电运维一体化项目作业，变电运维一体化作业实操培训可参考执行。

3.7.2 参考资料

下列文件对于本节的应用是必不可少的。凡是注日期的引用文件，仅所注日期的版本适用于本节。凡是不注日期的引用文件，其最新版本（包括所有的修改单）适用于本节。

GB 50148　电气装置安装工程　电力变压器、油浸电抗器、互感器施工及验收规范
DL/T 572　电力变压器运行规程
DL/T 573　电力变压器检修导则
JB/T 6302　变压器用油面温控器
JB/T 8450　变压器用绕组温控器
Q/GDW 1799.1　国家电网公司电力安全工作规程　变电部分

3.7.3 作业前准备工作

3.7.3.1 作业人员要求

√	序号	责任人	工作要求	备注
	1	作业负责人	1）熟悉温度计及变送器的原理、更换方法和注意事项。 2）具有一定的现场工作经验，熟悉并能严格遵守电力生产和工作现场的相关安全管理规定。 3）作业负责人必须经本单位批准	
	2	作业人员	1）现场工作人员的身体状况、精神状态良好。 2）作业辅助人员（外来）必须经负责施教的人员对其进行安全措施、作业范围、安全注意事项等方面施教后方可参加工作。 3）特殊作业人员必须持有效证件上岗。 4）所有作业人员必须具备必要的电气知识，基本掌握本专业作业技能及《国家电网公司电力安全工作规程　变电部分》的相关知识，并经考试合格	

3.7.3.2 作业材料及工器具准备

√	序号	名称	规格	单位	数量	备注
	1	作业指导书		份	1	
	2	一字螺丝刀		把	1	
	3	十字螺丝刀		把	1	
	4	万用表		个	1	
	5	尖嘴钳		把	1	
	6	绝缘胶布	黄、绿、红三色	卷	各1	

3.7.3.3 作业危险点分析及安全预控措施

√	序号	危险点分析	安全控制措施
	1	触电伤害	温度计及变送器状态检查工作不得少于2人；工作负责人开工前，向工作班人员认真宣读工作票，交代现场带电部位、工作范围、现场安全措施及安全注意事项，进入间隔前，认真核对设备名称、编号，核对无误后方可开始工作

续表

√	序号	危险点分析	安全控制措施
	2	交直流短路或接地	使用绝缘工具，金属裸露部位应用绝缘胶布包好，按顺序拆接线，并做好标记，必要时戴手套

3.7.4 作业流程图

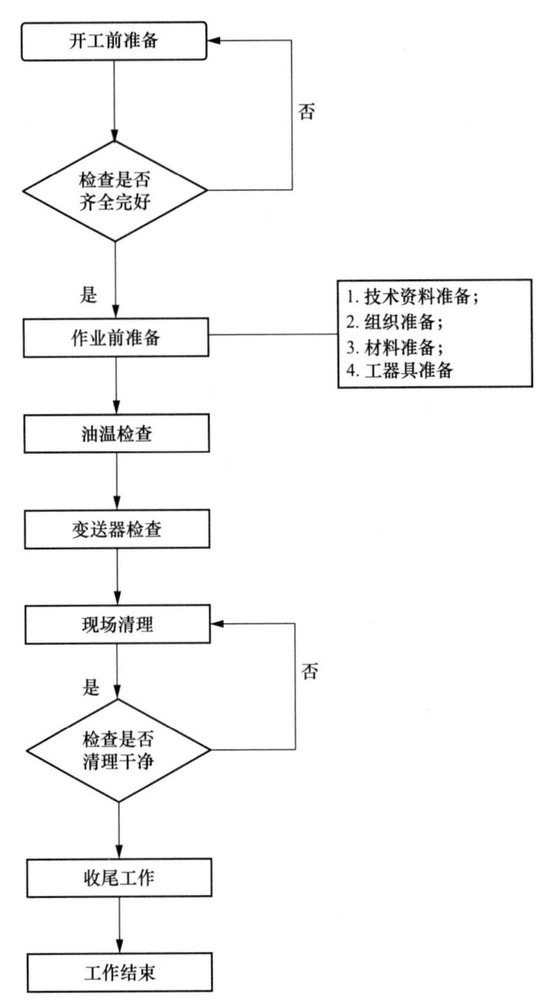

3.7.5 主要作业流程及工艺标准

作业流程	作业项目	作业内容及工艺标准	备注
作业前准备	人员检查	1）所有作业人员必须掌握《国家电网公司电力安全工作规程 变电部分》相关知识，并经考试合格。 2）作业人员应精神饱满，身体状态良好。 3）正确佩戴安全帽，着装符合安全要求。 4）作业指导教师对出勤情况进行记录	

续表

作业流程	作业项目	作业内容及工艺标准	备注
作业前准备	场地检查	1）作业场地整洁，无积水、污物，必要时进行清理。 2）检查急救箱，急救物品应齐备	
	设备、工具、材料、资料检查	1）检查作业中需要使用的设备处于良好状态，必要时提前试运行。设备摆放位置合理。 2）对照工器具清单检查工器具，应齐全、完好、清洁。安全工器具和试验设备符合技术要求。工具摆放整齐。 3）对照材料清单检查材料，应齐全、合格。 4）对照资料清单准备作业工作票、作业指导书和作业记录	
	安全、组织、技术准备	1）全体作业人员列队，作业指导教师作业交代安全、组织和技术要求：对所有作业人员布置作业任务、作业内容、操作要求和重要注意事项。明确作业过程中的危险因素、防范措施和事故紧急处理措施；强调操作要点并进行安全和技术交底，必要时，应进行演示操作；将作业人员分组。指定每个作业班组工作负责人，交代负责内容并强调监护要求；就技术和安全问题向作业人员提问，保证每位作业人员掌握。 2）作业班组工作负责人组织作业人员按要求对安全措施进行布置，操作应正确规范。 3）作业班组工作负责人进行安全措施自检。合格后，通知作业指导教师进行检查。 4）作业指导教师对安全措施检查合格后，由作业班组工作负责人填写工作票，并办理许可手续（作业指导教师、作业工作负责人在作业工作票指定位置签字）。 5）作业班组列队，由作业班组工作负责人宣读作业工作票，交代安全注意事项。作业工作人员确认后在作业工作票上指定位置签字，作业班组方可开始作业。 6）作业指导教师对整个作业作业进行巡视，及时纠正不安全行为。作业班组工作负责人对作业人员进行安全监护	
油温检查	现场油温检查	记录现场油温，与后台油温对比，三相之间对比	
	后台油温检查	记录后台油温，与现场油温对比，三相之间对比	
变送器检查	变送器检查	1）变送器工作电压检查。用万用表测量变送器工作电压是否正常，注意根据变送器特性选择合适的交直流挡。 2）变送器输入电阻检查。用万用表测量变送器输入电阻，可以根据铂电阻温度对照表及三相对比的方式判断电阻是否正常。 3）变送器输出电流检查。拆除变送器输出端一根电缆，并做好标记，万用表选择合适的电流挡位，将万用表串进变送器输出端，测量输出电流。 4）电流温度换算。根据变送器输出电流大小换算成对应温度，与现场、后台指示对比，判断输出电流是否正常。 5）恢复变送器二次接线。恢复拆除电缆接线，防止误接	

续表

作业流程	作业项目	作业内容及工艺标准	备注
现场清理	场地清理	1）对作业设备、材料、工器具等进行整理，对照记录进行检查清点。 2）检查作业现场无遗留物；关闭电源，清扫作业场地	
收尾工作	自检及填写记录报告	1）由作业班组工作负责人组织学员进行全面检查，自检作业项目是否具备验收条件，填写作业自检报告。 2）由作业班组工作负责人按要求填写作业报告和作业记录	
工作结束	结束	经作业指导教师验收合格后，作业指导教师和作业学员检查确认施工器具已全部撤离工作现场、作业现场无遗留物	
	总结	全体作业人员列队，作业指导教师对作业情况进行总结	
	人员撤离	所有作业人员撤离作业场地	

3.7.6 作业指导书执行情况评估

<table>
<tr><td rowspan="6">评估内容</td><td rowspan="3">符合性</td><td>优秀</td><td></td><td>可操作项</td><td rowspan="6"></td></tr>
<tr><td>良好</td><td></td><td rowspan="2">不可操作项</td></tr>
<tr><td>一般</td><td></td></tr>
<tr><td rowspan="3">可操作性</td><td>优秀</td><td></td><td>修改项</td></tr>
<tr><td>良好</td><td></td><td>增补项</td></tr>
<tr><td>一般</td><td></td><td>删除项</td></tr>
<tr><td>存在问题</td><td colspan="5"></td></tr>
<tr><td>改进意见</td><td colspan="5"></td></tr>
</table>

3.8 免维护吸湿器工作状态核对

3.8.1 适用范围

本节适用于变电运维人员实施变电运维一体化项目作业，变电运维一体化作业实操培训可参考执行。

3.8.2 参考资料

下列文件对于本节的应用是必不可少的。凡是注日期的引用文件，仅所注日期的版本适用于本节。凡是不注日期的引用文件，其最新版本（包括所有的修改单）适用于本节。

GB 50148 电气装置安装工程 电力变压器、油浸电抗器、互感器施工及验收规范

DL/T 572 电力变压器运行规程

DL/T 573　电力变压器检修导则

Q/GDW 1799.1　国家电网公司电力安全工作规程　变电部分

3.8.3　作业前准备工作

3.8.3.1　作业人员要求

√	序号	责任人	工作要求	备注
	1	作业负责人	1）熟悉免维护吸湿器的工作原理、安装方法和注意事项。 2）具有一定的现场工作经验，熟悉并能严格遵守电力生产和工作现场的相关安全管理规定。 3）作业负责人必须经本单位批准	
	2	作业人员	1）现场工作人员的身体状况、精神状态良好。 2）作业辅助人员（外来）必须经负责施教的人员对其进行安全措施、作业范围、安全注意事项等方面施教后方可参加工作。 3）所有作业人员必须具备必要的电气知识，基本掌握本专业作业技能及《国家电网公司电力安全工作规程　变电部分》的相关知识，并经考试合格	

3.8.3.2　作业材料及工器具准备

√	序号	名称	规格	单位	数量	备注
	1	作业指导书		份	1	
	2	一字螺丝刀		把	1	
	3	十字螺丝刀		把	1	
	4	万用表		个	1	
	5	尖嘴钳		把	1	
	6	绝缘胶布	黄、绿、红三色	卷	各 1	

3.8.3.3　作业危险点分析及安全预控措施

√	序号	危险点分析	安全控制措施
	1	触电伤害	免维护吸湿器工作状态核对工作不得少于 2 人；工作负责人开工前，向工作班人员认真宣读工作票，交待现场带电部位、工作范围、现场安全措施及安全注意事项，进入间隔前，认真核对设备名称、编号，核对无误后方可开始工作
	2	交直流短路或接地	使用绝缘工具，金属裸露部位应用绝缘胶布包好，按顺序拆接线，并做好标记，必要时戴手套

3.8.4 作业流程图

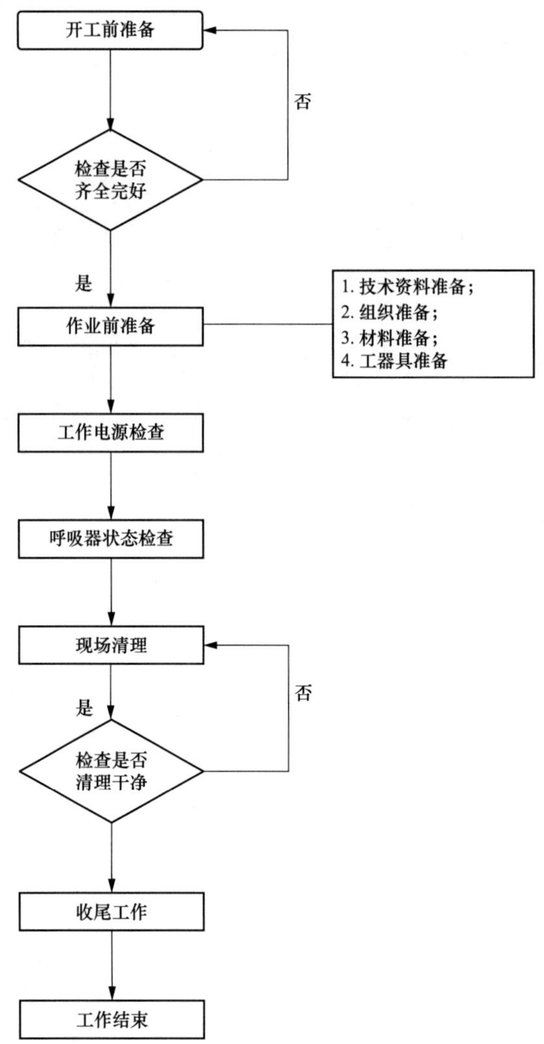

3.8.5 主要作业流程及工艺标准

作业流程	作业项目	作业内容及工艺标准	备注
作业前准备	人员检查	1）所有作业人员必须掌握《国家电网公司电力安全工作规程　变电部分》相关知识，并经考试合格。 2）作业人员应精神饱满，身体状态良好。 3）正确佩戴安全帽，着装符合安全要求。 4）作业指导教师对出勤情况进行记录	
	场地检查	1）作业场地整洁，无积水、污物，必要时进行清理。 2）检查急救箱，急救物品应齐备	

续表

作业流程	作业项目	作业内容及工艺标准	备注
作业前准备	设备、工具、材料、资料检查	1）检查作业中需要使用的设备处于良好状态，必要时提前试运行。设备摆放位置合理。 2）对照工器具清单检查工器具，应齐全、完好、清洁。安全工器具和试验设备符合技术要求。工具摆放整齐。 3）对照材料清单检查材料，应齐全、合格。 4）对照资料清单准备作业工作票、作业指导书和作业记录	
	安全、组织、技术准备	1）全体作业人员列队，作业指导教师作业交代安全、组织和技术要求：对所有作业人员布置作业任务、作业内容、操作要求和重要注意事项。明确作业过程中的危险因素、防范措施和事故紧急处理措施；强调操作要点并进行安全和技术交底，必要时，应进行演示操作；将作业人员分组。指定每个作业班组工作负责人，交代负责内容并强调监护要求；就技术和安全问题向作业人员提问，保证每位作业人员掌握。 2）作业班组工作负责人组织作业人员按要求对安全措施进行布置，操作应正确规范。 3）作业班组工作负责人进行安全措施自检。合格后，通知作业指导教师进行检查。 4）作业指导教师对安全措施检查合格后，由作业班组工作负责人填写工作票，并办理许可手续（作业指导教师、作业工作负责人在作业工作票指定位置签字）。 5）作业班组列队，由作业班组工作负责人宣读作业工作票，交代安全注意事项。作业工作人员确认后在作业工作票上指定位置签字。作业班组方可开始作业。 6）作业指导教师对整个作业作业进行巡视，及时纠正不安全行为。作业班组工作负责人对作业人员进行安全监护	
工作电源检查	免维护吸湿器工作电源检查	工作电源指示灯是否正常，有无异常告警灯点亮	
状态检查	指示灯检查	1）正常情况下经A罐呼吸，B罐关闭。检查相应指示灯亮、灭情况。 2）A罐水分到达设定值后启动加热系统，自动切换到B罐呼吸。检查相应指示灯亮、灭情况。 3）A罐加热完成干燥再生后，再次切换到A罐工作，B罐停止呼吸并加热干燥再生。检查相应指示灯亮、灭情况	
现场清理	场地清理	1）对作业设备、材料、工器具等进行整理，对照记录进行检查清点。 2）检查作业现场无遗留物；关闭电源，清扫作业场地	
收尾工作	自检及填写记录报告	1）由作业班组工作负责人组织学员进行全面检查，自检作业项目是否具备验收条件，填写作业自检报告。 2）由作业班组工作负责人按要求填写作业报告和作业记录	

续表

作业流程	作业项目	作业内容及工艺标准	备注
工作结束	结束	经作业指导教师验收合格后，作业指导教师和作业学员检查确认施工器具已全部撤离工作现场、作业现场无遗留物	
	总结	全体作业人员列队，作业指导教师对作业情况进行总结	
	人员撤离	所有作业人员撤离作业场地	

3.8.6　作业指导书执行情况评估

<table>
<tr><td rowspan="6">评估内容</td><td rowspan="3">符合性</td><td>优秀</td><td></td><td>可操作项</td><td rowspan="6"></td></tr>
<tr><td>良好</td><td></td><td rowspan="2">不可操作项</td></tr>
<tr><td>一般</td><td></td></tr>
<tr><td rowspan="3">可操作性</td><td>优秀</td><td></td><td>修改项</td></tr>
<tr><td>良好</td><td></td><td>增补项</td></tr>
<tr><td>一般</td><td></td><td>删除项</td></tr>
<tr><td>存在问题</td><td colspan="5"></td></tr>
<tr><td>改进意见</td><td colspan="5"></td></tr>
</table>

3.9　变压器（油浸式电抗器）吸湿器硅胶更换

3.9.1　适用范围

本节适用于变电运维人员实施变电运维一体化项目作业，变电运维一体化作业实操培训可参考执行。

3.9.2　参考资料

下列文件对于本节的应用是必不可少的。凡是注日期的引用文件，仅所注日期的版本适用于本节。凡是不注日期的引用文件，其最新版本（包括所有的修改单）适用于本节。

GB 50148　电气装置安装工程　电力变压器、油浸电抗器、互感器施工及验收规范

DL/T 572　电力变压器运行规程

DL/T 573　电力变压器检修导则

Q/GDW 1799.1　国家电网公司电力安全工作规程　变电部分

3.9.3 作业前准备工作

3.9.3.1 作业人员要求

√	序号	责任人	工作要求	备注
	1	作业负责人	1）熟悉吸湿器的原理、更换方法和注意事项。 2）具有一定的现场工作经验，熟悉并能严格遵守电力生产和工作现场的相关安全管理规定。 3）作业负责人必须经本单位批准	
	2	作业人员	1）现场工作人员的身体状况、精神状态良好。 2）作业辅助人员（外来）必须经负责施教的人员对其进行安全措施、作业范围、安全注意事项等方面施教后方可参加工作。 3）所有作业人员必须具备必要的电气知识，基本掌握本专业作业技能及《国家电网公司电力安全工作规程　变电部分》的相关知识，并经考试合格	

3.9.3.2 作业材料及工器具准备

√	序号	名称	规格	单位	数量	备注
	1	作业指导书		份	1	
	2	一字螺丝刀		把	1	
	3	十字螺丝刀		把	1	
	4	万用表		个	1	
	5	尖嘴钳		把	1	
	6	老虎钳		把	1	
	7	活动扳手	8寸、10寸	把	各1	
	8	开口扳手	8×10寸、10×12寸	把	各1	
	9	温湿度计		只	1	
	10	硅胶		盒	适量	
	11	毛巾		条	3	
	12	百洁布		块	2	
	13	废油桶		个	1	

3.9.3.3 作业危险点分析及安全预控措施

√	序号	危险点分析	安全控制措施
	1	触电伤害	吸湿器硅胶更换工作不得少于2人；工作负责人开工前，向工作班人员认真宣读工作票，交代现场带电部位、工作范围、现场安全措施及安全注意事项，进入间隔前，认真核对设备名称、编号，核对无误后方可开始工作
	2	机械伤害	1）扳手等施工器具的使用应符合安全规程、制造厂的规定。 2）拆装吸湿器时，应做好防护，避免摔落地面

3.9.4 作业流程图

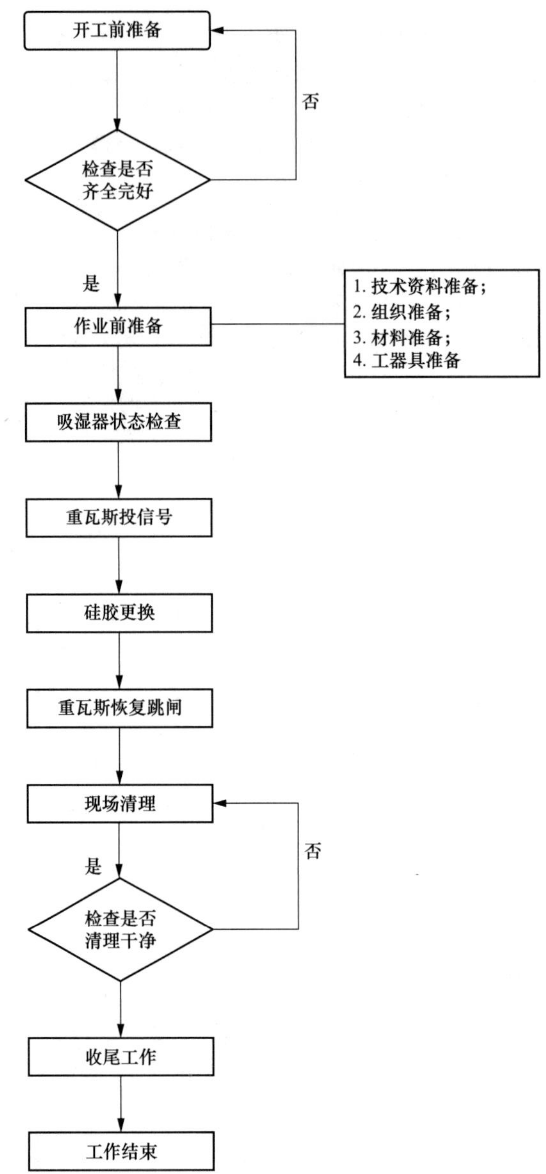

3.9.5 主要作业流程及工艺标准

作业流程	作业项目	作业内容及工艺标准	备注
作业前准备	人员检查	1）所有作业人员必须掌握《国家电网公司电力安全工作规程　变电部分》相关知识，并经考试合格。 2）作业人员应精神饱满，身体状态良好。 3）正确佩戴安全帽，着装符合安全要求。 4）作业指导教师对出勤情况进行记录	

续表

作业流程	作业项目	作业内容及工艺标准	备注
作业前准备	场地检查	1）作业场地整洁，无积水、污物，必要时进行清理。 2）检查急救箱，急救物品应齐备	
	设备、工具、材料、资料检查	1）检查作业中需要使用的设备处于良好状态，必要时提前试运行。设备摆放位置合理。 2）对照工器具清单检查工器具，应齐全、完好、清洁。安全工器具和试验设备符合技术要求。工具摆放整齐。 3）对照材料清单检查材料，应齐全、合格。 4）对照资料清单准备作业工作票、作业指导书和作业记录	
	安全、组织、技术准备	1）全体作业人员列队，作业指导教师作业交代安全、组织和技术要求：对所有作业人员布置作业任务、作业内容、操作要求和重要注意事项。明确作业过程中的危险因素、防范措施和事故紧急处理措施；强调操作要点并进行安全和技术交底，必要时，应进行演示操作；将作业人员分组。指定每个作业班组工作负责人，交代负责内容并强调监护要求；就技术和安全问题向作业人员提问，保证每位作业人员掌握。 2）作业班组工作负责人组织作业人员按要求对安全措施进行布置，操作应正确规范。 3）作业班组工作负责人进行安全措施自检。合格后，通知作业指导教师进行检查。 4）作业指导教师对安全措施检查合格后，由作业班组工作负责人填写工作票，并办理许可手续（作业指导教师、作业工作负责人在作业工作票指定位置签字）。 5）作业班组列队，由作业班组工作负责人宣读作业工作票，交代安全注意事项。作业工作人员确认后在作业工作票上指定位置签字，作业班组方可开始作业。 6）作业指导教师对整个作业作业进行巡视，及时纠正不安全行为。作业班组工作负责人对作业人员进行安全监护	
检查	温湿度检查	检查环境温湿度是否符合维护要求，并记录大气条件	
	硅胶检查	全面检查硅胶是否变色，硅胶变色 2/3 以上即应更换	
重瓦斯由跳闸改投信号	瓦斯继电器重瓦斯跳闸改信号	气体继电器重瓦斯跳闸改投信号，防止更换过程中重瓦斯误动	
更换	油杯清洗	1）用工具拧下充油设备吸湿器下端的油杯，将油杯内滤油倒入废油桶内，清洗油杯。 2）将变压器油加入油杯中，油量在油杯最低油位线与最高油位线之间，靠近最高油位线 2/3 处，顺时针将油杯安装到吸湿器上	
	吸湿器硅胶更换	1）硅胶变色 2/3 以上即可更换，更换时将吸湿器从吸湿器管上脱出，用手拧开固定螺杆（带油杯的吸湿器应先取下吸湿器油杯，防止更换硅胶时损坏油杯）。	

续表

作业流程	作业项目	作业内容及工艺标准	备注
更换	吸湿器硅胶更换	2）打开吸湿器，将受潮的硅胶倒入废油桶内，用干净的抹布擦拭干净；将合格硅胶装入硅胶罐内，装好吸湿器，将罐体固定到吸湿器管上装好油杯；在硅胶罐顶盖下应留出1/5～1/6高度的空隙	
重瓦斯恢复跳闸	气体继电器重瓦斯恢复跳闸	气体继电器重瓦斯由信号恢复跳闸	
现场清理	场地清理	1）对作业设备、材料、工器具等进行整理，对照记录进行检查清点。 2）检查作业现场无遗留物；关闭电源，清扫作业场地	
收尾工作	自检及填写记录报告	1）由作业班组工作负责人组织学员进行全面检查，自检作业项目是否具备验收条件，填写作业自检报告。 2）由作业班组工作负责人按要求填写作业报告和作业记录	
工作结束	结束	经作业指导教师验收合格后，作业指导教师和作业学员检查确认施工器具已全部撤离工作现场、作业现场无遗留物	
	总结	全体作业人员列队，作业指导教师对作业情况进行总结	
	人员撤离	所有作业人员撤离作业场地	

3.9.6 作业指导书执行情况评估

<table>
<tr><td rowspan="6">评估内容</td><td rowspan="3">符合性</td><td>优秀</td><td></td><td>可操作项</td><td rowspan="6"></td></tr>
<tr><td>良好</td><td></td><td rowspan="2">不可操作项</td></tr>
<tr><td>一般</td><td></td></tr>
<tr><td rowspan="3">可操作性</td><td>优秀</td><td></td><td>修改项</td></tr>
<tr><td>良好</td><td></td><td>增补项</td></tr>
<tr><td>一般</td><td></td><td>删除项</td></tr>
<tr><td>存在问题</td><td colspan="5"></td></tr>
<tr><td>改进意见</td><td colspan="5"></td></tr>
</table>

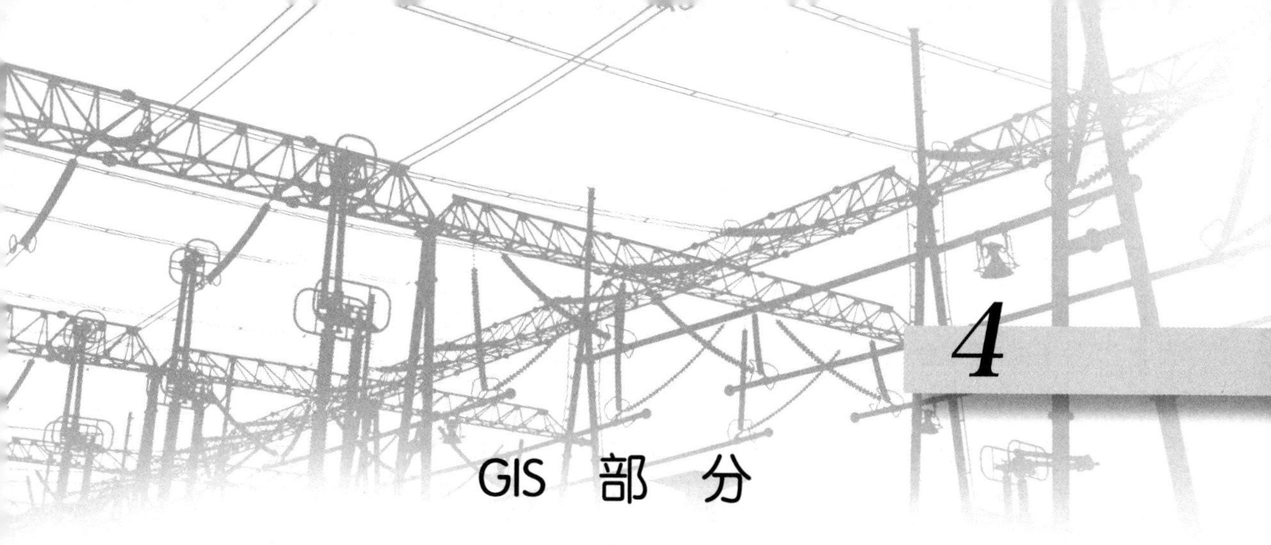

4 GIS 部 分

4.1 GIS（HGIS）带电补气

4.1.1 适用范围

本节适用于变电运维人员实施变电运维一体化项目作业，变电运维一体化作业实操培训可参考执行。

4.1.2 参考资料

下列文件对于本节的应用是必不可少的。凡是注日期的引用文件，仅所注日期的版本适用于本节。凡是不注日期的引用文件，其最新版本（包括所有的修改单）适用于本节。

GB/T 8905 六氟化硫电气设备中气体管理和检测导则

DL/T 603 气体绝缘金属封闭开关设备运行维护规程

DL/T 639 六氟化硫电气设备运行、试验及检修人员安全防护导则

4.1.3 作业前准备工作

4.1.3.1 作业人员要求

√	序号	责任人	工作要求	备注
	1	作业负责人	1）熟悉GIS（HGIS）设备的基本原理。 2）了解六氟化硫（SF_6）气体物理和化学性能。 3）掌握带电补气作业的操作步骤和方法。 4）具有一定的现场工作经验，熟悉并能严格遵守电力生产和工作现场的相关安全管理规定。 5）作业负责人必考试合格并经运维管理部门批准	
	2	作业人员	1）现场工作人员的身体状况、精神状态良好。 2）作业辅助人员（外来）必须经负责施教的人员对其进行安全措施、作业范围、安全注意事项等方面施教后方可参加工作。 3）必须持有效证件上岗。 4）所有作业人员必须具备必要的电气知识，基本掌握本专业作业技能及《国家电网公司电力安全工作规程 变电部分》的相关知识，并经考试合格	

4.1.3.2 作业材料及工器具准备

√	序号	名称	规格	单位	数量	备注
	1	作业指导书		份	1	
	2	SF_6 气瓶	50kg	瓶	1	
	3	SF_6 气体	SF_6	kg	50	
	4	SF_6 充气装置		套	1	
	5	组合工具		套	1	
	6	红外检漏仪	探测灵敏度：$\leqslant 1\mu L/s$	台	1	
	7	SF_6 气瓶推车		台	1	
	8	无毛擦拭纸		包	1	
	9	气瓶加热带		个	1	
	10	防毒面具		个	2	
	11	温湿度计		个	1	
	12	万用表		个	1	
	13	生料带		卷	1	
	14	氧量仪		个	1	
	15	SF_6 浓度检测仪		台	1	
	16	电源盘		个	1	
	17	绝缘梯	2m	个	1	
	18	安全带		副	1	

4.1.3.3 作业危险点分析及安全预控措施

√	序号	危险点分析	安全控制措施
	1	触电伤害	1）工作负责人开工前，向工作班人员认真宣读工作票，交代现场带电部位、工作范围、现场安全措施及安全注意事项，进入间隔前，认真核对设备名称、编号。核对无误后方可开始工作。 2）对 SF_6 气瓶加热时，临时电源必须接在漏电保安器的下端，在拆接电源时必须有 2 人一起，一人监护，另一人操作
	2	机械伤人	1）搬运 SF_6 气瓶时，应 2 人一起搬运，SF_6 气瓶移动过程使用小推车。 2）扳手等施工器具的使用应符合安全规程、制造厂的规定

续表

√	序号	危险点分析	安全控制措施
	3	SF_6 高压气体伤人	1）充气作业正确使用减压阀，减压阀指针读数正确，防止高压气体伤人。 2）SF_6 管道装拆过程中，人员应站在上风口。 3）设备安装在室内应有良好的通风系统，进入设备安装室前应先通风15～20min，并应保证在15min内换气一次，含氧量达到18%以上，SF_6 气体浓度小于1000μL/L，方可进入室内进行补气工作
	4	高空坠落	1）若需要登高接取管道时，登高作业时应使用绝缘梯，系好安全带，严禁低挂高用。 2）上下绝缘梯时应有专人扶持，使用绝缘梯应做好防倾倒措施

4.1.4 作业流程图

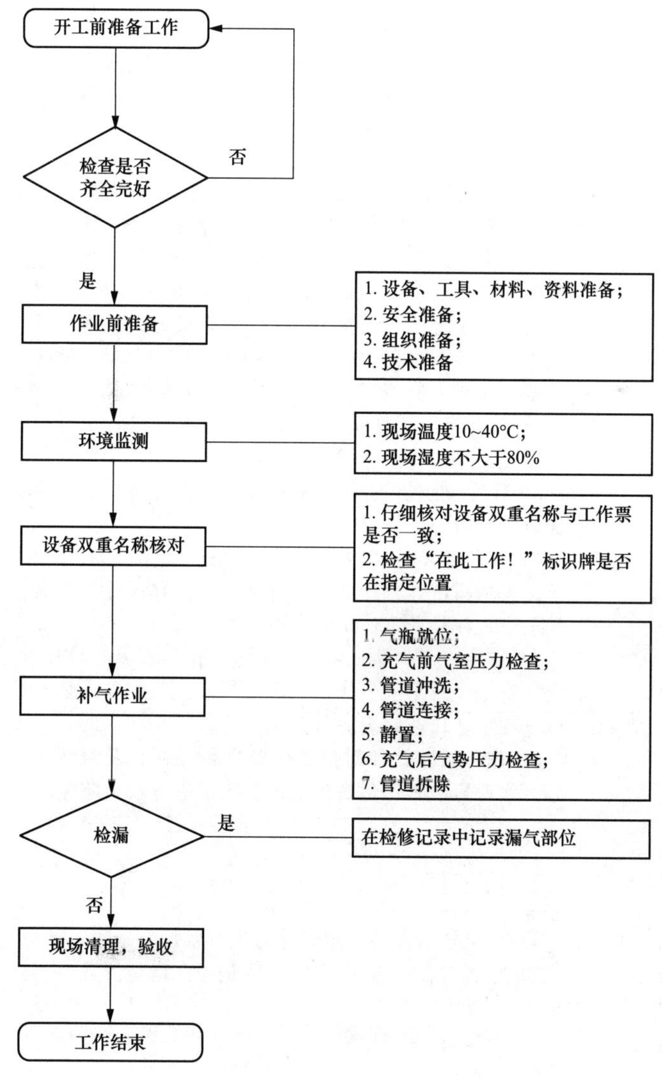

4.1.5 主要作业流程及工艺标准

作业流程	作业项目	作业内容及工艺标准	备注
作业前准备	人员检查	1）所有作业人员必须掌握《国家电网公司电力安全工作规程　变电部分》相关知识，并经考试合格。 2）作业人员应精神饱满，身体状态良好。 3）正确佩戴安全帽，着装符合安全要求。 4）作业指导教师对出勤情况进行记录	
	场地检查	1）作业场地整洁，无积水、污物，必要时进行清理。 2）检查急救箱，急救物品应齐备。 3）检查电源容量和电压符合要求	
	设备、工具、材料、资料准备	1）检查作业中需要使用的设备处于良好状态，必要时提前试运行。设备摆放位置合理。 2）对照工器具清单检查工器具，应齐全、完好、清洁；安全工器具和试验设备符合技术要求。工具摆放整齐。 3）对照材料清单检查材料，应齐全、合格。 4）对照资料清单准备作业工作票、作业指导书和作业记录。 5）SF_6 气体检测合格在有效期内	
	安全、组织、技术准备	1）全体作业人员列队，作业指导教师作业交代安全、组织和技术要求：对所有作业人员布置作业任务、作业内容、操作要求和重要注意事项。明确作业过程中的危险因素、防范措施和事故紧急处理措施；强调操作要点并进行安全和技术交底，必要时，应进行演示操作；将作业人员分组。指定每个作业班组工作负责人，交代负责内容并强调监护要求；就技术和安全问题向作业人员提问，保证每位作业人员掌握。 2）作业班组工作负责人组织作业人员按要求对安全措施进行布置，操作应正确规范。 3）作业班组工作负责人进行安全措施自检。合格后，通知作业指导教师进行检查。 4）作业指导教师对安全措施检查合格后，由作业班组工作负责人填写工作票，并办理许可手续（作业指导教师、作业工作负责人在作业工作票指定位置签字）。 5）作业班组列队，由作业班组工作负责人宣读作业工作票，交代安全注意事项。作业工作人员确认后在作业工作票上指定位置签字，作业班组方可开始作业。 6）作业指导教师对整个作业进行巡视，及时纠正不安全行为。作业班组工作负责人对作业人员进行安全监护	
环境监测	检查环境温湿度	1）现场温度 10～40℃。 2）现场湿度不大于 80%	
设备双重名称核对	核对待补气设备	1）仔细核对设备双重名称与工作票是否一致。 2）检查“在此工作!”标识牌是否在指定位置	
补气作业	气瓶就位	1）搬运气瓶时拧紧阀门保护帽，防止碰坏阀门。 2）气瓶沉重，使用小推车转移搬用气瓶	

续表

作业流程	作业项目	作业内容及工艺标准	备注
补气作业	充气前气室压力检查	1）后台读取气室压力指数。 2）现场检查压力表示数，眼睛平视表计。 3）用手指轻叩表盘玻璃，看是否指针粘滞	
	管道冲洗	1）打开气瓶阀门保护帽，打开阀门，对阀门口进行冲洗，冲洗时人员站在上风口，防止吸入 SF_6 气体（逆时针拧动气瓶阀门一瞬间即可）。 2）检查减压阀接口处密封垫是否完好，螺纹上生料带是否完好。 3）连接减压阀，顺时针拧紧螺母，铜螺纹金属连接，注意不要使用太大力度，防止损坏螺纹。 4）打开气瓶阀门（逆时针松开），观察是否漏气，漏气需重新连接；观察气瓶内压力，若小于 2MPa 需更换气瓶。 5）管路冲洗。打开减压阀阀门（顺时针拧紧），对管道进行冲洗，若充气接头有逆止功能，需用扳手或螺丝刀顶住充气接头中心突起顶针，因带有气压需用力顶，冲洗压力不小于 0.2MPa，冲洗时间约 15s	
	连接气室充气	1）轻轻拧开设备充气口保护帽，用无毛纸清理充气口，保证阀门周围无异物，检查三通阀，保证三通阀开启状态。 2）连接充气接头，对于无逆止功能接头需保证有一定量气体持续排出，对于有逆止阀接头调整减压阀使接头侧压力与设备压力相当，顺时针拧紧螺母，铜螺纹金属连接，注意不要使用太大力度，防止损坏螺纹。 3）拧紧螺母过程中，控制管道不要跟转，必要时用扳手进行紧固（大多数手拧即可顶开设备逆止阀），用扳手拧时如发现力度较大应停止紧固，检查接头对接是否偏斜。 4）继续打开减压阀，将压力调整到设备的额定压力稍高进行充气。 5）观察充气口是否有进气声，观察是否漏气，漏气需重新连接。 6）充气到额定压力稍高后（与初始压力或相邻同类型气室压力相当），关闭减压阀（逆时针松开）	
	静置	1）充气至额定压力稍高后，静置 15min，观察压力是否变化，如果下降并不满足要求时，再次充气。 2）若气室压力稳定或满足补气后要求（保证设备一定时间内正常运行），则无需补气	
	充气后气室压力检查	1）后台读取气室压力指数。 2）现场检查压力表示数，眼睛平视表计。 3）用手指轻叩表盘玻璃，看是否指针粘滞	
	拆除管道	1）拆除充气口的充气接头，逆时针拆除螺母，铜螺纹金属连接，注意不要使用太大力度，防止损坏螺纹。 2）轻轻拧紧充气口保护帽。 3）拆除减压阀，逆时针拆除螺母，铜螺纹金属连接，注意不要使用太大力度，防止损坏螺纹 4）盖上气瓶阀门保护帽	

续表

作业流程	作业项目	作业内容及工艺标准	备注
检漏	对补气设备进行检漏	1）用红外检漏仪对 GIS（HGIS）设备进行检漏，重点是上下法兰面、充气口、表计连接处等。 2）如发现漏气点，则在检修记录中记录漏气部位	
现场清理	场地清理	1）对作业设备、材料、工器具等进行整理，对照记录进行检查清点。 2）检查作业现场无遗留物；清扫作业场地	
收尾工作	自检及填写记录报告	1）由作业班组工作负责人组织学员进行全面检查，自检作业项目是否具备验收条件，填写作业自检报告。 2）由作业班组工作负责人按要求填写作业报告和作业记录	
工作结束	结束	经作业指导教师验收合格后，作业指导教师和作业学员检查确认施工器具已全部撤离工作现场、作业现场无遗留物	
	总结	全体作业人员列队，作业指导教师对作业情况进行总结	
	人员撤离	所有作业人员撤离作业场地	

4.1.6 作业指导书执行情况评估

<table>
<tr><td rowspan="6">评估内容</td><td rowspan="3">符合性</td><td>优秀</td><td></td><td>可操作项</td><td rowspan="6"></td></tr>
<tr><td>良好</td><td></td><td rowspan="2">不可操作项</td></tr>
<tr><td>一般</td><td></td></tr>
<tr><td rowspan="3">可操作性</td><td>优秀</td><td></td><td>修改项</td></tr>
<tr><td>良好</td><td></td><td>增补项</td></tr>
<tr><td>一般</td><td></td><td>删除项</td></tr>
<tr><td>存在问题</td><td colspan="5"></td></tr>
<tr><td>改进意见</td><td colspan="5"></td></tr>
</table>

4.2 GIS（HGIS）气体分解产物检测

4.2.1 适用范围

本节适用于变电运维人员实施变电运维一体化项目作业，变电运维一体化作业实操培训可参考执行。

4.2.2 参考资料

下列文件对于本节的应用是必不可少的。凡是注日期的引用文件，仅所注日期的版本适用于本节。凡是不注日期的引用文件，其最新版本（包括所有的修改单）适用于本节。

GB/T 8905　六氟化硫电气设备中气体管理和检测导则

DL/T 603　气体绝缘金属封闭开关设备运行维护规程

DL/T 639　六氟化硫电气设备运行、试验及检修人员安全防护导则

DL/T 1205　六氟化硫电气设备分解产物试验方法

4.2.3 作业前准备工作

4.2.3.1 作业人员要求

√	序号	责任人	工作要求	备注
	1	作业负责人	1）熟悉 GIS（HGIS）设备的结构原理、组部件安装结构。 2）熟悉六氟化硫（SF_6）气体分解物检测技术的基本原理、诊断分析方法。 3）掌握 SF_6 气体分解物测试仪的工作原理、技术参数和性能。 4）具有一定的现场工作经验，熟悉并能严格遵守电力生产和工作现场的相关安全管理规定。 5）作业负责人必考试合格并经批准	
	2	作业人员	1）现场工作人员的身体状况、精神状态良好。 2）作业辅助人员（外来）必须经负责施教的人员对其进行安全措施、作业范围、安全注意事项等方面施教后方可参加工作。 3）必须持有效证件上岗。 4）所有作业人员必须具备必要的电气知识，基本掌握本专业作业技能及《国家电网公司电力安全工作规程　变电部分》的相关知识，并经考试合格	

4.2.3.2 作业材料及工器具准备

√	序号	名称	规格	单位	数量	备注
	1	作业指导书		份	1	
	2	组合工具		套	1	
	3	SF_6 浓度检测仪		台	1	
	4	氧量仪		台	1	
	5	SF_6 气体分解物测试仪		台	1	
	6	SF_6 气体	纯气	瓶	1	
	7	防毒面具		个	2	
	8	便携式 SF_6 检漏仪		台	1	
	9	绝缘梯	2m	个	1	
	10	安全带		副	1	

4.2.3.3 作业危险点分析及安全预控措施

√	序号	危险点分析	安全控制措施
	1	触电伤害	1）工作负责人开工前，向工作班人员认真宣读工作票，交代现场带电部位、工作范围、现场安全措施及安全注意事项，进入间隔前，认真核对设备名称、编号。核对无误后方可开始工作。 2）对 GIS（HGIS）设备 SF_6 气体分解物测试时，必须有 2 人一起，一人监护，一人操作，应与设备带电部位保持足够的安全距离，防止误碰带电设备

续表

√	序号	危险点分析	安全控制措施
	2	高空坠落	1）若需要登高接取管道时，登高作业时应使用绝缘梯，系好安全带，严禁低挂高用。 2）上下绝缘梯时应有专人扶持，使用绝缘梯应做好防倾倒措施
	3	落物打击	1）工器具、物品上、下传递应用绳索或工具袋，禁止抛掷。 2）当上方有人工作时，下方工作人员应做好工作监护，站立在侧方位，防止高空坠物。 3）行走中注意脚下，防止踩踏设备管道、二次线缆，检测中不行走，行走中不检测
	4	气体伤害	1）设备安装在室内应有良好的通风系统，进入设备安装室前应先通风15～20min，并应保证在15min内换气一次，含氧量达到18%以上，SF_6气体浓度小于1000μL/L，方可进入室内进行检测工作。 2）检测现场出现明显异常情况（如大量SF_6外逸、设备压力明显下降等）时，应立即停止检漏工作并撤离现场

4.2.4 作业流程图

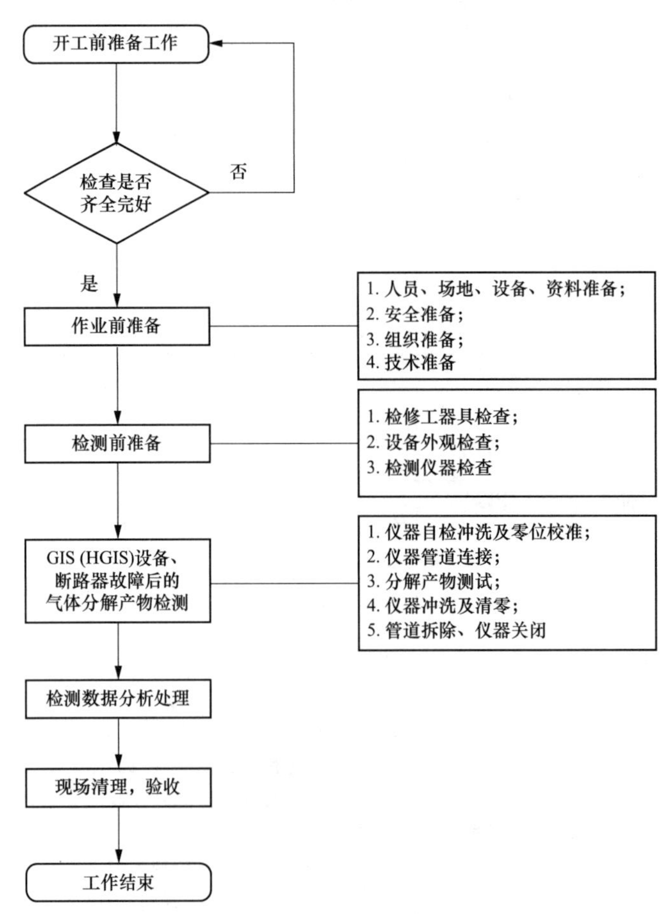

4.2.5 主要作业流程及工艺标准

作业流程	作业项目	作业内容及工艺标准	备注
作业前准备	人员检查	1）所有作业人员必须掌握《国家电网公司电力安全工作规程　变电部分》相关知识，并经考试合格。 2）作业人员应精神饱满，身体状态良好。 3）正确佩戴安全帽，着装符合安全要求	
	场地检查	1）作业场地整洁，无积水、污物，必要时进行清理。 2）检查急救箱，急救物品应齐备	
	设备、资料检查	1）仔细核对设备双重名称与工作票是否一致。 2）对照资料清单准备作业工作票、作业指导书和作业记录	
	安全、组织、技术准备	1）全体作业人员列队，交代安全、组织和技术要求：对所有作业人员布置作业任务、作业内容、操作要求和重要注意事项。明确作业过程中的危险因素、防范措施和事故紧急处理措施；强调操作要点并进行安全和技术交底，必要时，应进行演示操作；将作业人员分组。指定每个作业班组工作负责人，交代负责内容并强调监护要求；就技术和安全问题向作业人员提问，保证每位作业人员掌握。 2）作业班组工作负责人组织作业人员按要求对安全措施进行布置，操作应正确规范。 3）作业班组工作负责人进行安全措施自检。合格后，通知作业指导教师进行检查。 4）对安全措施检查合格后，由作业班组工作负责人填写工作票，并办理许可手续（工作许可人、作业工作负责人在作业工作票指定位置签字）。 5）作业班组列队，由作业班组工作负责人宣读作业工作票，交代安全注意事项。作业工作人员确认后在作业工作票上指定位置签字，作业班组方可开始作业。 6）安全监督人员对整个作业进行巡视，及时纠正不安全行为。作业班组工作负责人对作业人员进行安全监护	
检测前准备	检修工器具检查	1）对照工器具清单检查工器具，应齐全、完好、清洁，安全工器具符合技术要求，工具摆放整齐。 2）对照工器具清单检查检测仪器齐全、可用，在有效期内	
	设备外观检查	1）检查设备的运行状态。 2）检查设备气压是否为额定压力	
	检测仪器检查	1）仪器开机预热至少5min。 2）仪器当前温度显示正常。 3）仪器电池电量充足	
GIS（HGIS）设备、断路器故障后的气体分解产物检测	仪器自检冲洗及零位校准	1）SF_6气体检测仪器可靠接地，开机自检，进行预热，检查仪器电量。 2）连接SF_6尾气回收袋，对尾气进行回收。若仪器本身带有回收功能，则启用其自带功能回收。	

续表

作业流程	作业项目	作业内容及工艺标准	备注
GIS（HGIS）设备、断路器故障后的气体分解产物检测	仪器自检冲洗及零位校准	3）连接 SF_6 纯气瓶至 SF_6 气体检测仪器。 4）检查气瓶压力，逐级开启 SF_6 纯气瓶阀门、减压阀门，完成检漏。 5）预热完成后，进行 SF_6 纯气冲洗（SO_2 与 H_2S 冲洗至 0.3μL/L 以下，无时间要求），观察 SO_2 等后面的小写数字稳定不变化，点击功能键区“清零”，选择“SF_6”实现清零。 6）逐级关闭 SF_6 纯气瓶阀门、减压阀门。 7）拆除仪器与气瓶之间的管路（减压阀与转接头不需拆除）	
	分解产物检测	1）正确选取转接头，连接仪器至被测气室取气口。 2）缓慢打开流量调节针阀，使流量达到 300mL/min，保持约 3min。 3）点击测试键，测量时，仪器自动开始检测湿度、纯度、分解物，测试数据稳定后，记录检测结果。检测过程中注意观察被测设备气室压力。 4）若第一次 SO_2 或 H_2S 气体含量大于 10μL/L，则须用 SF_6 纯气重复冲洗 SO_2 及 H_2S 至零位（SO_2 与 H_2S 冲洗至 0.3μL/L 以下，无时间要求）。 5）第二次检测分解产物，测试数据稳定后，记录检测结果。 6）将转接头连同导气管从被测气室取气口上拆除。 7）检查取气口处是否有 SF_6 气体泄漏，恢复被测气室至开工前状态，记录测试后被测气室压力。 8）检测完成后用 SF_6 纯气冲洗仪器 SO_2 及 H_2S 示值至零位（SO_2 与 H_2S 冲洗至 0. 3μL/L 以下，无时间要求）。 9）逐级关闭阀门，拆除管路、接头等，关闭仪器并拆除接地线	
	试验数据分析及处理	1）检测结果用体积分数表示，单位为 μL/L。 2）取两次重复检测结果的算术平均值作为最终检测结果，所得结果应保留小数点后 1 位有效数字。 3）若设备中 SF_6 气体分解产物 SO_2 或 H_2S 含量出现异常，应结合 SF_6 气体分解产物的 CO、CF_4 含量及其他状态参量变化、设备电气特性、运行工况等，对设备状态进行综合诊断	
现场清理	场地清理	1）对作业设备、材料、工器具等进行整理，对照记录进行检查清点。 2）检查作业现场无遗留物；关闭电源，清扫作业场地	
收尾工作	自检及填写记录报告	1）由作业班组工作负责人组织工作班成员进行全面检查，自检作业项目是否具备验收条件，填写作业自检报告。 2）由作业班组工作负责人按要求填写作业报告和作业记录	
工作结束	结束	经工作许可人验收合格后，工作许可人和工作负责人共同检查确认施工器具已全部撤离工作现场、作业现场无遗留物	
	总结	全体作业人员列队，工作负责人对作业情况进行总结	
	人员撤离	所有作业人员撤离作业场地	

4.2.6 作业指导书执行情况评估

<table>
<tr><td rowspan="6">评估内容</td><td rowspan="3">符合性</td><td>优秀</td><td></td><td>可操作项</td><td rowspan="6"></td></tr>
<tr><td>良好</td><td></td><td rowspan="2">不可操作项</td></tr>
<tr><td>一般</td><td></td></tr>
<tr><td rowspan="3">可操作性</td><td>优秀</td><td></td><td>修改项</td></tr>
<tr><td>良好</td><td></td><td>增补项</td></tr>
<tr><td>一般</td><td></td><td>删除项</td></tr>
<tr><td>存在问题</td><td colspan="5"></td></tr>
<tr><td>改进意见</td><td colspan="5"></td></tr>
</table>

4.3 GIS（HGIS）气体泄漏定位检测

4.3.1 适用范围

本节适用于变电运维人员实施变电运维一体化项目作业，变电运维一体化作业实操培训可参考执行。

4.3.2 参考资料

下列文件对于本节的应用是必不可少的。凡是注日期的引用文件，仅所注日期的版本适用于本节。凡是不注日期的引用文件，其最新版本（包括所有的修改单）适用于本节。

GB/T 8905　六氟化硫电气设备中气体管理和检测导则

DL/T 603　气体绝缘金属封闭开关设备运行维护规程

DL/T 639　六氟化硫电气设备运行、试验及检修人员安全防护导则

GB/T 11023　高压开关设备六氟化硫气体密封试验方法

4.3.3 作业前准备工作

4.3.3.1 作业人员要求

√	序号	责任人	工作要求	备注
	1	作业负责人	1）熟悉 GIS（HGIS）设备的结构原理、组部件安装结构。 2）了解 SF_6 气体物理和化学性能。 3）掌握红外检漏仪、便携式检漏仪的使用方法。 4）具有一定的现场工作经验，熟悉并能严格遵守电力生产和工作现场的相关安全管理规定。 5）作业负责人必考试合格并经批准	
	2	作业人员	1）现场工作人员的身体状况、精神状态良好。 2）作业辅助人员（外来）必须经负责施教的人员对其进行安全措施、作业范围、安全注意事项等方面施教后方可参加工作。 3）必须持有效证件上岗。 4）所有作业人员必须具备必要的电气知识，基本掌握本专业作业技能及《国家电网公司电力安全工作规程　变电部分》的相关知识，并经考试合格	

4.3.3.2 作业材料及工器具准备

√	序号	名称	规格	单位	数量	备注
	1	作业指导书		份	1	
	2	组合工具		套	1	
	3	SF_6 浓度检测仪		台	1	
	4	氧量仪		台	1	
	5	卤素检漏仪	灵敏度：不低于 10^{-8}（体积分数）	台	1	
	6	红外检漏仪	探测灵敏度：$\leqslant 1\mu L/s$	台	1	
	7	定量检漏仪		台	1	
	8	塑料薄膜		卷	1	
	9	扎带		根	若干	
	10	胶带		卷	1	
	11	抹布		块	若干	
	12	防毒面具		个	2	
	13	绝缘梯	2m	个	1	
	14	肥皂水	500mL	瓶	1	
	15	安全带		副	2	

4.3.3.3 作业危险点分析及安全预控措施

√	序号	危险点分析	安全控制措施
	1	触电伤害	1）工作负责人开工前，向工作班人员认真宣读工作票，交代现场带电部位、工作范围、现场安全措施及安全注意事项，进入间隔前，认真核对设备名称、编号。核对无误后方可开始工作。 2）对 GIS（HGIS）设备检漏时，必须有 2 人一起，一人监护，一人操作，检漏过程中防止误碰带电设备
	2	高空坠落	1）若需要登高开展上部罐体的包扎检漏作业时，登高作业时应使用绝缘梯，系好安全带，严禁低挂高用。 2）上下绝缘梯时应有专人扶持，使用绝缘梯应做好防倾倒措施
	3	落物打击	1）工器具、物品上、下传递应用绳索或工具袋，禁止抛掷。 2）当上方有人工作时，下方工作人员应做好工作监护，站立在侧方位，防止高空坠物。 3）行走中注意脚下，防止踩踏设备管道、二次线缆，检测中不行走，行走中不检测
	4	气体伤害	1）设备安装在室内应有良好的通风系统，进入设备安装室前应先通风 15～20min，并应保证在 15min 内换气一次，含氧量达到 18%以上，SF_6 气体浓度小于 $1000\mu L/L$，方可进入室内进行检测工作。 2）检测现场出现明显异常情况时（如大量 SF_6 外逸、设备压力明显下降等），应立即停止检漏工作并撤离现场

4.3.4 作业流程图

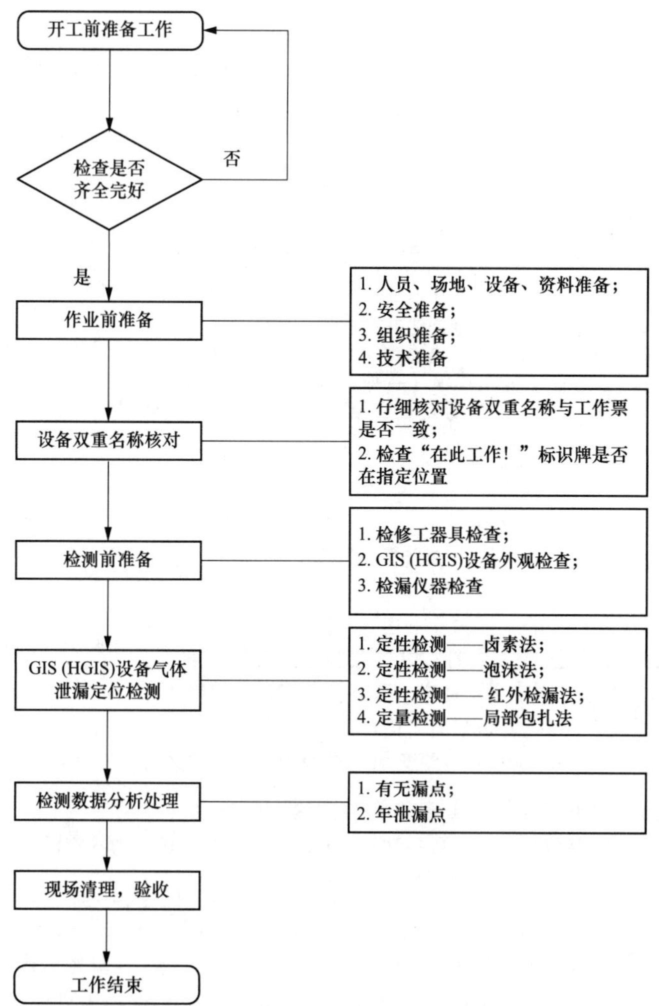

4.3.5 主要作业流程及工艺标准

作业流程	作业项目	作业内容及工艺标准	备注
作业前准备	人员检查	1）所有作业人员必须掌握《国家电网公司电力安全工作规程　变电部分》相关知识，并经考试合格。 2）作业人员应精神饱满，身体状态良好。 3）正确佩戴安全帽，着装符合安全要求	
	场地检查	1）作业场地整洁，无积水、污物，必要时进行清理。 2）检查急救箱，急救物品应齐备	
	设备、资料检查	1）检查作业中需要检测的设备处于额定压力或略低于额定压力状态。 2）对照资料清单准备作业工作票、作业指导书和作业记录	

续表

作业流程	作业项目	作业内容及工艺标准	备注
作业前准备	安全、组织、技术准备	1）全体作业人员列队，交代安全、组织和技术要求：对所有作业人员布置作业任务、作业内容、操作要求和重要注意事项。明确作业过程中的危险因素、防范措施和事故紧急处理措施；强调操作要点并进行安全和技术交底，必要时，应进行演示操作；将作业人员分组。指定每个作业班组工作负责人，交代负责内容并强调监护要求；就技术和安全问题向作业人员提问，保证每位作业人员掌握。 2）作业班组工作负责人组织作业人员按要求对安全措施进行布置，操作应正确规范。 3）作业班组工作负责人进行安全措施自检。合格后，通知作业指导教师进行检查。 4）对安全措施检查合格后，由作业班组工作负责人填写工作票，并办理许可手续（工作许可人、作业工作负责人在作业工作票指定位置签字）。 5）作业班组列队，由作业班组工作负责人宣读作业工作票，交代安全注意事项。作业工作人员确认后在作业工作票上指定位置签字，作业班组方可开始作业。 6）安全监督人员对整个作业进行巡视，及时纠正不安全行为。作业班组工作负责人对作业人员进行安全监护	
检测前准备	检修工器具检查	1）对照工器具清单检查工器具，应齐全、完好、清洁，安全工器具符合技术要求，工具摆放整齐。 2）对照工器具清单检查检测仪器齐全、可用，在有效期内	
	GIS（HGIS）设备外观检查	1）检查 GIS（HGIS）设备的运行状态。 2）检查 GIS（HGIS）设备气压是否为额定压力	
	检测仪器检查	1）检测仪器开机自检，选择相同设备、相同环境对比检测功能。 2）红外检漏仪需要开机 15min 自检，设置目标参数，重点设置的参数有表象温度、大气温度、相对湿度、距离、辐射率等	
GIS（HGIS）设备气体泄漏定位检测	定性检测——卤素法	1）GIS（HIGS）设备的罐体地电位部位可采用卤素法定性检漏，注意作业时与带电设备保持足够安全距离。 2）采用校验合格的 SF_6 气体定性检漏仪（卤素检漏仪），沿地电位的被测面以大约 25mm/s 的速度移动。 3）若有泄漏点（一般表现为仪器发出急促的蜂鸣声），若无泄漏（一般表现为仪器发出平缓的蜂鸣声）则认为密封良好	
	定性检测——泡沫法	1）GIS（HIGS）设备的罐体地电位部位可采用卤素法定性检漏，注意作业时与带电设备保持足够安全距离。 2）对疑似漏气的地电位部位，利用肥皂水（泡）对该局部点进行涂抹。 3）若涂抹部位生成密集小气泡或较大气泡，则该部位存在漏气，若肥皂水未生成气泡，则认为密封良好	

续表

作业流程	作业项目	作业内容及工艺标准	备注
GIS（HGIS）设备气体泄漏定位检测	定性检测——红外检漏法	1）红外检漏法对GIS（HIGS）设备的所有部位漏气均可做定性检测，包括带电部位及地电位，注意作业时与带电设备保持足够安全距离。 2）利用红外检漏仪开展气体泄漏检测，调整好焦距，图像清晰可分辨。 3）若局部存在气体泄漏，红外检漏仪对该部位的图谱则呈现连续烟雾状。 4）GIS（HIGS）设备重点检查部位为罐体各密封法兰对接部位，罐体及法兰的焊缝部位，套管底座对接部位，密度继电器本体、阀体及管路（连接阀、逆止阀、充气口等）。 5）对泄漏点进行视频录制，并同时拍摄可见光记录泄漏点部位。 6）若现场因环境温度、风速及泄露量少且缓慢等原因，切换至高灵敏模式进行检测，至少选择3个不同方位对设备进行检测	
	定量检测——局部包扎法	1）GIS（HIGS）设备的密封法兰对接部位，罐体及法兰的焊缝部位，套管底座对接部位，密度继电器本体、阀体及管路等地电位部位。可采用局部包扎法进行定量检漏，注意作业时与带电设备保持足够安全距离。 2）用0.1mm厚的塑料薄膜按被检部位的几何形状包裹一圈半，使接缝向上，包扎时尽可能构成圆形或方形。 2）经整形后，边缘用白布带扎紧或用胶带沿边缘粘贴密封。 3）塑料薄膜与被试品间应保持一定的空隙，一般为5mm。 4）包扎一段时间（一般为24h）后，用定量检漏仪测量包扎腔内SF_6气体的浓度。 5）根据测得的浓度计算漏气率等指标	
	试验数据分析及处理	1）气体定性检漏仪检测无漏点，或用肥皂水（泡）对被测面进行检测无气泡产生，则认为密封性良好。 2）定量检漏。年漏气率≤0.5%/年或符合设备技术文件要求。 3）定性检漏发现有漏点的设备，应进行定量检漏确认设备年泄漏率是否满足要求	
现场清理	场地清理	1）对作业设备、材料、工器具等进行整理，对照记录进行检查清点。 2）检查作业现场无遗留物；关闭电源，清扫作业场地	
收尾工作	自检及填写记录报告	1）由作业班组工作负责人组织工作班成员进行全面检查，自检作业项目是否具备验收条件，填写作业自检报告。 2）由作业班组工作负责人按要求填写作业报告和作业记录	
工作结束	结束	经工作许可人验收合格后，工作许可人和工作负责人共同检查确认施工器具已全部撤离工作现场、作业现场无遗留物	

续表

作业流程	作业项目	作业内容及工艺标准	备注
工作结束	总结	全体作业人员列队，工作负责人对作业情况进行总结	
	人员撤离	所有作业人员撤离作业场地	

4.3.6 作业指导书执行情况评估

<table>
<tr><td rowspan="6">评估内容</td><td rowspan="3">符合性</td><td>优秀</td><td></td><td>可操作项</td><td rowspan="6"></td></tr>
<tr><td>良好</td><td></td><td rowspan="2">不可操作项</td></tr>
<tr><td>一般</td><td></td></tr>
<tr><td rowspan="3">可操作性</td><td>优秀</td><td></td><td>修改项</td></tr>
<tr><td>良好</td><td></td><td>增补项</td></tr>
<tr><td>一般</td><td></td><td>删除项</td></tr>
<tr><td>存在问题</td><td colspan="5"></td></tr>
<tr><td>改进意见</td><td colspan="5"></td></tr>
</table>

4.4 GIS（HGIS）气体湿度检测

4.4.1 适用范围

本节适用于变电运维人员实施变电运维一体化项目作业，变电运维一体化作业实操培训可参考执行。

4.4.2 参考资料

下列文件对于本节的应用是必不可少的。凡是注日期的引用文件，仅所注日期的版本适用于本节。凡是不注日期的引用文件，其最新版本（包括所有的修改单）适用于本节。

GB/T 8905 六氟化硫电气设备中气体管理和检测导则

DL/T 603 气体绝缘金属封闭开关设备运行及维护规程

DL/T 639 六氟化硫电气设备运行、试验及检修人员安全防护细则

DL/T 506 六氟化硫电气设备中绝缘气体湿度测量方法

4.4.3 作业前准备工作

4.4.3.1 作业人员要求

√	序号	责任人	工作要求	备注
	1	作业负责人	1）熟悉 GIS（HGIS）设备的结构原理、组部件安装结构。 2）熟悉 SF_6 湿度检测技术的基本原理、诊断分析方法。 3）掌握 SF_6 湿度检测仪的工作原理、技术参数和性能。 4）具有一定的现场工作经验，熟悉并能严格遵守电力生产和工作现场的相关安全管理规定。 5）作业负责人必考试合格并经批准	

续表

√	序号	责任人	工作要求	备注
	2	作业人员	1）现场工作人员的身体状况、精神状态良好。 2）作业辅助人员（外来）必须经负责施教的人员对其进行安全措施、作业范围、安全注意事项等方面施教后方可参加工作。 3）必须持有效证件上岗。 4）所有作业人员必须具备必要的电气知识，基本掌握本专业作业技能及《国家电网公司电力安全工作规程　变电部分》的相关知识，并经考试合格	

4.4.3.2　作业材料及工器具准备

√	序号	名称	规格	单位	数量	备注
	1	作业指导书		份	1	
	2	组合工具		套	1	
	3	温湿度计		个	1	
	4	SF_6 气体湿度测试仪（露点仪）		台	1	
	5	防毒面具		个	2	
	6	氧量仪		个	1	
	7	万用表		个	1	
	8	电源盘		个	1	
	9	无毛纸		张	若干	
	10	绝缘梯	2m	个	1	
	11	安全带		副	1	

4.4.3.3　作业危险点分析及安全预控措施

√	序号	危险点分析	安全控制措施
	1	触电伤害	1）工作负责人开工前，向工作班人员认真宣读工作票，交代现场带电部位、工作范围、现场安全措施及安全注意事项，进入间隔前，认真核对设备名称、编号。核对无误后方可开始工作。 2）对 GIS（HGIS）设备 SF_6 气体湿度测试时，必须有 2 人一起，一人监护，一人操作，应与设备带电部位保持足够的安全距离，防止误碰带电设备
	2	高空坠落	1）若需要登高接取管道时，登高作业时应使用绝缘梯，系好安全带，严禁低挂高用。 2）上下绝缘梯时应有专人扶持，使用绝缘梯应做好防倾倒措施
	3	落物打击	1）工器具、物品上、下传递应用绳索或工具袋，禁止抛掷。 2）当上方有人工作时，下方工作人员应做好工作监护，站立在侧方位，防止高空坠物。 3）行走中注意脚下，避免踩踏气体管道及其他二次线缆，检测中不行走，行走中不检测

续表

√	序号	危险点分析	安全控制措施
	4	气体伤害	1）设备安装在室内应有良好的通风系统，进入设备安装室前应先通风15～20min，并应保证在15min内换气一次，含氧量达到18%以上，SF_6气体浓度小于1000μL/L，方可进入室内进行检测工作。 2）检测现场出现明显异常情况（如大量SF_6外逸、设备压力明显下降等）时，应立即停止检测工作并撤离现场。 3）检测时，应严格遵守操作规程，检测人员和检测仪器应避开设备取气阀门开口方向，并站在上风侧，防止取气造成设备内气体大量泄漏及发生其他意外

4.4.4 作业流程图

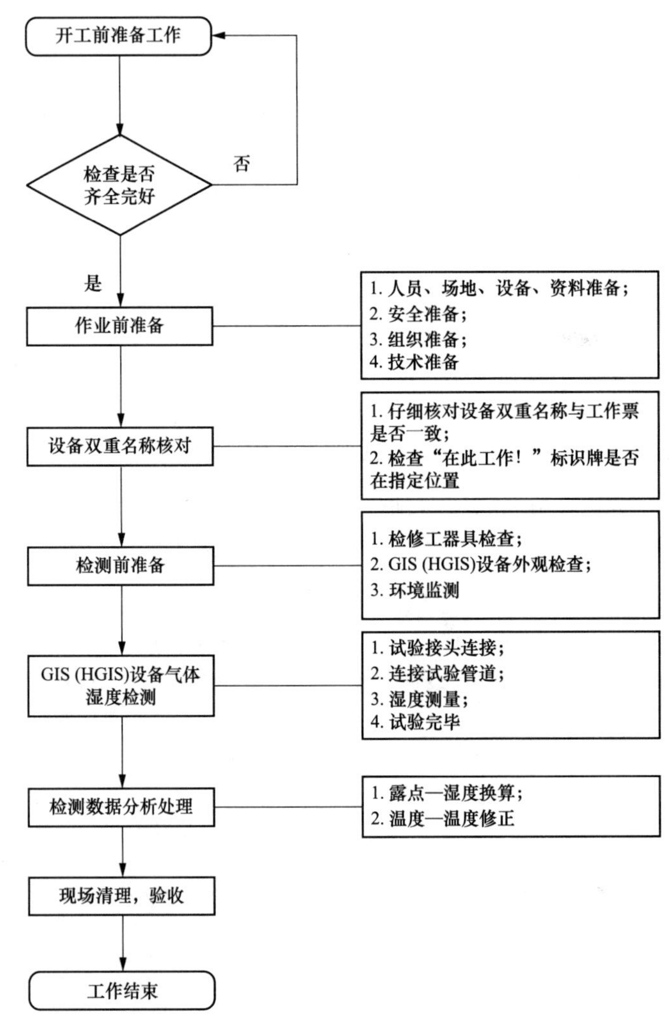

4.4.5 主要作业流程及工艺标准

作业流程	作业项目	作业内容及工艺标准	备注
作业前准备	人员检查	1）所有作业人员必须掌握《国家电网公司电力安全工作规程　变电部分》相关知识，并经考试合格。 2）作业人员应精神饱满，身体状态良好。 3）正确佩戴安全帽，着装符合安全要求	
	场地检查	1）作业场地整洁，无积水、污物，必要时进行清理。 2）检查急救箱，急救物品应齐备	
	设备、资料检查	1）检查作业中需要检测的设备处于额定压力。 2）对照资料清单准备作业工作票、作业指导书和作业记录	
	安全、组织、技术准备	1）全体作业人员列队，交代安全、组织和技术要求：对所有作业人员布置作业任务、作业内容、操作要求和重要注意事项。明确作业过程中的危险因素、防范措施和事故紧急处理措施；强调操作要点并进行安全和技术交底，必要时，应进行演示操作；将作业人员分组。指定每个作业班组工作负责人，交代负责内容并强调监护要求；就技术和安全问题向作业人员提问，保证每位作业人员掌握。 2）作业班组工作负责人组织作业人员按要求对安全措施进行布置，操作应正确规范。 3）作业班组工作负责人进行安全措施自检。合格后，通知作业指导教师进行检查。 4）对安全措施检查合格后，由作业班组工作负责人填写工作票，并办理许可手续（工作许可人、作业工作负责人在作业工作票指定位置签字）。 5）作业班组列队，由作业班组工作负责人宣读作业工作票，交代安全注意事项。作业工作人员确认后在作业工作票上指定位置签字，作业班组方可开始作业。 6）安全监督人员对整个作业进行巡视，及时纠正不安全行为。作业班组工作负责人对作业人员进行安全监护	
检测前准备	检修工器具检查	1）对照工器具清单检查工器具，应齐全、完好、清洁，安全工器具符合技术要求，工具摆放整齐。 2）对照工器具清单检查检测仪器齐全、可用，在有效期内	
	GIS（HGIS）设备外观检查	1）检查 GIS（HGIS）设备的运行状态。 2）检查 GIS（HGIS）设备气压是否为额定压力	
	环境监测	1）现场温度 5～35℃。 2）现场湿度不大于 80%。 3）若在室外不应在有雷、雨、雾、雪的环境下进行检测	
GIS（HGIS）设备气体湿度检测	试验接头连接	1）检查设备取样接头，用无毛纸对取样接头进行清理，确定没有灰尘或凝结物排出。 2）如果有灰尘或凝结物存在必须等排出物没有后才能进行测试，否则更换试验接头	
	连接试验管道	1）选择合适的试验连接管道，接到设备的取样接头上。 2）管道连接处应加装紫铜垫片或聚四氟乙烯垫片密封	

续表

作业流程	作业项目	作业内容及工艺标准	备注
GIS（HGIS）设备气体湿度检测	湿度测量	1）正确接取试验电源。 2）将连接管与仪器进气口连换，打开仪器电源，仪器进入准备测量状态。 3）打开设备上的阀门。 4）缓慢开启调节阀，仔细调节气体压力和流速。 5）测量过程中保持流量稳定，并从仪器直接读取露点值。 6）记录测量读数。 7）检测过程中随时监测被测设备的气体压力，防止气体压力异常下降	
	试验完毕	1）关闭露点仪。 2）关闭设备上的采样阀门。 3）解除连接设备上的采样接头。 4）恢复设备的采样口的密封	
	试验数据分析及处理	1）使用 DL/T 506 附录 B 大气压力的露点湿度换算表将露点换算到湿度值。 2）使用 DL/T 506 附录 C 湿度温度换算表将测量数值修正到 20C 时的值	
现场清理	场地清理	1）对作业设备、材料、工器具等进行整理，对照记录进行检查清点。 2）检查作业现场无遗留物。关闭电源，清扫作业场地	
收尾工作	自检及填写记录报告	1）由作业班组工作负责人组织工作班成员进行全面检查，自检作业项目是否具备验收条件，填写作业自检报告。 2）由作业班组工作负责人按要求填写作业报告和作业记录	
工作结束	结束	经工作许可人验收合格后，工作许可人和工作负责人共同检查确认施工器具已全部撤离工作现场、作业现场无遗留物	
	总结	全体作业人员列队，工作负责人对作业情况进行总结	
	人员撤离	所有作业人员撤离作业场地	

4.4.6 作业指导书执行情况评估

<table>
<tr><td rowspan="6">评估内容</td><td rowspan="3">符合性</td><td>优秀</td><td></td><td>可操作项</td><td rowspan="6"></td></tr>
<tr><td>良好</td><td></td><td rowspan="2">不可操作项</td></tr>
<tr><td>一般</td><td></td></tr>
<tr><td rowspan="3">可操作性</td><td>优秀</td><td></td><td>修改项</td></tr>
<tr><td>良好</td><td></td><td>增补项</td></tr>
<tr><td>一般</td><td></td><td>删除项</td></tr>
<tr><td>存在问题</td><td colspan="5"></td></tr>
<tr><td>改进意见</td><td colspan="5"></td></tr>
</table>

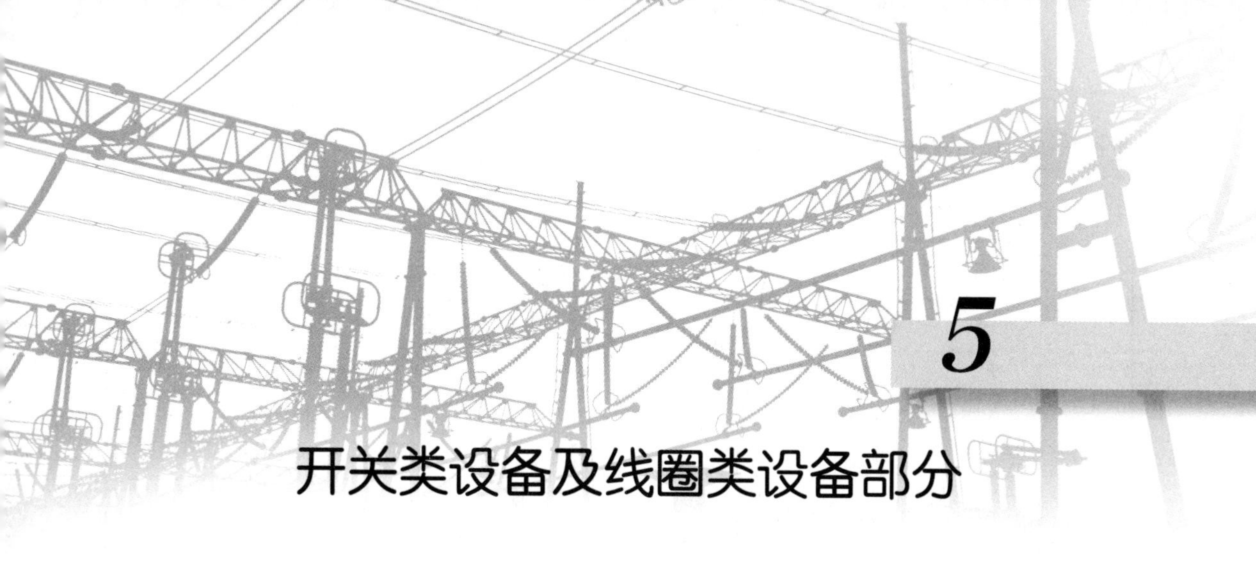

5 开关类设备及线圈类设备部分

5.1 断路器气体泄漏定位检测

5.1.1 适用范围

本节适用于变电运维人员实施变电运维一体化项目作业，变电运维一体化作业实操培训可参考执行。

5.1.2 参考资料

下列文件对于本节的应用是必不可少的。凡是注日期的引用文件，仅所注日期的版本适用于本节。凡是不注日期的引用文件，其最新版本（包括所有的修改单）适用于本节。

GB/T 11022　高压交流开关设备和控制设备标准的共用技术要求

GB/T 11023　高压开关设备六氟化硫气体密封试验方法

DL/T 639　六氟化硫设备运行、试验及检修人员安全防护导则

Q/GDW 1799.1　国家电网公司电力安全工作规程　变电部分

5.1.3 作业前准备工作

5.1.3.1 作业人员要求

√	序号	责任人	工作要求	备注
	1	作业负责人	1）熟悉各类试验设备、仪器、仪表的原理、结构、用途及使用方法。 2）了解各种六氟化硫（SF_6）气体绝缘断路器的型式、用途、结构及原理。 3）掌握断路器气体泄漏定位检查的操作步骤和方法。 4）具有一定的现场工作经验，熟悉并能严格遵守电力生产和工作现场的相关安全管理规定。 5）作业负责人考试合格并经批准	
	2	作业人员	1）现场工作人员的身体状况、精神状态良好。 2）作业辅助人员（外来）必须经负责施教的人员对其进行安全措施、作业范围、安全注意事项等方面施教后方可参加工作。 3）必须持有效证件上岗。 4）所有作业人员必须具备必要的电气知识，基本掌握本专业作业技能及《国家电网公司电力安全工作规程　变电部分》的相关知识，并经考试合格	

5.1.3.2 作业材料及工器具准备

√	序号	名称	规格	单位	数量	备注
	1	作业指导书		份	1	
	2	移动电源	220V、5A	个	1	
	3	组合工具		套	1	
	4	氧量仪		台	1	
	5	SF_6 浓度检测仪		台	1	
	6	卤素检漏仪	灵敏度：不低于 10^{-8}（体积分数）	台	1	
	7	红外检漏仪	探测灵敏度：≤1μL/s	台	1	
	8	万用表		个	1	
	9	塑料薄膜		卷	1	
	10	抹布		块	若干	
	11	扎带		根	若干	
	12	绝缘梯	2m	个	1	
	13	肥皂水	500mL	瓶	1	
	14	安全带		副	1	

5.1.3.3 作业危险点分析及安全预控措施

√	序号	危险点分析	安全控制措施
	1	触电伤害	1）工作人员不得少于2人；工作负责人开工前，向工作班人员认真宣读工作票，交代现场带电部位、工作范围、现场安全措施及安全注意事项，进入间隔前，认真核对设备名称、编号。核对无误后方可开始工作。 2）检测现场应装设“在此工作”标识牌，工作中不得随意翻越遮栏，不得私自变动现场安全措施。 3）断路器气体泄漏定位检测时，必须有2人进行，一人监护，一人操作。 4）确保操作人员及试验仪器与电力设备的高压部分保持足够的安全距离。 5）进行检测时，要防止误碰误动设备
	2	高空坠落	1）若需要登上断路器进行地电位作业时，登高作业时应使用绝缘梯，系好安全带，严禁低挂高用。 2）上下绝缘梯时应有专人扶持，使用绝缘梯应做好防倾倒措施
	3	落物打击	1）工器具、物品上、下传递应用绳索或工具袋，禁止抛掷。 2）当上方有人工作时，下方工作人员应做好工作监护，站立在侧方位，防止高空坠物。 3）行走中注意脚下，防止踩踏设备管道、二次线缆，检测中不行走，行走中不检测

续表

√	序号	危险点分析	安全控制措施
	4	气体伤害	1）进入室内开展现场检测前，应先通风15min，检查氧气和SF_6含量合格后方可进入，检测过程中应始终保持通风。 2）检测现场出现明显异常情况（如大量SF_6外逸、设备压力明显下降等）时，应立即停止试验工作并撤离现场

5.1.4 作业流程图

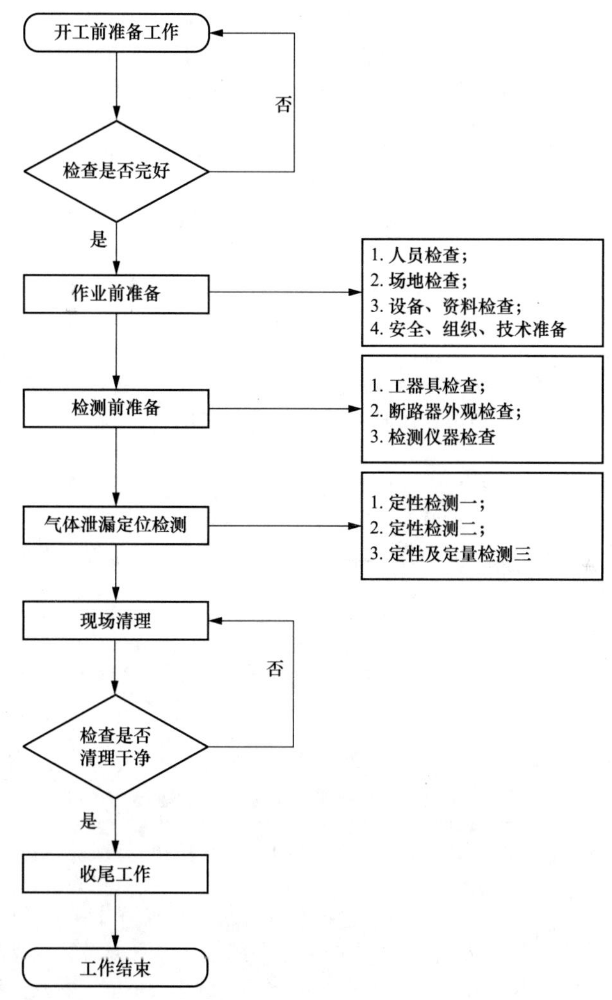

5.1.5 主要作业流程及工艺标准

作业流程	作业项目	作业内容及工艺标准	备注
作业前准备	人员检查	1）所有作业人员必须掌握《国家电网公司电力安全工作规程　变电部分》相关知识，并经考试合格。 2）作业人员应精神饱满，身体状态良好。 3）正确佩戴安全帽，着装符合安全要求	

续表

作业流程	作业项目	作业内容及工艺标准	备注
作业前准备	场地检查	1）作业场地整洁，无积水、污物，必要时进行清理。 2）检查急救箱，急救物品应齐备	
	设备、资料检查	1）检查作业中需要检测的设备处于额定压力或略低于额定压力状态，设备处于的位置高低。 2）对照资料清单准备作业工作票、作业指导书和作业记录	
	安全、组织、技术准备	1）全体作业人员列队，交代安全、组织和技术要求：对所有作业人员布置作业任务、作业内容、操作要求和重要注意事项。明确作业过程中的危险因素、防范措施和事故紧急处理措施；强调操作要点并进行安全和技术交底，必要时应进行演示操作；将作业人员分组。指定每个作业班组工作负责人，交代负责内容并强调监护要求；就技术和安全问题向作业人员提问，保证每位作业人员掌握。 2）作业班组工作负责人组织作业人员按要求对安全措施进行布置，操作应正确规范。 3）作业班组工作负责人进行安全措施自检。合格后通知作业指导教师进行检查。 4）对安全措施检查合格后，由作业班组工作负责人填写工作票，并办理许可手续（工作许可人、作业工作负责人在作业工作票指定位置签字）。 5）作业班组列队，由作业班组工作负责人宣读作业工作票，交代安全注意事项。作业工作人员确认后在作业工作票上指定位置签字，作业班组方可开始作业。 6）安全监督人员对整个作业进行巡视，及时纠正不安全行为。作业班组工作负责人对作业人员进行安全监护	
检测前准备	工器具检查	1）对照工器具清单检查工器具，应齐全、完好、清洁，安全工器具符合技术要求，工具摆放整齐。 2）对照工器具清单检查检测仪器齐全、可用，在有效期内	
	断路器外观检查	1）检查断路器的运行状态。 2）检查断路器气压是否为额定压力	
	检测仪器检查	1）检测仪器开机自检，选择相同设备、相同环境对比检测功能。 2）红外检漏仪需要开机 15min 自检，设置目标参数，重点设置的参数有表象温度、大气温度、相对湿度、距离、辐射率等	
断路器气体泄漏定位检测	定性检测一（卤素法、泡沫法）	1）采用校验过的 SF_6 气体定性检漏仪，沿被测面以大约 25mm/s 的速度移动，若有泄漏点（一般表现为仪器发出急促的蜂鸣声），若无泄漏（一般表现为仪器发出平缓的蜂鸣声）则认为密封良好。 2）利用肥皂水（泡）对地电位被测面进行气体泄漏定位检测	

续表

作业流程	作业项目	作业内容及工艺标准	备注
断路器气体泄漏定位检测	定性检测二（红外检漏法）	1）利用红外检漏仪开展气体泄漏检测，调整好焦距，图像清晰可分辨。 2）若断路器有气体泄漏，图谱则呈现连续烟雾状。 3）断路器重点检查部位为中间法兰、密度继电器、端部接线法兰、断路器阀体及管路（连接阀、逆止阀、充气口等）。 4）对泄漏点进行视频录制，并同时拍摄可见光记录泄漏点部位。 5）若现场因环境温度、风速及泄露量少且缓慢等原因，切换至高灵敏模式进行检测，至少选择 3 个不同方位对设备进行检测	
	定性及定量检测三（局部包扎法）	1）用 0.1mm 厚的塑料薄膜按被检部位的几何形状围一圈半，使接缝向上，包扎时尽可能构成圆形或方形。 2）经整形后，边缘用白布带扎紧或用胶带沿边缘粘贴密封。 3）塑料薄膜与被试品间应保持一定的空隙，一般为 5mm。 4）包扎一段时间（一般为 24h）后，用定量检漏仪测量包扎腔内 SF_6 气体的浓度。 5）根据测得的浓度计算漏气率等指标，断路器运行时只适用于地电位部位开展	
	试验数据分析及处理	1）气体定性检漏仪检测无漏点，或用肥皂水（泡）对被测面进行检测无气泡产生，则认为密封性良好。 2）定量检漏。年漏气率≤ 0.5%/年或符合设备技术文件要求。 3）定性检漏发现有漏点的设备，应进行定量检漏确认设备年泄漏率是否满足要求	
现场清理	场地清理	1）对作业设备、材料、工器具等进行整理，对照记录进行检查清点。 2）检查作业现场无遗留物。关闭电源，清扫作业场地	
收尾工作	自检及填写记录报告	1）由作业班组工作负责人组织工作班成员进行全面检查，自检作业项目是否具备验收条件，填写作业自检报告。 2）由作业班组工作负责人按要求填写作业报告和作业记录	
工作结束	结束	经工作许可人验收合格后，工作许可人和工作负责人共同检查确认施工器具已全部撤离工作现场、作业现场无遗留物	
	总结	全体作业人员列队，工作负责人对作业情况进行总结	
	人员撤离	所有作业人员撤离作业场地	

5.1.6 作业指导书执行情况评估

<table>
<tr><td rowspan="6">评估内容</td><td rowspan="3">符合性</td><td>优秀</td><td></td><td>可操作项</td><td></td></tr>
<tr><td>良好</td><td></td><td rowspan="2">不可操作项</td><td rowspan="2"></td></tr>
<tr><td>一般</td><td></td></tr>
<tr><td rowspan="3">可操作性</td><td>优秀</td><td></td><td>修改项</td><td></td></tr>
<tr><td>良好</td><td></td><td>增补项</td><td></td></tr>
<tr><td>一般</td><td></td><td>删除项</td><td></td></tr>
<tr><td>存在问题</td><td colspan="5"></td></tr>
<tr><td>改进意见</td><td colspan="5"></td></tr>
</table>

5.2 隔离开关二次回路异常检查、分析

5.2.1 适用范围

本节适用于变电运维人员实施变电运维一体化项目作业，变电运维一体化作业实操培训可参考执行。

5.2.2 参考资料

下列文件对于本节的应用是必不可少的。凡是注日期的引用文件，仅所注日期的版本适用于本节。凡是不注日期的引用文件，其最新版本（包括所有的修改单）适用于本节。

GB 50147—2010 电气装置安装工程 高压电器施工及验收规范

Q/GDW 1799.1 国家电网公司电力安全工作规程 变电部分

Q/GDW 1168 输变电设备状态检修试验规程

5.2.3 作业前准备工作

5.2.3.1 作业人员要求

√	序号	责任人	工作要求	备注
	1	作业负责人	1）熟悉隔离开关操作机构二次回路的基本原理。 2）了解隔离开关的动作原理、技术参数和性能。 3）掌握隔离开关二次回路异常检查、分析的操作步骤和方法。 4）具有一定的现场工作经验，熟悉并能严格遵守电力生产和工作现场的相关安全管理规定。 5）作业负责人考试合格并经批准	
	2	作业人员	1）现场工作人员的身体状况、精神状态良好。 2）作业辅助人员（外来）必须经负责施教的人员对其进行安全措施、作业范围、安全注意事项等方面施教后方可参加工作。 3）必须持有效证件上岗。 4）所有作业人员必须具备必要的电气知识，基本掌握本专业作业技能及《国家电网公司电力安全工作规程 变电部分》的相关知识，并经考试合格	

5.2.3.2 作业材料及工器具准备

√	序号	名称	规格	单位	数量	备注
	1	作业指导书		份	1	
	2	短接线	2、4	mm^2	若干	
	3	组合工具		套	1	
	4	绝缘电阻表		个	1	
	5	万用表		个	1	
	6	抹布		块	若干	
	7	扎带		根	若干	
	8	二次回路原理图		份	1	
	9	绝缘梯	2m	个	1	
	10	安全带		副	1	

5.2.3.3 作业危险点分析及安全预控措施

√	序号	危险点分析	安全控制措施
	1	触电伤害	1）工作人员不得少于2人；工作负责人开工前，向工作班人员认真宣读工作票，交代现场带电部位、工作范围、现场安全措施及安全注意事项，进入间隔前，认真核对设备名称、编号。核对无误后方可开始工作。 2）检修现场周围应装设安全围栏，工作中不得随意翻越遮栏，不得私自变动现场安全措施。 3）隔离开关二次回路检查、分析时，必须有2人进行，一人监护，一人操作。必要时操作人员戴绝缘手套、站在绝缘垫上。 4）在隔离开关二次回路检查、分析前，一定要将隔离开关二次回路各路电源断开，防止突然来电对人员的伤害。 5）检修前，应再次检查隔离开关是否在检修状态，防止突然来电造成工作人员触电
	2	高空坠落	1）若需要登上隔离开关作业时，登高作业时应使用绝缘梯，系好安全带，严禁低挂高用。 2）上下绝缘梯时应有专人扶持，使用绝缘梯应做好防倾倒措施
	3	落物打击	1）工器具、物品上、下传递应用绳索或工具袋，禁止抛掷。 2）当上方有人工作时，下方工作人员应做好工作监护，站立在侧方位，防止高空坠物
	4	机械伤害	1）严禁将手、胳膊放在隔离开关的转动部位，隔离开关转动时做好防止夹、压措施。 2）使用电动工器具时，严禁用手碰触电动工器具的转动部位。使用机械工具时，做好防卡口失效措施，防止机械伤人。 3）防止机械闭锁失效造成的设备及人员伤害

5.2.4 作业流程图

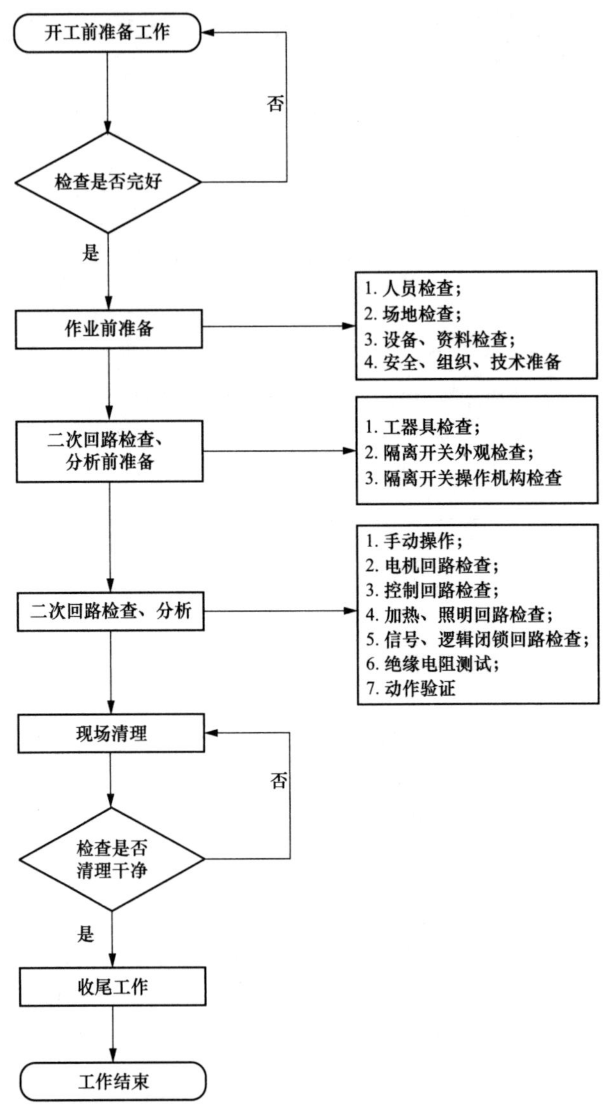

5.2.5 主要作业流程及工艺标准

作业流程	作业项目	作业内容及工艺标准	备注
作业前准备	人员检查	1）所有作业人员必须掌握《国家电网公司电力安全工作规程　变电部分》相关知识，并经考试合格。 2）作业人员应精神饱满，身体状态良好。 3）正确佩戴安全帽，着装符合安全要求	
	场地检查	1）作业场地整洁，无积水、污物，必要时进行清理。 2）检查急救箱，急救物品应齐备	

续表

作业流程	作业项目	作业内容及工艺标准	备注
作业前准备	设备、资料检查	1）检查作业中需要检修的设备处于检修状态，设备处于的位置高低。 2）对照资料清单准备作业工作票、作业指导书和作业记录	
	安全、组织、技术准备	1）全体作业人员列队，交代安全、组织和技术要求：对所有作业人员布置作业任务、作业内容、操作要求和重要注意事项。明确作业过程中的危险因素、防范措施和事故紧急处理措施；强调操作要点并进行安全和技术交底，必要时，应进行演示操作；将作业人员分组。指定每个作业班组工作负责人，交代负责内容并强调监护要求；就技术和安全问题向作业人员提问，保证每位作业人员掌握。 2）作业班组工作负责人组织作业人员按要求对安全措施进行布置，操作应正确规范。 3）作业班组工作负责人进行安全措施自检。合格后，通知作业指导教师进行检查。 4）对安全措施检查合格后，由作业班组工作负责人填写工作票，并办理许可手续（工作许可人、作业工作负责人在作业工作票指定位置签字）。 5）作业班组列队，由作业班组工作负责人宣读作业工作票，交代安全注意事项。作业工作人员确认后在作业工作票上指定位置签字，作业班组方可开始作业。 6）安全监督人员对整个作业进行巡视，及时纠正不安全行为。作业班组工作负责人对作业人员进行安全监护	
二次回路检查、分析前准备	工器具检查	1）对照工器具清单检查工器具，应齐全、完好、清洁，安全工器具符合技术要求，工具摆放整齐。 2）对照工器具清单检查检测仪器齐全、可用，在有效期内	
	隔离开关外观检查	1）检查隔离开关是否处于检修状态，两端接地是否完好。 2）检查隔离开关与接地开关机械闭锁是否可靠、有效	
	隔离开关操动机构检查	1）用万用表检查隔离开关二次回路各级来路电源是否已经断开，电压是否为零。 2）检查隔离开关操动机构各个继电器元件是否存在异常，检查操作机构的工作位置是否正确	
二次回路检查、分析	手动操作	1）将控制回路中切换开关打至就地位置，利用手动摇柄转动电机转动部位，检查电机运转情况。 2）电机手动运转正常，将隔离开关摇至半分半合位置。 3）若隔离开关为运行状态，断开操作机构与隔离开关的连杆，使操动机构处于无负载状态	
	电机回路检查	1）使用万用表测量电机绕组回路通断情况，测量三相阻值是否一致。 2）检查电机的电源供电回路通断情况，测量空气断路器上下端子连接情况，测量交流接触器的通断情况，以及供电回路中可能接有的相关继电器	

续表

作业流程	作业项目	作业内容及工艺标准	备注
二次回路检查、分析	控制回路检查	1）检查控制回路的公共部分，检查端子连接情况，检查公共部分相关元器件的动作情况。 2）检查分闸回路端子连接、交流接触器、限位开关、分闸按钮等元器件，检查自保持回路连接情况。 3）检查合闸回路端子连接、交流接触器、限位开关、合闸按钮等元器件，检查自保持回路连接情况。 4）检查电气闭锁回路，检查逻辑闭锁回路通断情况	
	加热、照明回路检查	1）检查加热器回路通断，各个端子连接情况，以及加热器本身的回路。 2）检查照明回路通断，各个端子连接情况，以及照明本身的回路	
	信号、逻辑、闭锁回路检查	1）检查辅助开关切换情况，切换角度、切换时间，辅助开关与限位开关的动作顺序。 2）检查辅助开关各接线端子的连接情况，辅助开关的常开、常闭接点动作情况。 3）检查辅助开关与端子排接线端子之间连线的通断情况	
	绝缘电阻测量	1）电机回路绝缘电阻测量，绝缘电阻值大于1MΩ。 2）控制回路绝缘电阻测量，绝缘电阻值大于1MΩ。 3）照明、加热回路绝缘电阻测量，绝缘电阻值大于1MΩ	
	动作验证	1）手动操作隔离开关，电机运转回路正常，电机限位动作正常。 2）就地电动操作隔离开关，隔离开关分合闸到位，指示正常，急停验证功能正常。 3）远方电动操作隔离开关，隔离开关分合闸到位，指示正常，急停验证功能正常。 4）验证逻辑、闭锁回路是否动作正确	
现场清理	场地清理	1）对作业设备、材料、工器具等进行整理，对照记录进行检查清点。 2）检查作业现场无遗留物；关闭电源，清扫作业场地	
收尾工作	自检及填写记录报告	1）由作业班组工作负责人组织工作班成员进行全面检查，自检作业项目是否具备验收条件，填写作业自检报告。 2）由作业班组工作负责人按要求填写作业报告和作业记录	
工作结束	结束	经工作许可人验收合格后，工作许可人和工作负责人共同检查确认施工器具已全部撤离工作现场、作业现场无遗留物	
	总结	全体作业人员列队，工作负责人对作业情况进行总结	
	人员撤离	所有作业人员撤离作业场地	

5.2.6 作业指导书执行情况评估

<table>
<tr><td rowspan="6">评估内容</td><td rowspan="3">符合性</td><td>优秀</td><td></td><td>可操作项</td><td></td></tr>
<tr><td>良好</td><td></td><td rowspan="2">不可操作项</td><td rowspan="2"></td></tr>
<tr><td>一般</td><td></td></tr>
<tr><td rowspan="3">可操作性</td><td>优秀</td><td></td><td>修改项</td><td></td></tr>
<tr><td>良好</td><td></td><td>增补项</td><td></td></tr>
<tr><td>一般</td><td></td><td>删除项</td><td></td></tr>
<tr><td>存在问题</td><td colspan="5"></td></tr>
<tr><td>改进意见</td><td colspan="5"></td></tr>
</table>

5.3 电压互感器插拔式高压熔丝更换

5.3.1 适用范围

本节适用于变电运维人员实施变电运维一体化项目作业，变电运维一体化作业实操培训可参考执行。

5.3.2 参考资料

下列文件对于本节的应用是必不可少的。凡是注日期的引用文件，仅所注日期的版本适用于本节。凡是不注日期的引用文件，其最新版本（包括所有的修改单）适用于本节。

GB 50147—2010 电气装置安装工程 高压电器施工及验收规范

DL/T 664 带电设备红外诊断应用规范

Q/GDW 1799.1 国家电网公司电力安全工作规程 变电部分

5.3.3 作业前准备工作

5.3.3.1 作业人员要求

√	序号	责任人	工作要求	备注
	1	作业负责人	1）熟悉电压互感器设备的基本原理。 2）了解插拔式高压熔丝的配置原则、技术参数和性能。 3）掌握插拔式高压熔丝更换的操作步骤和方法。 4）具有一定的现场工作经验，熟悉并能严格遵守电力生产和工作现场的相关安全管理规定。 5）作业负责人考试合格并经批准	
	2	作业人员	1）现场工作人员的身体状况、精神状态良好。 2）作业辅助人员（外来）必须经负责施教的人员，对其进行安全措施、作业范围、安全注意事项等方面施教后方可参加工作。 3）必须持有效证件上岗。 4）所有作业人员必须具备必要的电气知识，基本掌握本专业作业技能及《国家电网公司电力安全工作规程 变电部分》的相关知识，并经考试合格	

5.3.3.2 作业材料及工器具准备

√	序号	名称	规格	单位	数量	备注
	1	作业指导书		份	1	
	2	插拔式高压熔丝	0.5A、1A	个	若干	根据电压互感器容量选配
	3	触指弹簧		个	若干	
	4	组合工具		套	1	
	5	绝缘手套		副	1	
	6	万用表		个	1	
	7	抹布		块	若干	
	8	扎带		根	若干	
	9	绝缘梯	2m	个	1	
	10	安全带		副	1	

5.3.3.3 作业危险点分析及安全预控措施

√	序号	危险点分析	安全控制措施
	1	触电伤害	1）工作人员不得少于2人；工作负责人开工前，向工作班人员认真宣读工作票，交代现场带电部位、工作范围、现场安全措施及安全注意事项，进入间隔前，认真核对设备名称、编号。核对无误后方可开始工作。 2）检修现场周围应装设安全围栏，工作中不得随意翻越遮栏，不得私自变动现场安全措施。 3）插拔式高压熔丝更换时，必须有2人进行，一人监护，一人操作，操作人员戴绝缘手套。 4）手车式电压互感器，确认手车已拉至柜门外。 5）检修前，应再次检查电压互感器是否在检修状态，再次检查电压互感器二次低压断路器已断开或航空插头已拔出，防止突然来电造成工作人员触电
	2	高空坠落	1）当电压互感器在高处时，登高作业时应使用绝缘梯，系好安全带，严禁低挂高用。 2）上下绝缘梯时应有专人扶持，使用绝缘梯应做好防倾倒措施
	3	落物打击	1）工器具、物品上、下传递应用绳索或工具袋，禁止抛掷。 2）当上方有人工作时，下方工作人员应做好工作监护，站立在侧方位，防止高空坠物
	4	机械伤害	1）严禁将手、胳膊放在插拔式高压熔丝静触头的连接部位，插拔式高压熔丝进出时做好防止断裂措施。 2）使用电动工器具时，严禁用手碰触电动工器具的转动部位。使用机械工具时，做好防卡口失效措施，防止机械伤人。 3）防止插拔式高压熔丝管爆裂，内部石英砂等填充物伤人

5.3.4 作业流程图

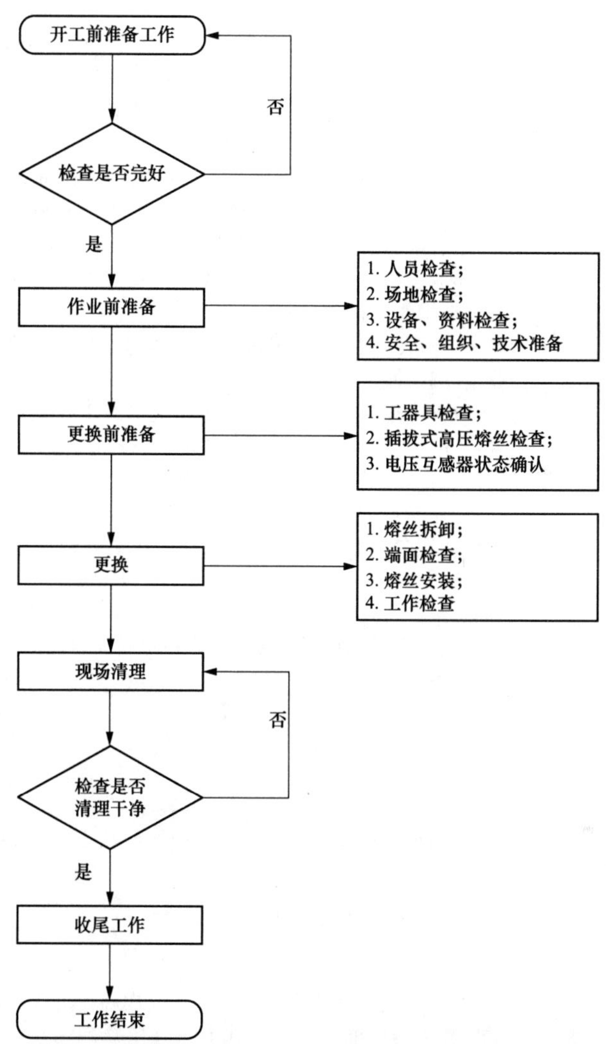

5.3.5 主要作业流程及工艺标准

作业流程	作业项目	作业内容及工艺标准	备注
作业前准备	人员检查	1）所有作业人员必须掌握《国家电网公司电力安全工作规程　变电部分》相关知识，并经考试合格。 2）作业人员应精神饱满，身体状态良好。 3）正确佩戴安全帽，着装符合安全要求	
	场地检查	1）作业场地整洁，无积水、污物，必要时进行清理。 2）检查急救箱，急救物品应齐备	
	设备、资料检查	1）检查作业中需要检修的设备处于检修状态，设备处于的位置高低。 2）对照资料清单准备作业工作票、作业指导书和作业记录	

续表

作业流程	作业项目	作业内容及工艺标准	备注
作业前准备	安全、组织、技术准备	1）全体作业人员列队，交代安全、组织和技术要求：对所有作业人员布置作业任务、作业内容、操作要求和重要注意事项。明确作业过程中的危险因素、防范措施和事故紧急处理措施；强调操作要点并进行安全和技术交底，必要时，应进行演示操作；将作业人员分组。指定每个作业班组工作负责人，交代负责内容并强调监护要求；就技术和安全问题向作业人员提问，保证每位作业人员掌握。 2）作业班组工作负责人组织作业人员按要求对安全措施进行布置，操作应正确规范。 3）作业班组工作负责人进行安全措施自检。合格后，通知作业指导教师进行检查。 4）对安全措施检查合格后，由作业班组工作负责人填写工作票，并办理许可手续（工作许可人、作业工作负责人在作业工作票指定位置签字）。 5）作业班组列队，由作业班组工作负责人宣读作业工作票，交代安全注意事项。作业工作人员确认后在作业工作票上指定位置签字。作业班组方可开始作业。 6）安全监督人员对整个作业进行巡视，及时纠正不安全行为。作业班组工作负责人对作业人员进行安全监护	
更换前准备	工器具检查	1）对照工器具清单检查工器具，应齐全、完好、清洁，安全工器具符合技术要求，工具摆放整齐。 2）对照工器具清单检查检测仪器齐全、可用，在有效期内	
	插拔式高压熔丝检查	1）用万用表检查插拔式高压熔丝完好状态，阻值合格，与电压互感器配置符合技术条件。 2）对插拔式高压熔丝的筒体检查，没有开裂、两端虚接、虚焊现象	
	电压互感器状态确认	1）固定式电压互感器应再次确认一次隔离开关已断开，二次空气断路器已断开，手车式电压互感器确已在柜门外，航空插头已断开。 2）在更换前使用万用表测量电压互感器二次是否有电压	
更换	熔丝拆卸	1）使用作业工器具拆除熔断的插拔式高压熔丝，或运行在10年以上的插拔式高压熔丝。 2）固定插拔式高压熔丝拆卸应戴绝缘手套进行，夹住熔丝管中部用力将熔丝管从两侧静触头咬合处拔出。 3）套管插拔式高压熔丝先拆除电压互感器一次引线，打开套管密封端盖，插拔式高压熔丝在内部弹簧的作用下弹出，取出插拔式高压熔丝	
	端面检查	1）检查固定插拔式高压熔丝静触头接触面是否存在氧化的现象，触指弹力是否满足要求，必要时更换触指弹簧，清理接触面。	

续表

作业流程	作业项目	作业内容及工艺标准	备注
更换	端面检查	2）检查套管插拔式高压熔丝复位弹簧接触面是否存在氧化的现象，电压互感器一次桩头紧固螺栓是否松动，必要时紧固桩头螺栓，清理接触面	
	熔丝安装	1）使用作业工具安装好插拔式高压熔丝或手工安装插拔式高压熔丝。 2）固定插拔式高压熔丝安装时，应戴绝缘手套，夹住熔丝管中部将熔丝管上下金属接触部位对准静触头，用力推向静触头内侧，保证静触头与插拔式高压熔丝两端金属端面可靠接触。 3）套管插拔式高压熔丝安装时，将熔丝放入套管内接触到复位弹簧，用端盖压住熔丝管并上紧端盖固定螺丝，然后恢复套管一次引线，或将开关手车推入柜内	
	工作检查	1）检查插拔式高压熔丝安装位置无异常，并与实际运行状态相符，并符合说明书要求。 2）安装好后，使用万用表检查插拔式高压熔丝的通断情况。 3）套管插拔式高压熔丝串有电压互感器一次线圈，测量时间较普通熔丝长	
现场清理	场地清理	1）对作业设备、材料、工器具等进行整理，对照记录进行检查清点。 2）检查作业现场无遗留物；关闭电源，清扫作业场地	
收尾工作	自检及填写记录报告	1）由作业班组工作负责人组织工作班成员进行全面检查，自检作业项目是否具备验收条件，填写作业自检报告。 2）由作业班组工作负责人按要求填写作业报告和作业记录	
工作结束	结束	经工作许可人验收合格后，工作许可人和工作负责人共同检查确认施工器具已全部撤离工作现场、作业现场无遗留物	
	总结	全体作业人员列队，工作负责人对作业情况进行总结	
	人员撤离	所有作业人员撤离作业场地	

5.3.6 作业指导书执行情况评估

<table>
<tr><td rowspan="6">评估内容</td><td rowspan="3">符合性</td><td>优秀</td><td></td><td>可操作项</td><td></td></tr>
<tr><td>良好</td><td></td><td rowspan="2">不可操作项</td><td rowspan="2"></td></tr>
<tr><td>一般</td><td></td></tr>
<tr><td rowspan="3">可操作性</td><td>优秀</td><td></td><td>修改项</td><td></td></tr>
<tr><td>良好</td><td></td><td>增补项</td><td></td></tr>
<tr><td>一般</td><td></td><td>删除项</td><td></td></tr>
<tr><td>存在问题</td><td colspan="5"></td></tr>
<tr><td>改进意见</td><td colspan="5"></td></tr>
</table>

5.4 电容器外熔丝更换

5.4.1 适用范围

本节适用于变电运维人员实施变电运维一体化项目作业，变电运维一体化作业实操培训可参考执行。

5.4.2 参考资料

下列文件对于本节的应用是必不可少的。凡是注日期的引用文件，仅所注日期的版本适用于本节。凡是不注日期的引用文件，其最新版本（包括所有的修改单）适用于本节。

GB 50147—2010 电气装置安装工程 高压电器施工及验收规范

DL/T 664 带电设备红外诊断应用规范

Q/GDW 1799.1 国家电网公司电力安全工作规程 变电部分

5.4.3 作业前准备工作

5.4.3.1 作业人员要求

√	序号	责任人	工作要求	备注
	1	作业负责人	1）熟悉电容器设备的基本原理。 2）了解电容器外熔丝的配置原则、技术参数和性能。 3）掌握电容器外熔丝更换的操作步骤和方法。 4）具有一定的现场工作经验，熟悉并能严格遵守电力生产和工作现场的相关安全管理规定。 5）作业负责人考试合格并经批准	
	2	作业人员	1）现场工作人员的身体状况、精神状态良好。 2）作业辅助人员（外来）必须经负责施教的人员对其进行安全措施、作业范围、安全注意事项等方面施教后方可参加工作。 3）必须持有效证件上岗。 4）所有作业人员必须具备必要的电气知识，基本掌握本专业作业技能及《国家电网公司电力安全工作规程 变电部分》的相关知识，并经考试合格	

5.4.3.2 作业材料及工器具准备

√	序号	名称	规格	单位	数量	备注
	1	作业指导书		份	1	
	2	电容器外熔丝	0.5A、1A、2A、3A	个	若干	根据电容器容量选配
	3	短接线	2、4、8	mm^2	若干	
	4	组合工具		套	1	

续表

√	序号	名称	规格	单位	数量	备注
	5	电容表		个	1	
	6	万用表		个	1	
	7	抹布		块	若干	
	8	扎带		根	若干	
	9	绝缘梯	2m	个	1	
	10	安全带		副	1	

5.4.3.3 作业危险点分析及安全预控措施

√	序号	危险点分析	安全控制措施
	1	触电伤害	1）工作人员不得少于2人；工作负责人开工前，向工作班人员认真宣读工作票，交代现场带电部位、工作范围、现场安全措施及安全注意事项，进入间隔前，认真核对设备名称、编号。核对无误后方可开始工作。 2）检修现场周围应装设安全围栏，工作中不得随意翻越遮栏，不得私自变动现场安全措施。 3）电容器外熔丝更换时，必须有2人进行，一人监护，一人操作。必要时操作人员戴绝缘手套。 4）在电容器外熔丝更换前，一定要将电容器极两端短接接地放电，防止残余电荷对仪表及人员的伤害。 5）检修前，应再次检查电容器组是否在检修状态，防止突然来电及残余电荷造成工作人员触电
	2	高空坠落	1）当电容器在高处时，登高作业时应使用绝缘梯，系好安全带，严禁低挂高用。 2）上下绝缘梯时应有专人扶持，使用绝缘梯应做好防倾倒措施
	3	落物打击	1）工器具、物品上、下传递应用绳索或工具袋，禁止抛掷。 2）当上方有人工作时，下方工作人员应做好工作监护，站立在侧方位，防止高空坠物
	4	机械伤害	1）严禁将手、胳膊放在电容器外熔丝管的转动部位，电容器外熔丝管转动时做好防止断裂措施。 2）使用电动工器具时，严禁用手碰触电动工器具的转动部位。使用机械工具时，做好防卡口失效措施，防止机械伤人。 3）防止倒下高压跌落保险砸伤瓷套

5.4.4 作业流程图

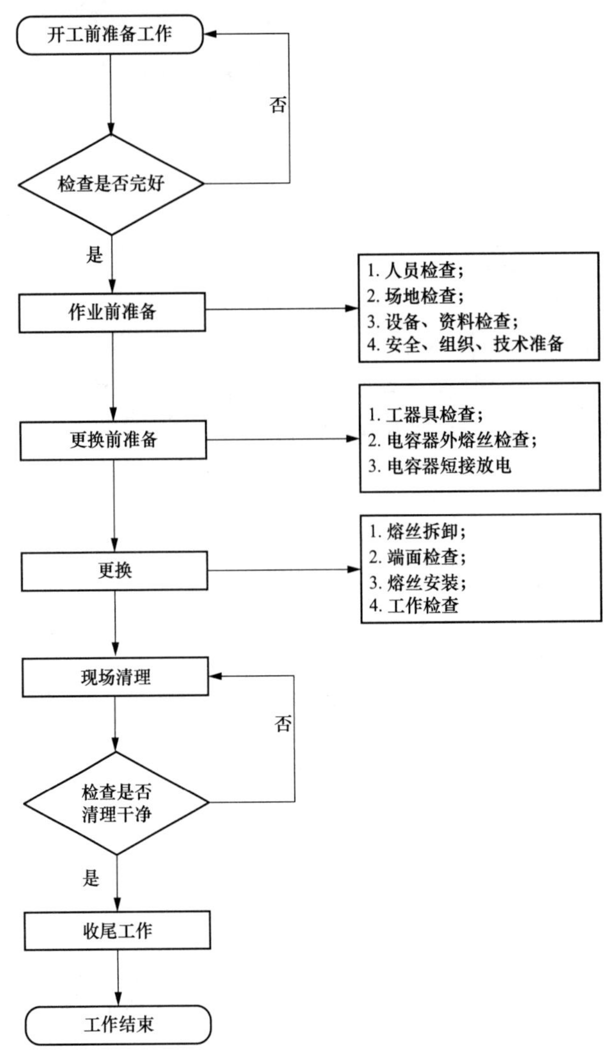

5.4.5 主要作业流程及工艺标准

作业流程	作业项目	作业内容及工艺标准	备注
作业前准备	人员检查	1）所有作业人员必须掌握《国家电网公司电力安全工作规程 变电部分》相关知识，并经考试合格。 2）作业人员应精神饱满，身体状态良好。 3）正确佩戴安全帽，着装符合安全要求	
	场地检查	1）作业场地整洁，无积水、污物，必要时进行清理。 2）检查急救箱，急救物品应齐备	
	设备、资料检查	1）检查作业中需要检修的设备处于检修状态，设备处于的位置高低。 2）对照资料清单准备作业工作票、作业指导书和作业记录	

续表

作业流程	作业项目	作业内容及工艺标准	备注
作业前准备	安全、组织、技术准备	1）全体作业人员列队，交代安全、组织和技术要求：对所有作业人员布置作业任务、作业内容、操作要求和重要注意事项。明确作业过程中的危险因素、防范措施和事故紧急处理措施；强调操作要点并进行安全和技术交底，必要时，应进行演示操作；将作业人员分组。指定每个作业班组工作负责人，交代负责内容并强调监护要求；就技术和安全问题向作业人员提问，保证每位作业人员掌握。 2）作业班组工作负责人组织作业人员按要求对安全措施进行布置，操作应正确规范。 3）作业班组工作负责人进行安全措施自检。合格后，通知作业指导教师进行检查。 4）对安全措施检查合格后，由作业班组工作负责人填写工作票，并办理许可手续（工作许可人、作业工作负责人在作业工作票指定位置签字）。 5）作业班组列队，由作业班组工作负责人宣读作业工作票，交代安全注意事项。作业工作人员确认后在作业工作票上指定位置签字。作业班组方可开始作业。 6）安全监督人员对整个作业进行巡视，及时纠正不安全行为。作业班组工作负责人对作业人员进行安全监护	
更换前准备	工器具检查	1）对照工器具清单检查工器具，应齐全、完好、清洁，安全工器具符合技术要求，工具摆放整齐。 2）对照工器具清单检查检测仪器齐全、可用，在有效期内	
	电容器外熔丝检查	1）用万用表检查电容器外熔丝完好，阻值合格，与电容器配置符合技术条件。 2）对电容器外熔丝的连接检查，没有脱落、虚接现象	
	电容器短接放电	1）使用接地短路线短接电容器两极，短接时间保持在5min及以上。 2）在更换前使用电容表测量电容器电容量是否合格	
更换	熔丝拆卸	1）使用作业工器具拆除熔断的电容器外熔丝，或运行在5年以上的电容器外熔丝。 2）先拆卸母线端后拆卸电容器端，拆卸过程中应防止上下螺丝同时转动	
	端面检查	1）检查母线端是否存在烧蚀的现象，固定螺丝的螺牙是否齐全，必要时更换固定螺丝，清理接触面。 2）检查电容器端面是否存在烧蚀的现象，电容器桩头紧固螺栓是否松动，必要时紧固桩头螺栓，清理接触面	
	熔丝安装	1）使用作业工具安装好电容器外熔丝，先安装电容器端后安装母线端。 2）为防止安装时应力拉断熔丝，在安装母线端时应采取不让熔丝受到拉力或扭力的作用，安装后检查牢固可靠	

续表

作业流程	作业项目	作业内容及工艺标准	备注
更换	工作检查	1）检查熔断指示牌位置应无异常，并与实际运行状态相符，同组别的熔断指示牌安装位置、角度应基本统一并符合说明书要求。 2）安装好后，使用电容表检查本单元电容器电容量是否合格。 3）在检查单元电容器合格后再检查小组及整组电容器电容量是否合格	
现场清理	场地清理	1）对作业设备、材料、工器具等进行整理，对照记录进行检查清点。 2）检查作业现场无遗留物；关闭电源，清扫作业场地	
收尾工作	自检及填写记录报告	1）由作业班组工作负责人组织工作班成员进行全面检查，自检作业项目是否具备验收条件，填写作业自检报告。 2）由作业班组工作负责人按要求填写作业报告和作业记录	
工作结束	结束	经工作许可人验收合格后，工作许可人和工作负责人共同检查确认施工器具已全部撤离工作现场、作业现场无遗留物	
	总结	全体作业人员列队，工作负责人对作业情况进行总结	
	人员撤离	所有作业人员撤离作业场地	

5.4.6 作业指导书执行情况评估

<table>
<tr><td rowspan="6">评估内容</td><td rowspan="3">符合性</td><td>优秀</td><td></td><td>可操作项</td><td rowspan="6"></td></tr>
<tr><td>良好</td><td></td><td rowspan="2">不可操作项</td></tr>
<tr><td>一般</td><td></td></tr>
<tr><td rowspan="3">可操作性</td><td>优秀</td><td></td><td>修改项</td></tr>
<tr><td>良好</td><td></td><td>增补项</td></tr>
<tr><td>一般</td><td></td><td>删除项</td></tr>
<tr><td>存在问题</td><td colspan="5"></td></tr>
<tr><td>改进意见</td><td colspan="5"></td></tr>
</table>

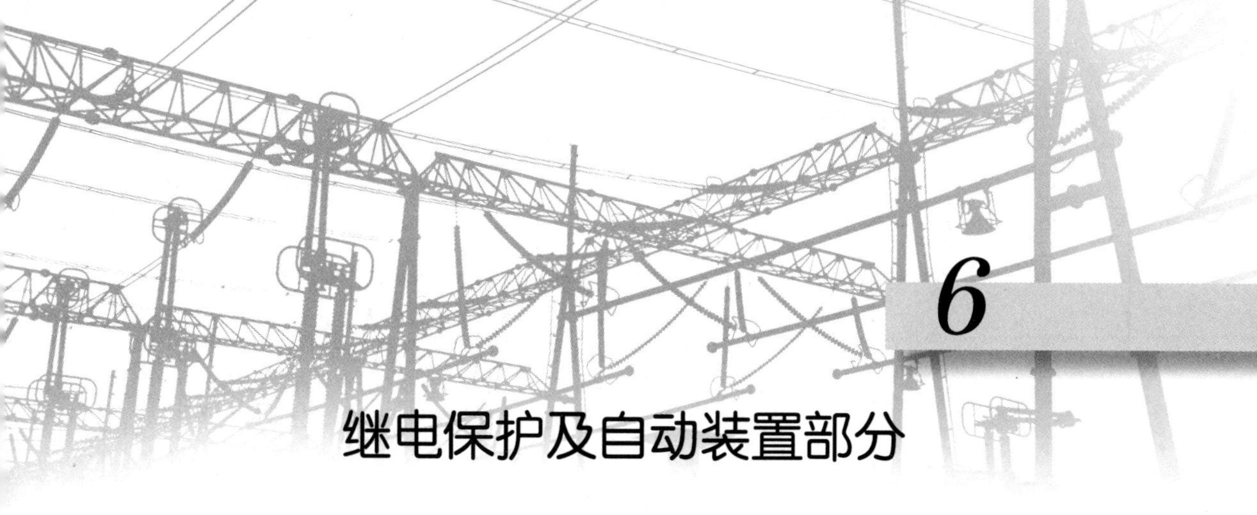

6 继电保护及自动装置部分

6.1 保护装置差流检查、线路保护通道状态检查

6.1.1 适用范围

本节适用于变电运维人员实施变电运维一体化项目作业，变电运维一体化作业实操培训可参考执行。

6.1.2 参考资料

下列文件对于本节的应用是必不可少的。凡是注日期的引用文件，仅所注日期的版本适用于本节。凡是不注日期的引用文件，其最新版本（包括所有的修改单）适用于本节。

GB/T 14285 继电保护和安全自动装置技术规程

GB/T 15145 输电线路保护装置通用技术条件

DL/T 587 继电保护和安全自动装置运行管理规程

DL/T 995 继电保护和安全自动装置检验规程

Q/GDW 441 智能变电站继电保护技术规范

Q/GDW 1799.6 国家电网公司电力安全工作规程 变电部分

国家电网设备〔2018〕979 号 国家电网有限公司关于印发十八项电网重大反事故措施（修订版）的通知

6.1.3 作业前准备工作

6.1.3.1 作业人员要求

√	序号	责任人	工作要求	备注
	1	作业负责人	1）熟悉保护装置的基本原理和操作流程。 2）了解保护装置的工作原理、技术参数和性能。 3）掌握保护装置的维护程序和方法。 4）具有一定的现场工作经验，熟悉并能严格遵守电力生产和工作现场的相关安全管理规定。 5）作业负责人必须经本单位批准	

续表

√	序号	责任人	工作要求	备注
	2	作业人员	1）现场工作人员的身体状况、精神状态良好。 2）作业辅助人员（外来）必须经负责施教的人员，对其进行安全措施、作业范围、安全注意事项等方面施教后方可参加工作。 3）所有作业人员必须具备必要的电气知识，基本掌握本专业作业技能及《国家电网公司电力安全工作规程　变电部分》的相关知识，并经考试合格	

6.1.3.2　作业材料及工器具准备

√	序号	名称	规格	单位	数量	备注
	1	作业指导书		份	1	
	2	PCS-931 系列保护装置保护装置		套	1	
	3	万用表		个	1	
	4	钳形电流表		个	1	
	5	剥线钳		把	1	
	6	斜口钳		把	1	
	7	十字螺丝刀		把	1	
	8	一字螺丝刀		把	1	
	9	扎带		根	若干	
	10	尾纤（FC）		根	2	
	11	PCS-93 系列保护装置保护装置说明书		份	1	

6.1.3.3　作业危险点分析及安全预控措施

√	序号	危险点分析	安全控制措施
	1	触电伤害	1）保护装置运维不得少于 2 人；工作负责人开工前，向工作班人员认真宣读工作票，现场带电部位、工作范围、现场安全措施及安全注意事项，进入间隔前，认真核对设备名称、编号。核对无误后方可开始工作。 2）在工作屏柜前和后悬挂“在此工作”标识牌，相邻和前后运行屏柜上悬挂“运行设备”红布幔，工作中不得私自变动现场安全措施。 3）运维调试时，必须有 2 人进行，一人监护，一人操作。 4）同盘运行带电设备应采取隔离措施并进行标识
	2	误整定	1）检查前注意对保护装置显示屏、按键进行检查。 2）查看装置差流、通道状态选择正确的菜单。 3）查看过程中严禁输入密码，造成误整定
	3	误碰	严禁误碰与工作无关的运行设备，防止造成运行设备异常
	4	防折断、损坏光纤	光纤轻拿轻放，光纤接口防止进入灰尘，严禁弯曲、折断光纤

6.1.4 作业流程图

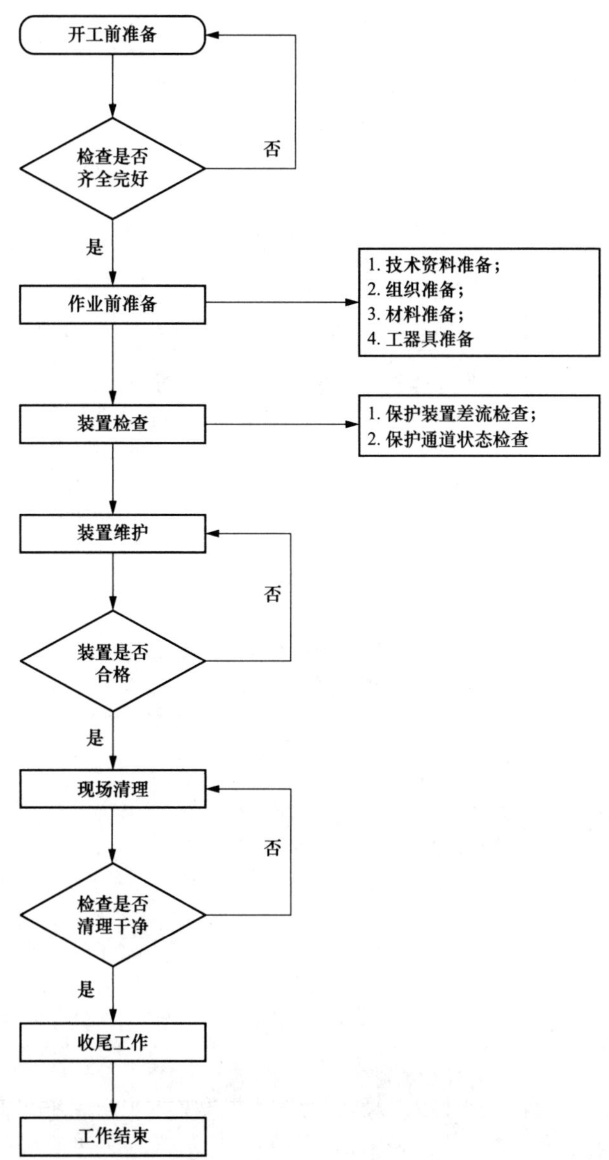

6.1.5 主要作业流程及工艺标准

作业流程	作业项目	作业内容及工艺标准	备注
作业前准备	人员检查	1）所有作业人员必须掌握《国家电网公司电力安全工作规程　变电部分》相关知识，并经考试合格。 2）作业人员应精神饱满，身体状态良好。 3）正确佩戴安全帽，着装符合安全要求。 4）作业指导教师对出勤情况进行记录	

续表

作业流程	作业项目	作业内容及工艺标准	备注
作业前准备	场地检查	1）作业场地整洁，无积水、污物，必要时进行清理。 2）检查急救箱，急救物品应齐备。 3）检查备用光纤符合要求	
	设备、工具、材料、资料检查	1）检查作业中需要使用的设备处于良好状态，必要时提前试运行。设备摆放位置合理。 2）对照工器具清单检查工器具，应齐全、完好、清洁。安全工器具和试验设备符合技术要求。工具摆放整齐。 3）对照材料清单检查材料，应齐全、合格。 4）对照资料清单准备作业工作票、作业指导书和作业记录	
	安全、组织、技术准备	1）全体作业人员列队，作业指导教师作业交代安全、组织和技术要求：对所有作业人员布置作业任务、作业内容、操作要求和重要注意事项。明确作业过程中的危险因素、防范措施和事故紧急处理措施；强调操作要点并进行安全和技术交底，必要时，应进行演示操作；将作业人员分组。指定每个作业班组工作负责人，交代负责内容并强调监护要求；就技术和安全问题向作业人员提问，保证每位作业人员掌握。 2）作业班组工作负责人组织作业人员按要求对安全措施进行布置，操作应正确规范。 3）作业班组工作负责人进行安全措施自检。合格后，通知作业指导教师进行检查。 4）作业指导教师对安全措施检查合格后。由作业班组工作负责人填写工作票，并办理许可手续（作业指导教师、作业工作负责人在作业工作票指定位置签字）。 5）作业班组列队，由作业班组工作负责人宣读作业工作票，交代安全注意事项。作业工作人员确认后在作业工作票上指定位置签字，作业班组方可开始作业。 6）作业指导教师对整个作业作业进行巡视，及时纠正不安全行为。作业班组工作负责人对作业人员进行安全监护	
装置检查	保护装置差流检查	对保护装置显示屏、按键进行检查。 1）进入“模拟量”→“保护测量”“启动测量”菜单，查看装置显示的采样值，显示值与实测的误差应不大于5%。 2）检查差流大小是否符合要求，应不大于0.1A。 3）多次观察差流变化，记录多组数据并能进行分析比较	
	保护通道状态检查	1）掌握光纤通道的检查方法，能顺利进入通道状态显示界面或菜单，根据数据判断通道状态。 2）保护装置没有“通道异常”告警，装置面板上“通道异常灯”不亮。 3）“装置状态”→“纵联通道状态”中有关通道状态统计的计数应恒定不变化（长时间可能会有小的增加，以每天增加不超过10个为宜）。	

续表

作业流程	作业项目	作业内容及工艺标准	备注
装置检查	保护通道状态检查	4）必须满足2）和3）两个条件才能判定保护装置所使用的光纤通道通信良好，可以将差动保护投入运行	
装置维护	装置维护	1）检查光纤头是否清洁。光纤连接时，一定要注意检查FC连接头上的凸出部分和珐琅盘上的缺口对齐，然后旋紧FC连接头。当连接不可靠或光纤头不清洁时，仍能收到对侧数据，但收信裕度大大降低，当系统扰动或操作时，会导致纵联通道异常，故必须严格校验光纤连接的可靠性。 2）尽量避免光纤弯曲、折叠，过大的曲折会使光纤的纤芯折断。在必须弯曲时，必须保证弯曲半径必须大于3cm（直径大于6cm），否则会增加光纤的衰减。 3）光纤盘绕时只能采用圆弧形弯曲，绝对不能弯折，不能使光缆呈锐角、直角、钝角弯折。 4）对光缆进行固定时，必须用软质材料进行。如果用扎带扣固定时，千万不能将扎带扣拉紧	
现场清理	场地清理	1）对作业设备、材料、工器具等进行整理，对照记录进行检查清点。 2）检查作业现场无遗留物。关闭电源，清扫作业场地	
收尾工作	自检及填写记录报告	1）由作业班组工作负责人组织学员进行全面检查，自检作业项目是否具备验收条件，填写作业自检报告。 2）由作业班组工作负责人按要求填写作业报告和作业记录	
工作结束	结束	经作业指导教师验收合格后，作业指导教师和作业学员检查确认施工器具已全部撤离工作现场、作业现场无遗留物	
	总结	全体作业人员列队，作业指导教师对作业情况进行总结	
	人员撤离	所有作业人员撤离作业场地	

6.1.6 作业指导书执行情况评估

评估内容	符合性	优秀		可操作项	
		良好		不可操作项	
		一般			
	可操作性	优秀		修改项	
		良好		增补项	
		一般		删除项	
存在问题					
改进意见					

6.2 故障录波器运行异常重启

6.2.1 适用范围

本节适用于变电运维人员实施变电运维一体化项目作业，变电运维一体化作业实操培训可参考执行。

6.2.2 参考资料

下列文件对于本节的应用是必不可少的。凡是注日期的引用文件，仅所注日期的版本适用于本节。凡是不注日期的引用文件，其最新版本（包括所有的修改单）适用于本节。

GB/T 14285 继电保护和安全自动装置技术规程

DL/T 587 继电保护和安全自动装置运行管理规程

DL/T 995 继电保护和安全自动装置检验规程

Q/GDW 441 智能变电站继电保护技术规范

Q/GDW 1799.6 国家电网公司电力安全工作规程 变电部分

国家电网设备〔2018〕979号 国家电网有限公司关于印发十八项电网重大反事故措施（修订版）的通知

6.2.3 作业前准备工作

6.2.3.1 作业人员要求

√	序号	责任人	工作要求	备注
	1	作业负责人	1）熟悉故障录波器装置的基本原理和操作流程。 2）了解故障录波器装置的工作原理、技术参数和性能。 3）掌握故障录波器装置的维护程序和方法。 4）具有一定的现场工作经验，熟悉并能严格遵守电力生产和工作现场的相关安全管理规定。 5）作业负责人必须经本单位批准	
	2	作业人员	1）现场工作人员的身体状况、精神状态良好。 2）作业辅助人员（外来）必须经负责施教的人员，对其进行安全措施、作业范围、安全注意事项等方面施教后方可参加工作。 3）所有作业人员必须具备必要的电气知识，基本掌握本专业作业技能及《国家电网公司电力安全工作规程 变电部分》的相关知识，并经考试合格	

6.2.3.2 作业材料及工器具准备

√	序号	名称	规格	单位	数量	备注
	1	作业指导书		份	1	

续表

√	序号	名称	规格	单位	数量	备注
	2	ZH-5 系列故障录波器		套	1	
	3	万用表		个	1	
	4	钳形电流表		个	1	
	5	十字螺丝刀		把	1	
	6	一字螺丝刀		把	1	
	7	扎带		根	若干	
	8	ZH-5 系列故障录波器说明书		份	1	

6.2.3.3 作业危险点分析及安全预控措施

√	序号	危险点分析	安全控制措施
	1	触电伤害	1）故障录波器运维不得少于 2 人；工作负责人开工前，向工作班人员认真宣读工作票，交代现场带电部位、工作范围、现场安全措施及安全注意事项，进入间隔前，认真核对设备名称、编号。核对无误后方可开始工作。 2）在工作屏柜前和后悬挂“在此工作”标识牌，相邻和前后运行屏柜上悬挂“运行设备”红布幔，工作中不得私自变动现场安全措施。 3）运维调试时，必须有 2 人进行，一人监护，一人操作。 4）同盘运行带电设备应采取隔离措施并进行标识
	2	误整定	1）检查前注意对故障录波器装置显示屏、按键进行检查。 2）工作中严禁增加、删除、编辑母线、线路、变压器等参数，以及配置接入通道的名称、与一次设备的关联关系等，造成误整定
	3	误碰	严禁误碰与工作无关的运行设备，防止造成运行设备异常
	4	通信中断	严禁误碰网线，以免造成网络通信中断

6.2.4 作业流程图

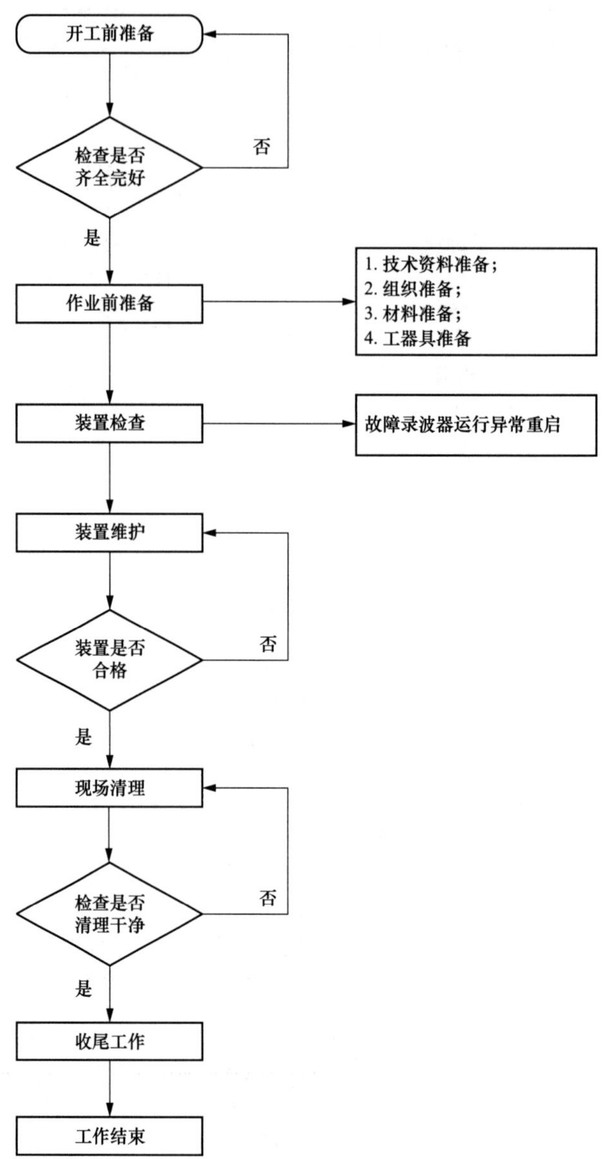

6.2.5 主要作业流程及工艺标准

作业流程	作业项目	作业内容及工艺标准	备注
作业前准备	人员检查	1）所有作业人员必须掌握《国家电网公司电力安全工作规程　变电部分》相关知识，并经考试合格。 2）作业人员应精神饱满，身体状态良好。 3）正确佩戴安全帽，着装符合安全要求。 4）作业指导教师对出勤情况进行记录	

续表

作业流程	作业项目	作业内容及工艺标准	备注
作业前准备	场地检查	1）作业场地整洁，无积水、污物，必要时进行清理。 2）检查急救箱，急救物品应齐备。 3）检查备用光纤符合要求	
	设备、工具、材料、资料检查	1）检查作业中需要使用的设备处于良好状态，必要时提前试运行。设备摆放位置合理。 2）对照工器具清单检查工器具，应齐全、完好、清洁。安全工器具和试验设备符合技术要求。工具摆放整齐。 3）对照材料清单检查材料，应齐全、合格。 4）对照资料清单准备作业工作票、作业指导书和作业记录	
	安全、组织、技术准备	1）全体作业人员列队，作业指导教师作业交代安全、组织和技术要求：对所有作业人员布置作业任务、作业内容、操作要求和重要注意事项。明确作业过程中的危险因素、防范措施和事故紧急处理措施；强调操作要点并进行安全和技术交底，必要时，应进行演示操作；将作业人员分组。指定每个作业班组工作负责人，交代负责内容并强调监护要求；就技术和安全问题向作业人员提问，保证每位作业人员掌握。 2）作业班组工作负责人组织作业人员按要求对安全措施进行布置，操作应正确规范。 3）作业班组工作负责人进行安全措施自检。合格后，通知作业指导教师进行检查。 4）作业指导教师对安全措施检查合格后，由作业班组工作负责人填写工作票，并办理许可手续（作业指导教师、作业工作负责人在作业工作票指定位置签字）。 5）作业班组列队，由作业班组工作负责人宣读作业工作票，交代安全注意事项。作业工作人员确认后在作业工作票上指定位置签字。作业班组方可开始作业。 6）作业指导教师对整个作业作业进行巡视，及时纠正不安全行为。作业班组工作负责人对作业人员进行安全监护	
装置检查	故障录波器运行异常重启	1）对保护装置显示屏、按键进行检查。 2）检查电源线是否连接可靠，检查故障灯是否亮，检查故障录波器显示器是否损坏，检查系统是否能启动拉开装置背面所有的电源空气断路器。 3）用万用表测量故障录波器的电源端子是否带电。 4）装置上电约 1min 后，进入正常运行状态。正常运行时，“运行”指示灯闪烁，“故障”“录波”指示灯熄灭，无异常告警，时钟应正常显示，打印机指示灯亮。软件运行正常，软件界面的“+24V”“存储”“DSP”指示均灯为绿色。	

续表

作业流程	作业项目	作业内容及工艺标准	备注
装置检查	故障录波器运行异常重启	5）按下手动录波按钮，并找到录波产生的波形，查看波形是否正常。 6）把故障录波器工况记录下来	
装置维护	故障处理	1）用户或密码错误。本装置内置一个管理员用户，用户名为“zyhdadm”，出厂密码为空白（即在密码框什么都不用输入）。使用该用户登录后，可修改其他用户的密码。 2）不能启动录波。外部问题排除后，故障仍不能消失，则可能是接入插件或变送器故障，需更换备件。 3）电源掉电或电源空气断路器无法合上。检查回路是否有短路或空气断路器是否有故障，需消除短路故障或更换空气断路器。 4）电源损坏。直流电源送不上时，检查电源是否烧坏，更换电源板。 5）电源空气断路器损坏。交流电源投不上时，检查打印机电源是否正常	
现场清理	场地清理	1）对作业设备、材料、工器具等进行整理，对照记录进行检查清点。 2）检查作业现场无遗留物；关闭电源，清扫作业场地	
收尾工作	自检及填写记录报告	1）由作业班组工作负责人组织学员进行全面检查，自检作业项目是否具备验收条件，填写作业自检报告。 2）由作业班组工作负责人按要求填写作业报告和作业记录	
工作结束	结束	经作业指导教师验收合格后，作业指导教师和作业学员检查确认施工器具已全部撤离工作现场、作业现场无遗留物	
	总结	全体作业人员列队，作业指导教师对作业情况进行总结	
	人员撤离	所有作业人员撤离作业场地	

6.2.6 作业指导书执行情况评估

<table>
<tr><td rowspan="6">评估内容</td><td rowspan="3">符合性</td><td>优秀</td><td></td><td>可操作项</td><td rowspan="6"></td></tr>
<tr><td>良好</td><td></td><td rowspan="2">不可操作项</td></tr>
<tr><td>一般</td><td></td></tr>
<tr><td rowspan="3">可操作性</td><td>优秀</td><td></td><td>修改项</td></tr>
<tr><td>良好</td><td></td><td>增补项</td></tr>
<tr><td>一般</td><td></td><td>删除项</td></tr>
<tr><td>存在问题</td><td colspan="5"></td></tr>
<tr><td>改进意见</td><td colspan="5"></td></tr>
</table>

6.3 线路保护通道自环试验

6.3.1 适用范围

本节适用于变电运维人员实施变电运维一体化项目作业，变电运维一体化作业实操培训可参考执行。

6.3.2 参考资料

下列文件对于本节的应用是必不可少的。凡是注日期的引用文件，仅所注日期的版本适用于本节。凡是不注日期的引用文件，其最新版本（包括所有的修改单）适用于本节。

GB/T 14285 继电保护和安全自动装置技术规程

GB/T 15145 输电线路保护装置通用技术条件

DL/T 587 继电保护和安全自动装置运行管理规程

DL/T 769 电力系统微机继电保护技术导则

DL/T 995 继电保护和安全自动装置检验规程

Q/GDW 441 智能变电站继电保护技术规范

Q/GDW 1799.6 国家电网公司电力安全工作规程 变电部分

国家电网设备〔2018〕979 号 国家电网有限公司关于印发十八项电网重大反事故措施（修订版）的通知

6.3.3 作业前准备工作

6.3.3.1 作业人员要求

√	序号	责任人	工作要求	备注
	1	作业负责人	1）熟悉线路保护装置的基本原理和操作流程。 2）了解线路保护装置的工作原理、技术参数和性能。 3）掌握线路保护装置的维护程序和方法。 4）具有一定的现场工作经验，熟悉并能严格遵守电力生产和工作现场的相关安全管理规定。 5）作业负责人必须经本单位批准	
	2	作业人员	1）现场工作人员的身体状况、精神状态良好。 2）作业辅助人员（外来）必须经负责施教的人员对其进行安全措施、作业范围、安全注意事项等方面施教后方可参加工作。 3）所有作业人员必须具备必要的电气知识，基本掌握本专业作业技能及《国家电网公司电力安全工作规程 变电部分》的相关知识，并经考试合格	

6.3.3.2 作业材料及工器具准备

√	序号	名称	规格	单位	数量	备注
	1	作业指导书		份	1	
	2	PCS-931 系列保护装置		套	1	
	3	万用表		个	1	
	4	钳形电流表		个	1	
	5	剥线钳		把	1	
	6	斜口钳		把	1	
	7	十字螺丝刀		把	1	
	8	一字螺丝刀		把	1	
	9	扎带		根	若干	
	10	尾纤（FC）		根	2	
	11	法兰头		个	1	
	12	光功率计		个	1	
	13	PCS-931 系列保护说明书		份	1	

6.3.3.3 作业危险点分析及安全预控措施

√	序号	危险点分析	安全控制措施
	1	触电伤害	1）保护装置运维不得少于 2 人；工作负责人开工前，向工作班人员认真宣读工作票，交代现场带电部位、工作范围、现场安全措施及安全注意事项，进入间隔前，认真核对设备名称、编号。核对无误后方可开始工作。 2）在工作屏柜前和后悬挂“在此工作”标识牌，相邻和前后运行屏柜上悬挂“运行设备”红布幔，工作中不得私自变动现场安全措施。 3）运维调试时，必须有 2 人进行，一人监护，一人操作。 4）同盘运行带电设备应采取隔离措施并进行标识
	2	误整定	1）检查前注意对保护装置显示屏、按键进行检查。 2）查看装置差流、通道状态选择正确的菜单。 3）查看过程中严禁输入密码，造成误整定
	3	误碰	严禁误碰与工作无关的运行设备。防止造成运行设备异常
	4	防折断、损坏光纤	光纤轻拿轻放，光纤接口防止进入灰尘，严禁弯曲、折断光纤

6.3.4 作业流程图

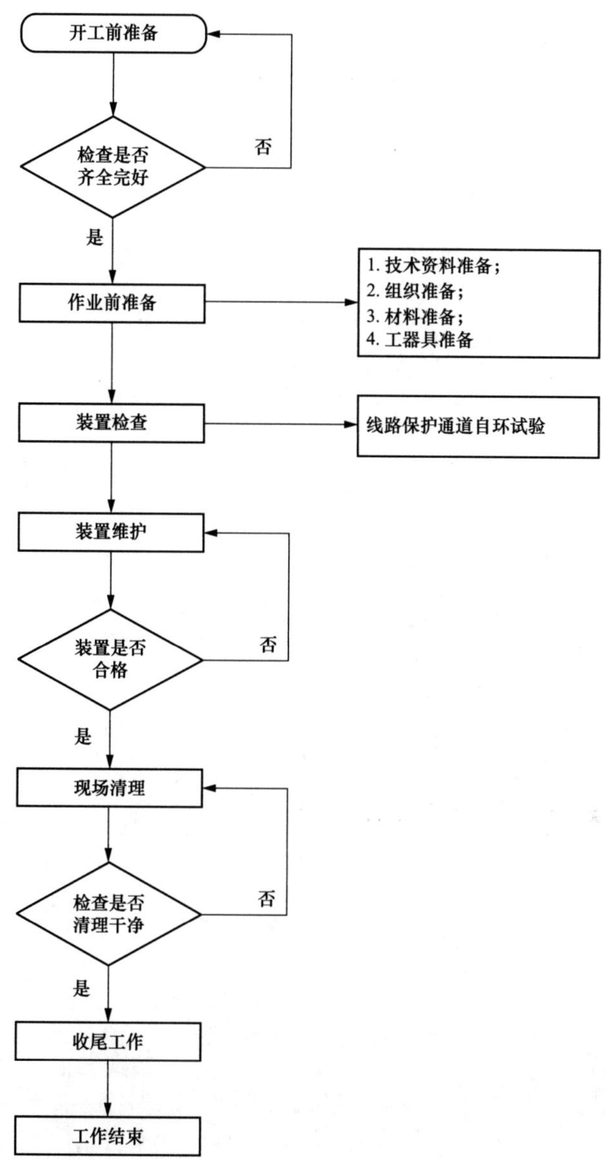

6.3.5 主要作业流程及工艺标准

作业流程	作业项目	作业内容及工艺标准	备注
作业前准备	人员检查	1）所有作业人员必须掌握《国家电网公司电力安全工作规程　变电部分》相关知识，并经考试合格。 2）作业人员应精神饱满，身体状态良好。 3）正确佩戴安全帽，着装符合安全要求。 4）作业指导教师对出勤情况进行记录	

续表

作业流程	作业项目	作业内容及工艺标准	备注
作业前准备	场地检查	1）作业场地整洁，无积水、污物，必要时进行清理。 2）检查急救箱，急救物品应齐备。 3）检查备用光纤符合要求	
	设备、工具、材料、资料检查	1）检查作业中需要使用的设备处于良好状态，必要时提前试运行。设备摆放位置合理。 2）对照工器具清单检查工器具，应齐全、完好、清洁。安全工器具和试验设备符合技术要求。工具摆放整齐。 3）对照材料清单检查材料，应齐全、合格。 4）对照资料清单准备作业工作票、作业指导书和作业记录	
	安全、组织、技术准备	1）全体作业人员列队，作业指导教师作业交代安全、组织和技术要求：对所有作业人员布置作业任务、作业内容、操作要求和重要注意事项。明确作业过程中的危险因素、防范措施和事故紧急处理措施；强调操作要点并进行安全和技术交底，必要时，应进行演示操作；将作业人员分组。指定每个作业班组工作负责人，交代负责内容并强调监护要求；就技术和安全问题向作业人员提问，保证每位作业人员掌握。 2）作业班组工作负责人组织作业人员按要求对安全措施进行布置，操作应正确规范。 3）作业班组工作负责人进行安全措施自检。合格后，通知作业指导教师进行检查。 4）作业指导教师对安全措施检查合格后由作业班组工作负责人填写工作票，并办理许可手续（作业指导教师、作业工作负责人在作业工作票指定位置签字）。 5）作业班组列队，由作业班组工作负责人宣读作业工作票，交代安全注意事项。作业工作人员确认后在作业工作票上指定位置签字。作业班组方可开始作业。 6）作业指导教师对整个作业作业进行巡视，及时纠正不安全行为。作业班组工作负责人对作业人员进行安全监护	
装置检查	线路保护通道自环试验	1）对保护装置显示屏、按键进行检查。 2）用尾纤将线路保护装置的光收、发自环，将相关通道的“通信内时钟”控制字置 1，“本侧识别码”和“对侧识别码”整定为相等，经一段时间的观察，保护装置不能有“纵联通道异常”告警信号，同时通道状态中的各个状态计数器均维持不变	
	复用通道站内自环	在数配屏下口处将收和发自环，将“通信内时钟”控制字置 1，“本侧识别码”和“对侧识别码”整定为相等，经一段时间的观察，保护不能报纵联通道异常告警信号，同时通道状态中的各个状态计数器均不能增加	
	复用通道远程自环	分别在两侧远程自环测试通道。本侧往对侧自环时在数配屏上口处将收和发自环，对侧方将“通信内时钟”控制字置 1，“本侧识别码”和“对侧识别码”整定为相等，经一段时间测试，保护不能报纵联通道异常告警信号，同时通道状态中的各个状态计数器维持不变，完成后再到对侧重复测试一次	

续表

作业流程	作业项目	作业内容及工艺标准	备注
装置检查	恢复正常状态	1）复用通道恢复。恢复两侧接口装置电口的正常连接，将通道恢复到正常运行时的连接。将定值恢复到正常运行时的状态。 2）恢复正常运行状态。投入差动连接片，保护装置纵联通道异常灯不亮，无纵联通道异常信号。通道状态中的各个状态计数器维持不变	
装置维护	保护通道故障处理	1）装置自环后，如果“通道异常”告警未恢复，用光功率计和尾纤，检查保护装置的发光功率是否和通道插件上的标称值一致，常规插件波长为1310nm的发信功率在－14dBm左右，超长距离用插件波长为1550nm的发信功率在－11dBm左右。如率耗过大，需要更换插件。 2）装置报“纵联通道A（B）识别码错”。本侧识别码定值与通道A（B）接收到的对侧识别码不一致，检查两侧识别码信息是否一致。 3）MUX装置“光告警”红色指示灯。正常时，光告警灯灭；光纤收信异常时，灯亮。告警后检查MUX装置至保护装置光缆回路是否有故障。 4）MUX装置“电告警”红色指示灯。正常时，电告警灯灭；电口收信异常时，灯亮。告警后检查MUX装置至数配屏2M线是否有故障	
	注意事项	1）检查光纤头是否清洁。光纤连接时，一定要注意检查FC连接头上的凸出部分和珐琅盘上的缺口对齐，然后旋紧FC连接头。当连接不可靠或光纤头不清洁时，仍能收到对侧数据，但收信裕度大大降低，当系统扰动或操作时，会导致纵联通道异常，故必须严格校验光纤连接的可靠性。 2）尽量避免光纤弯曲、折叠，过大的曲折会使光纤的纤芯折断。在必须弯曲时，必须保证弯曲半径必须大于3cm（直径大于6cm），否则会增加光纤的衰减。 3）光纤盘绕时只能采用圆弧形弯曲，绝对不能弯折，不能使光缆呈锐角、直角、钝角弯折。 4）对光缆进行固定时，必须用软质材料进行。如果用扎带扣固定时，千万不能将扎带扣拉紧	
现场清理	场地清理	1）对作业设备、材料、工器具等进行整理，对照记录进行检查清点。 2）检查作业现场无遗留物。关闭电源，清扫作业场地	
收尾工作	自检及填写记录报告	1）由作业班组工作负责人组织学员进行全面检查，自检作业项目是否具备验收条件，填写作业自检报告。 2）由作业班组工作负责人按要求填写作业报告和作业记录	
工作结束	结束	经作业指导教师验收合格后，作业指导教师和作业学员检查确认施工器具已全部撤离工作现场、作业现场无遗留物	
	总结	全体作业人员列队，作业指导教师对作业情况进行总结	
	人员撤离	所有作业人员撤离作业场地	

6.3.6 作业指导书执行情况评估

<table>
<tr><td rowspan="6">评估内容</td><td rowspan="3">符合性</td><td>优秀</td><td></td><td>可操作项</td><td rowspan="6"></td></tr>
<tr><td>良好</td><td></td><td rowspan="2">不可操作项</td></tr>
<tr><td>一般</td><td></td></tr>
<tr><td rowspan="3">可操作性</td><td>优秀</td><td></td><td>修改项</td></tr>
<tr><td>良好</td><td></td><td>增补项</td></tr>
<tr><td>一般</td><td></td><td>删除项</td></tr>
<tr><td>存在问题</td><td colspan="5"></td></tr>
<tr><td>改进意见</td><td colspan="5"></td></tr>
</table>

6.4 保护信息子站运行异常重启

6.4.1 适用范围

本节适用于变电运维人员实施变电运维一体化项目作业，变电运维一体化作业实操培训可参考执行。

6.4.2 参考资料

下列文件对于本节的应用是必不可少的。凡是注日期的引用文件，仅所注日期的版本适用于本节。凡是不注日期的引用文件，其最新版本（包括所有的修改单）适用于本节。

GB/T 14285 继电保护和安全自动装置技术规程

DL/T 587 继电保护和安全自动装置运行管理规程

DL/T 769 电力系统微机继电保护技术导则

DL/T 995 继电保护和安全自动装置检验规程

Q/GDW 441 智能变电站继电保护技术规范

Q/GDW 1799.6 国家电网公司电力安全工作规程 变电部分

国家电网设备〔2018〕979 号 国家电网有限公司关于印发十八项电网重大反事故措施（修订版）的通知

6.4.3 作业前准备工作

6.4.3.1 作业人员要求

√	序号	责任人	工作要求	备注
	1	作业负责人	1）熟悉保护信息子站的基本原理和操作流程。 2）了解保护信息子站的工作原理、技术参数和性能。 3）掌握保护信息子站的维护程序和方法。 4）具有一定的现场工作经验，熟悉并能严格遵守电力生产和工作现场的相关安全管理规定。 5）作业负责人必须经本单位批准	

续表

√	序号	责任人	工作要求	备注
	2	作业人员	1）现场工作人员的身体状况、精神状态良好。 2）作业辅助人员（外来）必须经负责施教的人员对其进行安全措施、作业范围、安全注意事项等方面施教后方可参加工作。 3）所有作业人员必须具备必要的电气知识，基本掌握本专业作业技能及《国家电网公司电力安全工作规程　变电部分》的相关知识，并经考试合格	

6.4.3.2 作业材料及工器具准备

√	序号	名称	规格	单位	数量	备注
	1	作业指导书		份	1	
	2	Z2000 继电保护故障信息系统子站		套	1	
	3	万用表		个	1	
	4	钳形电流表		个	1	
	5	剥线钳		把	1	
	6	斜口钳		把	1	
	7	十字螺丝刀		把	1	
	8	一字螺丝刀		把	1	
	9	扎带		根	若干	
	10	Z2000 继电保护故障信息系统子站说明书		份	1	

6.4.3.3 作业危险点分析及安全预控措施

√	序号	危险点分析	安全控制措施
	1	触电伤害	1）保护信息子站运维不得少于 2 人；工作负责人开工前，向工作班人员认真宣读工作票，交代现场带电部位、工作范围、现场安全措施及安全注意事项，进入间隔前，认真核对设备名称、编号。核对无误后方可开始工作。 2）在工作屏柜前和后悬挂“在此工作”标识牌，相邻和前后运行屏柜上悬挂“运行设备”红布幔，工作中不得私自变动现场安全措施。 3）运维调试时，必须有 2 人进行，一人监护，一人操作。 4）同盘运行带电设备应采取隔离措施并进行标识
	2	误整定	1）检查前注意对保护信息子站显示屏、按键进行检查。 2）工作中严禁修改系统参数，造成误整定
	3	误碰	严禁误碰与工作无关的运行设备。防止造成运行设备异常
	4	通信中断	严禁误碰网线（光纤），以免造成网络通信中断

6.4.4 作业流程图

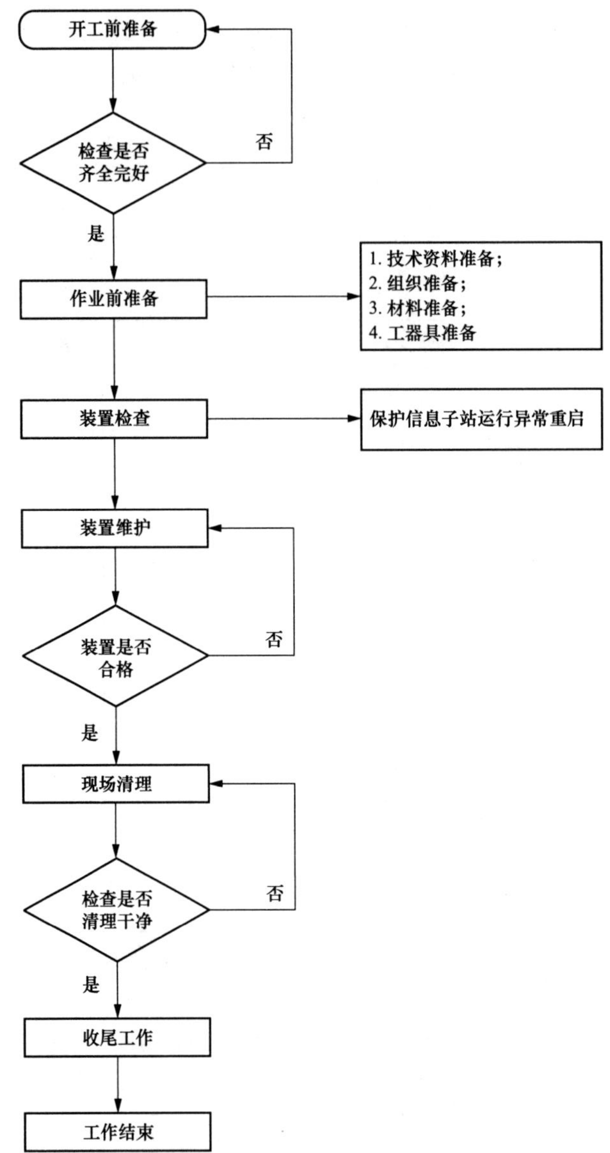

6.4.5 主要作业流程及工艺标准

作业流程	作业项目	作业内容及工艺标准	备注
作业前准备	人员检查	1）所有作业人员必须掌握《国家电网公司电力安全工作规程　变电部分》相关知识，并经考试合格。 2）作业人员应精神饱满，身体状态良好。 3）正确佩戴安全帽，着装符合安全要求。 4）作业指导教师对出勤情况进行记录	

续表

作业流程	作业项目	作业内容及工艺标准	备注
作业前准备	场地检查	1）作业场地整洁，无积水、污物，必要时进行清理。 2）检查急救箱，急救物品应齐备。 3）检查备用光纤符合要求	
	设备、工具、材料、资料检查	1）检查作业中需要使用的设备处于良好状态，必要时提前试运行。设备摆放位置合理。 2）对照工器具清单检查工器具，应齐全、完好、清洁。安全工器具和试验设备符合技术要求。工具摆放整齐。 3）对照材料清单检查材料，应齐全、合格。 4）对照资料清单准备作业工作票、作业指导书和作业记录	
	安全、组织、技术准备	1）全体作业人员列队，作业指导教师作业交代安全、组织和技术要求：对所有作业人员布置作业任务、作业内容、操作要求和重要注意事项。明确作业过程中的危险因素、防范措施和事故紧急处理措施；强调操作要点并进行安全和技术交底，必要时，应进行演示操作；将作业人员分组。指定每个作业班组工作负责人，交代负责内容并强调监护要求；就技术和安全问题向作业人员提问，保证每位作业人员掌握。 2）作业班组工作负责人组织作业人员按要求对安全措施进行布置，操作应正确规范。 3）作业班组工作负责人进行安全措施自检。合格后，通知作业指导教师进行检查。 4）作业指导教师对安全措施检查合格后，由作业班组工作负责人填写工作票，并办理许可手续（作业指导教师、作业工作负责人在作业工作票指定位置签字）。 5）作业班组列队，由作业班组工作负责人宣读作业工作票，交代安全注意事项。作业工作人员确认后在作业工作票上指定位置签字，作业班组方可开始作业。 6）作业指导教师对整个作业作业进行巡视，及时纠正不安全行为。作业班组工作负责人对作业人员进行安全监护	
装置检查	保护信息子站运行异常重启	1）对保护信息子站显示屏、按键进行检查。 2）“运行”灯为绿色，装置正常运行时点亮；不亮或者闪亮时表示装置异常。“告警”灯不亮吋，装置正常；为红色或者闪亮时表示装置异常。 3）如“运行”灯不亮或者闪亮，“告警”灯为红色或者闪亮时，检查保护信息子站显示器是否损坏，断开装置背面电源空气断路器。 4）重启后，检查保护信息子站是否能召唤保护的定值、保护的连接片以及各种状态量。 5）记录信息子站工况记录下来	
装置维护	故障处理	1）保护信息子站硬盘损坏。观察子站是否在运行状态，状态指示灯是否正常，端口通信指示灯是否正常闪烁。显示器如果黑屏无信号，重启无法检测到硬盘，可以判断为硬盘故障，需要更换硬盘。 2）保护信息子站主板、内存故障。子站无法开机，有故障提示音，可以判断主板、内存存在故障，需更换相应备件。	

续表

作业流程	作业项目	作业内容及工艺标准	备注
装置维护	故障处理	3）保护信息子站召唤保护装置定值、连接片、模拟量等信息超时：检查子站装置与保护之间通信是否正常。 4）重启子站程序进程	
现场清理	场地清理	1）对作业设备、材料、工器具等进行整理，对照记录进行检查清点。 2）检查作业现场无遗留物。关闭电源，清扫作业场地	
收尾工作	自检及填写记录报告	1）由作业班组工作负责人组织学员进行全面检查，自检作业项目是否具备验收条件，填写作业自检报告。 2）由作业班组工作负责人按要求填写作业报告和作业记录	
工作结束	结束	经作业指导教师验收合格后，作业指导教师和作业学员检查确认施工器具已全部撤离工作现场、作业现场无遗留物	
	总结	全体作业人员列队，作业指导教师对作业情况进行总结	
	人员撤离	所有作业人员撤离作业场地	

6.4.6　作业指导书执行情况评估

<table>
<tr><td rowspan="6">评估内容</td><td rowspan="3">符合性</td><td>优秀</td><td></td><td>可操作项</td><td rowspan="6"></td></tr>
<tr><td>良好</td><td></td><td rowspan="2">不可操作项</td></tr>
<tr><td>一般</td><td></td></tr>
<tr><td rowspan="3">可操作性</td><td>优秀</td><td></td><td>修改项</td></tr>
<tr><td>良好</td><td></td><td>增补项</td></tr>
<tr><td>一般</td><td></td><td>删除项</td></tr>
<tr><td>存在问题</td><td colspan="5"></td></tr>
<tr><td>改进意见</td><td colspan="5"></td></tr>
</table>

6.5　继电保护及安全自动装置打印机耗材更换

6.5.1　适用范围

本节适用于变电运维人员实施变电运维一体化项目作业，变电运维一体化作业实操培训可参考执行。

6.5.2　参考资料

下列文件对于本节的应用是必不可少的。凡是注日期的引用文件，仅所注日期的版本适用于本节。凡是不注日期的引用文件，其最新版本（包括所有的修改单）适用于本节。

GB/T 14285　继电保护和安全自动装置技术规程

GB/T 15145　输电线路保护装置通用技术条件

DL/T 587　继电保护和安全自动装置运行管理规程

DL/T 769　电力系统微机继电保护技术导则

DL/T 995　继电保护和安全自动装置检验规程

Q/GDW 441　智能变电站继电保护技术规范

Q/GDW 1799.6　国家电网公司电力安全工作规程　变电部分

国家电网设备〔2018〕979 号　国家电网有限公司关于印发十八项电网重大反事故措施（修订版）的通知

6.5.3 作业前准备工作

6.5.3.1 作业人员要求

√	序号	责任人	工作要求	备注
	1	作业负责人	1）熟悉继电保护及安全自动装置打印机的基本原理和操作流程。 2）了解继电保护及安全自动装置打印机的工作原理、技术参数和性能。 3）掌握继电保护及安全自动装置打印机的维护程序和方法。 4）具有一定的现场工作经验，熟悉并能严格遵守电力生产和工作现场的相关安全管理规定。 5）作业负责人必须经本单位批准	
	2	作业人员	1）现场工作人员的身体状况、精神状态良好。 2）作业辅助人员（外来）必须经负责施教的人员对其进行安全措施、作业范围、安全注意事项等方面施教后方可参加工作。 3）所有作业人员必须具备必要的电气知识，基本掌握本专业作业技能及《国家电网公司电力安全工作规程　变电部分》的相关知识，并经考试合格	

6.5.3.2 作业材料及工器具准备

√	序号	名称	规格	单位	数量	备注
	1	作业指导书		份	1	
	2	继电保护或安全自动装置		套	1	
	3	爱普生 LQ300K 针式打印机		台	1	
	4	爱普生 LQ300K 针式打印机说明书		本	1	
	5	万用表		个	1	
	6	打印纸		张	若干	
	7	色带		个	1	
	8	十字螺丝刀		把	1	
	9	一字螺丝刀		把	1	
	10	扎带		根	若干	

6.5.3.3 作业危险点分析及安全预控措施

√	序号	危险点分析	安全控制措施
	1	触电伤害	1）继电保护及安全自动装置打印机运维不得少于 2 人；工作负责人开工前，向工作班人员认真宣读工作票，交待现场带电部位、工作范围、现场安全措施及安全注意事项，进入间隔前，认真核对设备名称、编号。核对无误后方可开始工作。 2）在工作屏柜前和后悬挂“在此工作”标识牌，相邻和前后运行屏柜上悬挂“运行设备”红布幔，工作中不得私自变动现场安全措施。 3）运维调试时，必须有 2 人进行，一人监护，一人操作。 4）同盘运行带电设备应采取隔离措施并进行标识
	2	误整定	1）检查前注意对保护装置（自动装置）显示屏、按键进行检查。 2）查看装置打印波特率，选择正确的菜单。 3）查看过程中严禁输入密码，造成误整定
	3	误碰	严禁误碰与工作无关的运行设备。防止造成运行设备异常
	4	打印机损坏	工作过程中严防细小物件掉入打印机，造成打印机（针头）损坏

6.5.4 作业流程图

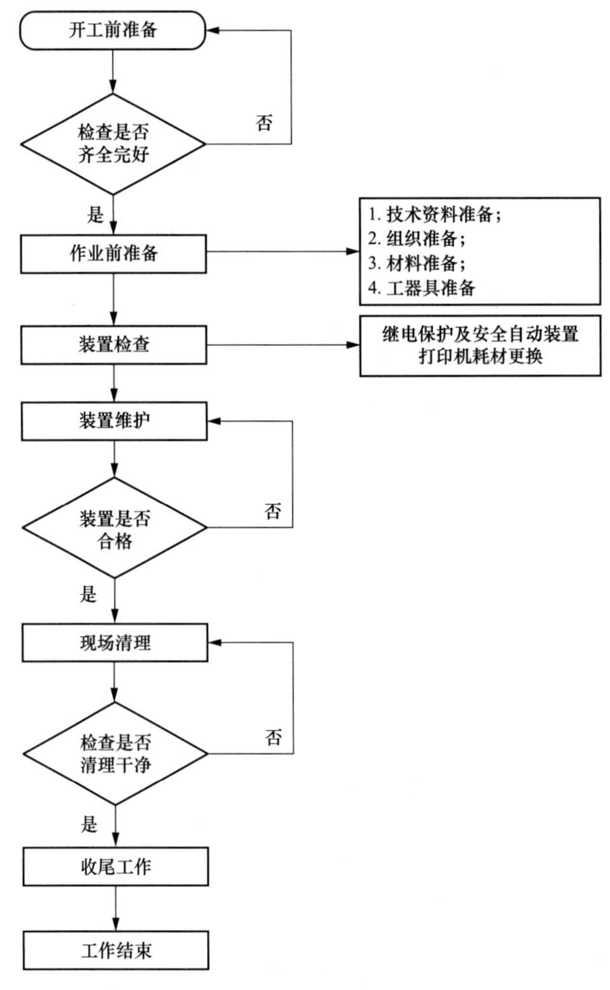

6.5.5 主要作业流程及工艺标准

<table>
<tr><th>作业流程</th><th>作业项目</th><th>作业内容及工艺标准</th><th>备注</th></tr>
<tr><td rowspan="4">作业前准备</td><td>人员检查</td><td>1）所有作业人员必须掌握《国家电网公司电力安全工作规程 变电部分》相关知识，并经考试合格。
2）作业人员应精神饱满，身体状态良好。
3）正确佩戴安全帽，着装符合安全要求。
4）作业指导教师对出勤情况进行记录</td><td></td></tr>
<tr><td>场地检查</td><td>1）作业场地整洁，无积水、污物，必要时进行清理。
2）检查急救箱，急救物品应齐备。
3）检查备用光纤符合要求</td><td></td></tr>
<tr><td>设备、工具、材料、资料检查</td><td>1）检查作业中需要使用的设备处于良好状态，必要时提前试运行。设备摆放位置合理。
2）对照工器具清单检查工器具，应齐全、完好、清洁。安全工器具和试验设备符合技术要求。工具摆放整齐。
3）对照材料清单检查材料，应齐全、合格。
4）对照资料清单准备作业工作票、作业指导书和作业记录</td><td></td></tr>
<tr><td>安全、组织、技术准备</td><td>1）全体作业人员列队，作业指导教师作业交代安全、组织和技术要求：对所有作业人员布置作业任务、作业内容、操作要求和重要注意事项。明确作业过程中的危险因素、防范措施和事故紧急处理措施；强调操作要点并进行安全和技术交底，必要时，应进行演示操作；将作业人员分组。指定每个作业班组工作负责人，交代负责内容并强调监护要求；就技术和安全问题向作业人员提问，保证每位作业人员掌握。
2）作业班组工作负责人组织作业人员按要求对安全措施进行布置，操作应正确规范。
3）作业班组工作负责人进行安全措施自检。合格后，通知作业指导教师进行检查。
4）作业指导教师对安全措施检查合格后，由作业班组工作负责人填写工作票，并办理许可手续（作业指导教师、作业工作负责人在作业工作票指定位置签字）。
5）作业班组列队，由作业班组工作负责人宣读作业工作票，交代安全注意事项。作业工作人员确认后在作业工作票上指定位置签字，作业班组方可开始作业。
6）作业指导教师对整个作业作业进行巡视，及时纠正不安全行为。作业班组工作负责人对作业人员进行安全监护</td><td></td></tr>
<tr><td>装置检查</td><td>继电保护及安全自动装置打印机耗材更换</td><td>1）对保护装置显示屏、按键进行检查。
2）检查电源线，数据线是否连接可靠，检查是否卡纸，色带是否已用完。
3）检查打印机波特率和装置中打印机波特率设置是否一致。
4）检查打印机切换开关是否与需要打印的保护装置对应。
5）在保护装置选择打印菜单，打印测试页</td><td></td></tr>
</table>

续表

作业流程	作业项目	作业内容及工艺标准	备注
装置检查	更换色带	1）关闭打印机的电源，把防尘盖板打开。 2）双手将色带从打印头取出，轻轻取出色带盒。 3）双手将色带盒两端压入打印机安装槽，直到完全卡到位（发出咔嚓一声）。 4）转动色带盒旋钮，绷紧色带	
装置维护	故障处理：针式打印机不进纸	1）打印纸不平整。调节传送带上卡纸卡扣距离，使打印纸平整。 2）打印纸太厚或者太薄。使用专用的针式打印纸。 3）将堵塞进纸口的异物清理干净，夹纸的话要小心翼翼地将卡在里面的纸取出来	
	故障处理：不能连续打印	1）检查纸张是否充足。 2）将打印机上拨杆，从“单页纸”拨至“连续纸”挡位处	
现场清理	场地清理	1）对作业设备、材料、工器具等进行整理，对照记录进行检查清点。 2）检查作业现场无遗留物。关闭电源，清扫作业场地	
收尾工作	自检及填写记录报告	1）由作业班组工作负责人组织学员进行全面检查，自检作业项目是否具备验收条件，填写作业自检报告。 2）由作业班组工作负责人按要求填写作业报告和作业记录	
工作结束	结束	经作业指导教师验收合格后，作业指导教师和作业学员检查确认施工器具已全部撤离工作现场、作业现场无遗留物	
	总结	全体作业人员列队，作业指导教师对作业情况进行总结	
	人员撤离	所有作业人员撤离作业场地	

6.5.6 作业指导书执行情况评估

评估内容	符合性	优秀		可操作项	
		良好		不可操作项	
		一般			
	可操作性	优秀		修改项	
		良好		增补项	
		一般		删除项	
存在问题					
改进意见					

7 监控装置部分

7.1 自动化信息核对

7.1.1 适用范围

本节适用于变电运维人员实施变电运维一体化项目作业，变电运维一体化作业实操培训可参考执行。

7.1.2 参考资料

下列文件对于本节的应用是必不可少的。凡是注日期的引用文件，仅所注日期的版本适用于本节。凡是不注日期的引用文件，其最新版本（包括所有的修改单）适用于本节。

GB/T 40435　变电站数据通信网关机技术规范

GB/T 40095　智能变电站测控装置技术规范

DL/T 1512　变电站测控装置技术规范

DL/T 1403　智能变电站监控系统技术规范

DL/T 860　电力自动化通信网络和系统

7.1.3 作业前准备工作

7.1.3.1 作业人员要求

√	序号	责任人	工作要求	备注
	1	作业负责人	1）熟悉监控系统的基本原理和运行方式。 2）了解监控系统各设备的技术参数和功能。 3）具有一定的现场工作经验，熟悉并能严格遵守电力生产和工作现场的相关安全管理规定。 4）作业负责人必须经本单位批准	
	2	作业人员	1）现场工作人员的身体状况、精神状态良好。 2）作业辅助人员（外来）必须经负责施教的人员对其进行安全措施、作业范围、安全注意事项等方面施教后方可参加工作。 3）所有作业人员必须具备必要的电气知识，基本掌握本专业作业技能及《国家电网公司电力安全工作规程　变电部分》的相关知识，并经考试合格	

7.1.3.2 作业材料及工器具准备

√	序号	名称	规格	单位	数量	备注
	1	作业指导书		份	1	
	2	十字螺丝刀		把	1	
	3	一字螺丝刀		把	1	
	4	设备图纸资料		份	1	
	5	万用表		个	1	
	6	钳形电流表		个	1	

7.1.3.3 作业危险点分析及安全预控措施

√	序号	危险点分析	安全控制措施
	1	电流互感器二次回路开路、电压互感器二次回路短路或接地	1）避免野蛮作业，造成接线脱落，对于运行电流回路的检查工作严禁进行任何拆接线操作，使用钳形电流表进行测量。 2）运行中的电压回路检查应做好工具绝缘，万用表使用前应重复检查挡位和表棒插槽，确保正确
	2	防误入间隔、误操作	同屏安装设备较多，工作前应核对设备标签、图纸接线等，确保检查对象及回路正确

7.1.4 作业流程图

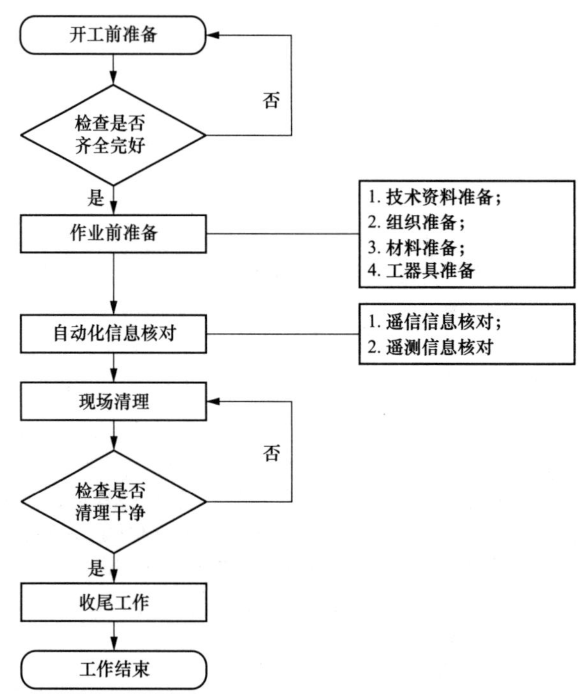

7.1.5 主要作业流程及工艺标准

作业流程	作业项目	作业内容及工艺标准	备注
作业前准备	人员检查	1）所有作业人员必须掌握《国家电网公司电力安全工作规程　变电部分》相关知识，并经考试合格。 2）作业人员应精神饱满，身体状态良好。 3）正确佩戴安全帽，着装符合安全要求。 4）作业指导教师对出勤情况进行记录	
	场地检查	1）作业场地整洁，无积水、污物，必要时进行清理。 2）检查急救箱，急救物品应齐备。 3）检查电源容量和电压符合要求	
	设备、工具、资料检查	1）检查作业中需要使用的设备处于良好运行状态。 2）对照工器具清单检查工器具，应齐全、完好、清洁。工具摆放整齐。 3）对照设备准备相关图纸资料。 4）对照资料清单准备作业工作票、作业指导书和作业记录	
	安全、组织、技术准备	1）全体作业人员列队，作业指导教师作业交代安全、组织和技术要求：对所有作业人员布置作业任务、作业内容、操作要求和重要注意事项。明确作业过程中的危险因素、防范措施和事故紧急处理措施；强调操作要点并进行安全和技术交底，必要时，应进行演示操作；将作业人员分组。指定每个作业班组工作负责人，交代负责内容并强调监护要求；就技术和安全问题向作业人员提问，保证每位作业人员掌握。 2）作业班组工作负责人组织作业人员按要求对安全措施进行布置，操作应正确规范。 3）作业班组工作负责人进行安全措施自检。合格后，通知作业指导教师进行检查。 4）作业指导教师对安全措施检查合格后，由作业班组工作负责人填写工作票，并办理许可手续（作业指导教师、作业工作负责人在作业工作票指定位置签字）。 5）作业班组列队，由作业班组工作负责人宣读作业工作票，交代安全注意事项。作业工作人员确认后在作业工作票上指定位置签字，作业班组方可开始作业。 6）作业指导教师对整个作业作业进行巡视，及时纠正不安全行为。作业班组工作负责人对作业人员进行安全监护	
自动化信息核对	遥信信息核对	1）通知网、省调自动化业务值班人员核对工作开始。 2）核对遥信状态（断路器、隔离开关状态等信号）。 3）通过测控人机界面的开入查看或者回路开入电位测量进行后续异常核对	

续表

作业流程	作业项目	作业内容及工艺标准	备注
自动化信息核对	遥测信息核对	1）通知网、省调自动化业务值班人员核对工作开始。 2）核对遥测信息（有功、无功、电流、电压等信号）。 3）通过测控人机界面的输入查看或者交流输入回路电压电流的测量进行后续异常核对	
现场清理	场地清理	1）对作业工器具、图纸资料等进行整理，对照记录进行检查清点。 2）检查作业现场无遗留物，清扫作业场地	
收尾工作	自检及填写记录报告	1）由作业班组工作负责人组织学员进行全面检查，自检作业项目是否具备验收条件，填写作业自检报告。 2）由作业班组工作负责人按要求填写作业报告和作业记录	
工作结束	结束	经作业指导教师验收合格后，作业指导教师和作业学员检查确认施工器具已全部撤离工作现场、作业现场无遗留物	
	总结	全体作业人员列队，作业指导教师对作业情况进行总结	
	人员撤离	所有作业人员撤离作业场地	

7.1.6 作业指导书执行情况评估

评估内容	符合性	优秀		可操作项	
		良好		不可操作项	
		一般			
	可操作性	优秀		修改项	
		良好		增补项	
		一般		删除项	
存在问题					
改进意见					

7.2 后台、信息子站、故障录波器等独立显示器、键盘、鼠标更换

7.2.1 适用范围

本节适用于变电运维人员实施变电运维一体化项目作业，变电运维一体化作业实操培训可参考执行。

7.2.2 参考资料

下列文件对于本节的应用是必不可少的。凡是注日期的引用文件，仅所注日期的版本适用于本节。凡是不注日期的引用文件，其最新版本（包括所有的修改单）适用于本节。

GB/T 40435 变电站数据通信网关机技术规范

GB/T 40095 智能变电站测控装置技术规范

DL/T 1512 变电站测控装置技术规范

DL/T 1403 智能变电站监控系统技术规范

DL/T 860 电力自动化通信网络和系统

7.2.3 作业前准备工作

7.2.3.1 作业人员要求

√	序号	责任人	工作要求	备注
	1	作业负责人	1）熟悉计算机硬件组成和运行接口。 2）了解监控系统设备的配置。 3）具有一定的现场工作经验，熟悉并能严格遵守电力生产和工作现场的相关安全管理规定。 4）作业负责人必须经本单位批准	
	2	作业人员	1）现场工作人员的身体状况、精神状态良好。 2）作业辅助人员（外来）必须经负责施教的人员对其进行安全措施、作业范围、安全注意事项等方面施教后方可参加工作。 3）所有作业人员必须具备必要的电气知识，基本掌握本专业作业技能及《国家电网公司电力安全工作规程 变电部分》的相关知识，并经考试合格	

7.2.3.2 作业材料及工器具准备

√	序号	名称	规格	单位	数量	备注
	1	作业指导书		份	1	
	2	十字螺丝刀		把	1	
	3	一字螺丝刀		把	1	

7.2.3.3 作业危险点分析及安全预控措施

√	序号	危险点分析	安全控制措施
	1	更换过程中接口损坏	工作前对辅助设备对应的接口和主机进行确认和记录
	2	低压触电	工作中应穿戴好手套，避免手臂裸露处触碰电源
	3	野蛮施工，影响运行设备	辅助设备捆扎线或扎带应散开，更换过程中避免拉扯线缆，造成损伤和影响相关功能使用

7.2.4 作业流程图

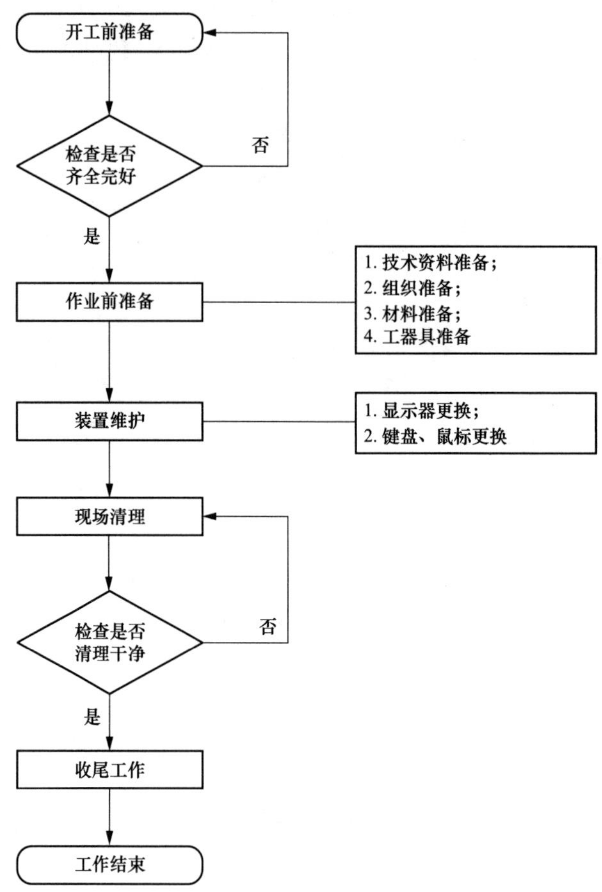

7.2.5 主要作业流程及工艺标准

作业流程	作业项目	作业内容及工艺标准	备注
作业前准备	人员检查	1）所有作业人员必须掌握《国家电网公司电力安全工作规程　变电部分》相关知识，并经考试合格。 2）作业人员应精神饱满，身体状态良好。 3）正确佩戴安全帽，着装符合安全要求。 4）作业指导教师对出勤情况进行记录	
	场地检查	1）作业场地整洁，无积水、污物，必要时进行清理。 2）检查急救箱，急救物品应齐备	
	设备、工具、资料检查	1）检查作业中需要使用的设备处于良好状态，必要时提前试运行。设备摆放位置合理。 2）对照工器具清单检查工器具，应齐全、完好、清洁。工具摆放整齐。 3）对照资料清单准备作业工作票、作业指导书和作业记录	

续表

作业流程	作业项目	作业内容及工艺标准	备注
作业前准备	安全、组织、技术准备	1）全体作业人员列队，作业指导教师作业交代安全、组织和技术要求：对所有作业人员布置作业任务、作业内容、操作要求和重要注意事项。明确作业过程中的危险因素、防范措施和事故紧急处理措施；强调操作要点并进行安全和技术交底，必要时，应进行演示操作；将作业人员分组。指定每个作业班组工作负责人，交代负责内容并强调监护要求；就技术和安全问题向作业人员提问，保证每位作业人员掌握。 2）作业班组工作负责人组织作业人员按要求对安全措施进行布置，操作应正确规范。 3）作业班组工作负责人进行安全措施自检。合格后，通知作业指导教师进行检查。 4）作业指导教师对安全措施检查合格后。由作业班组工作负责人填写工作票，并办理许可手续（作业指导教师、作业工作负责人在作业工作票指定位置签字）。 5）作业班组列队，由作业班组工作负责人宣读作业工作票，交代安全注意事项。作业工作人员确认后在作业工作票上指定位置签字，作业班组方可开始作业。 6）作业指导教师对整个作业作业进行巡视，及时纠正不安全行为。作业班组工作负责人对作业人员进行安全监护	
装置维护	后台、信息子站、故障录波器等独立显示器更换	1）检查电源线，数据线接口一致。 2）记录屏幕设置原设置。 3）关闭并拆除原显示器。 4）安装并接通新显示器的电源线、数据线等。 5）显示器开机，确认显示器显示正常	
	后台、信息子站、故障录波器等键盘、鼠标更换	1）检查接口型号是否一致，鼠标/键盘长度是否充足。 2）拆除原鼠标和键盘（PS/2 鼠标键盘鼠标需要主机断电）。 3）安装新鼠标和键盘，走线尽量合理美观。 4）测试键盘、鼠标功能正常	
现场清理	场地清理	1）对作业工器具、图纸资料等进行整理，对照记录进行检查清点。 2）检查作业现场无遗留物，清扫作业场地	
收尾工作	自检及填写记录报告	1）由作业班组工作负责人组织学员进行全面检查，自检作业项目是否具备验收条件，填写作业自检报告。 2）由作业班组工作负责人按要求填写作业报告和作业记录	
工作结束	结束	经作业指导教师验收合格后，作业指导教师和作业学员检查确认施工器具已全部撤离工作现场、作业现场无遗留物	
	总结	全体作业人员列队，作业指导教师对作业情况进行总结	
	人员撤离	所有作业人员撤离作业场地	

7.2.6 作业指导书执行情况评估

<table>
<tr><td rowspan="6">评估内容</td><td rowspan="3">符合性</td><td>优秀</td><td></td><td>可操作项</td><td rowspan="6"></td></tr>
<tr><td>良好</td><td></td><td rowspan="2">不可操作项</td></tr>
<tr><td>一般</td><td></td></tr>
<tr><td rowspan="3">可操作性</td><td>优秀</td><td></td><td>修改项</td></tr>
<tr><td>良好</td><td></td><td>增补项</td></tr>
<tr><td>一般</td><td></td><td>删除项</td></tr>
<tr><td>存在问题</td><td colspan="5"></td></tr>
<tr><td>改进意见</td><td colspan="5"></td></tr>
</table>

7.3 监控系统设备运行异常重启

7.3.1 适用范围

本节适用于变电运维人员实施变电运维一体化项目作业，变电运维一体化作业实操培训可参考执行。

7.3.2 参考资料

下列文件对于本节的应用是必不可少的。凡是注日期的引用文件，仅所注日期的版本适用于本节。凡是不注日期的引用文件，其最新版本（包括所有的修改单）适用于本节。

GB/T 40435　变电站数据通信网关机技术规范

GB/T 40095　智能变电站测控装置技术规范

DL/T 1512　变电站测控装置技术规范

DL/T 1403　智能变电站监控系统技术规范

DL/T 860　电力自动化通信网络和系统

7.3.3 作业前准备工作

7.3.3.1 作业人员要求

√	序号	责任人	工作要求	备注
	1	作业负责人	1）熟悉监控系统的基本原理和运行方式。 2）了解监控系统各设备的技术参数。 3）具有一定的现场工作经验，熟悉并能严格遵守电力生产和工作现场的相关安全管理规定。 4）作业负责人必须经本单位批准	
	2	作业人员	1）现场工作人员的身体状况、精神状态良好。 2）作业辅助人员（外来）必须经负责施教的人员对其进行安全措施、作业范围、安全注意事项等方面施教后方可参加工作。 3）所有作业人员必须具备必要的电气知识，基本掌握本专业作业技能及《国家电网公司电力安全工作规程　变电部分》的相关知识，并经考试合格	

7.3.3.2 作业材料及工器具准备

√	序号	名称	规格	单位	数量	备注
	1	作业指导书		份	1	
	2	十字螺丝刀		把	1	
	3	一字螺丝刀		把	1	
	4	设备图纸资料		份	1	
	5	万用表		个	1	
	6	绝缘胶布		把	1	

7.3.3.3 作业危险点分析及安全预控措施

√	序号	危险点分析	安全控制措施
	1	重启操作不当，引起硬件损坏	具备独立操作系统应采用命令进行软重启，设备无响应方可断电重启，不具备电源模块的设备方可采取拉合空气断路器的方式
	2	防低压触电	测量交直流电源时戴好手套，做好工具绝缘，防止人身低压触电或工具造成短路或接地
	3	防误入间隔、误操作	1）同屏安装设备较多，工作前应核对设备参数、标签、接线。 2）进行拉合空气断路器的操作，须两人核对并有监护
	4	影响调度业务或引发网安告警	应提前汇报相关调度业务主管部门，执行业务数据封锁或网络安全监测装置置检修等安全措施

7.3.4 作业流程图

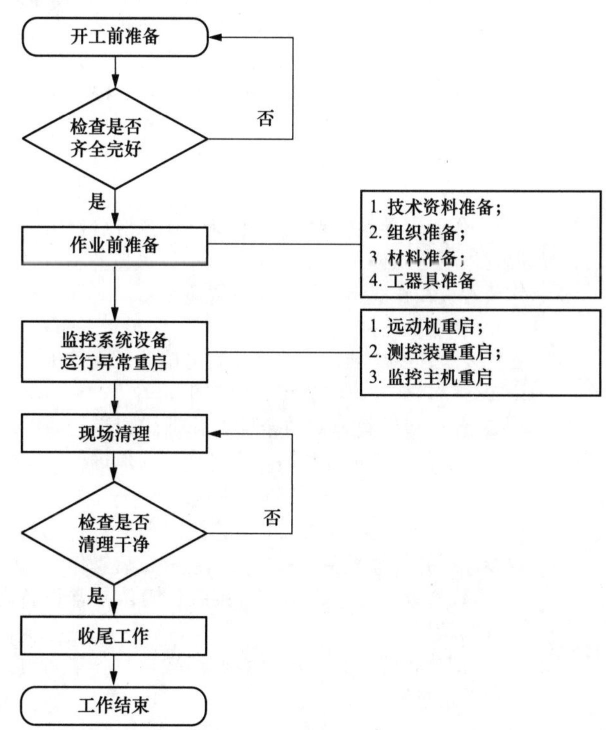

7.3.5 主要作业流程及工艺标准

作业流程	作业项目	作业内容及工艺标准	备注
作业前准备	人员检查	1）所有作业人员必须掌握《国家电网公司电力安全工作规程 变电部分》相关知识，并经考试合格。 2）作业人员应精神饱满，身体状态良好。 3）正确佩戴安全帽，着装符合安全要求。 4）作业指导教师对出勤情况进行记录	
	场地检查	1）作业场地整洁，无积水、污物，必要时进行清理。 2）检查急救箱，急救物品应齐备。 3）检查电源容量和电压符合要求	
	设备、工具、资料检查	1）检查作业中需要使用的设备处于良好状态，必要时提前试运行。设备摆放位置合理。 2）对照工器具清单检查工器具，应齐全、完好、清洁。工具摆放整齐。 3）对照设备准备相关图纸资料。 4）对照资料清单准备作业工作票、作业指导书和作业记录	
	安全、组织、技术准备	1）全体作业人员列队，作业指导教师作业交代安全、组织和技术要求：对所有作业人员布置作业任务、作业内容、操作要求和重要注意事项。明确作业过程中的危险因素、防范措施和事故紧急处理措施；强调操作要点并进行安全和技术交底，必要时，应进行演示操作；将作业人员分组。指定每个作业班组工作负责人，交代负责内容并强调监护要求；就技术和安全问题向作业人员提问，保证每位作业人员掌握。 2）作业班组工作负责人组织作业人员按要求对安全措施进行布置，操作应正确规范。 3）作业班组工作负责人进行安全措施自检。合格后，通知作业指导教师进行检查。 4）作业指导教师对安全措施检查合格后，由作业班组工作负责人填写工作票，并办理许可手续（作业指导教师、作业工作负责人在作业工作票指定位置签字）。 5）作业班组列队，由作业班组工作负责人宣读作业工作票，交代安全注意事项。作业工作人员确认后在作业工作票上指定位置签字，作业班组方可开始作业。 6）作业指导教师对整个作业作业进行巡视，及时纠正不安全行为。作业班组工作负责人对作业人员进行安全监护	
监控系统设备运行异常重启	通信网关机重启（以Ⅰ区网关机为例）	1）通知网、省调自动化业务值班人员进行通道封锁，网安置检修，并汇报相关设备异常信息和重启操作。 2）检查设备参数、标签、接线，确认异常设备和电源控制空气断路器。 3）记录装置运行工况（页面巡检信息，运行灯、通信状态等相关信息）	

续表

作业流程	作业项目	作业内容及工艺标准	备注
监控系统设备运行异常重启	通信网关机重启（以Ⅰ区网关机为例）	4）万用表测量电源回路，确保电源回路正常。 5）通过关闭电源模块开关或者电源空气断路器进行断电重启，约60s后恢复供电。 6）比对重启前运行工况，业务正常后通知调度解除相关安全措施，持续异常则通知公司，安排专业班组现场处理	
	测控装置重启	1）通知网、省调自动化业务值班人员进行数据封锁（无功间隔还应进行AVC闭锁），网安置检修，并汇报相关设备异常信息和重启操作。 2）检查设备参数、标签、接线，确认异常设备和电源控制空气断路器。 3）记录装置运行工况（页面巡检信息，运行灯、通信状态等相关信息）。 4）万用表测量电源回路，确保电源回路正常。 5）通过关闭电源模块开关或者电源空气断路器进行断电重启，约60s后恢复供电。 6）比对重启前运行工况，业务正常后通知调度解除相关安全措施，持续异常则通知公司，安排专业班组现场处理	
	监控主机重启	1）通知网、省调自动化业务值班人员进行网安置检修，并汇报相关设备异常信息和重启操作。 2）检查设备参数、标签、接线，确认异常设备和电源控制空气断路器。 3）记录装置运行工况（页面巡检信息，运行灯、通信状态等相关信息）。 4）万用表测量电源回路，确保电源回路正常。 5）相关系统进入UNIX任务界面，输入REBOOT进行重启。 6）比对重启前运行工况，业务正常后通知调度解除相关安全措施，持续异常则通知公司，安排专业班组现场处理	
现场清理	场地清理	1）对作业工器具、图纸资料等进行整理，对照记录进行检查清点。 2）检查作业现场无遗留物，清扫作业场地	
收尾工作	自检及填写记录报告	1）由作业班组工作负责人组织学员进行全面检查，自检作业项目是否具备验收条件，填写作业自检报告。 2）由作业班组工作负责人按要求填写作业报告和作业记录	
工作结束	结束	经作业指导教师验收合格后，作业指导教师和作业学员检查确认施工器具已全部撤离工作现场、作业现场无遗留物	
	总结	全体作业人员列队，作业指导教师对作业情况进行总结	
	人员撤离	所有作业人员撤离作业场地	

7.3.6 作业指导书执行情况评估

<table>
<tr><td rowspan="6">评估内容</td><td rowspan="3">符合性</td><td>优秀</td><td></td><td>可操作项</td><td rowspan="6"></td></tr>
<tr><td>良好</td><td></td><td rowspan="2">不可操作项</td></tr>
<tr><td>一般</td><td></td></tr>
<tr><td rowspan="3">可操作性</td><td>优秀</td><td></td><td>修改项</td></tr>
<tr><td>良好</td><td></td><td>增补项</td></tr>
<tr><td>一般</td><td></td><td>删除项</td></tr>
<tr><td>存在问题</td><td colspan="5"></td></tr>
<tr><td>改进意见</td><td colspan="5"></td></tr>
</table>

7.4 遥测、遥信信息、遥控操作异常的初步判断

7.4.1 适用范围

本节适用于变电运维人员实施变电运维一体化项目作业，变电运维一体化作业实操培训可参考执行。

7.4.2 参考资料

下列文件对于本节的应用是必不可少的。凡是注日期的引用文件，仅所注日期的版本适用于本节。凡是不注日期的引用文件，其最新版本（包括所有的修改单）适用于本节。

GB/T 40435 变电站数据通信网关机技术规范

GB/T 400951 智能变电站测控装置技术规范

DL/T 1512 变电站测控装置技术规范

DL/T 1403 智能变电站监控系统技术规范

DL/T 860 电力自动化通信网络和系统

7.4.3 作业前准备工作

7.4.3.1 作业人员要求

√	序号	责任人	工作要求	备注
	1	作业负责人	1）熟悉监控系统的基本原理和运行方式。 2）了解监控系统各设备的技术参数和功能。 3）具有一定的现场工作经验，熟悉并能严格遵守电力生产和工作现场的相关安全管理规定。 4）作业负责人必须经本单位批准	

续表

√	序号	责任人	工作要求	备注
	2	作业人员	1）现场工作人员的身体状况、精神状态良好。 2）作业辅助人员（外来）必须经负责施教的人员对其进行安全措施、作业范围、安全注意事项等方面施教后方可参加工作。 3）所有作业人员必须具备必要的电气知识，基本掌握本专业作业技能及《国家电网公司电力安全工作规程　变电部分》的相关知识，并经考试合格	

7.4.3.2　作业材料及工器具准备

√	序号	名称	规格	单位	数量	备注
	1	作业指导书		份	1	
	2	十字螺丝刀		把	1	
	3	一字螺丝刀		把	1	
	4	设备图纸资料		份	1	
	5	万用表		个	1	
	6	钳形电流表		个	1	
	7	对讲机		对	1	

7.4.3.3　作业危险点分析及安全预控措施

√	序号	危险点分析	安全控制措施
	1	电流互感器二次回路开路、电压互感器二次回路短路或接地	1）避免野蛮作业，造成接线脱落，对于运行电流回路的检查工作严禁进行任何拆接线操作，使用电流卡表进行测量。 2）运行中的电压回路检查应做好工具绝缘，万用表使用前应重复检查挡位和表棒插槽，确保正确
	2	防低压触电	测量交直流电源时戴好绝缘手套，做好工具绝缘，防止人身低压触电
	3	防误入间隔、误操作	同屏安装设备较多，工作前应核对设备标签、图纸接线等，确保检查对象及回路正确
	4	影响调度功能	向相关调度自动化值班申请站内相关检查工作
	5	误碰间隔	严禁在运行的遥控回路上进行任何测量和拆接线工作

7.4.4 作业流程图

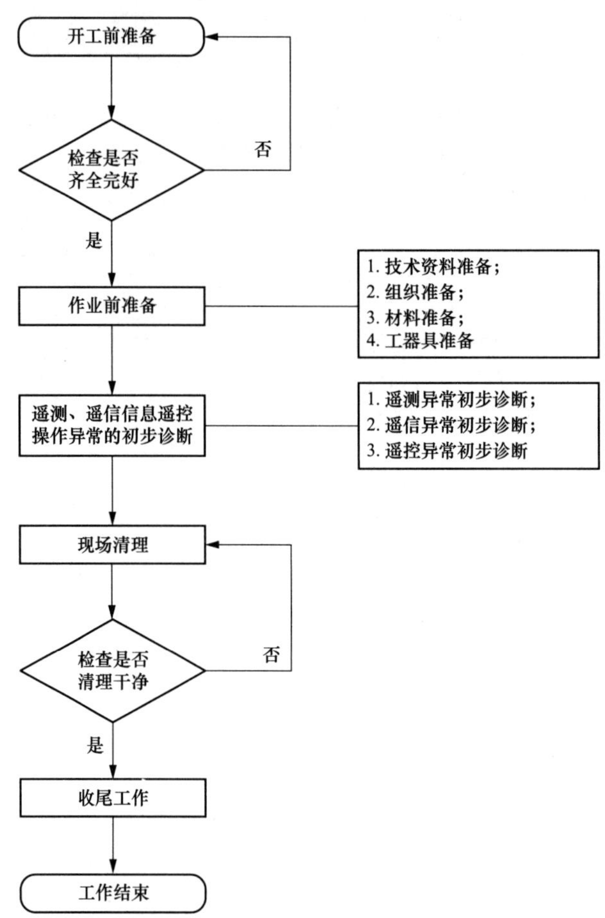

7.4.5 主要作业流程及工艺标准

作业流程	作业项目	作业内容及工艺标准	备注
作业前准备	人员检查	1）所有作业人员必须掌握《国家电网公司电力安全工作规程　变电部分》相关知识，并经考试合格。 2）作业人员应精神饱满，身体状态良好。 3）正确佩戴安全帽，着装符合安全要求。 4）作业指导教师对出勤情况进行记录	
	场地检查	1）作业场地整洁，无积水、污物，必要时进行清理。 2）检查急救箱，急救物品应齐备	
	设备、工具、资料检查	1）检查作业中需要使用的设备处于良好运行状态。 2）对照工器具清单检查工器具，应齐全、完好、清洁。工具摆放整齐。 3）对照设备准备相关图纸资料。 4）对照资料清单准备作业工作票、作业指导书和作业记录	

续表

作业流程	作业项目	作业内容及工艺标准	备注
作业前准备	安全、组织、技术准备	1）全体作业人员列队，作业指导教师作业交代安全、组织和技术要求：对所有作业人员布置作业任务、作业内容、操作要求和重要注意事项。明确作业过程中的危险因素、防范措施和事故紧急处理措施；强调操作要点并进行安全和技术交底，必要时，应进行演示操作；将作业人员分组。指定每个作业班组工作负责人，交代负责内容并强调监护要求；就技术和安全问题向作业人员提问，保证每位作业人员掌握。 2）作业班组工作负责人组织作业人员按要求对安全措施进行布置，操作应正确规范。 3）作业班组工作负责人进行安全措施自检。合格后，通知作业指导教师进行检查。 4）作业指导教师对安全措施检查合格后，由作业班组工作负责人填写工作票，并办理许可手续（作业指导教师、作业工作负责人在作业工作票指定位置签字）。 5）作业班组列队，由作业班组工作负责人宣读作业工作票，交代安全注意事项。作业工作人员确认后在作业工作票上指定位置签字，作业班组方可开始作业。 6）作业指导教师对整个作业作业进行巡视，及时纠正不安全行为。作业班组工作负责人对作业人员进行安全监护	
遥测、遥信信息、遥控操作异常的初步判断	遥信信息异常判断	1）检查遥信信息错误的范围（单个还是多个）。 2）检查遥信电源空气断路器，合上并测量电压是否正常。 3）测控装置开入显示与后台进行比对。 4）测量开入回路电位与测控显示进行比对	
	遥测信息异常判断	1）检查遥测信息错误的范围（电流、电压或功率等）。 2）检查电压输入空气断路器，合上并测量电压是否正常。 3）测控装置开入显示与后台进行比对。 4）钳形电流表测量电流回路，万用表测量电压回路，并分别与测控显示比对	
	遥控操作异常判断	1）检查机构、测控远方就地把手切换到远方，遥控连接片均已投上。 2）遥控预置错误，检查测控装置通信状态等运行工况，初步判断测控装置通信异常或者逻辑错误。 3）执行后对象无动作，初步判断为控制回路或遥控接点问题	
现场清理	场地清理	1）对作业工器具、图纸资料等进行整理，对照记录进行检查清点。 2）检查作业现场无遗留物，清扫作业场地	
收尾工作	自检及填写记录报告	1）由作业班组工作负责人组织学员进行全面检查，自检作业项目是否具备验收条件，填写作业自检报告。 2）由作业班组工作负责人按要求填写作业报告和作业记录	
工作结束	结束	经作业指导教师验收合格后，作业指导教师和作业学员检查确认施工器具已全部撤离工作现场、作业现场无遗留物	
	总结	全体作业人员列队，作业指导教师对作业情况进行总结	
	人员撤离	所有作业人员撤离作业场地	

7.4.6 作业指导书执行情况评估

<table>
<tr><td rowspan="6">评估内容</td><td rowspan="3">符合性</td><td>优秀</td><td></td><td>可操作项</td><td rowspan="6"></td></tr>
<tr><td>良好</td><td></td><td rowspan="2">不可操作项</td></tr>
<tr><td>一般</td><td></td></tr>
<tr><td rowspan="3">可操作性</td><td>优秀</td><td></td><td>修改项</td></tr>
<tr><td>良好</td><td></td><td>增补项</td></tr>
<tr><td>一般</td><td></td><td>删除项</td></tr>
<tr><td>存在问题</td><td colspan="5"></td></tr>
<tr><td>改进意见</td><td colspan="5"></td></tr>
</table>

7.5 测控五防逻辑验证

7.5.1 适用范围

本节适用于变电运维人员实施变电运维一体化项目作业，变电运维一体化作业实操培训可参考执行。

7.5.2 参考资料

下列文件对于本节的应用是必不可少的。凡是注日期的引用文件，仅所注日期的版本适用于本节。凡是不注日期的引用文件，其最新版本（包括所有的修改单）适用于本节。

GB/T 40435 变电站数据通信网关机技术规范

GB/T 40095 智能变电站测控装置技术规范

DL/T 1512 变电站测控装置技术规范

DL/T 1403 智能变电站监控系统技术规范

DL/T 860 电力自动化通信网络和系统

7.5.3 作业前准备工作

7.5.3.1 作业人员要求

√	序号	责任人	工作要求	备注
	1	作业负责人	1）熟悉测控装置的五防原理和运行方式。 2）了解全站五防逻辑配置及配合机制。 3）具有一定的现场工作经验，熟悉并能严格遵守电力生产和工作现场的相关安全管理规定。 4）作业负责人必须经本单位批准	

续表

√	序号	责任人	工作要求	备注
	2	作业人员	1）现场工作人员的身体状况、精神状态良好。 2）作业辅助人员（外来）必须经负责施教的人员对其进行安全措施、作业范围、安全注意事项等方面施教后方可参加工作。 3）所有作业人员必须具备必要的电气知识，基本掌握本专业作业技能及《国家电网公司电力安全工作规程　变电部分》的相关知识，并经考试合格	

7.5.3.2　作业材料及工器具准备

√	序号	名称	规格	单位	数量	备注
	1	作业指导书		份	1	
	2	十字螺丝刀		把	1	
	3	一字螺丝刀		把	1	
	4	对讲机		对	1	
	5	万用表		个	1	
	6	设备图纸资料		份	1	
	7	遥控安全措施票		份	1	
	8	逻辑表		份	1	

7.5.3.3　作业危险点分析及安全预控措施

√	序号	危险点分析	安全控制措施
	1	误操作	1）所有间隔需要执行退出遥控连接片的遥控安措，试验间隔应断开闸刀操作电源和电机电源。 2）后台监控需要两人进行，防止失去监护
	2	低压触电	回路检查时戴好手套，做好工具绝缘，防止人身低压触电或工具造成短路或接地
	3	误入间隔，误碰运行回路	1）同屏安装设备较多，工作前应核对设备参数、标签、接线。 2）万用表使用前应确认挡位和表棒插槽
	4	交叉作业风险	验证测控逻辑时，由于站控层五防功能退出，严禁进行其他后台操作，增加交叉作业引起的风险
	5	影响调度功能	向相关调度自动化值班申请站内无功设备 AVC 功能退出

7.5.4 作业流程图

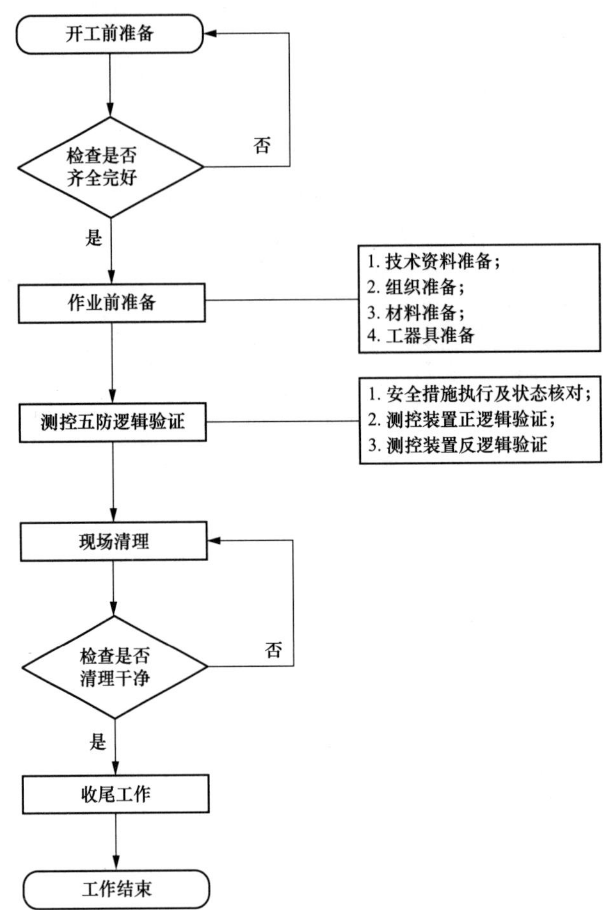

7.5.5 主要作业流程及工艺标准

作业流程	作业项目	作业内容及工艺标准	备注
作业前准备	人员检查	1）所有作业人员必须掌握《国家电网公司电力安全工作规程　变电部分》相关知识，并经考试合格。 2）作业人员应精神饱满，身体状态良好。 3）正确佩戴安全帽，着装符合安全要求。 4）作业指导教师对出勤情况进行记录	
	场地检查	1）作业场地整洁，无积水、污物，必要时进行清理。 2）检查急救箱，急救物品应齐备	
	设备、工具、资料检查	1）检查作业中需要使用的设备处于良好状态。 2）对照工器具清单检查工器具，应齐全、完好、清洁。工具摆放整齐。 3）对照设备准备相关图纸资料、逻辑表、遥控安全措施票。 4）对照资料清单准备作业工作票、作业指导书和作业记录	

续表

作业流程	作业项目	作业内容及工艺标准	备注
作业前准备	安全、组织、技术准备	1）全体作业人员列队，作业指导教师作业交代安全、组织和技术要求：对所有作业人员布置作业任务、作业内容、操作要求和重要注意事项。明确作业过程中的危险因素、防范措施和事故紧急处理措施；强调操作要点并进行安全和技术交底，必要时，应进行演示操作；将作业人员分组。指定每个作业班组工作负责人，交代负责内容并强调监护要求；就技术和安全问题向作业人员提问，保证每位作业人员掌握。 2）作业班组工作负责人组织作业人员按要求对安全措施进行布置，操作应正确规范。 3）作业班组工作负责人进行安全措施自检。合格后，通知作业指导教师进行检查。 4）作业指导教师对安全措施检查合格后，由作业班组工作负责人填写工作票，并办理许可手续（作业指导教师、作业工作负责人在作业工作票指定位置签字）。 5）作业班组列队，由作业班组工作负责人宣读作业工作票，交代安全注意事项。作业工作人员确认后在作业工作票上指定位置签字，作业班组方可开始作业。 6）作业指导教师对整个作业作业进行巡视，及时纠正不安全行为。作业班组工作负责人对作业人员进行安全监护	
测控五防逻辑核查	安措执行及状态核对	1）按照安全措施票退出测控遥控连接片，并向调度申请站内无功设备 AVC 功能退出。 2）退出站控层五防功能。 3）核对设备状态，确保后台监控与现场一致（断路器、隔离开关等）。 4）确认测控装置逻辑文件已下装并且设备无告警。 5）确认站内无其他交叉工作	
	测控装置正逻辑验证	1）核对监控系统的正逻辑状态（断路器、隔离开关等）。 2）测量验证对象的闭锁接点应为闭合，确认回路导通。 3）遥控预置返回正确，进入执行界面后退出遥控。 4）正逻辑验证结束	
	测控装置反逻辑验证	1）核对监控系统的反逻辑状态（断路器、隔离开关等）。 2）测量验证对象的闭锁接点应为断开，确认回路闭锁。 3）遥控预置返回不正确，提示不满足条件，退出遥控。 4）反逻辑验证结束（反逻辑需要逐条验证）。 5）按照安全措施票投入测控遥控连接片	
现场清理	场地清理	1）对作业工器具、图纸资料等进行整理，对照记录进行检查清点。 2）检查作业现场无遗留物，清扫作业场地。 3）汇报调度解除站内无功设备 AVC 功能闭锁	
收尾工作	自检及填写记录报告	1）由作业班组工作负责人组织学员进行全面检查，自检作业项目是否具备验收条件，填写作业自检报告。 2）由作业班组工作负责人按要求填写作业报告和作业记录	

续表

<table>
<tr><th>作业流程</th><th>作业项目</th><th>作业内容及工艺标准</th><th>备注</th></tr>
<tr><td rowspan="3">工作结束</td><td>结束</td><td>经作业指导教师验收合格后，作业指导教师和作业学员检查确认施工器具已全部撤离工作现场、作业现场无遗留物</td><td></td></tr>
<tr><td>总结</td><td>全体作业人员列队，作业指导教师对作业情况进行总结</td><td></td></tr>
<tr><td>人员撤离</td><td>所有作业人员撤离作业场地</td><td></td></tr>
</table>

7.5.6 作业指导书执行情况评估

<table>
<tr><td rowspan="6">评估内容</td><td rowspan="3">符合性</td><td>优秀</td><td></td><td>可操作项</td><td rowspan="6"></td></tr>
<tr><td>良好</td><td></td><td rowspan="2">不可操作项</td></tr>
<tr><td>一般</td><td></td></tr>
<tr><td rowspan="3">可操作性</td><td>优秀</td><td></td><td>修改项</td></tr>
<tr><td>良好</td><td></td><td>增补项</td></tr>
<tr><td>一般</td><td></td><td>删除项</td></tr>
<tr><td>存在问题</td><td colspan="5"></td></tr>
<tr><td>改进意见</td><td colspan="5"></td></tr>
</table>

8 直流电源（含事故照明屏）部分

8.1 指示灯更换

8.1.1 适用范围

本节适用于变电运维人员实施变电运维一体化项目作业，变电运维一体化作业实操培训可参考执行。

8.1.2 参考资料

下列文件对于本节的应用是必不可少的。凡是注日期的引用文件，仅所注日期的版本适用于本节。凡是不注日期的引用文件，其最新版本（包括所有的修改单）适用于本节。

JB/T 9283 万用电表

国网〔运检/3〕828—2017 国家电网公司变电运维管理规定（试行）

8.1.3 作业前准备工作

8.1.3.1 作业人员要求

√	序号	责任人	工作要求	备注
	1	作业负责人	1）熟悉指示灯接线图及接线方式。 2）具有一定的现场工作经验，熟悉并能严格遵守电力生产和工作现场的相关安全管理规定。 3）作业负责人必须经本单位批准	
	2	作业人员	1）现场工作人员的身体状况、精神状态良好。 2）作业辅助人员（外来）必须经负责人对其进行安全措施、作业范围、安全注意事项等方面的施教后方可参加工作。 3）特殊工种（低压电工）必须持有效证件上岗。 4）所有作业人员必须具备必要的电气知识，基本掌握本专业作业技能及《国家电网公司电力安全工作规程　变电部分》的相关知识，并经考试合格	

8.1.3.2 作业材料及工器具准备

√	序号	名称	规格	单位	数量	备注
	1	作业指导书		份	1	
	2	万用表		个	1	
	3	十字螺丝刀		把	1	
	4	一字螺丝刀		把	1	
	5	尖嘴钳		把	1	
	6	线手套		副	1	
	7	绝缘胶带		卷	1	
	8	屏柜钥匙		把	1	
	9	指示灯	与故障指示灯型号、规格一致	个	若干	

8.1.3.3 作业危险点分析及安全预控措施

√	序号	危险点分析	安全控制措施
	1	低压触电	1）指示灯更换不得少于 2 人，工作负责人开工前，向工作班人员认真交底，交代现场带电部位、工作范围、现场安全措施及安全注意事项，进入间隔前，认真核对设备名称、编号。核对无误后方可开始工作。 2）拆装指示灯前应断开检修设备电源。 3）拆装指示灯要戴线手套，螺丝刀等工具金属部分应使用绝缘胶带包裹，防止低压触电
	2	运维专业误操作	1）直流系统指示灯更换时，若确需停用保护及安全自动装置应向管辖调度申请停用相关装置后方可开展指示灯更换工作。 2）交流系统指示灯更换时应断开指示灯所在支路交流电源，停电更换指示灯，若涉及断路器储能电源尽量缩短回路停电时间。 3）在二次设备上工作时，应正确使用工器具，禁止误碰运行设备

8.1.4 作业流程图

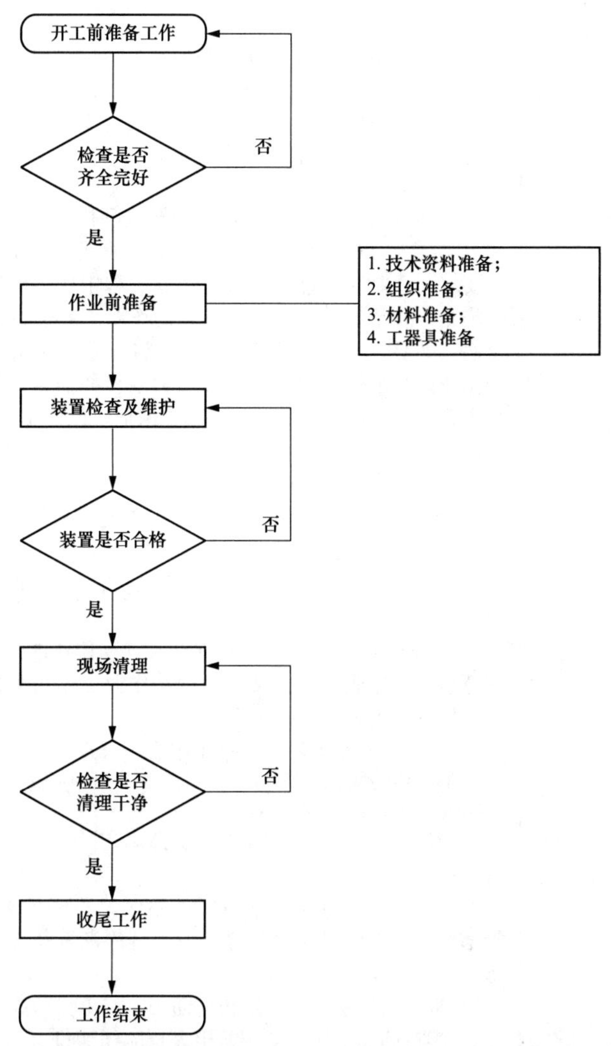

8.1.5 主要作业流程及工艺标准

作业流程	作业项目	作业内容及工艺标准	备注
作业前准备	人员检查	1）所有作业人员必须掌握《国家电网公司电力安全工作规程 变电部分》相关知识，并经考试合格。 2）作业人员应精神饱满，身体状态良好。 3）正确佩戴安全帽，着装符合安全要求。 4）工器具及备品备件合格、齐备	
	场地检查	1）作业场地整洁，无积水、污物，必要时进行清理。 2）检查急救箱，急救物品应齐备	
	设备、工具、材料、资料检查	1）检查作业中需要使用的备件处于良好状态，检查型号、规格一致。	

续表

作业流程	作业项目	作业内容及工艺标准	备注
作业前准备	设备、工具、材料、资料检查	2）对照工器具清单检查工器具，应齐全、完好、清洁。安全工器具和试验设备符合技术要求。工具摆放整齐。 3）对照材料清单检查材料，应齐全、合格。 4）对照资料清单准备作业指导书	
	安全、组织、技术准备	1）全体作业人员列队，作业指导教师作业交代安全、组织和技术要求：对所有作业人员布置作业任务、作业内容、操作要求和重要注意事项。明确作业过程中的危险因素、防范措施和事故紧急处理措施；强调操作要点并进行安全和技术交底，必要时，应进行演示操作；将作业人员分组。指定每个作业班组工作负责人，交代负责内容并强调监护要求；就技术和安全问题向作业人员提问，保证每位作业人员掌握。 2）作业班组工作负责人组织作业人员按要求对安全措施进行布置，操作应正确规范。 3）作业班组工作负责人进行安全措施自检。合格后，通知作业指导教师进行检查。 4）作业指导教师对安全措施检查合格后，由作业班组工作负责人填写作业指导书。 5）作业班组列队，由作业负责人宣读作业内容，交代安全注意事项。作业工作人员确认后在作业工作票上指定位置签字，作业班组方可开始作业。 6）作业指导教师对整个作业作业进行巡视，及时纠正不安全行为。作业班组工作负责人对作业人员进行安全监护	
装置检查及维护	指示灯更换	1）确认故障支路。确认故障支路名称，确定负荷已转移或可直接断开。 2）断开空气断路器。若确需停用保护及安全自动装置应向管辖调度申请停用相关装置后方可开展断开待更换支路的电源空气断路器。 3）拆开前挡板。拆开屏柜前面板，旋出指示灯。 4）测量确无电压。使用万用表直流挡测量该指示灯两端对地均确无电压。 5）拆除接线。做好指示灯两端接线标记，并拆除指示灯两端接线，用绝缘胶带包裹完全。 6）旋下指示灯。旋下指示灯，并将待更换指示灯与故障指示灯再次进行对比，确保型号、尺寸一致。 7）指示灯更换。安装新的指示灯，恢复接线。 8）检查指示灯运行正常。试合空气断路器，检查该指示灯工作正常。 9）恢复现场。恢复屏柜正面板安装，全面核对现场，检查指示灯安装牢固，无异响，合上空气断路器	
现场清理	场地清理	1）对作业设备、材料、工器具等进行整理，对照记录进行检查清点。 2）检查作业现场无遗留物，清扫作业场地	

续表

作业流程	作业项目	作业内容及工艺标准	备注
收尾工作	自检及填写记录报告	1）由作业班组工作负责人组织学员进行全面检查，自检作业项目是否具备验收条件，填写作业自检报告。 2）由作业班组工作负责人按要求填写作业报告和作业记录	
工作结束	结束	经作业指导教师验收合格后，作业指导教师和作业学员检查确认施工器具已全部撤离工作现场、作业现场无遗留物	
	总结	全体作业人员列队，作业指导教师对作业情况进行总结	
	人员撤离	所有作业人员撤离作业场地	

8.1.6 作业指导书执行情况评估

评估内容	符合性	优秀		可操作项	
		良好		不可操作项	
		一般			
	可操作性	优秀		修改项	
		良好		增补项	
		一般		删除项	
存在问题					
改进意见					

8.2 熔断器更换

8.2.1 适用范围

本节适用于变电运维人员实施变电运维一体化项目作业，变电运维一体化作业实操培训可参考执行。

8.2.2 参考资料

下列文件对于本节的应用是必不可少的。凡是注日期的引用文件，仅所注日期的版本适用于本节。凡是不注日期的引用文件，其最新版本（包括所有的修改单）适用于本节。

JB/T 9283　万用电表

DL/T 5044　电力工程直流电源系统设计技术规程

DL/T 724　电力系统用蓄电池直流电源装置运行与维护技术规程

国网〔运检/3〕828—2017　国家电网公司变电运维管理规定（试行）

8.2.3 作业前准备工作

8.2.3.1 作业人员要求

√	序号	责任人	工作要求	备注
	1	作业负责人	1）熟悉直流系统接线图及接线方式。 2）具有一定的现场工作经验，熟悉并能严格遵守电力生产和工作现场的相关安全管理规定。 3）作业负责人必须经本单位批准	
	2	作业人员	1）现场工作人员的身体状况、精神状态良好。 2）作业辅助人员（外来）必须经负责人对其进行安全措施、作业范围、安全注意事项等方面施教后方可参加工作。 3）特殊工种（低压电工）必须持有效证件上岗。 4）所有作业人员必须具备必要的电气知识，基本掌握本专业作业技能及《国家电网公司电力安全工作规程　变电部分》的相关知识，并经考试合格	

8.2.3.2 作业材料及工器具准备

√	序号	名称	规格	单位	数量	备注
	1	作业指导书		份	1	
	2	万用表		个	1	
	3	十字螺丝刀		把	1	
	4	一字螺丝刀		把	1	
	5	尖嘴钳		把	1	
	6	线手套		副	1	
	7	绝缘胶带		卷	1	
	8	绝缘垫	600mm×600mm	个	1	
	9	屏柜钥匙		把	1	
	10	熔断器（含撞击器）	与故障熔断器型号、规格一致	个	若干	
	11	熔断器操作工具	与故障熔断器匹配	个	1	

8.2.3.3 作业危险点分析及安全预控措施

√	序号	危险点分析	安全控制措施
	1	低压触电	1）熔断器更换不得少于2人，工作负责人开工前，向工作班人员认真交底，交代现场带电部位、工作范围、现场安全措施及安全注意事项，进入间隔前，认真核对设备名称、编号。核对无误后方可开始工作。 2）拆装熔断器前应断开蓄电池输出开关

续表

√	序号	危险点分析	安全控制措施
	2	运维专业误操作	1）更换蓄电池组熔断器前应将先切换直流系统运行方式，退出待更换熔断器的蓄电池组，将另外一组蓄电池组带直流Ⅰ、Ⅱ段母线运行，严禁直流母线不得无蓄电池运行。 2）直流系统上工作时，应正确使用工器具，禁止误碰运行设备
	3	直流短路或直流接地	螺丝刀等工具金属部分应使用绝缘胶带包裹，防止造成蓄电池正负极间短路或直流接地

8.2.4 作业流程图

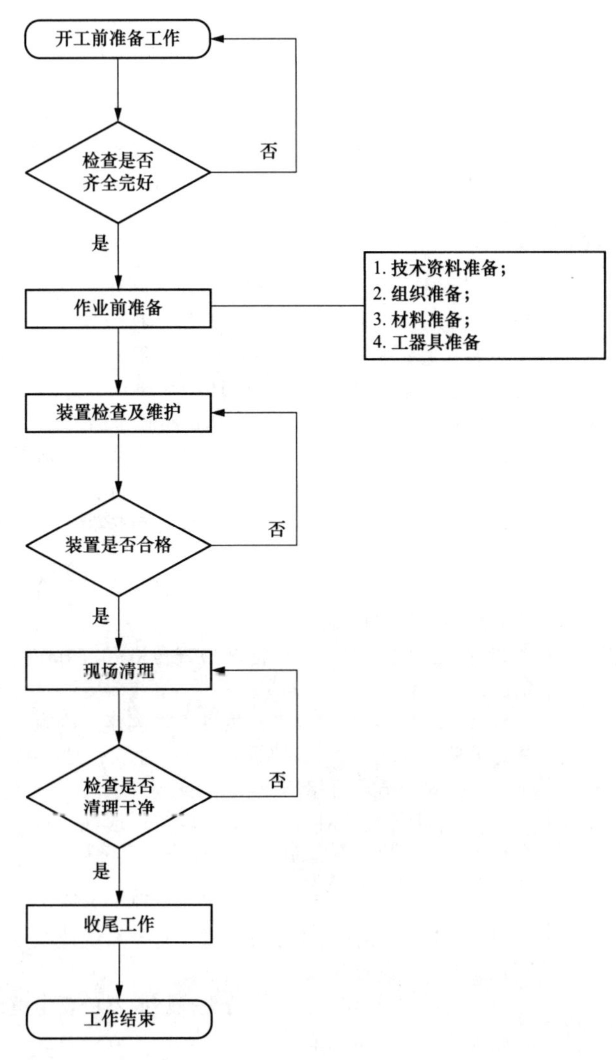

8.2.5 主要作业流程及工艺标准

作业流程	作业项目	作业内容及工艺标准	备注
作业前准备	人员检查	1）所有作业人员必须掌握《国家电网公司电力安全工作规程　变电部分》相关知识，并经考试合格。 2）作业人员应精神饱满，身体状态良好。 3）正确佩戴安全帽，着装符合安全要求。 4）工器具及备品备件合格、齐备	
	场地检查	1）作业场地整洁，无积水、污物，必要时进行清理。 2）检查场地地面绝缘良好或已铺设绝缘垫。 3）检查急救箱，急救物品应齐备	
	设备、工具、材料、资料检查	1）检查作业中需要使用的备件处于良好状态，检查型号、规格一致。 2）对照工器具清单检查工器具，应齐全、完好、清洁。安全工器具和试验设备符合技术要求。工具摆放整齐。 3）对照材料清单检查材料，应齐全、合格。 4）对照资料清单准备作业指导书	
	安全、组织、技术准备	1）全体作业人员列队，作业指导教师作业交代安全、组织和技术要求：对所有作业人员布置作业任务、作业内容、操作要求和重要注意事项。明确作业过程中的危险因素、防范措施和事故紧急处理措施；强调操作要点并进行安全和技术交底，必要时，应进行演示操作；将作业人员分组。指定每个作业班组工作负责人，交代负责内容并强调监护要求；就技术和安全问题向作业人员提问，保证每位作业人员掌握。 2）作业班组工作负责人组织作业人员按要求对安全措施进行布置，操作应正确规范。 3）作业班组工作负责人进行安全措施自检。合格后，通知作业指导教师进行检查。 4）作业指导教师对安全措施检查合格后，由作业班组工作负责人填写作业指导书。 5）作业班组列队，由作业负责人宣读作业内容，交代安全注意事项。作业工作人员确认后在作业工作票上指定位置签字，作业班组方可开始作业。 6）作业指导教师对整个作业作业进行巡视，及时纠正不安全行为。作业班组工作负责人对作业人员进行安全监护	
装置检查及维护	直流系统运行方式切换	1）核对当前站用直流运行方式及直流系统接线原理图。拟写直流系统倒闸操作票。 2）执行倒闸操作票。退出待更换熔断器的蓄电池组，其中直流母线不得无蓄电池运行。 3）隔离蓄电池。断开蓄电池输出开关	

续表

作业流程	作业项目	作业内容及工艺标准	备注
装置检查及维护	蓄电池熔断器更换	1）拆下待更换熔断器撞击器及支架。放置合适位置，并用绝缘胶带固定牢靠，防止发生相间短路。 2）取下蓄电池熔断器。使用专用工具取下蓄电池熔断器，注意应先拔上口，再拔下口，先拉正极再拉负极。 3）测量熔断器通断。使用万用表蜂鸣挡，测量熔断器通断状态，确定具体故障熔断器。 4）核对待更换熔断器。核对待更换熔断器型号、额定电流、尺寸等是否与故障熔断器一致，使用万用表蜂鸣挡，检查待更换熔断器通断是否正常。 5）更换蓄电池熔断器。使用专用工具，先将蓄电池熔断器固定在专用工具上，然后安装在蓄电池熔断器支架上，注意应先安装下口再安装上口，先装负极再装正极。 6）更换熔断器撞击器。选择与故障撞击器型号、规格一致的撞击器进行安装。 7）安装熔断器撞击器。将熔断器撞击器安装在原蓄电池熔断器支架上	
	直流系统运行方式切换	1）测量直流电压。测量蓄电池出口极间电压与直流母线极间电压，如果压差小于5V则直接恢复正常运行方式，如果压差大于5V则应先用备用充电机对该蓄电池进行充电，待充电完成后方可恢复正常运行方式。 2）恢复正常运行方式。根据正常运行方式及直流系统接线原理图拟写直流系统倒闸操作票。 3）执行倒闸操作票。投入已更换熔断器的蓄电池组，直流系统恢复正常运行方式。 4）检查直流系统。检查直流系统充电机、蓄电池电压、电流指示正常，检查监控后台蓄电池熔断器熔断信号已复归	
现场清理	场地清理	1）对作业设备、材料、工器具等进行整理，对照记录进行检查清点。 2）检查作业现场无遗留物，清扫作业场地	
收尾工作	自检及填写记录报告	1）由作业班组工作负责人组织学员进行全面检查，自检作业项目是否具备验收条件，填写作业自检报告。 2）由作业班组工作负责人按要求填写作业报告和作业记录	
工作结束	结束	经作业指导教师验收合格后，作业指导教师和作业学员检查确认施工器具已全部撤离工作现场、作业现场无遗留物	
	总结	全体作业人员列队，作业指导教师对作业情况进行总结	
	人员撤离	所有作业人员撤离作业场地	

8.2.6 作业指导书执行情况评估

<table>
<tr><td rowspan="6">评估内容</td><td rowspan="3">符合性</td><td>优秀</td><td></td><td>可操作项</td><td rowspan="6"></td></tr>
<tr><td>良好</td><td></td><td rowspan="2">不可操作项</td></tr>
<tr><td>一般</td><td></td></tr>
<tr><td rowspan="3">可操作性</td><td>优秀</td><td></td><td>修改项</td></tr>
<tr><td>良好</td><td></td><td>增补项</td></tr>
<tr><td>一般</td><td></td><td>删除项</td></tr>
<tr><td>存在问题</td><td colspan="5"></td></tr>
<tr><td>改进意见</td><td colspan="5"></td></tr>
</table>

8.3 两电三充模式定期切换试验

8.3.1 适用范围

本节适用于变电运维人员实施变电运维一体化项目作业，变电运维一体化作业实操培训可参考执行。

8.3.2 参考资料

下列文件对于本节的应用是必不可少的。凡是注日期的引用文件，仅所注日期的版本适用于本节。凡是不注日期的引用文件，其最新版本（包括所有的修改单）适用于本节。

JB/T 9283 万用电表

DL/T 5044 电力工程直流电源系统设计技术规程

DL/T 724 电力系统用蓄电池直流电源装置运行与维护技术规程

国网〔运检/3〕828—2017 国家电网公司变电运维管理规定（试行）

国家电网设备〔2018〕979号 国家电网有限公司关于印发十八项电网重大反事故措施（修订版）的通知

8.3.3 作业前准备工作

8.3.3.1 作业人员要求

√	序号	责任人	工作要求	备注
	1	作业负责人	1）熟悉直流系统接线图及接线方式。 2）具有一定的现场工作经验，熟悉并能严格遵守电力生产和工作现场的相关安全管理规定。 3）作业负责人必须经本单位批准	
	2	作业人员	1）现场工作人员的身体状况、精神状态良好。 2）特殊工种（低压电工）必须持有效证件上岗。 3）所有作业人员必须具备必要的电气知识，基本掌握本专业作业技能及《国家电网公司电力安全工作规程　变电部分》的相关知识，并经考试合格	

8.3.3.2 作业材料及工器具准备

√	序号	名称	规格	单位	数量	备注
	1	作业指导书		份	1	
	2	万用表		个	1	
	3	线手套		副	1	
	4	屏柜钥匙		把	1	

8.3.3.3 作业危险点分析及安全预控措施

√	序号	危险点分析	安全控制措施
	1	低压触电	切换工作不得少于 2 人，工作负责人开工前，向工作班人员认真交底，交代现场带电部位、工作范围、现场安全措施及安全注意事项，进入间隔前，认真核对设备名称、编号，核对无误后方可开始工作
	2	直流母线失电	1）严格执行切换作业卡，严禁发生直流母线无蓄电池组的运行方式，防止造成直流母线失压。 2）直流母线并列前应检查母线压差，防止造成直流母线电压波动较大。 3）切换操作后应检查充电机、蓄电池组输出电流及直流母线电压，检查确认充电机带直流母线工作正常，防止充电机未正常运行导致蓄电池组处于放电状态

8.3.4 作业流程图

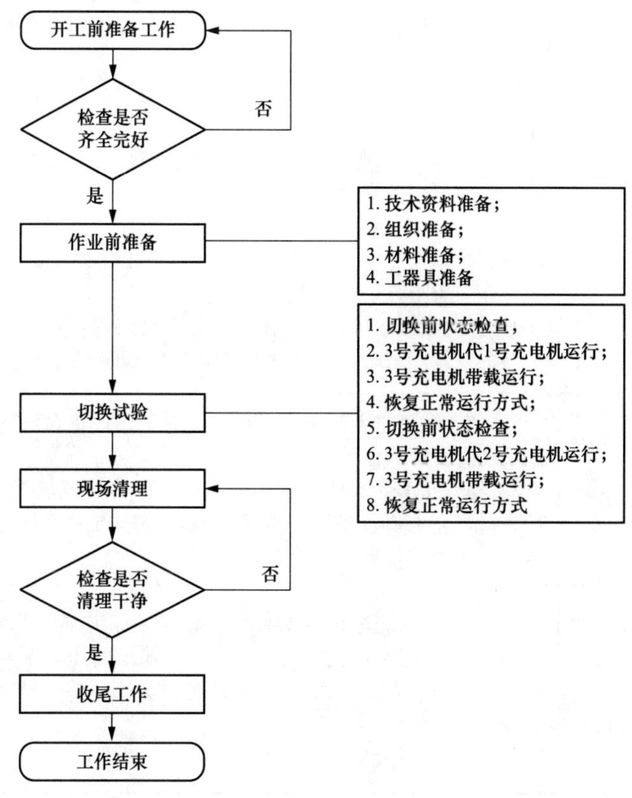

8.3.5 主要作业流程及工艺标准

作业流程	作业项目	作业内容及工艺标准	备注
作业前准备	人员检查	1）所有作业人员必须掌握《国家电网公司电力安全工作规程　变电部分》相关知识，并经考试合格。 2）作业人员应精神饱满，身体状态良好。 3）正确佩戴安全帽，着装符合安全要求。 4）工器具及备品备件合格、齐备	
	场地检查	1）作业场地整洁，无积水、污物，必要时进行清理。 2）检查急救箱，急救物品应齐备	
	设备、工具、材料、资料检查	1）对照工器具清单检查工器具，应齐全、完好、清洁。安全工器具和试验设备符合技术要求。工具摆放整齐。 2）对照材料清单检查材料，应齐全、合格。 3）对照资料清单准备作业指导书	
	安全、组织、技术准备	1）全体作业人员列队，作业指导教师作业交代安全、组织和技术要求：对所有作业人员布置作业任务、作业内容、操作要求和重要注意事项。明确作业过程中的危险因素、防范措施和事故紧急处理措施；强调操作要点并进行安全和技术交底，必要时，应进行演示操作；将作业人员分组。指定每个作业班组工作负责人，交代负责内容并强调监护要求；就技术和安全问题向作业人员提问，保证每位作业人员掌握。 2）作业班组工作负责人组织作业人员按要求对安全措施进行布置，操作应正确规范。 3）作业班组工作负责人进行安全措施自检。合格后，通知作业指导教师进行检查。 4）作业指导教师对安全措施检查合格后，由作业班组工作负责人填写作业指导书。 5）作业班组列队，由作业负责人宣读作业内容，交代安全注意事项。作业工作人员确认后在作业工作票上指定位置签字，作业班组方可开始作业。 6）作业指导教师对整个作业作业进行巡视，及时纠正不安全行为。作业班组工作负责人对作业人员进行安全监护	
切换试验	切换前状态检查	1）核实站用电系统正常运行，核对工作设备名称正确，检查现场符合工作条件。 2）检查1号、2号充电机输入电压、输出电流指示正常，检查3号充电机（备用充电机）输入电压指示正常，检查直流系统无接地现象，无异常光字、报文	
	3号充电机带直流Ⅰ段母线运行	1）抄录1号充电机直流输出电流、1组蓄电池输出电流。 2）检查3号充电机（备用充电机）输出电压与1号充电机输出电压压差在2V以内，如果压差过大则调整3号充电机直流输出电压。 3）合上3号充电机至1组蓄电池空气断路器。	

续表

作业流程	作业项目	作业内容及工艺标准	备注
切换试验	3号充电机带直流Ⅰ段母线运行	4）检查3号充电机输出电压电流指示正常。 5）断开1号充电机至Ⅰ段直流母线空气断路器。 6）抄录3号充电机输出电流、1组蓄电池输出电流与正常运行电流是否一致。 7）检查直流Ⅰ段系统运行正常	
	3号充电机带载运行	3号充电机带直流Ⅰ段母线运行1h	
	恢复正常运行方式	1）检查直流系统无接地现象，异常光字、报文。 2）抄录3号充电机直流输出电流、1组蓄电池输出电流。 3）检查1号充电机输出电压与3号充电机输出电压压差在2V以内。 4）合上1号充电机至Ⅰ段直流母线空气断路器。 5）检查1号充电机输出电压电流指示正常。 6）断开3号充电机至1组蓄电池空气断路器。 7）抄录1号充电机输出电流、1组蓄电池输出电流与3号充电机带负载时运行电流是否一致。 8）检查直流Ⅰ段系统运行正常	
	切换前状态检查	1）核实站用电系统正常运行，核对工作设备名称正确，检查现场符合工作条件。 2）检查1号、2号充电机输入电压、输出电流指示正常，检查3号充电机（备用充电机）输入电压指示正常，检查直流系统无接地现象，无异常光字、报文	
	3号充电机带直流Ⅱ段母线运行	1）抄录2号充电机直流输出电流、2组蓄电池输出电流。 2）检查3号充电机（备用充电机）输出电压与2号充电机输出电压压差在2V以内，如果压差过大则调整3号充电机直流输出电压。 3）合上3号充电机至2组蓄电池空气断路器。 4）检查3号充电机输出电压电流指示正常。 5）断开2号充电机至Ⅱ段直流母线空气断路器。 6）抄录3号充电机输出电流、蓄电池输出电流与正常运行电流是否一致。 7）检查直流Ⅱ段系统运行正常	
	3号充电机带载运行	3号充电机带直流Ⅱ段母线运行1h	
	恢复正常运行方式	1）检查直流系统无接地现象，异常光字、报文。 2）抄录3号充电机直流输出电流、蓄电池输出电流。 3）检查2号充电机输出电压与3号充电机输出电压压差在2V以内。 4）合上2号充电机至Ⅱ段直流母线空气断路器。 5）检查2号充电机输出电压电流指示正常。	

续表

作业流程	作业项目	作业内容及工艺标准	备注
切换试验	恢复正常运行方式	6）断开3号充电机至2组蓄电池空气断路器。 7）抄录2号充电机输出电流、蓄电池输出电流与3号充电机带负载时运行电流是否一致。 8）检查直流Ⅱ段系统运行正常	
现场清理	场地清理	1）对作业设备、材料、工器具等进行整理，对照记录进行检查清点。 2）检查作业现场无遗留物。清扫作业场地	
收尾工作	自检及填写记录报告	1）由作业班组工作负责人组织学员进行全面检查，自检作业项目是否具备验收条件，填写作业自检报告。 2）由作业班组工作负责人按要求填写作业报告和作业记录	
工作结束	结束	经作业指导教师验收合格后，作业指导教师和作业学员检查确认施工器具已全部撤离工作现场、作业现场无遗留物	
	总结	全体作业人员列队，作业指导教师对作业情况进行总结	
	人员撤离	所有作业人员撤离作业场地	

8.3.6 作业指导书执行情况评估

<table>
<tr><td rowspan="6">评估内容</td><td rowspan="3">符合性</td><td>优秀</td><td></td><td>可操作项</td><td rowspan="6"></td></tr>
<tr><td>良好</td><td></td><td rowspan="2">不可操作项</td></tr>
<tr><td>一般</td><td></td></tr>
<tr><td rowspan="3">可操作性</td><td>优秀</td><td></td><td>修改项</td></tr>
<tr><td>良好</td><td></td><td>增补项</td></tr>
<tr><td>一般</td><td></td><td>删除项</td></tr>
<tr><td>存在问题</td><td colspan="5"></td></tr>
<tr><td>改进意见</td><td colspan="5"></td></tr>
</table>

8.4 蓄电池核对性充放电

8.4.1 适用范围

本节适用于变电运维人员实施变电运维一体化项目作业，变电运维一体化作业实操培训可参考执行。

8.4.2 参考资料

下列文件对于本节的应用是必不可少的。凡是注日期的引用文件，仅所注日期的版本适用于本节。凡是不注日期的引用文件，其最新版本（包括所有的修改单）适用于本节。

JB/T 9283　万用电表

DL/T 5044　电力工程直流电源系统设计技术规程

DL/T 1397.2　电力直流电源系统用测试设备通用技术条件　第2部分：蓄电池容量放电测试仪

DL/T 724　电力系统用蓄电池直流电源装置运行与维护技术规程

国网〔运检/3〕828—2017　国家电网公司变电运维管理规定（试行）

8.4.3 作业前准备工作

8.4.3.1 作业人员要求

√	序号	责任人	工作要求	备注
	1	作业负责人	1）熟悉直流系统接线图及接线方式。 2）具有一定的现场工作经验，熟悉并能严格遵守电力生产和工作现场的相关安全管理规定。 3）作业负责人必须经本单位批准	
	2	作业人员	1）现场工作人员的身体状况、精神状态良好。 2）作业辅助人员（外来）必须经负责人对其进行安全措施、作业范围、安全注意事项等方面的施教后方可参加工作。 3）特殊工种（低压电工）必须持有效证件上岗。 4）所有作业人员必须具备必要的电气知识，基本掌握本专业作业技能及《国家电网公司电力安全工作规程　变电部分》的相关知识，并经考试合格	

8.4.3.2 作业材料及工器具准备

√	序号	名称	规格	单位	数量	备注
	1	作业指导书		份	1	
	2	万用表		个	1	
	3	十字螺丝刀		把	1	
	4	一字螺丝刀		把	1	
	5	内六角扳手		套	1	
	6	尖嘴钳		把	1	
	7	线手套		副	1	
	8	绝缘胶带		卷	1	
	9	绝缘垫	600mm×600mm	个	1	
	10	屏柜钥匙		把	1	
	11	短接片（线）		根	若干	
	12	蓄电池容量放电测试仪		台	1	

8.4.3.3 作业危险点分析及安全预控措施

√	序号	危险点分析	安全控制措施
	1	低压触电	充放电工作不得少于2人，工作负责人开工前，向工作班人员认真交底，交代现场带电部位、工作范围、现场安全措施及安全注意事项，进入间隔前，认真核对设备名称、编号。核对无误后方可开始工作
	2	运维专业误操作	1）直流母线在正常运行和改变运行方式的操作中，严禁发生直流母线无蓄电池组的运行方式。 2）全站仅有一组蓄电池时，不应退出运行，也不应进行全核对性放电，只允许用 I_{10} 电流放出其额定容量的50%。 3）全站若具有两组蓄电池时，则一组运行，另一组退出运行进行全核对性放电
	3	直流短路或接地	工器具金属部分应用绝缘胶带包扎，防止造成直流系统短路或接地

8.4.4 作业流程图

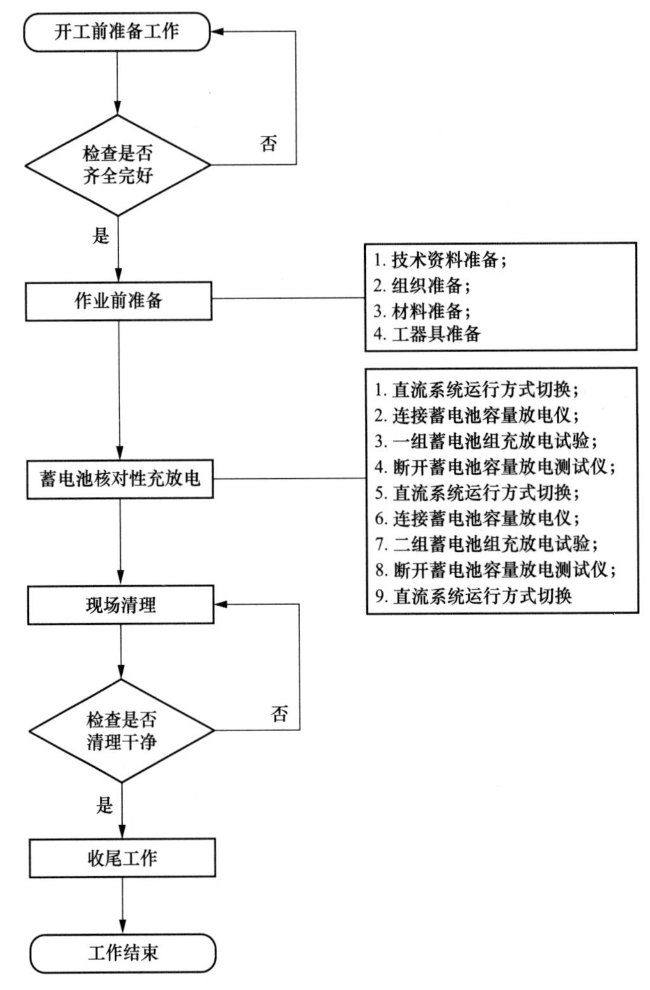

8.4.5 主要作业流程及工艺标准

作业流程	作业项目	作业内容及工艺标准	备注
作业前准备	人员检查	1）所有作业人员必须掌握《国家电网公司电力安全工作规程 变电部分》相关知识，并经考试合格。 2）作业人员应精神饱满，身体状态良好。 3）正确佩戴安全帽，着装符合安全要求。 4）工器具及备品备件合格、齐备	
	场地检查	1）作业场地整洁，无积水、污物，必要时进行清理。 2）检查场地地面绝缘良好或已铺设绝缘垫。 3）检查急救箱，急救物品应齐备	
	设备、工具、材料、资料检查	1）检查作业中需要使用的备件处于良好状态，检查型号、规格一致。 2）对照工器具清单检查工器具，应齐全、完好、清洁。安全工器具和试验设备符合技术要求。工具摆放整齐。 3）对照材料清单检查材料，应齐全、合格。 4）对照资料清单准备作业指导书	
	安全、组织、技术准备	1）全体作业人员列队，作业指导教师作业交代安全、组织和技术要求：对所有作业人员布置作业任务、作业内容、操作要求和重要注意事项。明确作业过程中的危险因素、防范措施和事故紧急处理措施；强调操作要点并进行安全和技术交底，必要时，应进行演示操作；将作业人员分组。指定每个作业班组工作负责人，交代负责内容并强调监护要求；就技术和安全问题向作业人员提问，保证每位作业人员掌握。 2）作业班组工作负责人组织作业人员按要求对安全措施进行布置，操作应正确规范。 3）作业班组工作负责人进行安全措施自检。合格后，通知作业指导教师进行检查。 4）作业指导教师对安全措施检查合格后，由作业班组工作负责人填写作业指导书。 5）作业班组列队，由作业负责人宣读作业内容，交代安全注意事项。作业工作人员确认后在作业工作票上指定位置签字，作业班组方可开始作业。 6）作业指导教师对整个作业作业进行巡视，及时纠正不安全行为。作业班组工作负责人对作业人员进行安全监护	
蓄电池核对性充放电	直流系统运行方式切换	1）核对当前站用直流运行方式及直流系统接线原理图。拟写直流系统倒闸操作票。 2）执行倒闸操作票。切换过程中两组蓄电池短时并联运行后再退出待核对性充放电的蓄电池组，要求直流母线不得无蓄电池运行	
	连接蓄电池容量放电测试仪	1）连接蓄电池容量放电测试仪接线至一组蓄电池放电试验开关。 2）合上一组蓄电池组放电试验开关。	

续表

作业流程	作业项目	作业内容及工艺标准	备注
蓄电池核对性充放电	连接蓄电池容量放电测试仪	3）设定放电试验参数（以110V直流蓄电池为例）。整组保护电压（1.8V×52）、单体保护电压（1.8V）、放电时间（10h）、放电电流（蓄电池容量÷10h）、电池块数（52）、放电容量（蓄电池容量）	
	一组蓄电池组充放电试验	1）抄录放电环境温、湿度，放电开始时间。 2）点击开始放电按钮，进行放电。 3）监视放电情况：如蓄电池单体电压低于1.8V，或整组保护电压低于93.6V或达到放电时间（10h），蓄电池组将中止（终止）放电。 4）如果单体电压低于1.8V，蓄电池放电测试仪将自动中止放电，记录放电时间、蓄电池中止放电节数。将该组蓄电池拆下并使用短接片跨接，后继续放电。 5）重复以上步骤，直至整组保护电压低于93.6V。此时记录放电容量，如果放电容量远小于蓄电池组容量的80%，则判定整组蓄电池不合格。 6）若经过3次全核对性放充电，蓄电池组容量均达不到其额定容量的80%以上，则应安排更换。 7）恢复原蓄电池组正常接线	
	断开蓄电池容量放电测试仪	1）断开一组蓄电池组放电试验开关。 2）断开蓄电池容量放电测试仪接线至一组蓄电池放电试验开关	
	直流系统运行方式切换	1）使用备用充电机对一组蓄电池组进行恒流限压充电—恒压充电—浮充电。 2）测量一组蓄电池组端口电压与Ⅰ段直流母线电压之间压差，如果小于5V，则执行倒闸操作票：要求先合一组蓄电池组输出开关后拉直流分段断路器，直流母线不得无蓄电池运行	
	直流系统运行方式切换	1）核对当前站用直流运行方式及直流系统接线原理图。拟写直流系统倒闸操作票。 2）执行倒闸操作票。要求先合直流分段断路器后拉二组蓄电池组输出开关，直流母线不得无蓄电池运行	
	连接蓄电池容量放电测试仪	1）连接蓄电池容量放电测试仪接线至二组蓄电池放电试验开关。 2）合上二组蓄电池组放电试验开关。 3）设定放电试验参数（以110V直流蓄电池为例）。整组保护电压（1.8V×52）、单体保护电压（1.8V）、放电时间（10h）、放电电流（蓄电池容量÷10h）、电池块数（52）、放电容量（蓄电池容量）	
	二组蓄电池组充放电试验	1）抄录放电环境温、湿度，放电开始时间。 2）点击开始放电按钮，进行放电。 3）监视放电情况。如蓄电池单体电压低于1.8V，或整组保护电压低于93.6V或达到放电时间（10h），蓄电池组将中止（终止）放电。	

续表

<table>
<tr><th>作业流程</th><th>作业项目</th><th>作业内容及工艺标准</th><th>备注</th></tr>
<tr><td rowspan="3">蓄电池核对性充放电</td><td>二组蓄电池组充放电试验</td><td>4）如果单体电压低于1.8V，蓄电池放电测试仪将自动中止放电，记录放电时间、蓄电池中止放电节数。将该组蓄电池拆下并使用短接片跨接，后继续放电。
5）重复以上步骤，直至整组保护电压低于93.6V。此时记录放电容量，如果放电容量远小于蓄电池组容量的80%，则判定整组蓄电池不合格。
6）若经过3次全核对性放充电，蓄电池组容量均达不到其额定容量的80%以上，则应安排更换。
7）恢复原蓄电池组正常接线</td><td></td></tr>
<tr><td>断开蓄电池容量放电测试仪</td><td>1）断开二组蓄电池组放电试验开关。
2）断开蓄电池容量放电测试仪接线至二组蓄电池放电试验开关</td><td></td></tr>
<tr><td>直流系统运行方式切换</td><td>1）使用备用充电机对二组蓄电池组进行恒流限压充电—恒压充电—浮充电。
2）测量二组蓄电池组端口电压与Ⅱ段直流母线电压之间压差，如果小于5V，则执行倒闸操作票：要求先合二组蓄电池组输出开关后拉直流分段断路器，直流母线不得无蓄电池运行</td><td></td></tr>
<tr><td>现场清理</td><td>场地清理</td><td>1）对作业设备、材料、工器具等进行整理，对照记录进行检查清点。
2）检查作业现场无遗留物。清扫作业场地。</td><td></td></tr>
<tr><td>收尾工作</td><td>自检及填写记录报告</td><td>1）由作业班组工作负责人组织学员进行全面检查，自检作业项目是否具备验收条件，填写作业自检报告。
2）由作业班组工作负责人按要求填写作业报告和作业记录</td><td></td></tr>
<tr><td rowspan="3">工作结束</td><td>结束</td><td>经作业指导教师验收合格后，作业指导教师和作业学员检查确认施工器具已全部撤离工作现场、作业现场无遗留物</td><td></td></tr>
<tr><td>总结</td><td>全体作业人员列队，作业指导教师对作业情况进行总结</td><td></td></tr>
<tr><td>人员撤离</td><td>所有作业人员撤离作业场地</td><td></td></tr>
</table>

8.4.6 作业指导书执行情况评估

<table>
<tr><td rowspan="6">评估内容</td><td rowspan="3">符合性</td><td>优秀</td><td></td><td>可操作项</td><td rowspan="6"></td></tr>
<tr><td>良好</td><td></td><td rowspan="2">不可操作项</td></tr>
<tr><td>一般</td><td></td></tr>
<tr><td rowspan="3">可操作性</td><td>优秀</td><td></td><td>修改项</td></tr>
<tr><td>良好</td><td></td><td>增补项</td></tr>
<tr><td>一般</td><td></td><td>删除项</td></tr>
<tr><td>存在问题</td><td colspan="5"></td></tr>
<tr><td>改进意见</td><td colspan="5"></td></tr>
</table>

8.5 UPS 切换试验、蓄电池端电压及内阻检查

8.5.1 适用范围

本节适用于变电运维人员实施变电运维一体化项目作业，变电运维一体化作业实操培训可参考执行。

8.5.2 参考资料

下列文件对于本节的应用是必不可少的。凡是注日期的引用文件，仅所注日期的版本适用于本节。凡是不注日期的引用文件，其最新版本（包括所有的修改单）适用于本节。

JB/T 9283　万用电表

DL/T 5044　电力工程直流电源系统设计技术规程

DL/T 724　电力系统用蓄电池直流电源装置运行与维护技术规程

DL/T 1397.5　电力直流电源系统用测试设备通用技术条件　第 5 部分：蓄电池内阻测试仪

国网〔运检/3〕828—2017　国家电网公司变电运维管理规定（试行）

国家电网设备〔2018〕979 号　国家电网有限公司关于印发十八项电网重大反事故措施（修订版）的通知

8.5.3 作业前准备工作

8.5.3.1 作业人员要求

√	序号	责任人	工作要求	备注
	1	作业负责人	1）熟悉 UPS 系统及直流系统接线方式。 2）具有一定的现场工作经验，熟悉并能严格遵守电力生产和工作现场的相关安全管理规定。 3）作业负责人必须经本单位批准	
	2	作业人员	1）现场工作人员的身体状况、精神状态良好。 2）特殊工种（低压电工）必须持有效证件上岗。 3）所有作业人员必须具备必要的电气知识，基本掌握本专业作业技能及《国家电网公司电力安全工作规程　变电部分》的相关知识，并经考试合格	

8.5.3.2 作业材料及工器具准备

√	序号	名称	规格	单位	数量	备注
	1	作业指导书		份	1	
	2	万用表		个	1	
	3	钳形电流表		个	1	
	4	线手套		副	1	

续表

√	序号	名称	规格	单位	数量	备注
	5	屏柜钥匙		把	1	
	6	蓄电池内阻测试仪	豪克斯特 BIR 200	台	1	

8.5.3.3 作业危险点分析及安全预控措施

√	序号	危险点分析	安全控制措施
	1	低压触电	切换工作不得少于2人，工作负责人开工前，向工作班人员认真交底，交代现场带电部位、工作范围、现场安全措施及安全注意事项，进入间隔前，认真核对设备名称、编号。核对无误后方可开始工作
	2	直流短路或接地	工器具金属部分应用绝缘胶带包扎，防止造成直流系统短路或接地
	3	UPS 装置失电	严格执行 UPS 切换试验顺序，严禁造成 UPS 装置失电

8.5.4 作业流程图

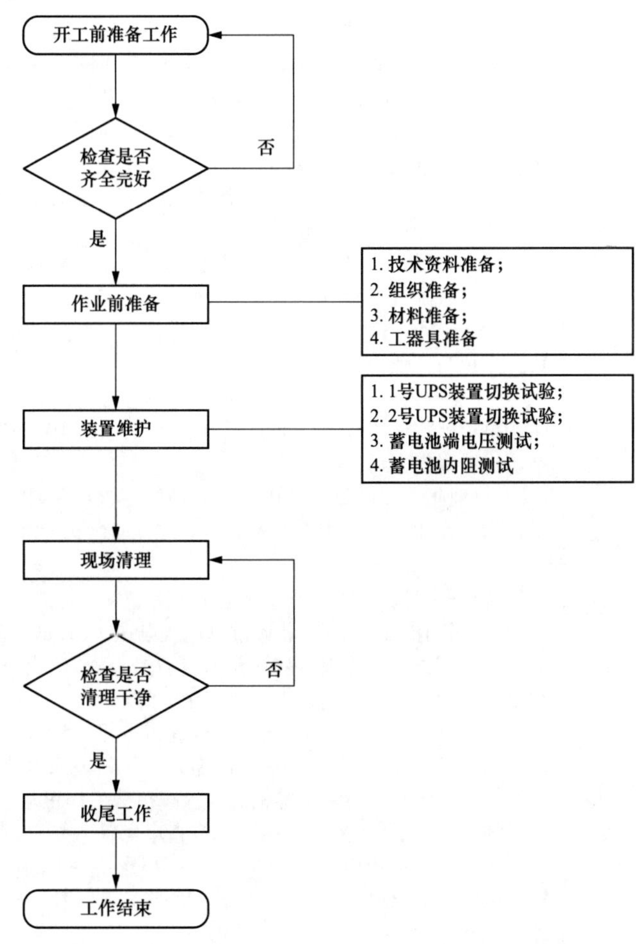

8.5.5 主要作业流程及工艺标准

作业流程	作业项目	作业内容及工艺标准	备注
作业前准备	人员检查	1）所有作业人员必须掌握《国家电网公司电力安全工作规程　变电部分》相关知识，并经考试合格。 2）作业人员应精神饱满，身体状态良好。 3）正确佩戴安全帽，着装符合安全要求。 4）工器具及备品备件合格、齐备	
	场地检查	1）作业场地整洁，无积水、污物，必要时进行清理。 2）检查急救箱，急救物品应齐备	
	设备、工具、材料、资料检查	1）对照工器具清单检查工器具，应齐全、完好、清洁。安全工器具和试验设备符合技术要求。工具摆放整齐。 2）对照材料清单检查材料，应齐全、合格。 3）对照资料清单准备作业指导书	
	安全、组织、技术准备	1）全体作业人员列队，作业指导教师作业交代安全、组织和技术要求：对所有作业人员布置作业任务、作业内容、操作要求和重要注意事项。明确作业过程中的危险因素、防范措施和事故紧急处理措施；强调操作要点并进行安全和技术交底，必要时，应进行演示操作；将作业人员分组。指定每个作业班组工作负责人，交代负责内容并强调监护要求；就技术和安全问题向作业人员提问，保证每位作业人员掌握。 2）作业班组工作负责人组织作业人员按要求对安全措施进行布置，操作应正确规范。 3）作业班组工作负责人进行安全措施自检。合格后，通知作业指导教师进行检查。 4）作业指导教师对安全措施检查合格后，由作业班组工作负责人填写作业指导书。 5）作业班组列队，由作业负责人宣读作业内容，交代安全注意事项。作业工作人员确认后在作业工作票上指定位置签字，作业班组方可开始作业。 6）作业指导教师对整个作业作业进行巡视，及时纠正不安全行为。作业班组工作负责人对作业人员进行安全监护	
装置维护	1 号 UPS 装置切换试验	1）检查 1 号、2 号 UPS 装置运行正常。 2）记录当前 1 号 UPS 装置市电输入电压、输入电流（如果无表计可用钳形电流表直接测量）、输出电压、输出电流、负载率等信息，检查市电输入和逆变正常灯点亮。 3）断开市电输入空气断路器，检查市电输入灯灭、逆变正常灯亮。记录 1 号 UPS 装置直流输入电压、输入电流、输出电压、输出电流、负载率等信息，检查负载工作正常。 4）断开直流输入空气断路器，检查市电输入灯灭、逆变正常灯灭、旁路输出灯亮。记录 1 号 UPS 装置旁路输入电压、输入电流、输出电压、输出电流、负载率等信息，检查负载工作正常。	

续表

作业流程	作业项目	作业内容及工艺标准	备注
装置维护	1号UPS装置切换试验	5）合上直流输入空气断路器，检查市电输入灯灭、逆变正常灯亮，检查负载工作正常。 6）合上市电输入空气断路器，检查市电输入和逆变正常灯点亮，检查负载工作正常	
	2号UPS装置切换试验	1）检查1、2号UPS装置运行正常。 2）记录当前2号UPS装置市电输入电压、输入电流（如果无表计可用钳形电流表直接测量）、输出电压、输出电流、负载率等信息，检查市电输入和逆变正常灯点亮。 3）断开市电输入空气断路器，检查市电输入灯灭、逆变正常灯亮。记录2号UPS装置直流输入电压、输入电流、输出电压、输出电流、负载率等信息，检查负载工作正常。 4）断开直流输入空气断路器，检查市电输入灯灭、逆变正常灯灭、旁路输出灯亮。记录2号UPS装置旁路输入电压、输入电流、输出电压、输出电流、负载率等信息，检查负载工作正常。 5）合上直流输入空气断路器，检查市电输入灯灭、逆变正常灯亮，检查负载工作正常。 6）合上市电输入空气断路器，检查市电输入和逆变正常灯点亮，检查负载工作正常	
	蓄电池端电压测试	1）核对并记录蓄电池编号，记录当前环境温、湿度信息。 2）将万用表切至直流电压挡，红色表笔连接1号蓄电池正极，黑色表笔连接1号蓄电池负极，待万用表读数稳定后记录读数。 3）重复以上操作，直至测量全部单节蓄电池端电压。 4）将万用表红色表笔连接1号蓄电池正极，黑色表笔连接52号蓄电池负极，待万用表读数稳定后记录读数。 5）将抄录的数据与蓄电池巡检系统及监控后台数据进行对比，检查两者数据是否一致	
	蓄电池内阻测试	1）连接测试接线。红色夹子接1号蓄电池正极；红/黑色夹子接1号蓄电池负极；黑色夹子接下一节电池（2号蓄电池）正极。 2）打开蓄电池内阻测试仪电源开关，主机复位。嘀声后主机系统自检通过，进入操作主界面。 3）依次点击电池测试、快速测试选项，然后点击确认键，等待并记录测试结果。 4）重复以上操作，直至测量全部单节蓄电池及蓄电池间连接片连接电阻，抄录并记录数据。 5）与出厂试验报告蓄电池内阻数据进行对比分析，单只蓄电池内阻偏离值应不大于出厂值10%。 6）关闭蓄电池内阻测试仪电源开关。 7）拆除蓄电池内阻测试仪测试接线	

续表

作业流程	作业项目	作业内容及工艺标准	备注
现场清理	场地清理	1）对作业设备、材料、工器具等进行整理，对照记录进行检查清点。 2）检查作业现场无遗留物。清扫作业场地	
收尾工作	自检及填写记录报告	1）由作业班组工作负责人组织学员进行全面检查，自检作业项目是否具备验收条件，填写作业自检报告。 2）由作业班组工作负责人按要求填写作业报告和作业记录	
工作结束	结束	经作业指导教师验收合格后，作业指导教师和作业学员检查确认施工器具已全部撤离工作现场、作业现场无遗留物	
	总结	全体作业人员列队，作业指导教师对作业情况进行总结	
	人员撤离	所有作业人员撤离作业场地	

8.5.6 作业指导书执行情况评估

<table>
<tr><td rowspan="6">评估内容</td><td rowspan="3">符合性</td><td>优秀</td><td></td><td>可操作项</td><td rowspan="6"></td></tr>
<tr><td>良好</td><td></td><td rowspan="2">不可操作项</td></tr>
<tr><td>一般</td><td></td></tr>
<tr><td rowspan="3">可操作性</td><td>优秀</td><td></td><td>修改项</td></tr>
<tr><td>良好</td><td></td><td>增补项</td></tr>
<tr><td>一般</td><td></td><td>删除项</td></tr>
<tr><td>存在问题</td><td colspan="5"></td></tr>
<tr><td>改进意见</td><td colspan="5"></td></tr>
</table>

8.6 电压采集单元熔丝更换

8.6.1 适用范围

本节适用于变电运维人员实施变电运维一体化项目作业，变电运维一体化作业实操培训可参考执行。

8.6.2 参考资料

下列文件对于本节的应用是必不可少的。凡是注日期的引用文件，仅所注日期的版本适用于本节。凡是不注日期的引用文件，其最新版本（包括所有的修改单）适用于本节。

JB/T 9283 万用电表

DL/T 5044 电力工程直流电源系统设计技术规程

DL/T 724 电力系统用蓄电池直流电源装置运行与维护技术规程

国网〔运检/3〕828—2017　国家电网公司变电运维管理规定（试行）

8.6.3　作业前准备工作

8.6.3.1　作业人员要求

√	序号	责任人	工作要求	备注
	1	作业负责人	1）熟悉直流系统接线遥测采集接线方式。 2）具有一定的现场工作经验，熟悉并能严格遵守电力生产和工作现场的相关安全管理规定。 3）作业负责人必须经本单位批准	
	2	作业人员	1）现场工作人员的身体状况、精神状态良好。 2）作业辅助人员（外来）必须经负责人对其进行安全措施、作业范围、安全注意事项等方面的施教后方可参加工作。 3）特殊工种（低压电工）必须持有效证件上岗。 4）所有作业人员必须具备必要的电气知识，基本掌握本专业作业技能及《国家电网公司电力安全工作规程　变电部分》的相关知识，并经考试合格	

8.6.3.2　作业材料及工器具准备

√	序号	名称	规格	单位	数量	备注
	1	作业指导书		份	1	
	2	万用表		个	1	
	3	十字螺丝刀		把	1	
	4	一字螺丝刀		把	1	
	5	尖嘴钳		把	1	
	6	线手套		副	1	
	7	绝缘胶带		卷	1	
	8	绝缘垫	600mm×600mm	块	1	
	9	屏柜钥匙		把	1	
	10	采集熔丝	与待更换熔丝规格一致	个	若干	

8.6.3.3　作业危险点分析及安全预控措施

√	序号	危险点分析	安全控制措施
	1	低压触电	更换工作不得少于2人，工作负责人开工前，向工作班人员认真交底，交代现场带电部位、工作范围、现场安全措施及安全注意事项，进入间隔前，认真核对设备名称、编号。核对无误后方可开始工作
	2	直流短路、接地，蓄电池开路	应使用绝缘工具，工作中防止人身触电，直流短路、接地，蓄电池开路

8.6.4 作业流程图

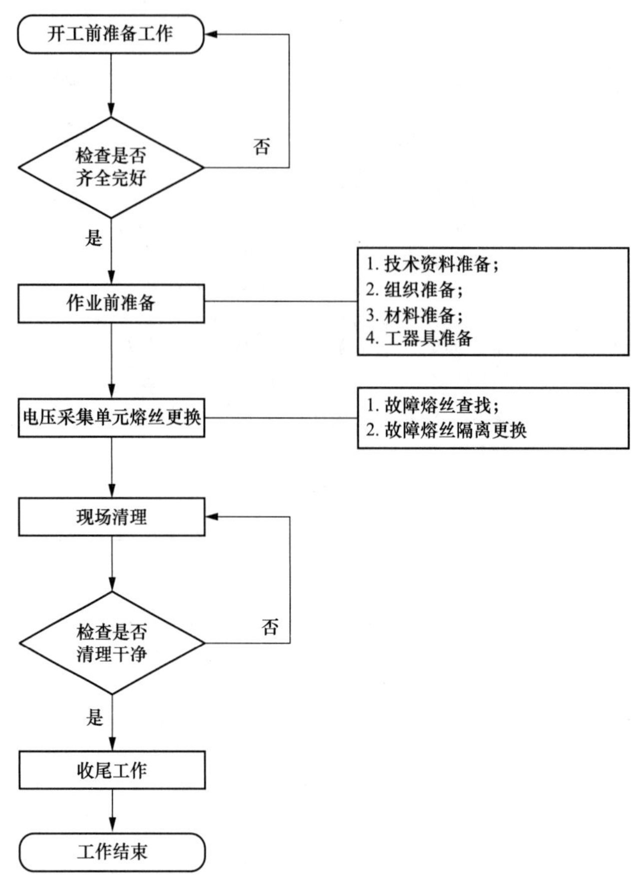

8.6.5 主要作业流程及工艺标准

作业流程	作业项目	作业内容及工艺标准	备注
作业前准备	人员检查	1）所有作业人员必须掌握《国家电网公司电力安全工作规程 变电部分》相关知识，并经考试合格。 2）作业人员应精神饱满，身体状态良好。 3）正确佩戴安全帽，着装符合安全要求。 4）工器具及备品备件合格、齐备	
	场地检查	1）作业场地整洁，无积水、污物，必要时进行清理。 2）检查场地地面绝缘良好或已铺设绝缘垫。 3）检查急救箱，急救物品应齐备	
	设备、工具、材料、资料检查	1）检查作业中需要使用的备件处于良好状态，检查型号、规格一致。 2）对照工器具清单检查工器具，应齐全、完好、清洁。安全工器具和试验设备符合技术要求。工具摆放整齐。 3）对照材料清单检查材料齐全、合格。 4）对照资料清单准备作业指导书	

续表

作业流程	作业项目	作业内容及工艺标准	备注
作业前准备	安全、组织、技术准备	1）全体作业人员列队，作业指导教师作业交代安全、组织和技术要求：对所有作业人员布置作业任务、作业内容、操作要求和重要注意事项。明确作业过程中的危险因素、防范措施和事故紧急处理措施；强调操作要点并进行安全和技术交底，必要时，应进行演示操作；将作业人员分组。指定每个作业班组工作负责人，交代负责内容并强调监护要求；就技术和安全问题向作业人员提问，保证每位作业人员掌握。 2）作业班组工作负责人组织作业人员按要求对安全措施进行布置，操作应正确规范。 3）作业班组工作负责人进行安全措施自检。合格后，通知作业指导教师进行检查。 4）作业指导教师对安全措施检查合格后，由作业班组工作负责人填写作业指导书。 5）作业班组列队，由作业负责人宣读作业内容，交代安全注意事项。作业工作人员确认后在作业工作票上指定位置签字，作业班组方可开始作业。 6）作业指导教师对整个作业作业进行巡视，及时纠正不安全行为。作业班组工作负责人对作业人员进行安全监护	
电压采集单元熔丝更换	故障熔丝查找	1）将万用表切至直流电压挡，测量蓄电池单体电压是否正常。 2）将万用表切至直流电压挡，测量电压采集单元直流电压输入电压是否正常。 3）熔丝取出后，测试熔丝是否良好，判断是否由于连接弹簧或垫片接触不良造成电压无法采集	
	故障熔丝隔离更换	1）使用电压挡查找到故障熔丝之后，断开电压采集单元装置电源（先断正极再断负极）。 2）旋开熔丝管，取下故障熔丝，将万用表切至蜂鸣挡，测量熔丝电阻是否正常，是否存在熔断现象。 3）检查备用熔丝型号、参数等是否与故障熔丝一致，将万用表切至蜂鸣挡，测量熔丝电阻是否正常，是否存在熔断现象。 4）检查熔丝两端连接弹簧或垫片接触是否良好。 5）将备用熔丝旋入熔丝槽中，并检查固定良好。 6）合上电压采集单元装置电源正、负极回路（先合负极再合正极），检查电压采集单元指示恢复正常	
现场清理	场地清理	1）对作业设备、材料、工器具等进行整理，对照记录进行检查清点。 2）检查作业现场无遗留物，清扫作业场地	
收尾工作	自检及填写记录报告	1）由作业班组工作负责人组织学员进行全面检查，自检作业项目是否具备验收条件，填写作业自检报告。 2）由作业班组工作负责人按要求填写作业报告和作业记录	

续表

作业流程	作业项目	作业内容及工艺标准	备注
工作结束	结束	经作业指导教师验收合格后，作业指导教师和作业学员检查确认施工器具已全部撤离工作现场、作业现场无遗留物	
	总结	全体作业人员列队，作业指导教师对作业情况进行总结	
	人员撤离	所有作业人员撤离作业场地	

8.6.6 作业指导书执行情况评估

<table>
<tr><td rowspan="6">评估内容</td><td rowspan="3">符合性</td><td>优秀</td><td></td><td>可操作项</td><td rowspan="6"></td></tr>
<tr><td>良好</td><td></td><td rowspan="2">不可操作项</td></tr>
<tr><td>一般</td><td></td></tr>
<tr><td rowspan="3">可操作性</td><td>优秀</td><td></td><td>修改项</td></tr>
<tr><td>良好</td><td></td><td>增补项</td></tr>
<tr><td>一般</td><td></td><td>删除项</td></tr>
<tr><td>存在问题</td><td colspan="5"></td></tr>
<tr><td>改进意见</td><td colspan="5"></td></tr>
</table>

8.7 直流接地初判排查

8.7.1 适用范围

本节适用于变电运维人员实施变电运维一体化项目作业，变电运维一体化作业实操培训可参考执行。

8.7.2 参考资料

下列文件对于本节的应用是必不可少的。凡是注日期的引用文件，仅所注日期的版本适用于本节。凡是不注日期的引用文件，其最新版本（包括所有的修改单）适用于本节。

JB/T 9283　万用电表

DL/T 5044　电力工程直流电源系统设计技术规程

DL/T 724　电力系统用蓄电池直流电源装置运行与维护技术规程

国网〔运检/3〕828—2017　国家电网公司变电运维管理规定（试行）

国家电网设备〔2018〕979 号　国家电网有限公司关于印发十八项电网重大反事故措施（修订版）的通知

8.7.3 作业前准备工作

8.7.3.1 作业人员要求

√	序号	责任人	工作要求	备注
	1	作业负责人	1）熟悉直流系统接线方式。 2）具有一定的现场工作经验，熟悉并能严格遵守电力生产和工作现场的相关安全管理规定。 3）作业负责人必须经本单位批准	
	2	作业人员	1）现场工作人员的身体状况、精神状态良好。 2）特殊工种（低压电工）必须持有效证件上岗。 3）所有作业人员必须具备必要的电气知识，基本掌握本专业作业技能及《国家电网公司电力安全工作规程　变电部分》的相关知识，并经考试合格	

8.7.3.2 作业材料及工器具准备

√	序号	名称	规格	单位	数量	备注
	1	作业指导书		份	1	
	2	万用表		个	1	
	3	钳形电流表		个	1	
	4	线手套		副	1	
	5	屏柜钥匙		把	1	
	6	直流接地查找仪		台	1	

8.7.3.3 作业危险点分析及安全预控措施

√	序号	危险点分析	安全控制措施
	1	低压触电	直流接地查找工作不得少于2人，工作负责人开工前，向工作班人员认真交底，交代现场带电部位、工作范围、现场安全措施及安全注意事项，进入间隔前，认真核对设备名称、编号。核对无误后方可开始工作
	2	运维专业误操作	1）使用拉路法查找直流接地时，至少应由2人进行，断开直流时间不得超过3s，并做好防止保护装置误动作的措施。 2）查找和处理直流接地时，应使用内阻大于2000Ω/V的高内阻电压表，工具应绝缘良好

8.7.4 作业流程图

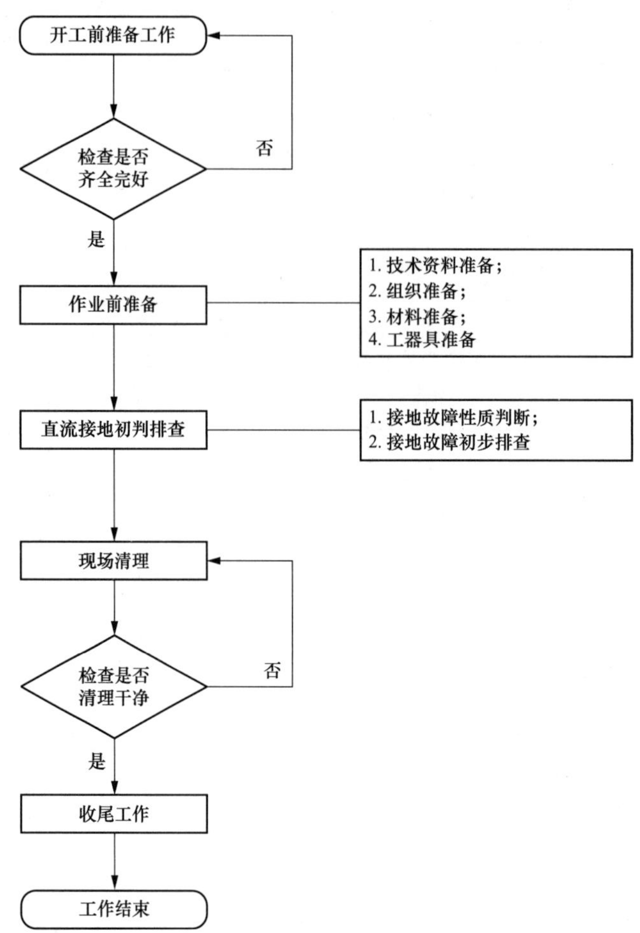

8.7.5 主要作业流程及工艺标准

作业流程	作业项目	作业内容及工艺标准	备注
作业前准备	人员检查	1）所有作业人员必须掌握《国家电网公司电力安全工作规程　变电部分》相关知识，并经考试合格。 2）作业人员应精神饱满，身体状态良好。 3）正确佩戴安全帽，着装符合安全要求。 4）工器具及备品备件合格、齐备	
	场地检查	1）作业场地整洁，无积水、污物，必要时进行清理。 2）检查急救箱，急救物品应齐备	
	设备、工具、材料、资料检查	1）对照工器具清单检查工器具，应齐全、完好、清洁。安全工器具和试验设备符合技术要求。工具摆放整齐。 2）对照材料清单检查材料，应齐全、合格。 3）对照资料清单准备作业指导书	

续表

作业流程	作业项目	作业内容及工艺标准	备注
作业前准备	安全、组织、技术准备	1）全体作业人员列队，作业指导教师作业交代安全、组织和技术要求：对所有作业人员布置作业任务、作业内容、操作要求和重要注意事项。明确作业过程中的危险因素、防范措施和事故紧急处理措施；强调操作要点并进行安全和技术交底，必要时，应进行演示操作；将作业人员分组。指定每个作业班组工作负责人，交代负责内容并强调监护要求；就技术和安全问题向作业人员提问，保证每位作业人员掌握。 2）作业班组工作负责人组织作业人员按要求对安全措施进行布置，操作应正确规范。 3）作业班组工作负责人进行安全措施自检。合格后，通知作业指导教师进行检查。 4）作业指导教师对安全措施检查合格后，由作业班组工作负责人填写作业指导书。 5）作业班组列队，由作业负责人宣读作业内容，交代安全注意事项。作业工作人员确认后在作业工作票上指定位置签字，作业班组方可开始作业。 6）作业指导教师对整个作业作业进行巡视，及时纠正不安全行为。作业班组工作负责人对作业人员进行安全监护	
直流接地初判排查	接地故障性质判断	1）检查并记录监控后台异常光字牌、报文及直流母线正、负极对地电压值。 2）检查并记录绝缘监测装置是否有异常告警灯点亮，正、负极母线对地电压是否正常，各支路接地选线情况。 3）将万用表切至直流挡，测量直流母线正、负极对地电压值，检查与绝缘监测装置数值是否一致。 4）将万用表切至交流挡，测量直流母线正、负极对地电压值，检查与绝缘监测装置数值是否一致，是否存在交流窜入情况。 5）综合上述信息，综合判定接地故障性质。 6）停止现场其他二次回路作业，立即断开检修作业直流试验电源	
	接地故障初步排查	1）根据绝缘监测装置选线情况，对故障支路进行定位。 2）如果直流母线正、负极存在对地压差，绝缘监测装置显示存在接地故障，但未选线，可先记录当前选线电阻值，调整选线电阻至略高于当前母线接地电阻值，然后手动启动选线装置，等待选线结果。 3）如果仅某一支路接地告警，则根据选线结果对故障支路进行试拉，按照从次要电源到重要电源拉路的顺序，先信号和照明部分后操作部分，先室外部分后室内部分为原则。如果该支路是保护或控制回路，则先向调度申请退出可能误动的保护或断路器，且断开直流断路器时间不得超过 3s，无论故障恢复与否都应恢复该直流断路器。 4）比较潮湿的天气，应首先重点对端子箱和机构箱直流端子排做一次检查，对凝露的端子排用干抹布擦干或用电吹风烘干，并将驱潮加热器投入。	

续表

作业流程	作业项目	作业内容及工艺标准	备注
直流接地初判排查	接地故障初步排查	5）如果绝缘监测装置未选线、存在多支路接地现象、故障支路属于保护或控制回路或需查明具体接地电缆等宜采用便携式接地查找仪带电查找的方式进行。 6）如果发生交流窜入直流现象，可参照直流接地处理，确定具体交流窜入支路后应断开窜入支路的交流电源并隔离	
现场清理	场地清理	1）对作业设备、材料、工器具等进行整理，对照记录进行检查清点。 2）检查作业现场无遗留物，清扫作业场地	
收尾工作	自检及填写记录报告	1）由作业班组工作负责人组织学员进行全面检查，自检作业项目是否具备验收条件，填写作业自检报告。 2）由作业班组工作负责人按要求填写作业报告和作业记录	
工作结束	结束	经作业指导教师验收合格后，作业指导教师和作业学员检查确认施工器具已全部撤离工作现场、作业现场无遗留物	
	总结	全体作业人员列队，作业指导教师对作业情况进行总结	
	人员撤离	所有作业人员撤离作业场地	

8.7.6 作业指导书执行情况评估

<table>
<tr><td rowspan="6">评估内容</td><td rowspan="3">符合性</td><td>优秀</td><td></td><td>可操作项</td><td rowspan="6"></td></tr>
<tr><td>良好</td><td></td><td rowspan="2">不可操作项</td></tr>
<tr><td>一般</td><td></td></tr>
<tr><td rowspan="3">可操作性</td><td>优秀</td><td></td><td>修改项</td></tr>
<tr><td>良好</td><td></td><td>增补项</td></tr>
<tr><td>一般</td><td></td><td>删除项</td></tr>
<tr><td>存在问题</td><td colspan="5"></td></tr>
<tr><td>改进意见</td><td colspan="5"></td></tr>
</table>

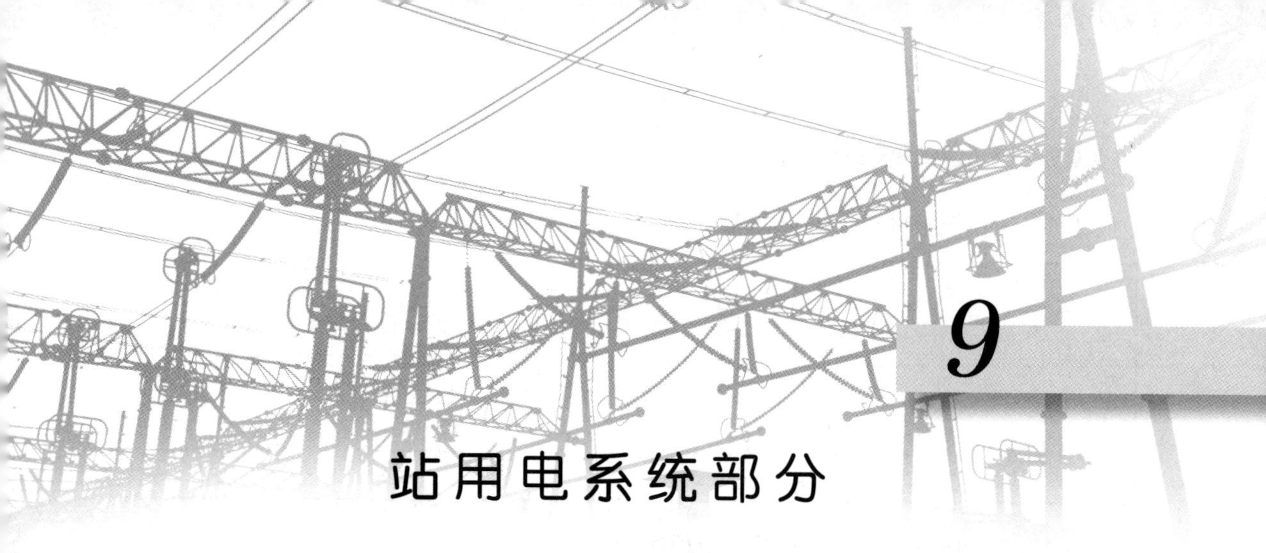

9 站用电系统部分

9.1 变电站配备的应急发电车检查、发电机启动

9.1.1 适用范围

本节适用于变电运维人员实施变电运维一体化项目作业，变电运维一体化作业实操培训可参考执行。

9.1.2 参考资料

下列文件对于本节的应用是必不可少的。凡是注日期的引用文件，仅所注日期的版本适用于本节。凡是不注日期的引用文件，其最新版本（包括所有的修改单）适用于本节。

GB/T 2819—1995 移动电站通用技术条件

GB/T 11023 高压开关设备六氟化硫气体密封试验方法

Q/GDW 1799.1 国家电网公司电力安全工作规程 变电部分

Q/GDW 184 移动式应急电源车标准

国网〔运检/3〕828—2017 国家电网公司变电运维管理规定（试行）

9.1.3 作业前准备工作

9.1.3.1 作业人员要求

√	序号	责任人	工作要求	备注
	1	作业负责人	1）熟悉应急发电车型号和工作原理。 2）掌握应急发电车启动的流程和方法。 3）具有一定的现场工作经验，熟悉并能严格遵守电力生产和工作现场的相关安全管理规定。 4）作业负责人必须经本单位批准	
	2	作业人员	1）现场工作人员的身体状况、精神状态良好。 2）特殊工种必须持有效证件上岗。 3）所有作业人员必须具备必要的电气知识，基本掌握本专业作业技能及《国家电网公司电力安全工作规程 变电部分》的相关知识，并经考试合格	

9.1.3.2 作业材料及工器具准备

√	序号	名称	规格	单位	数量	备注
	1	作业指导书		份	1	
	2	万用表		个	1	
	3	工具箱		套	1	
	4	屏柜钥匙		把	1	

9.1.3.3 作业危险点分析及安全预控措施

√	序号	危险点分析	安全控制措施
	1	误操作	1）应急发电车维护前，认真核对应急发电车维护、操作流程。 2）作业负责人与工作班员应熟悉发电车的操作。 3）检查发电机至屏柜的接线正确
	2	低压触电	1）维护、启动时加强监护，至少有 2 人开展工作。 2）发电车启动试验时，工作人员应佩戴线手套，防止低压触电

9.1.4 作业流程图

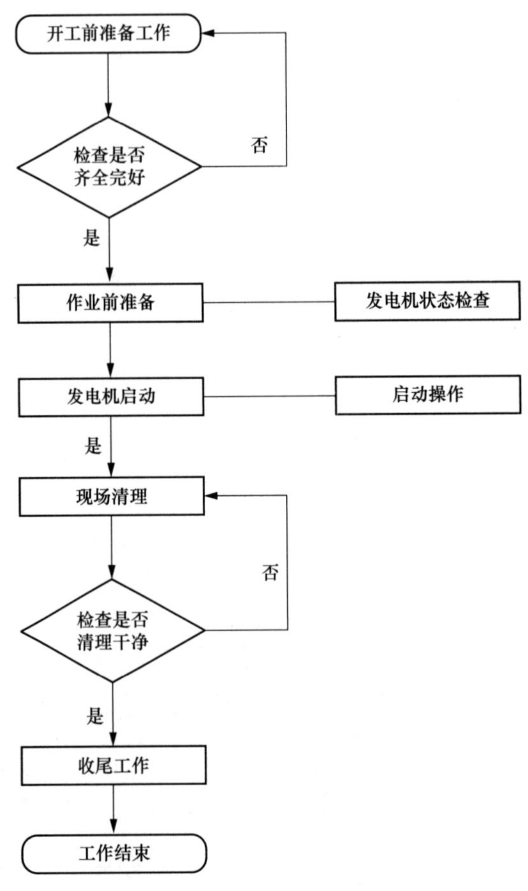

9.1.5 主要作业流程及工艺标准

作业流程	作业项目	作业内容及工艺标准	备注
作业前准备	人员检查	1）所有作业人员必须掌握《国家电网公司电力安全工作规程　变电部分》相关知识，并经考试合格。 2）作业人员应精神饱满，身体状态良好。 3）正确佩戴安全帽，着装符合安全要求。 4）作业指导教师对出勤情况进行记录	
	场地检查	1）作业场地整洁，无积水、污物，必要时进行清理。 2）检查急救箱，急救物品应齐备。 3）检查电源容量和电压符合要求	
	设备、工具、材料、资料检查	1）检查作业中需要使用的设备处于良好状态，必要时提前试运行。设备摆放位置合理。 2）对照工器具清单检查工器具，应齐全、完好、清洁。安全工器具和试验设备符合技术要求。工具摆放整齐。 3）对照材料清单检查材料，应齐全、合格。 4）对照资料清单准备作业工作票、作业指导书和作业记录	
	安全、组织、技术准备	1）全体作业人员列队，作业指导教师作业交代安全、组织和技术要求：对所有作业人员布置作业任务、作业内容、操作要求和重要注意事项。明确作业过程中的危险因素、防范措施和事故紧急处理措施；强调操作要点并进行安全和技术交底，必要时，应进行演示操作；将作业人员分组。指定每个作业班组工作负责人，交代负责内容并强调监护要求；就技术和安全问题向作业人员提问，保证每位作业人员掌握。 2）作业班组工作负责人组织作业人员按要求对安全措施进行布置，操作应正确规范。 3）作业班组工作负责人进行安全措施自检。合格后，通知作业指导教师进行检查。 4）作业指导教师对安全措施检查合格后，由作业班组工作负责人填写工作票，并办理许可手续（作业指导教师、作业工作负责人在作业工作票指定位置签字）。 5）作业班组列队，由作业班组工作负责人宣读作业工作票，交代安全注意事项。作业工作人员确认后在作业工作票上指定位置签字，作业班组方可开始作业。 6）作业指导教师对整个作业作业进行巡视，及时纠正不安全行为。作业班组工作负责人对作业人员进行安全监护	
	工作前状态检查	1）检查防冻液液位。检查防冻液液位正常，不足时予以补充。 2）检查机油油位。正确使用验油棒，油位尺标至定刻度精满线即可。 3）检查柴油油位。检查柴油储油量在正常使用范围。 4）检查蓄电池电量。在监护下用万用表测量蓄电池端电压正常，电池无漏液、外观无破损。	

续表

作业流程	作业项目	作业内容及工艺标准	备注
作业前准备	工作前状态检查	5）检查发电机负荷空气断路器状态。检查发电机负荷空气断路器处于断开状态，需 2 人检查确认。 6）检查发电机出线空气断路器状态。检查发电机车配电箱内发电机出线电源空气断路器在断开位置，需 2 人检查确认。 7）检查站用电室发电机进线电源空气断路器状态。检查站用电室相应屏柜内发电机进线电源空气断路器在断开位置，需 2 人检查确认。 8）检查接线正确。检查发电车至站用电进线屏柜接线正确，桩头连接牢固，发电机地线连接可靠，需 2 人检查确认	
发电机启动	启动操作	1）发电机启动。打开控制面板电源开关，选择“Man”手动方式，按一下“Start”启动键。 2）发电机达额定转速。发电机发出嗡鸣声，观察电压和频率，大约 45s 左右，转速达到额定转速。 3）记录发电机稳定空载状态数据。检查发电机电压是否稳定在 400V 左右，频率达到 50Hz，记录此时的电压、频率、转速。 4）检查发电机空载状态稳定。检查发电机各方面运行正常，无异常告警及异常声响。 5）检查备自投状态。检查站用电备自投系统在停用状态。 6）检查站用电Ⅰ段母线无电压。检查 380V 站用电系统Ⅰ段交流母线无电压，分段 10 开关在试验位置、1 号站用变进线 01 开关在试验位置。 7）断开 380VⅠ段母线上所有负荷空气断路器。断开 380VⅠ段母线上所有负荷空气断路器。 8）发电机对站用电Ⅰ段母线充电。依次合上发电机负荷空气断路器、配电箱发电机出线电源空气断路器、站用电屏柜内发电机进线电源空气断路器。 9）发电机带负荷运行。依次合上 380VⅠ段母线所有重要负荷空气断路器，持续运行 30min。 10）检查并记录发电机带负荷运行数据。检查发电机、380VⅠ段交流负荷运行正常，记录此时的Ⅰ段交流母线各相电压、电流值。 11）发电机恢复空载状态。发电机带负荷试验结束，依次断开站用电屏柜内发电机进线电源空气断路器、配电箱发电机出线电源空气断路器、发电机负荷空气断路器。 12）断开 380VⅠ段母线上所有负荷空气断路器。断开 380VⅠ段母线上所有负荷空气断路器。 13）拆除试验接线。拆除发电车至配电端子箱内的接线。 14）恢复站用电正常运行方式。将分段 10 开关摇至工作位置，合上 1 号站用变进线 01 开关，合上 380VⅠ段母线所有负荷开关，备自投恢复为自动状态。 15）发电机停机。在发电机显示屏上按下“Stop”停机键，大约 60s 后检查机组停止运行	

续表

作业流程	作业项目	作业内容及工艺标准	备注
现场清理	场地清理	1）对作业设备、材料、工器具等进行整理，对照记录进行检查清点。 2）检查作业现场无遗留物。关闭电源，清扫作业场地	
收尾工作	自检及填写记录报告	1）由作业班组工作负责人组织学员进行全面检查，自检作业项目是否具备验收条件，填写作业自检报告。 2）由作业班组工作负责人按要求填写作业报告和作业记录	
工作结束	结束	经作业指导教师验收合格后，作业指导教师和作业学员检查确认施工器具已全部撤离工作现场、作业现场无遗留物	
	总结	全体作业人员列队，作业指导教师对作业情况进行总结	
	人员撤离	所有作业人员撤离作业场地	

9.1.6 作业指导书执行情况评估

<table>
<tr><td rowspan="6">评估内容</td><td rowspan="3">符合性</td><td>优秀</td><td></td><td>可操作项</td><td rowspan="6"></td></tr>
<tr><td>良好</td><td></td><td rowspan="2">不可操作项</td></tr>
<tr><td>一般</td><td></td></tr>
<tr><td rowspan="3">可操作性</td><td>优秀</td><td></td><td>修改项</td></tr>
<tr><td>良好</td><td></td><td>增补项</td></tr>
<tr><td>一般</td><td></td><td>删除项</td></tr>
<tr><td>存在问题</td><td colspan="5"></td></tr>
<tr><td>改进意见</td><td colspan="5"></td></tr>
</table>

9.2 所用电系统定期切换

9.2.1 适用范围

本节适用于变电运维人员实施变电运维一体化项目作业，变电运维一体化作业实操培训可参考执行。本节介绍的切换试验，以典型变电站交流系统为例，其中1号站用变压器带交流Ⅰ段，2号站用变压器带交流Ⅱ段，0号站用变压器备用。

9.2.2 参考资料

下列文件对于本节的应用是必不可少的。凡是注日期的引用文件，仅所注日期的版本适用于本节。凡是不注日期的引用文件，其最新版本（包括所有的修改单）适用于本节。

GB/T 50062 电力装置的继电保护和自动装置设计规范

GB 50054 低压配电设计规范

DL/T 5155　220kV～1000kV 变电站站用电设计技术规程
Q/GDW 1799.1　国家电网公司电力安全工作规程　变电部分
国网〔运检/3〕828—2017　国家电网公司变电运维管理规定（试行）

9.2.3　作业前准备工作

9.2.3.1　作业人员要求

√	序号	责任人	工作要求	备注
	1	作业负责人	1）熟悉站用电系统接线方式和负载分配。 2）掌握站用电系统定期切换流程和方法。 3）具有一定的现场工作经验，熟悉并能严格遵守电力生产和工作现场的相关安全管理规定。 4）作业负责人必须经本单位批准	
	2	作业人员	1）现场工作人员的身体状况、精神状态良好。 2）特殊工种必须持有效证件上岗。 3）掌握站用电低压侧断路器操作方法。 4）所有作业人员必须具备必要的电气知识，基本掌握本专业作业技能及《国家电网公司电力安全工作规程　变电部分》的相关知识，并经考试合格	

9.2.3.2　作业材料及工器具准备

√	序号	名称	规格	单位	数量	备注
	1	作业指导书		份	1	
	2	万用表		个	1	
	3	对讲机		套	1	
	4	工具箱		套	1	
	5	屏柜钥匙		把	1	

9.2.3.3　作业危险点分析及安全预控措施

√	序号	危险点分析	安全控制措施
	1	误操作	1）站用电系统定期切换不得少于 2 人，后台遥控操作 2 人；工作负责人开工前，向工作班人员认真交底，交代现场带电部位、工作范围、现场安全措施及安全注意事项，进入间隔前，认真核对设备名称、编号。核对无误后方可开始工作。 2）分合断路器时，必须有 2 人进行，一人监护，一人操作
	2	短路	主电源和备电源严禁并列，切换时应按照先拉后合的原则进行
	3	交流失电	1）切换试验前，应检查两台站用变压器所带负荷情况并记录。 2）切换试验后，应检查两台站用变压器所带负荷与切换前保持一致

9.2.4 作业流程图

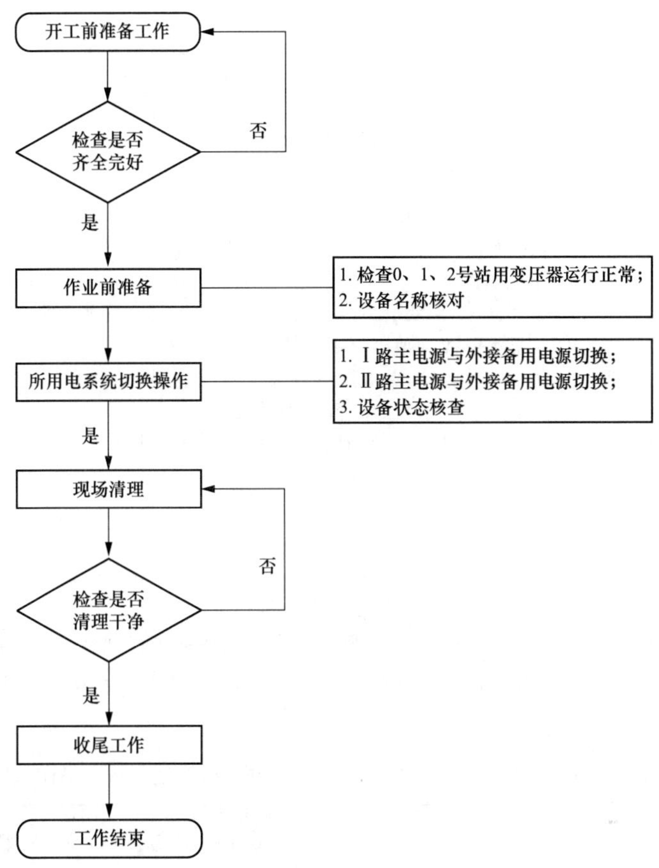

9.2.5 主要作业流程及工艺标准

作业流程	作业项目	作业内容及工艺标准	备注
作业前准备	人员检查	1）所有作业人员必须掌握《国家电网公司电力安全工作规程 变电部分》相关知识，并经考试合格。 2）作业人员应精神饱满，身体状态良好。 3）正确佩戴安全帽，着装符合安全要求。 4）作业指导教师对出勤情况进行记录	
	场地检查	1）作业场地整洁，无积水、污物，必要时进行清理。 2）检查急救箱，急救物品应齐备。 3）检查电源容量和电压符合要求	
	设备、工具、材料、资料检查	1）检查作业中需要使用的设备处于良好状态，必要时提前试运行。设备摆放位置合理。 2）对照工器具清单检查工器具，应齐全、完好、清洁。安全工器具和试验设备符合技术要求。工具摆放整齐。 3）对照材料清单检查材料，应齐全、合格。 4）对照资料清单准备作业工作票、作业指导书和作业记录	

续表

作业流程	作业项目	作业内容及工艺标准	备注
作业前准备	安全、组织、技术准备	1）全体作业人员列队，作业指导教师作业交代安全、组织和技术要求：对所有作业人员布置作业任务、作业内容、操作要求和重要注意事项。明确作业过程中的危险因素、防范措施和事故紧急处理措施；强调操作要点并进行安全和技术交底，必要时，应进行演示操作；将作业人员分组。指定每个作业班组工作负责人，交代负责内容并强调监护要求；就技术和安全问题向作业人员提问，保证每位作业人员掌握。 2）作业班组工作负责人组织作业人员按要求对安全措施进行布置，操作应正确规范。 3）作业班组工作负责人进行安全措施自检。合格后，通知作业指导教师进行检查。 4）作业指导教师对安全措施检查合格后，由作业班组工作负责人填写工作票，并办理许可手续（作业指导教师、作业工作负责人在作业工作票指定位置签字）。 5）作业班组列队，由作业班组工作负责人宣读作业工作票，交代安全注意事项。作业工作人员确认后在作业工作票上指定位置签字，作业班组方可开始作业。 6）作业指导教师对整个作业作业进行巡视，及时纠正不安全行为。作业班组工作负责人对作业人员进行安全监护	
	切换前的现场检查核对	1）检查0、1、2号站用变压器运行正常。 2）核对工作设备名称正确，检查现场符合工作条件	
所用电系统定期切换	Ⅰ路主电源与外接备用电源切换	1）拉开1号站用变压器低压侧01断路器，切换操作严格按作业指导书操作顺序逐项进行，每执行完一项均打“√”，拉开01断路器后检查01断路器确在分闸位置，检查380V Ⅰ段母线电压为零。 2）检查0号站用变压器00断路器在合闸位置。 3）合上Ⅰ段母线与0段母线联络10断路器。 4）检查0号站用变压器投入正常，所带负荷正常，检查380V Ⅰ段母线电压正常。 5）拉开Ⅰ段母线与0段母线联络10断路器，拉开后检查10断路器确在分闸位置，检查380V 0段母线电压为零。 6）合上1号站用变压器低压侧01断路器。 7）检查1号站用变压器投入正常，所带负荷正常，检查380V Ⅰ段母线电压正常	
	Ⅱ路主电源与外接备用电源切换	1）拉开2号站用变压器低压侧02断路器，切换操作严格按作业指导书操作顺序逐项进行，拉开02断路器后检查02断路器确在分闸位置，检查380V Ⅱ段母线电压为零。 2）检查0号站用变压器00断路器在合闸位置。 3）合上Ⅱ段母线与0段母线联络20断路器。 4）检查0号站用变压器投入正常，所带负荷正常，检查380V Ⅱ段母线电压正常。	

续表

作业流程	作业项目	作业内容及工艺标准	备注
所用电系统定期切换	Ⅱ路主电源与外接备用电源切换	5）拉开Ⅱ段母线与0段母线联络20断路器，拉开后检查20断路器确在分闸位置，检查380V 0段母线电压为零。 6）合上2号站用变压器低压侧02断路器。 7）检查2号站用变压器投入正常，所带负荷正常，检查380VⅡ段母线电压正常	
	设备状态核查	检查1号站用变压器、2号站用变压器切换后负荷与切换前负荷保持一致	
现场清理	场地清理	1）对作业设备、材料、工器具等进行整理，对照记录进行检查清点。 2）检查作业现场无遗留物。关闭电源，清扫作业场地	
收尾工作	自检及填写记录报告	1）由作业班组工作负责人组织学员进行全面检查，自检作业项目是否具备验收条件，填写作业自检报告。 2）由作业班组工作负责人按要求填写作业报告和作业记录	
工作结束	结束	经作业指导教师验收合格后，作业指导教师和作业学员检查确认施工器具已全部撤离工作现场、作业现场无遗留物	
	总结	全体作业人员列队，作业指导教师对作业情况进行总结	
	人员撤离	所有作业人员撤离作业场地	

9.2.6 作业指导书执行情况评估

<table>
<tr><td rowspan="6">评估内容</td><td rowspan="3">符合性</td><td>优秀</td><td></td><td>可操作项</td><td rowspan="6"></td></tr>
<tr><td>良好</td><td></td><td rowspan="2">不可操作项</td></tr>
<tr><td>一般</td><td></td></tr>
<tr><td rowspan="3">可操作性</td><td>优秀</td><td></td><td>修改项</td></tr>
<tr><td>良好</td><td></td><td>增补项</td></tr>
<tr><td>一般</td><td></td><td>删除项</td></tr>
<tr><td>存在问题</td><td colspan="5"></td></tr>
<tr><td>改进意见</td><td colspan="5"></td></tr>
</table>

9.3 不需登高的高压熔断器更换作业指导书

9.3.1 适用范围

本节适用于变电运维人员实施变电运维一体化项目作业，变电运维一体化作业实操培训可参考执行。

9.3.2 参考资料

下列文件对于本节的应用是必不可少的。凡是注日期的引用文件，仅所注日期的版本适用于本节。凡是不注日期的引用文件，其最新版本（包括所有的修改单）适用于本节。

GB/T 14048 低压开关设备和控制设备（所有部分）

GB 50054 低压配电设计规范

DL/T 5155 220kV～1000kV 变电站站用电设计技术规程

Q/GDW 1799.1 国家电网公司电力安全工作规程 变电部分

国网〔运检/3〕828—2017 国家电网公司变电运维管理规定（试行）

9.3.3 作业前准备工作

9.3.3.1 作业人员要求

√	序号	责任人	工作要求	备注
	1	作业负责人	1）熟悉熔断器的工作原理和巡视检查方法。 2）熟悉不同型号熔断器的装拆方法。 3）掌握熔断器更换相关技术要求。 4）具有一定的现场工作经验，熟悉并能严格遵守电力生产和工作现场的相关安全管理规定。 5）作业负责人必须经本单位批准	
	2	作业人员	1）现场工作人员的身体状况、精神状态良好。 2）特殊工种必须持有效证件上岗。 3）所有作业人员必须具备必要的电气知识，基本掌握本专业作业技能及《国家电网公司电力安全工作规程 变电部分》的相关知识，并经考试合格	

9.3.3.2 作业材料及工器具准备

√	序号	名称	规格	单位	数量	备注
	1	作业指导书		份	1	
	2	万用表		个	1	
	3	绝缘手套		副	1	
	4	熔断器拆装工具		套	1	
	5	屏柜钥匙		把	1	
	6	高压熔断器		个	若干	

9.3.3.3 作业危险点分析及安全预控措施

√	序号	危险点分析	安全控制措施
	1	防触电	1）熔断器更换不得少于2人，工作负责人开工前，向工作班人员认真交底，交代现场带电部位、工作范围、现场安全措施及安全注意事项，进入间隔前，认真核对设备名称、编号。核对无误后方可开始工作。 2）装拆熔断器要戴绝缘手套，装拆过程要缓慢，防止触电。 3）装拆熔断器前应用万用表确认上下端头确无电压，严禁带电装拆熔断器。 4）应与运行中其他的正常熔断器保持安全距离，防止误碰相邻带电设备
	2	防止误入带电间隔	1）同一屏柜中如存在相邻运行的熔断器，应用明显标识做好标记。 2）更换熔断器时，工作负责人加强监护

9.3.4 作业流程图

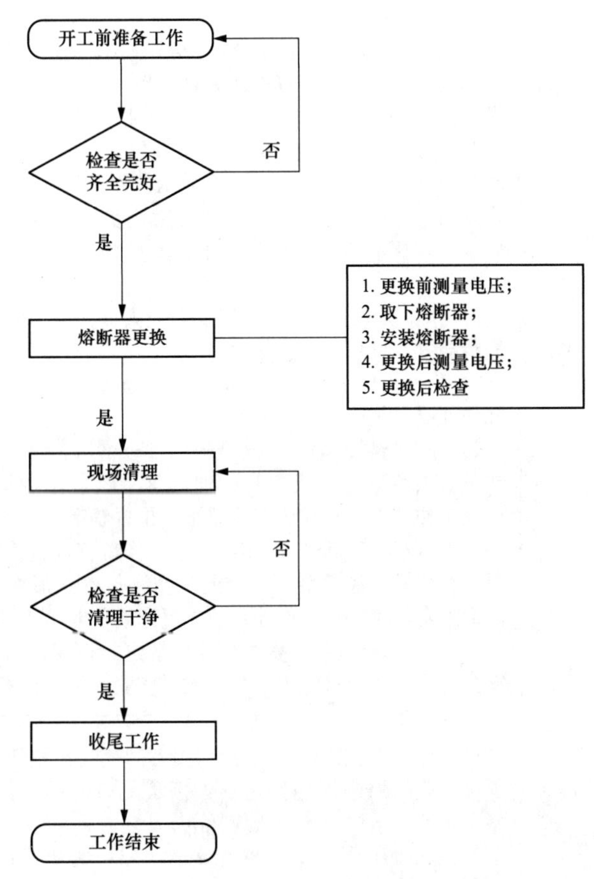

9.3.5 主要作业流程及工艺标准

作业流程	作业项目	作业内容及工艺标准	备注
作业前准备	人员检查	1）所有作业人员必须掌握《国家电网公司电力安全工作规程 变电部分》相关知识，并经考试合格。 2）作业人员应精神饱满，身体状态良好。 3）正确佩戴安全帽，着装符合安全要求。 4）作业指导教师对出勤情况进行记录	
	场地检查	1）作业场地整洁，无积水、污物，必要时进行清理。 2）检查急救箱，急救物品应齐备。 3）检查电源容量和电压符合要求	
	设备、工具、材料、资料检查	1）检查作业中需要使用的设备处于良好状态，必要时提前试运行。设备摆放位置合理。 2）对照工器具清单检查工器具，应齐全、完好、清洁。安全工器具和试验设备符合技术要求。工具摆放整齐。 3）对照材料清单检查材料，应齐全、合格。 4）对照资料清单准备作业工作票、作业指导书和作业记录	
	安全、组织、技术准备	1）全体作业人员列队，作业指导教师作业交代安全、组织和技术要求：对所有作业人员布置作业任务、作业内容、操作要求和重要注意事项。明确作业过程中的危险因素、防范措施和事故紧急处理措施；强调操作要点并进行安全和技术交底，必要时，应进行演示操作；将作业人员分组。指定每个作业班组工作负责人，交代负责内容并强调监护要求；就技术和安全问题向作业人员提问，保证每位作业人员掌握。 2）作业班组工作负责人组织作业人员按要求对安全措施进行布置，操作应正确规范。 3）作业班组工作负责人进行安全措施自检。合格后，通知作业指导教师进行检查。 4）作业指导教师对安全措施检查合格后，由作业班组工作负责人填写工作票，并办理许可手续（作业指导教师、作业工作负责人在作业工作票指定位置签字）。 5）作业班组列队，由作业班组工作负责人宣读作业工作票，交代安全注意事项。作业工作人员确认后在作业工作票上指定位置签字，作业班组方可开始作业。 6）作业指导教师对整个作业作业进行巡视，及时纠正不安全行为。作业班组工作负责人对作业人员进行安全监护	
熔断器更换	更换作业	1）更换前测量电压。更换前用万用表交流电压挡测量端子排上线路熔断器两侧电压，接于上口的端子排应有电，接于熔断器下口的端子排应无电。 2）取下熔断器。戴上绝缘手套，取下需更换的熔断器。并用万用表电阻挡测量熔断器电阻，损坏的熔断器电阻为无穷大。	

续表

作业流程	作业项目	作业内容及工艺标准	备注
熔断器更换	更换作业	3）安装熔断器。更换前用万用表电阻挡测量熔断器两端的电阻，两端之间为导通状态并有一定的阻值，将新熔断器装上。 4）更换后测量电压。熔断器更换后，检查熔断器安装牢固可靠，用万用表测量与熔断器下口相连的端子排应有电压。熔断器所连接的回路电压正常。 5）更换后检查。检查新接的熔断器是否紧固、连接处是否良好，检查熔断器安装角度是否正常，并检查熔断器是否有漏电、放电现象	
现场清理	场地清理	1）对作业设备、材料、工器具等进行整理，对照记录进行检查清点。 2）检查作业现场无遗留物。清扫作业场地	
收尾工作	自检及填写记录报告	1）由作业班组工作负责人组织学员进行全面检查，自检作业项目是否具备验收条件，填写作业自检报告。 2）由作业班组工作负责人按要求填写作业报告和作业记录	
工作结束	结束	经作业指导教师验收合格后，作业指导教师和作业学员检查确认施工器具已全部撤离工作现场、作业现场无遗留物	
	总结	全体作业人员列队，作业指导教师对作业情况进行总结	
	人员撤离	所有作业人员撤离作业场地	

9.3.6 作业指导书执行情况评估

评估内容	符合性	优秀		可操作项	
		良好		不可操作项	
		一般			
	可操作性	优秀		修改项	
		良好		增补项	
		一般		删除项	
存在问题					
改进意见					

9.4 所用变备自投装置切换试验

9.4.1 适用范围

本节适用于变电运维人员实施变电运维一体化项目作业，变电运维一体化作业实操培训可参考执行。本节介绍的切换试验，以典型变电站交流系统为例，其中1号站用变压器带交流Ⅰ段，2号站用变压器带交流Ⅱ段，0号站用变压器备用。

9.4.2 参考资料

下列文件对于本节的应用是必不可少的。凡是注日期的引用文件，仅所注日期的版本适用于本节。凡是不注日期的引用文件，其最新版本（包括所有的修改单）适用于本节。

GB/T 50062 电力装置的继电保护和自动装置设计规范

GB 50054—2011 低压配电设计规范

DL/T 5155 220kV～1000kV 变电站站用电设计技术规程

Q/GDW 1799.1 国家电网公司电力安全工作规程 变电部分

国网〔运检/3〕828—2017 国家电网公司变电运维管理规定（试行）

9.4.3 作业前准备工作

9.4.3.1 作业人员要求

√	序号	责任人	工作要求	备注
	1	作业负责人	1）熟悉备自投装置的基本原理和动作逻辑。 2）掌握备自投装置的切换流程和方法。 3）具有一定的现场工作经验，熟悉并能严格遵守电力生产和工作现场的相关安全管理规定。 4）作业负责人必须经本单位批准	
	2	作业人员	1）现场工作人员的身体状况、精神状态良好。 2）特殊工种必须持有效证件上岗。 3）所有作业人员必须具备必要的电气知识，基本掌握本专业作业技能及《国家电网公电力安全工作规程 变电部分》的相关知识，并经考试合格	

9.4.3.2 作业材料及工器具准备

√	序号	名称	规格	单位	数量	备注
	1	作业指导书		份	1	
	2	万用表		个	1	
	3	对讲机		套	1	
	4	工具箱		套	1	
	5	屏柜钥匙		把	1	

9.4.3.3 作业危险点分析及安全预控措施

√	序号	危险点分析	安全控制措施
	1	误操作	1）备自投切换试验不得少于 3 人，后台遥控操作 2 人，现场备自投动作情况辅助检查 1 人；工作负责人开工前，向工作班人员认真交底，交代现场带电部位、工作范围、现场安全措施及安全注意事项，进入间隔前，认真核对设备名称、编号。核对无误后方可开始工作。

续表

√	序号	危险点分析	安全控制措施
	1	误操作	2）后台遥控分合开关时，必须有2人进行，一人监护，一人操作。 3）切换试验前，应检查站内运行规程或实际图纸，核对确认备自投动作逻辑。 4）遥控分合高压侧断路器前，应告知管辖调度
	2	交流失电	1）切换试验前，应检查两台站用变压器所带负荷情况并记录。 2）切换试验后，应检查两台站用变压器所带负荷，确认与切换前保持一致

9.4.4 作业流程图

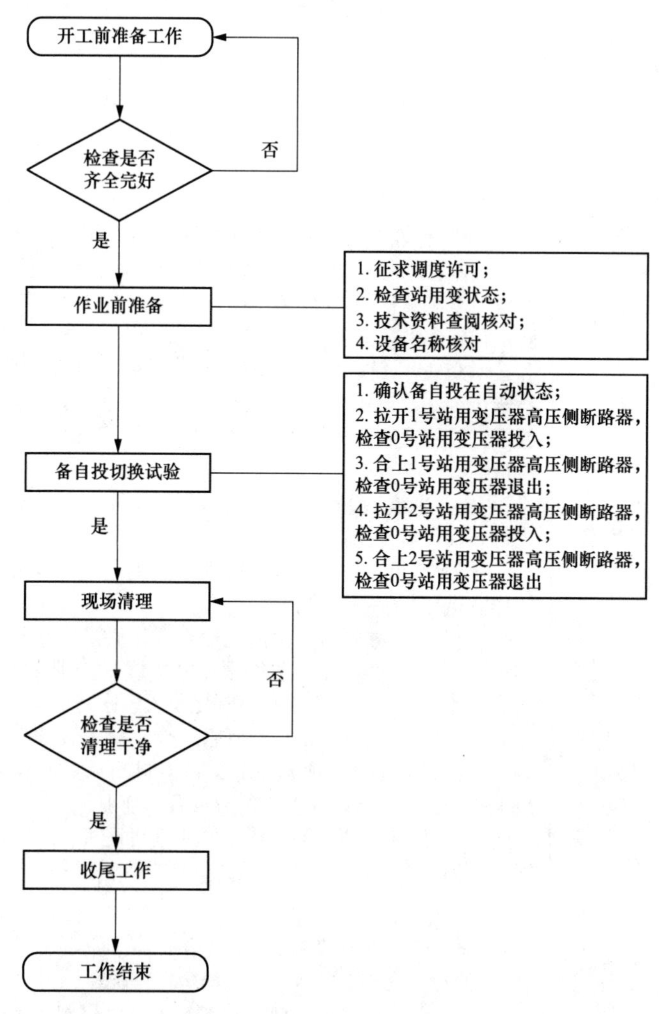

9.4.5 主要作业流程及工艺标准

作业流程	作业项目	作业内容及工艺标准	备注
作业前准备	人员检查	1）所有作业人员必须掌握《国家电网公司电力安全工作规程　变电部分》相关知识，并经考试合格。 2）作业人员应精神饱满，身体状态良好。 3）正确佩戴安全帽，着装符合安全要求。 4）作业指导教师对出勤情况进行记录	
	场地检查	1）作业场地整洁，无积水、污物，必要时进行清理。 2）检查急救箱，急救物品应齐备。 3）检查电源容量和电压符合要求	
	设备、工具、材料、资料检查	1）检查作业中需要使用的设备处于良好状态，必要时提前试运行。设备摆放位置合理。 2）对照工器具清单检查工器具，应齐全、完好、清洁。安全工器具和试验设备符合技术要求。工具摆放整齐。 3）对照材料清单检查材料，应齐全、合格。 4）对照资料清单准备作业工作票、作业指导书和作业记录	
	安全、组织、技术准备	1）全体作业人员列队，作业指导教师作业交代安全、组织和技术要求：对所有作业人员布置作业任务、作业内容、操作要求和重要注意事项。明确作业过程中的危险因素、防范措施和事故紧急处理措施；强调操作要点并进行安全和技术交底，必要时，应进行演示操作；将作业人员分组。指定每个作业班组工作负责人，交代负责内容并强调监护要求；就技术和安全问题向作业人员提问，保证每位作业人员掌握。 2）作业班组工作负责人组织作业人员按要求对安全措施进行布置，操作应正确规范。 3）作业班组工作负责人进行安全措施自检。合格后，通知作业指导教师进行检查。 4）作业指导教师对安全措施检查合格后，由作业班组工作负责人填写工作票，并办理许可手续（作业指导教师、作业工作负责人在作业工作票指定位置签字）。 5）作业班组列队，由作业班组工作负责人宣读作业工作票，交代安全注意事项。作业工作人员确认后在作业工作票上指定位置签字，作业班组方可开始作业。 6）作业指导教师对整个作业作业进行巡视，及时纠正不安全行为。作业班组工作负责人对作业人员进行安全监护	
	切换前的现场检查核对	1）向省超调度申请定期切换工作许可。 2）检查 0、1、2 号站用变压器运行正常。 3）切换前，核对现场规程和图纸等技术资料，确认备自投动作逻辑。 4）核对工作设备名称正确，检查现场符合工作条件	

续表

作业流程	作业项目	作业内容及工艺标准	备注
备自投切换试验	备自投状态检查	1）检查备自投装置在投入状态，备自投切换开关在“自动”状态，站用变各相电压正常。 2）记录1号站用变压器、2号站用变压器所带负荷	
	切换操作	1）拉开1号站用变高压侧310断路器，切换操作严格按作业指导书操作顺序逐项进行，每执行完一项均打“√”，拉开310断路器后检查310断路器确在分闸位置。 2）检查0号站用变投入正常，检查1号站用变低压侧01断路器已分开，0号站用变压器00断路器、分段10断路器先后合上，380VⅠ段母线电压正常。 3）合上1号站用变高压侧310断路器，切换操作严格按作业指导书操作顺序逐项进行，每执行完一项均打“√”，合上310断路器后检查310断路器确在合闸位置。 4）检查1号站用变压器投入正常，检查分段10断路器、低压侧00断路器先后分开，1号站用变压器01断路器已合上，380VⅠ段母线电压正常，站用电系统恢复正常运行方式。 5）拉开2号站用变压器高压侧320断路器，切换操作严格按作业指导书操作顺序逐项进行，每执行完一项均打“√”，拉开320断路器后检查320断路器确在分闸位置。 6）检查0号站用变压器投入正常，检查2号站用变压器低压侧02断路器已分开，0号站用变压器00断路器、分段20断路器先后合上，380VⅡ段母线电压正常。 7）合上2号站用变压器高压侧320断路器，切换操作严格按作业指导书操作顺序逐项进行，每执行完一项均打“√”，拉320断路器后检查320断路器确在分闸位置。 8）检查2号站用变压器投入正常，检查分段20断路器、低压侧00断路器先后分开，2号站用变压器02断路器已合上，380VⅡ段母线电压正常，站用电系统恢复正常运行方式。 9）检查1号站用变压器、2号站用变压器切换后负荷与切换前负荷保持一致，检查直流系统，UPS系统，主变压器（高抗）冷却系统运行正常	
现场清理	场地清理	1）对作业设备、材料、工器具等进行整理，对照记录进行检查清点。 2）检查作业现场无遗留物；关闭电源，清扫作业场地	
收尾工作	自检及填写记录报告	1）由作业班组工作负责人组织学员进行全面检查，自检作业项目是否具备验收条件，填写作业自检报告。 2）由作业班组工作负责人按要求填写作业报告和作业记录	
工作结束	结束	经作业指导教师验收合格后，作业指导教师和作业学员检查确认施工器具已全部撤离工作现场、作业现场无遗留物	
	总结	全体作业人员列队，作业指导教师对作业情况进行总结	
	人员撤离	所有作业人员撤离作业场地	

9.4.6 作业指导书执行情况评估

评估内容	符合性	优秀		可操作项	
		良好		不可操作项	
		一般			
	可操作性	优秀		修改项	
		良好		增补项	
		一般		删除项	
存在问题					
改进意见					

9.5 低压相序定相作业指导书

9.5.1 适用范围

本节适用于变电运维人员实施变电运维一体化项目作业，变电运维一体化作业实操培训可参考执行。

9.5.2 参考资料

下列文件对于本节的应用是必不可少的。凡是注日期的引用文件，仅所注日期的版本适用于本节。凡是不注日期的引用文件，其最新版本（包括所有的修改单）适用于本节。

GB 50254—2014　电气装置安装工程　低压电器施工及验收规范

GB 50054—2011　低压配电设计规范

DL/T 5155　220kV～1000kV 变电站站用电设计技术规程

Q/GDW 1799.1　国家电网公司电力安全工作规程　变电部分

国网〔运检/3〕828—2017　国家电网公司变电运维管理规定（试行）

9.5.3 作业前准备工作

9.5.3.1 作业人员要求

√	序号	责任人	工作要求	备注
	1	作业负责人	1）熟悉相序表原理和使用。 2）掌握低压相序定相流程和方法。 3）具有一定的现场工作经验，熟悉并能严格遵守电力生产和工作现场的相关安全管理规定。 4）作业负责人必须经本单位批准	
	2	作业人员	1）现场工作人员的身体状况、精神状态良好。 2）特殊工种必须持有效证件上岗。 3）所有作业人员必须具备必要的电气知识，基本掌握本专业作业技能及《国家电网公司电力安全工作规程　变电部分》的相关知识，并经考试合格	

9.5.3.2 作业材料及工器具准备

√	序号	名称	规格	单位	数量	备注
	1	作业指导书		份	1	
	2	万用表		个	1	
	3	相序表		只	1	
	4	工具箱		套	1	
	5	屏柜钥匙		把	1	
	6	线手套		副	2	

9.5.3.3 作业危险点分析及安全预控措施

√	序号	危险点分析	安全控制措施
	1	短路	测量相序时做好安全措施，与带电设备保持足够安全距离，防止因测量操作不当引发短路
	2	误碰	严禁误碰与工作无关的运行设备，防止因低压核相时造成所用电失电
	3	触电	1）工作中与低压裸露带电部分保持距离，应佩戴线手套，防止人员触电。 2）工作中应至少 2 人进行工作，一人监护，一人工作

9.5.4 作业流程图

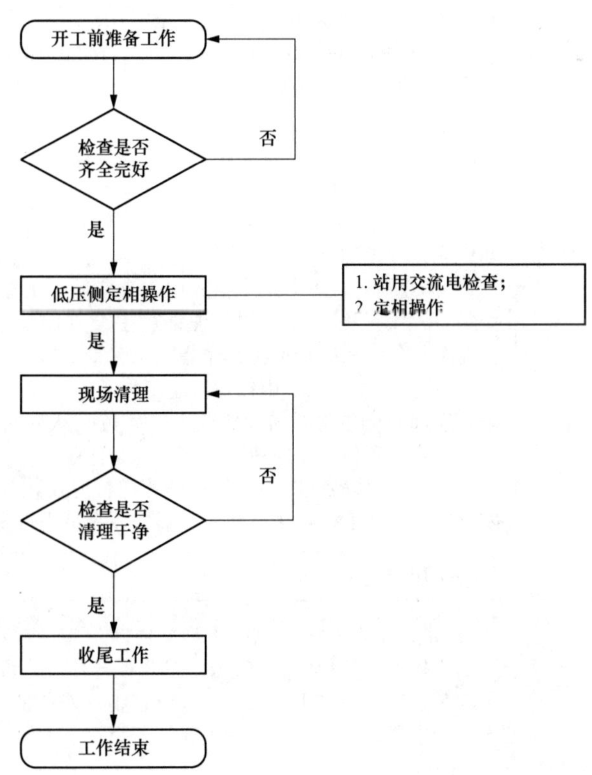

9.5.5 主要作业流程及工艺标准

作业流程	作业项目	作业内容及工艺标准	备注
作业前准备	人员检查	1）所有作业人员必须掌握《国家电网公司电力安全工作规程 变电部分》相关知识，并经考试合格。 2）作业人员应精神饱满，身体状态良好。 3）正确佩戴安全帽，着装符合安全要求。 4）作业指导教师对出勤情况进行记录	
	场地检查	1）作业场地整洁，无积水、污物，必要时进行清理。 2）检查急救箱，急救物品应齐备。 3）检查电源容量和电压符合要求	
	设备、工具、材料、资料检查	1）检查作业中需要使用的设备处于良好状态，必要时提前试运行。设备摆放位置合理。 2）对照工器具清单检查工器具，应齐全、完好、清洁。安全工器具和试验设备符合技术要求。工具摆放整齐。 3）对照材料清单检查材料，应齐全、合格。 4）对照资料清单准备作业工作票、作业指导书和作业记录	
	安全、组织、技术准备	1）全体作业人员列队，作业指导教师作业交代安全、组织和技术要求：对所有作业人员布置作业任务、作业内容、操作要求和重要注意事项。明确作业过程中的危险因素、防范措施和事故紧急处理措施；强调操作要点并进行安全和技术交底，必要时，应进行演示操作；将作业人员分组。指定每个作业班组工作负责人，交代负责内容并强调监护要求；就技术和安全问题向作业人员提问，保证每位作业人员掌握。 2）作业班组工作负责人组织作业人员按要求对安全措施进行布置，操作应正确规范。 3）作业班组工作负责人进行安全措施自检。合格后，通知作业指导教师进行检查。 4）作业指导教师对安全措施检查合格后，由作业班组工作负责人填写工作票，并办理许可手续（作业指导教师、作业工作负责人在作业工作票指定位置签字）。 5）作业班组列队，由作业班组工作负责人宣读作业工作票，交代安全注意事项。作业工作人员确认后在作业工作票上指定位置签字，作业班组方可开始作业。 6）作业指导教师对整个作业作业进行巡视，及时纠正不安全行为。作业班组工作负责人对作业人员进行安全监护	
低压定相	站用电检查	检查站用交流电无异常	
	定相操作	1）将相序表三根表笔线 U（黄）、V（绿）、W（红）分别对应接到被测电源的 A、B、C 3 根导体上。面板上的 3 个红色发光二极管 L1、L2、L3 分别指示对应的三相有电，当被测电源缺相时，对应的发光管不亮。	

续表

作业流程	作业项目	作业内容及工艺标准	备注
低压定相	定相操作	2）将相序表三根表笔线 U（黄）、V（绿）、W（红）分别对应接到被测电源的 A、B、C 3 根导体上。当被测电源三相相序为正序时，R 灯亮（顺时针）。当被测电源三相相序为逆序时，R 灯亮（顺时针），同时蜂鸣器发出报警声。 3）定相工作结束后，检查交流设备均工作正常，交流系统无任何异常信号	
现场清理	场地清理	1）对作业设备、材料、工器具等进行整理，对照记录进行检查清点。 2）检查作业现场无遗留物。关闭电源，清扫作业场地	
收尾工作	自检及填写记录报告	1）由作业班组工作负责人组织学员进行全面检查，自检作业项目是否具备验收条件，填写作业自检报告。 2）由作业班组工作负责人按要求填写作业报告和作业记录	
工作结束	结束	经作业指导教师验收合格后，作业指导教师和作业学员检查确认施工器具已全部撤离工作现场、作业现场无遗留物	
	总结	全体作业人员列队，作业指导教师对作业情况进行总结	
	人员撤离	所有作业人员撤离作业场地	

9.5.6 作业指导书执行情况评估

<table>
<tr><td rowspan="6">评估内容</td><td rowspan="3">符合性</td><td>优秀</td><td></td><td>可操作项</td><td rowspan="6"></td></tr>
<tr><td>良好</td><td></td><td rowspan="2">不可操作项</td></tr>
<tr><td>一般</td><td></td></tr>
<tr><td rowspan="3">可操作性</td><td>优秀</td><td></td><td>修改项</td></tr>
<tr><td>良好</td><td></td><td>增补项</td></tr>
<tr><td>一般</td><td></td><td>删除项</td></tr>
<tr><td>存在问题</td><td colspan="5"></td></tr>
<tr><td>改进意见</td><td colspan="5"></td></tr>
</table>

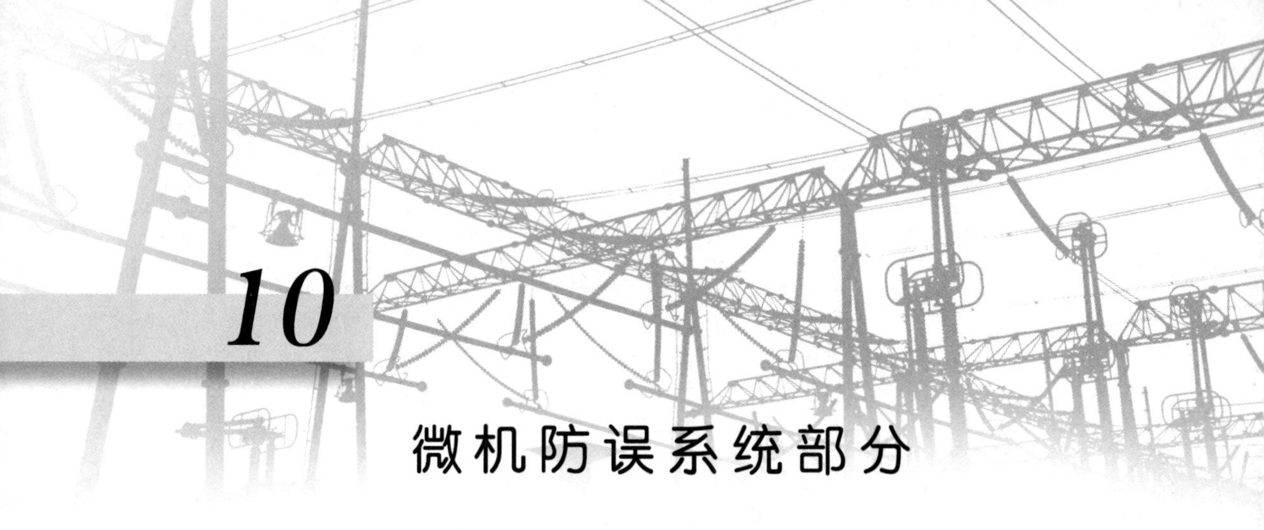

10 微机防误系统部分

10.1 监控系统、微机防误系统主机及附件维护

10.1.1 适用范围

本节适用于变电运维人员实施变电运维一体化项目作业，变电运维一体化作业实操培训可参考执行。

10.1.2 参考资料

下列文件对于本节的应用是必不可少的。凡是注日期的引用文件，仅所注日期的版本适用于本节。凡是不注日期的引用文件，其最新版本（包括所有的修改单）适用于本节。

DL/T 687 微机型防止电气误操作系统通用技术条件

DL/T 1708 电力系统顺序控制技术规范

Q/GDW 1799.1 国家电网公司电力安全工作规程 变电部分

Q/GDW 671 微机型防止电气误操作系统技术规范

国网〔运检/3〕828—2017 国家电网公司变电运维管理规定（试行）

国网安监〔2018〕1119号 国家电网有限公司关于印发防止电气误操作安全管理规定的通知

国网设备变电〔2018〕51号 国网设备部关于切实加强防止变电站电气误操作运维管理工作的通知

国网设备变电〔2021〕20号 国网设备部关于印发防止变电站电气误操作十二项措施的通知

国家电网设备〔2018〕979号 国家电网有限公司关于印发十八项电网重大反事故措施（修订版）的通知

皖电安监〔2020〕213号 国网安徽省电力有限公司关于印发《国网安徽省电力有限公司防止电气误操作管理规定》的通知

10.1.3 作业前准备工作

10.1.3.1 作业人员要求

√	序号	责任人	工作要求	备注
	1	作业负责人	1）熟悉微机防误系统的基本配置及原理和操作流程。	

续表

√	序号	责任人	工作要求	备注
	1	作业负责人	2）掌握微机防误系统主机电源及通信适配器故障排查及处理的方法。 3）具有一定的现场工作经验，熟悉并能严格遵守电力生产和工作现场的相关安全管理规定。 4）作业负责人必须经国家电网公司《电力安全工作规程》考试合格并由本单位批准	
	2	作业人员	1）现场工作人员的身体状况、精神状态良好。 2）作业辅助人员（外来）必须经负责施教的人员，对其进行安全措施、作业范围、安全注意事项等方面施教后方可参加工作。 3）特殊工种（电焊工）必须持有效证件上岗。 4）所有作业人员必须具备必要的电气知识，掌握本专业作业技能及《国家电网公司电力安全工作规程　变电部分》的相关知识，并经考试合格	

10.1.3.2　作业材料及工器具准备

√	序号	名称	规格	单位	数量	备注
	1	作业指导书		份	1	
	2	变电站一次接线图		份	1	
	3	经审核的五防闭锁逻辑表		份	1	
	4	防误装置的技术说明书		份	1	
	5	微机防误系统		台	1	
	6	活动扳手		把	若干	
	7	十字螺丝刀		把	各 1	
	8	一字螺丝刀		把	1	
	9	专用吹风机	500W 以上	个	1	
	10	绝缘毛刷		个	若干	
	11	无毛纸		块	若干	
	12	干抹布		把	若干	

10.1.3.3　作业危险点分析及安全预控措施

√	序号	危险点分析	安全控制措施
	1	触电伤害、误碰其他运行设备	1）微机防误系统附件运维不得少于 2 人；工作负责人开工前，向作业人员认真宣读工作票或作业指导书，交代现场带电部位、工作范围、现场安全措施及安全注意事项，工作前，认真核对设备名称、编号，核对无误后方可开始工作。 2）维护时，必须有 2 人进行，一人监护，一人操作，必要时操作人员戴绝缘手套
	2	机械伤人	1）搬运拆卸装置或装置附件时，应 2 人一起搬运。 2）施工器具使用应符合安全规程、制造厂的规定
	3	错误操作导致装置损坏	1）维护前，应确保微机防误系统运行正常。 2）不得做与工作无关的事情，防止造成运行设备异常或短路烧毁部件。 3）主机外部除尘前注意采取可靠措施，防止主机电源线脱落。 4）主机内部除尘前应断开电源，防止造成人员触电或设备损坏

续表

√	序号	危险点分析	安全控制措施
	4	信息安全	1）未经允许不得在微机防误系统主机上使用移动存储设备或者移动互联设备。 2）不得触碰除本次信息维护内容以外的任何网络设备。 3）未经相关信息部门允许不得在内网机安装任何应用程序

10.1.4 作业流程图

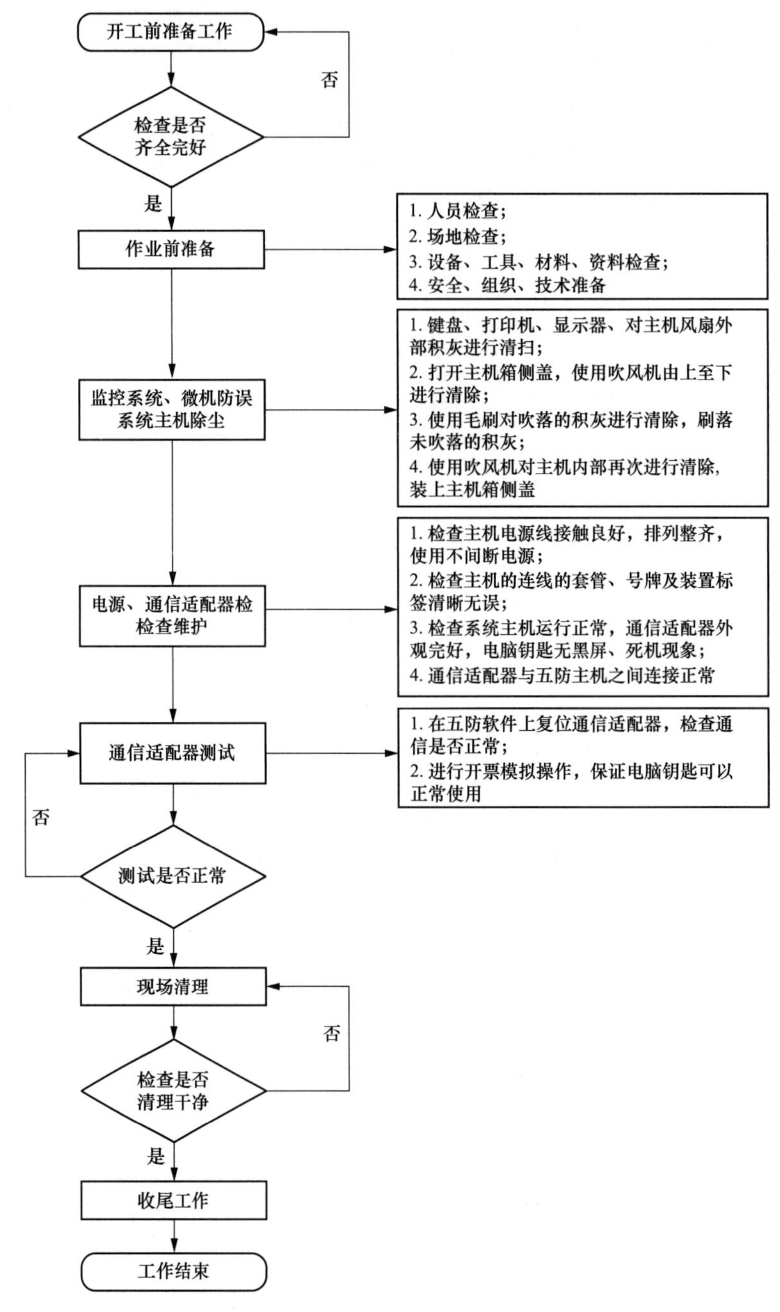

10.1.5 主要作业流程及工艺标准

作业流程	作业项目	作业内容及工艺标准	备注
作业前准备	人员检查	1）所有作业人员必须掌握《国家电网公司电力安全工作规程　变电部分》相关知识，并经考试合格。 2）作业人员应精神饱满，身体状态良好。 3）正确佩戴安全帽，着装符合安全要求。 4）作业指导教师对出勤情况进行记录	
	场地检查	1）作业场地整洁，无积水、污物，必要时进行清理。 2）检查急救箱，急救物品应齐备。 3）检查电源容量和电压符合要求	
	设备、工具、材料、资料检查	1）检查作业中需要使用的设备处于良好状态，必要时提前试运行。设备摆放位置合理。 2）对照工器具清单检查工器具，应齐全、完好、清洁。安全工器具和试验设备符合技术要求。工具摆放整齐。 3）对照材料清单检查材料，应齐全、合格。 4）对照资料清单准备作业工作票、作业指导书和作业记录	
	安全、组织、技术准备	1）全体作业人员列队，作业指导教师交代作业安全、组织和技术要求：对所有作业人员布置作业任务、作业内容、操作要求和重要注意事项。明确作业过程中的危险因素、防范措施和事故紧急处理措施；强调操作要点并进行安全和技术交底，必要时，应进行演示操作；将作业人员分组。指定每个作业班组工作负责人，交代负责内容并强调监护要求；就技术和安全问题向作业人员提问，保证每位作业人员掌握。 2）作业班组工作负责人组织作业人员按要求对安全措施进行布置，操作应正确规范。 3）作业班组工作负责人进行安全措施自检，合格后，通知作业指导教师进行检查。 4）作业指导教师对安全措施检查合格后，由作业班组工作负责人填写工作票，并办理许可手续（作业指导教师、作业工作负责人在作业工作票指定位置签字）。 5）作业班组列队，由作业班组工作负责人宣读作业工作票，交代安全注意事项，作业工作人员确认后在作业工作票上指定位置签字，作业班组方可开始作业。 6）作业指导教师对整个作业进行巡视，及时纠正不安全行为，作业班组工作负责人对作业人员进行安全监护	
监控系统、微机防误系统主机除尘	监控系统、微机防误系统主机维护	1）用绝缘毛刷或干膜布对键盘、打印机、显示器、对主机风扇外部积灰进行清扫。 2）打开主机箱侧盖，使用吹风机由上至下进行清除（注意CPU内部元件缝隙间积灰）。主机内部除尘前应断开电源，防止造成人员触电或设备损坏。	

续表

作业流程	作业项目	作业内容及工艺标准	备注
监控系统、微机防误系统主机除尘	监控系统、微机防误系统主机维护	3）使用毛刷对吹落的积灰进行清除，刷落未吹落的积灰，使用干抹布对汇集的积灰进行清除。 4）使用吹风机对主机内部再次进行清除，装上主机箱侧盖	
电源、通信适配器检查及维护	电源、通信适配器检查	1）检查主机电源线接触是否良好，排列是否杂乱，是否使用不间断电源。 2）检查主机的连线的套管、号牌及装置标签清晰无误。 3）检查系统主机运行是否正常，通信适配器外观是否完好，电脑钥匙是否存在黑屏、死机现象。 4）通信适配器与五防主机之间连接是否正常	
通信适配器测试	通信适配器测试	1）在五防软件上复位通信适配器，检查通信是否正常，如果有“滴”的一声响则为正常。 2）进行开票模拟操作，保证电脑钥匙可以正常使用	
现场清理	场地清理	1）对作业设备、材料、工器具等进行整理，对照记录进行检查清点。 2）检查作业现场无遗留物；关闭电源，清扫作业场地	
收尾工作	自检及填写记录报告	1）由作业班组工作负责人组织学员进行全面检查，自检作业项目是否具备验收条件，填写作业自检报告。 2）由作业班组工作负责人按要求填写作业报告和作业记录	
工作结束	结束	经作业负责人验收合格后，作业负责人和作业学员检查确认施工器具已全部撤离工作现场、作业现场无遗留物	
	总结	全体作业人员列队，作业负责人对作业情况进行总结	
	人员撤离	所有作业人员撤离作业场地	

10.1.6 作业指导书执行情况评估

<table>
<tr><td rowspan="6">评估内容</td><td rowspan="3">符合性</td><td>优秀</td><td></td><td>可操作项</td><td rowspan="6"></td></tr>
<tr><td>良好</td><td></td><td rowspan="2">不可操作项</td></tr>
<tr><td>一般</td><td></td></tr>
<tr><td rowspan="3">可操作性</td><td>优秀</td><td></td><td>修改项</td></tr>
<tr><td>良好</td><td></td><td>增补项</td></tr>
<tr><td>一般</td><td></td><td>删除项</td></tr>
<tr><td>存在问题</td><td colspan="5"></td></tr>
<tr><td>改进意见</td><td colspan="5"></td></tr>
</table>

10.2 独立微机五防防误逻辑校验

10.2.1 适用范围

本节适用于变电运维人员实施变电运维一体化项目作业，变电运维一体化作业实操培训可参考执行。

10.2.2 参考资料

下列文件对于本节的应用是必不可少的。凡是注日期的引用文件，仅所注日期的版本适用于本节。凡是不注日期的引用文件，其最新版本（包括所有的修改单）适用于本节。

DL/T 687　微机型防止电气误操作系统通用技术条件

DL/T 1708　电力系统顺序控制技术规范

Q/GDW 1799.1　国家电网公司电力安全工作规程　变电部分

Q/GDW 671　微机型防止电气误操作系统技术规范

国网〔运检/3〕828—2017　国家电网公司变电运维管理规定（试行）

国网安监〔2018〕1119号　国家电网有限公司关于印发防止电气误操作安全管理规定的通知

国网设备变电〔2018〕51号　国网设备部关于切实加强防止变电站电气误操作运维管理工作的通知

国网设备变电〔2021〕20号　国网设备部关于印发防止变电站电气误操作十二项措施的通知

国家电网设备〔2018〕979号　国家电网有限公司关于印发十八项电网重大反事故措施（修订版）的通知

皖电安监〔2020〕213号　国网安徽省电力有限公司关于印发《国网安徽省电力有限公司防止电气误操作管理规定》的通知

10.2.3 作业前准备工作

10.2.3.1 作业人员要求

√	序号	责任人	工作要求	备注
	1	作业负责人	1）熟悉微机防误系统的基本原理和操作流程。 2）了解五防闭锁逻辑要求。 3）掌握独立微机五防防误逻辑校验的方法。 4）具有一定的现场工作经验，熟悉并能严格遵守电力生产和工作现场的相关安全管理规定。 5）作业负责人必须经国家电网公司《电力安全工作规程》考试合格并由本单位批准	
	2	作业人员	1）现场工作人员的身体状况、精神状态良好。	

续表

√	序号	责任人	工作要求	备注
	2	作业人员	2）作业辅助人员（外来）必须经负责施教的人员，对其进行安全措施、作业范围、安全注意事项等方面施教后方可参加工作。 3）特殊工种（电焊工）必须持有效证件上岗。 4）所有作业人员必须具备必要的电气知识，掌握本专业作业技能及《国家电网公司电力安全工作规程　变电部分》的相关知识，并经考试合格	

10.2.3.2　作业材料及工器具准备

√	序号	名称	规格	单位	数量	备注
	1	作业指导书		份	1	
	2	变电站一次接线图		份	1	
	3	经审核的五防闭锁逻辑表		份	1	
	4	防误装置的技术说明书		份	1	
	5	微机防误系统		台	1	
	6	防误装置闭锁逻辑的设计说明		份	1	

10.2.3.3　作业危险点分析及安全预控措施

√	序号	危险点分析	安全控制措施
	1	触电伤害、误碰其他运行设备	1）独立微机五防防误逻辑校验不得少于2人；工作负责人开工前，向作业人员认真宣读工作票或作业指导书，交代现场带电部位、工作范围、现场安全措施及安全注意事项，工作前，认真核对设备名称、编号，核对无误后方可开始工作。 2）逻辑校验时，必须有2人进行，一人监护，一人操作
	2	错误操作导致逻辑修改	1）逻辑校验前，应确保微机防误系统主机、软件、电脑钥匙等运行正常。 2）逻辑校验前，应对逻辑库和数据库进行备份，防止误操作修改五防逻辑。 3）不得做与工作无关的事情，防止造成运行设备异常或短路烧毁部件
	3	信息安全	1）未经允许不得在微机防误系统主机上使用移动存储设备或者移动互联设备。 2）不得触碰除本次信息维护内容以外的任何网络设备。 3）未经相关信息部门允许不得在内网机安装任何应用程序

10.2.4 作业流程图

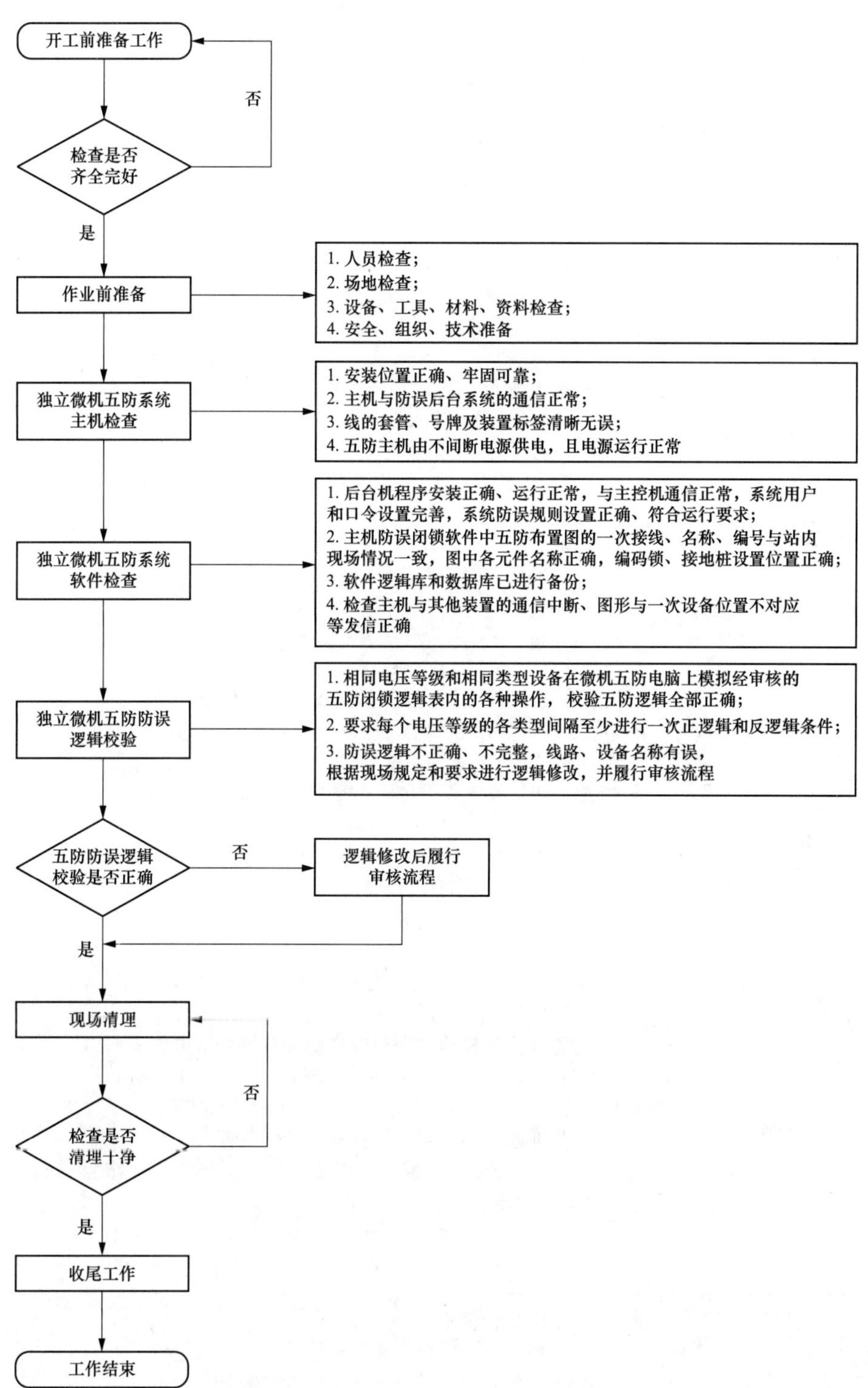
开工前准备工作
检查是否齐全完好
否
是
作业前准备
1. 人员检查；
2. 场地检查；
3. 设备、工具、材料、资料检查；
4. 安全、组织、技术准备
独立微机五防系统主机检查
1. 安装位置正确、牢固可靠；
2. 主机与防误后台系统的通信正常；
3. 线的套管、号牌及装置标签清晰无误；
4. 五防主机由不间断电源供电，且电源运行正常
独立微机五防系统软件检查
1. 后台机程序安装正确、运行正常，与主控机通信正常，系统用户和口令设置完善，系统防误规则设置正确、符合运行要求；
2. 主机防误闭锁软件中五防布置图的一次接线、名称、编号与站内现场情况一致，图中各元件名称正确，编码锁、接地桩设置位置正确；
3. 软件逻辑库和数据库已进行备份；
4. 检查主机与其他装置的通信中断、图形与一次设备位置不对应等发信正确
独立微机五防防误逻辑校验
1. 相同电压等级和相同类型设备在微机五防电脑上模拟经审核的五防闭锁逻辑表内的各种操作，校验五防逻辑全部正确；
2. 要求每个电压等级的各类型间隔至少进行一次正逻辑和反逻辑条件；
3. 防误逻辑不正确、不完整，线路、设备名称有误，根据现场规定和要求进行逻辑修改，并履行审核流程
五防防误逻辑校验是否正确
否
逻辑修改后履行审核流程
是
现场清理
检查是否清埋十净
否
是
收尾工作
工作结束

10.2.5 主要作业流程及工艺标准

<table>
<tr><th>作业流程</th><th>作业项目</th><th>作业内容及工艺标准</th><th>备注</th></tr>
<tr><td rowspan="4">作业前准备</td><td>人员检查</td><td>1）所有作业人员必须掌握《国家电网公司电力安全工作规程　变电部分》相关知识，并经考试合格。
2）作业人员应精神饱满，身体状态良好。
3）正确佩戴安全帽，着装符合安全要求。
4）作业指导教师对出勤情况进行记录</td><td></td></tr>
<tr><td>场地检查</td><td>1）作业场地整洁，无积水、污物，必要时进行清理。
2）检查急救箱，急救物品应齐备。
3）检查电源容量和电压符合要求</td><td></td></tr>
<tr><td>设备、工具、材料、资料检查</td><td>1）检查作业中需要使用的设备处于良好状态，必要时提前试运行。设备摆放位置合理。
2）对照工器具清单检查工器具，应齐全、完好、清洁。安全工器具和试验设备符合技术要求。工具摆放整齐。
3）对照材料清单检查材料，应齐全、合格。
4）对照资料清单准备作业工作票、作业指导书和作业记录</td><td></td></tr>
<tr><td>安全、组织、技术准备</td><td>1）全体作业人员列队，作业指导教师交代作业安全、组织和技术要求：对所有作业人员布置作业任务、作业内容、操作要求和重要注意事项。明确作业过程中的危险因素、防范措施和事故紧急处理措施；强调操作要点并进行安全和技术交底，必要时，应进行演示操作；将作业人员分组。指定每个作业班组工作负责人，交代负责内容并强调监护要求；就技术和安全问题向作业人员提问，保证每位作业人员掌握。
2）作业班组工作负责人组织作业人员按要求对安全措施进行布置，操作应正确规范。
3）作业班组工作负责人进行安全措施自检，合格后，通知作业指导教师进行检查。
4）作业指导教师对安全措施检查合格后，由作业班组工作负责人填写工作票，并办理许可手续（作业指导教师、作业工作负责人在作业工作票指定位置签字）。
5）作业班组列队，由作业班组工作负责人宣读作业工作票，交代安全注意事项，作业工作人员确认后在作业工作票上指定位置签字，作业班组方可开始作业。
6）作业指导教师对整个作业进行巡视，及时纠正不安全行为，作业班组工作负责人对作业人员进行安全监护</td><td></td></tr>
<tr><td>独立微机五防系统主机检查</td><td>五防系统主机检查</td><td>1）安装位置正确、牢固可靠。
2）主机与防误后台系统的通信正常。
3）连线的套管、号牌及装置标签清晰无误。
4）五防主机由不间断电源供电，且电源运行正常</td><td></td></tr>
</table>

续表

作业流程	作业项目	作业内容及工艺标准	备注
独立微机五防系统软件检查	防误后台系统软件检查	1）后台机程序安装正确、运行正常，与主控机通信正常，系统用户和口令设置完善，系统防误规则设置正确、符合运行要求。 2）主机防误闭锁软件中五防布置图的一次接线、名称、编号与站内现场情况一致，图中各元件名称正确，编码锁、接地桩设置位置正确。 3）软件逻辑库和数据库已进行备份。 4）检查主机与其他装置的通信中断、图形与一次设备位置不对应等发信正确	
独立微机五防防误逻辑校验	五防防误逻辑校验	1）相同电压等级和相同类型设备在微机五防电脑上模拟经审核的五防闭锁逻辑表内的各种操作，校验五防逻辑全部正确。 2）要求每个电压等级的各类型间隔至少进行一次正逻辑（指符合逻辑操作条件）和反逻辑（指不符合逻辑操作条件，如走错间隔、颠倒顺序等）模拟操作。 3）防误逻辑不正确、不完整，线路、设备名称有误，根据现场规定和要求进行逻辑修改，并履行审核流程	
现场清理	场地清理	1）对作业设备、材料、工器具等进行整理，对照记录进行检查清点。 2）检查作业现场无遗留物。关闭电源，清扫作业场地	
收尾工作	自检及填写记录报告	1）由作业班组工作负责人组织学员进行全面检查，自检作业项目是否具备验收条件，填写作业自检报告。 2）由作业班组工作负责人按要求填写作业报告和作业记录	
工作结束	结束	经作业负责人验收合格后，作业负责人和作业学员检查确认施工器具已全部撤离工作现场、作业现场无遗留物	
	总结	全体作业人员列队，作业负责人对作业情况进行总结	
	人员撤离	所有作业人员撤离作业场地	

10.2.6 作业指导书执行情况评估

<table>
<tr><td rowspan="6">评估内容</td><td rowspan="3">符合性</td><td>优秀</td><td></td><td>可操作项</td><td rowspan="6"></td></tr>
<tr><td>良好</td><td></td><td rowspan="2">不可操作项</td></tr>
<tr><td>一般</td><td></td></tr>
<tr><td rowspan="3">可操作性</td><td>优秀</td><td></td><td>修改项</td></tr>
<tr><td>良好</td><td></td><td>增补项</td></tr>
<tr><td>一般</td><td></td><td>删除项</td></tr>
<tr><td>存在问题</td><td colspan="5"></td></tr>
<tr><td>改进意见</td><td colspan="5"></td></tr>
</table>

10.3 电脑钥匙功能检测

10.3.1 适用范围

本节适用于变电运维人员实施变电运维一体化项目作业，变电运维一体化作业实操培训可参考执行。

10.3.2 参考资料

下列文件对于本节的应用是必不可少的。凡是注日期的引用文件，仅所注日期的版本适用于本节。凡是不注日期的引用文件，其最新版本（包括所有的修改单）适用于本章节。

DL/T 687 微机型防止电气误操作系统通用技术条件

DL/T 1708 电力系统顺序控制技术规范

Q/GDW 1799.1 国家电网公司电力安全工作规程 变电部分

Q/GDW 671 微机型防止电气误操作系统技术规范

国网〔运检/3〕828—2017 国家电网公司变电运维管理规定（试行）

国网安监〔2018〕1119 号 国家电网有限公司关于印发防止电气误操作安全管理规定的通知

国网设备变电〔2018〕51 号 国网设备部关于切实加强防止变电站电气误操作运维管理工作的通知

国网设备变电〔2021〕20 号 国网设备部关于印发防止变电站电气误操作十二项措施的通知

10.3.3 作业前准备工作

10.3.3.1 作业人员要求

√	序号	责任人	工作要求	备注
	1	作业负责人	1）熟悉微机防误系统的基本原理和操作流程。 2）了解电脑钥匙的工作原理和性能。 3）掌握电脑钥匙功能检测的方法。 4）具有一定的现场工作经验，熟悉并能严格遵守电力生产和工作现场的相关安全管理规定。 5）作业负责人必须经国家电网公司《电力安全工作规程》考试合格并由本单位批准	
	2	作业人员	1）现场工作人员的身体状况、精神状态良好。 2）作业辅助人员（外来）必须经负责施教的人员对其进行安全措施、作业范围、安全注意事项等方面施教后方可参加工作。 3）特殊工种必须持有效证件上岗。 4）所有作业人员必须具备必要的电气知识，掌握本专业作业技能及《国家电网公司电力安全工作规程 变电部分》的相关知识，并经考试合格	

10.3.3.2 作业材料及工器具准备

√	序号	名称	规格	单位	数量	备注
	1	作业指导书		份	1	
	2	微机防误系统		台	1	
	3	电脑钥匙		把	2	
	4	活动扳手		把	各 1	
	5	十字螺丝刀		把	1	
	6	一字螺丝刀		把	1	
	7	抹布		块	若干	

10.3.3.3 作业危险点分析及安全预控措施

√	序号	危险点分析	安全控制措施
	1	触电伤害	1）微机防误系统运维不得少于 2 人；工作负责人开工前，向工作班人员认真宣读工作票，交代现场带电部位、工作范围、现场安全措施及安全注意事项，进入间隔前，认真核对设备名称、编号，核对无误后方可开始工作。 2）运维调试时，必须有 2 人进行，一人监护，一人操作，必要时操作人员戴绝缘手套
	2	机械伤人	1）搬运装置或装置备件时，应 2 人一起搬运。 2）施工器具使用应符合安全规程、制造厂的规定
	3	错误操作导致系统误开锁	1）维护前，应确保微机防误系统运行正常。 2）逐个核对电脑钥匙对应的编码及设备双重名称，防止检测时编码对应错误，导致系统误开锁
	4	信息安全	1）未经允许不得在微机防误系统主机上使用移动存储设备或者移动互联设备。 2）不得触碰除本次信息维护内容以外的任何网络设备。 3）未经相关信息部门允许不得在内网机安装任何应用程序

10.3.4 作业流程图

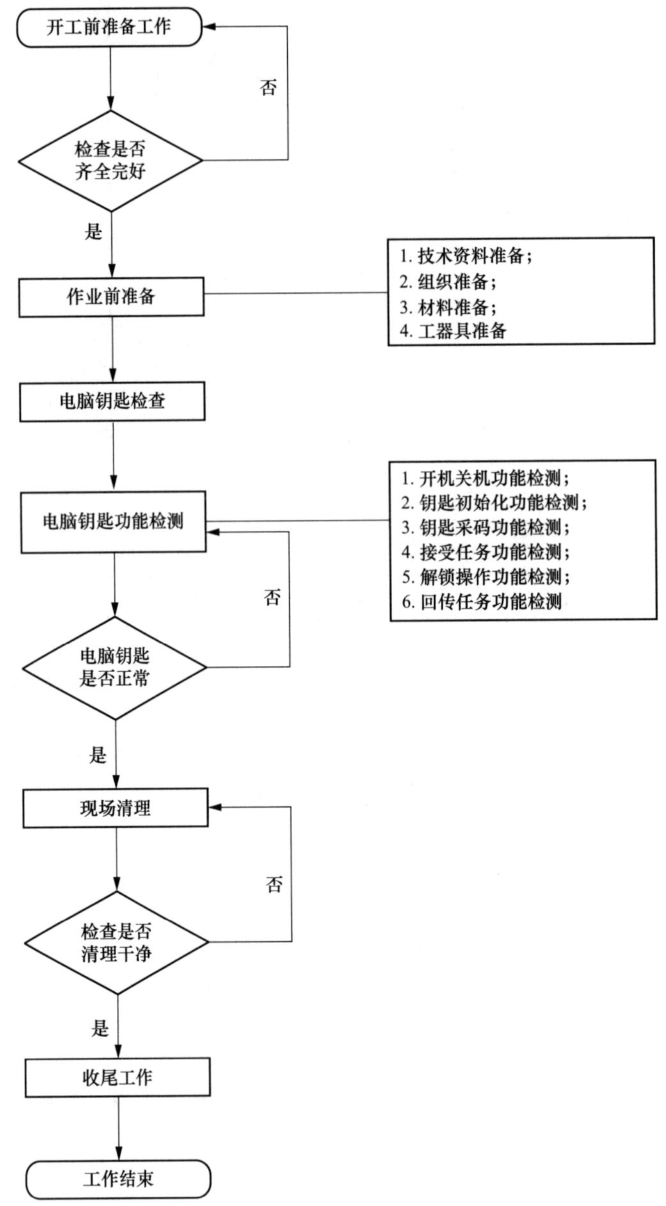

10.3.5 主要作业流程及工艺标准

作业流程	作业项目	作业内容及工艺标准	备注
作业前准备	人员检查	1）所有作业人员必须掌握《国家电网公司电力安全工作规程　变电部分》相关知识，并经考试合格。 2）作业人员应精神饱满，身体状态良好。 3）正确佩戴安全帽，着装符合安全要求。 4）作业指导教师对出勤情况进行记录	

续表

作业流程	作业项目	作业内容及工艺标准	备注
作业前准备	场地检查	1）作业场地整洁，无积水、污物，必要时进行清理。 2）检查急救箱，急救物品应齐备。 3）检查电源容量和电压符合要求	
	设备、工具、材料、资料检查	1）检查作业中需要使用的设备处于良好状态，必要时提前试运行。设备摆放位置合理。 2）对照工器具清单检查工器具，应齐全、完好、清洁。安全工器具和试验设备符合技术要求。工具摆放整齐。 3）对照材料清单检查材料，应齐全、合格。 4）对照资料清单准备作业工作票、作业指导书和作业记录	
	安全、组织、技术准备	1）全体作业人员列队，作业指导教师交代作业安全、组织和技术要求：对所有作业人员布置作业任务、作业内容、操作要求和重要注意事项。明确作业过程中的危险因素、防范措施和事故紧急处理措施；强调操作要点并进行安全和技术交底，必要时，应进行演示操作；将作业人员分组。指定每个作业班组工作负责人，交代负责内容并强调监护要求；就技术和安全问题向作业人员提问，保证每位作业人员掌握。 2）作业班组工作负责人组织作业人员按要求对安全措施进行布置，操作应正确规范。 3）作业班组工作负责人进行安全措施自检，合格后，通知作业指导教师进行检查。 4）作业指导教师对安全措施检查合格后，由作业班组工作负责人填写工作票，并办理许可手续（作业指导教师、作业工作负责人在作业工作票指定位置签字）。 5）作业班组列队，由作业班组工作负责人宣读作业工作票，交代安全注意事项，作业工作人员确认后在作业工作票上指定位置签字，作业班组方可开始作业。 6）作业指导教师对整个作业进行巡视，及时纠正不安全行为，作业班组工作负责人对作业人员进行安全监护	
电脑钥匙检查	电脑钥匙检查	1）检查微机防误系统主机电源运行正常，开机正常。 2）检查微机防误闭锁软件运行正常。 3）检查电脑钥匙通信器运行正常，指示灯正常。 4）检查电脑钥匙外表无破损、无脏污。 5）检查电脑钥匙运行正常。 6）检查电脑钥匙与主机通信良好、内容正确。 7）检查电脑钥匙屏幕文字、符号显示清晰、正确。 8）检查电脑钥匙按键正常，语音提示正确、清楚	
电脑钥匙功能检测	开机关机功能检测	1）开机。按压电源键超过3s，电脑钥匙开机后进入备用状态，显示实时时钟、电池电量、局名、站名等信息。 2）关机。再次按压电源键超过3s，电脑钥匙自动跳转到关机界面显示，显示“关机中……”。 3）待机。电脑钥匙如在备用状态下超过背光设定时间而无任何动作，将关闭液晶显示，进入待机状态，待机状态下按压任何按键均可以返回备用状态。	

续表

<table>
<tr><th>作业流程</th><th>作业项目</th><th>作业内容及工艺标准</th><th>备注</th></tr>
<tr><td rowspan="7">电脑钥匙功能检测</td><td>开机关机功能检测</td><td>4）自动关机。电脑钥匙在备用状态下超过10min，电脑钥匙将自动关机。
5）强制关机。如出现死机现象，按压电源键超过7s，电脑钥匙将强制关机</td><td></td></tr>
<tr><td>钥匙初始化功能检测</td><td>1）在微机防误主机运行微机防误闭锁软件，将钥匙放到通信适配器传送座内。
2）主机通过通信适配器将已准备好的数据文件初始化到钥匙中，初始化过程约15s</td><td></td></tr>
<tr><td>钥匙采码功能检测</td><td>1）生成锁码。在没有分配编码时，通过该按钮自动分配。
2）设备采码。单击“设备采码”，选择需要采码的编码锁，生成采码票，打开任务管理窗口，传送采码票到电脑钥匙，按电脑钥匙提示逐项采集编码</td><td></td></tr>
<tr><td>接收任务功能检测</td><td>1）将电脑钥匙放到通信适配器的传送座中，主机和电脑钥匙进入通信过程。
2）在微机防误系统中，编辑操作任务。
3）下达操作任务，五防主机将操作任务发送给电脑钥匙，检查下达是否正常，如不能接收操作票，则根据故障现场进行针对性处理。
4）如果电脑钥匙内有票，不能进入接票状态，则对电脑钥匙进行清票操作。
5）如果红外传输罩被脏物堵住，则将红外传输罩清理干净。
6）如果电源新或者信号线接触不良，则进行紧固处理。
7）如不是上述原因，则可能为电脑钥匙内部红外接收器件损坏或通信适配器损坏，需做好记录，联系设备厂家处理</td><td></td></tr>
<tr><td>解锁操作功能检测</td><td>1）机械闭锁设备解锁。将电脑钥匙插入欲操作设备的五防锁具，待语音提示“条件符合，可以操作”后，用手指往里按压开锁按钮，语音提示“锁已打开”，确定开锁成功后，松开开锁按钮，语音提示“操作完成”后拔出电脑钥匙，则表明更换、新增的该锁具正常，编码正确 。
2）电气闭锁设备解锁。将电脑钥匙插入欲操作设备的五防锁具，语音提示“条件符合，可以操作”后对电气设备进行操作。待电气设备操作完成后，电脑钥匙自动语音提示“操作完成”后拔出电脑钥匙，完成电气锁解锁操作。
3）电脑钥匙开锁时，钥匙开锁机构应灵活、无卡阻现象。
4）电脑钥匙如未按步骤操作，应可靠闭锁并发报警信号</td><td></td></tr>
<tr><td>回传任务功能检测</td><td>当操作任务完成后，把电脑钥匙放回至通信适配器传送座，电脑钥匙自动回传操作任务，传送成功后，会提示“操作票已回传”，并自动清除任务，否则主机程序会提示通信失败的原因</td><td></td></tr>
<tr><td>现场清理</td><td>场地清理</td><td>1）对作业设备、材料、工器具等进行整理，对照记录进行检查清点。
2）检查作业现场无遗留物，清扫作业场地</td><td></td></tr>
</table>

续表

作业流程	作业项目	作业内容及工艺标准	备注
收尾工作	自检及填写记录报告	1）由作业班组工作负责人组织学员进行全面检查，自检作业项目是否具备验收条件，填写作业自检报告。 2）由作业班组工作负责人按要求填写作业报告和作业记录	
工作结束	结束	经作业指导教师验收合格后，作业指导教师和作业学员检查确认施工器具已全部撤离工作现场、作业现场无遗留物	
	总结	全体作业人员列队，作业指导教师对作业情况进行总结	
	人员撤离	所有作业人员撤离作业场地	

10.3.6 作业指导书执行情况评估

<table>
<tr><td rowspan="6">评估内容</td><td rowspan="3">符合性</td><td>优秀</td><td></td><td>可操作项</td><td></td></tr>
<tr><td>良好</td><td></td><td rowspan="2">不可操作项</td><td></td></tr>
<tr><td>一般</td><td></td><td></td></tr>
<tr><td rowspan="3">可操作性</td><td>优秀</td><td></td><td>修改项</td><td></td></tr>
<tr><td>良好</td><td></td><td>增补项</td><td></td></tr>
<tr><td>一般</td><td></td><td>删除项</td><td></td></tr>
<tr><td>存在问题</td><td colspan="5"></td></tr>
<tr><td>改进意见</td><td colspan="5"></td></tr>
</table>

10.4 锁具维护、更换、新增及编码正确性检查

10.4.1 适用范围

本节适用于变电运维人员实施变电运维一体化项目作业，变电运维一体化作业实操培训可参考执行。

10.4.2 参考资料

下列文件对于本节的应用是必不可少的。凡是注日期的引用文件，仅所注日期的版本适用于本节。凡是不注日期的引用文件，其最新版本（包括所有的修改单）适用于本节。

DL/T 687 微机型防止电气误操作系统通用技术条件

DL/T 1708 电力系统顺序控制技术规范

Q/GDW 1799.1 国家电网公司电力安全工作规程 变电部分

Q/GDW 671 微机型防止电气误操作系统技术规范

国网〔运检/3〕828—2017 国家电网公司变电运维管理规定（试行）

国网安监〔2018〕1119 号 国家电网有限公司关于印发防止电气误操作安全管理规定的通知

国网设备变电〔2018〕51 号 国网设备部关于切实加强防止变电站电气误操作运

维管理工作的通知

国网设备变电〔2021〕20号 国网设备部关于印发防止变电站电气误操作十二项措施的通知

10.4.3 作业前准备工作

10.4.3.1 作业人员要求

√	序号	责任人	工作要求	备注
	1	作业负责人	1）熟悉微机防误系统的基本原理和操作流程。 2）了解五防编码锁的工作原理和性能。 3）掌握锁具维护、更换、新增及编码正确性检查的方法。 4）具有一定的现场工作经验，熟悉并能严格遵守电力生产和工作现场的相关安全管理规定。 5）作业负责人必须经国家电网公司《电力安全工作规程》考试合格并由本单位批准	
	2	作业人员	1）现场工作人员的身体状况、精神状态良好。 2）作业辅助人员（外来）必须经负责施教的人员对其进行安全措施、作业范围、安全注意事项等方面施教后方可参加工作。 3）特殊工种（电焊工）必须持有效证件上岗。 4）所有作业人员必须具备必要的电气知识，掌握本专业作业技能及《国家电网公司电力安全工作规程 变电部分》的相关知识，并经考试合格	

10.4.3.2 作业材料及工器具准备

√	序号	名称	规格	单位	数量	备注
	1	作业指导书		份	1	
	2	微机防误系统		台	1	
	3	五防编码锁		把	若干	
	4	活动扳手		把	1	
	5	十字螺丝刀		把	1	
	6	一字螺丝刀		把	1	
	7	抹布		块	若干	
	8	砂纸		块	若干	
	9	机油		桶	1	

10.4.3.3 作业危险点分析及安全预控措施

√	序号	危险点分析	安全控制措施
	1	触电伤害	1）微机防误系统运维不得少于2人；工作负责人开工前，向工作班人员认真宣读工作票，交代现场带电部位、工作范围、现场安全措施及安全注意事项，进入间隔前，认真核对设备名称、编号，核对无误后方可开始工作。

续表

√	序号	危险点分析	安全控制措施
	1	触电伤害	2）运维调试时，必须有 2 人进行，一人监护，一人操作，必要时操作人员戴绝缘手套
	2	机械伤人	1）搬运装置或装置备件时，应 2 人一起搬运。 2）施工器具使用应符合安全规程、制造厂的规定
	3	错误操作导致系统误开锁	1）维护前，应确保微机防误系统运行正常。 2）逐个核对锁具对应的编码及设备双重名称，防止锁具维护时编码对应错误，导致系统误开锁
	4	信息安全	1）未经允许不得在微机防误系统主机上使用移动存储设备或者移动互联设备。 2）不得触碰除本次信息维护内容以外的任何网络设备。 3）未经相关信息部门允许不得在内网机安装任何应用程序

10.4.4 作业流程图

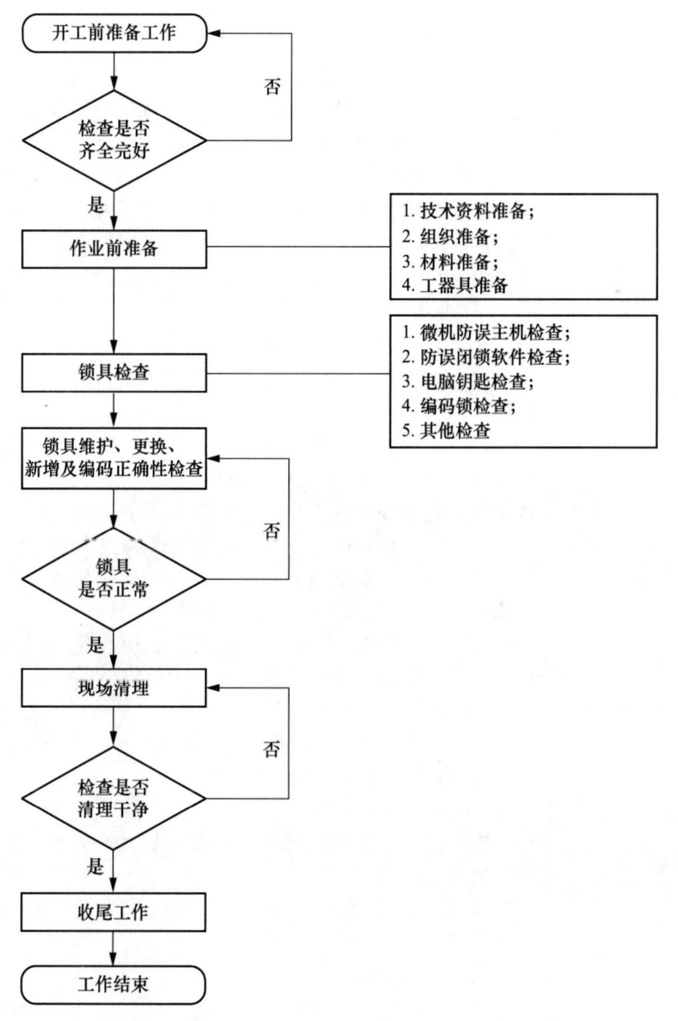

10.4.5 主要作业流程及工艺标准

作业流程	作业项目	作业内容及工艺标准	备注
作业前准备	人员检查	1）所有作业人员必须掌握《国家电网公司电力安全工作规程　变电部分》相关知识，并经考试合格。 2）作业人员应精神饱满，身体状态良好。 3）正确佩戴安全帽，着装符合安全要求。 4）作业指导教师对出勤情况进行记录	
	场地检查	1）作业场地整洁，无积水、污物，必要时进行清理。 2）检查急救箱，急救物品应齐备。 3）检查电源容量和电压符合要求	
	设备、工具、材料、资料检查	1）检查作业中需要使用的设备处于良好状态，必要时提前试运行。设备摆放位置合理。 2）对照工器具清单检查工器具，应齐全、完好、清洁。安全工器具和试验设备符合技术要求。工具摆放整齐。 3）对照材料清单检查材料，应齐全、合格。 4）对照资料清单准备作业工作票、作业指导书和作业记录	
	安全、组织、技术准备	1）全体作业人员列队，作业指导教师交代作业安全、组织和技术要求：对所有作业人员布置作业任务、作业内容、操作要求和重要注意事项。明确作业过程中的危险因素、防范措施和事故紧急处理措施；强调操作要点并进行安全和技术交底，必要时，应进行演示操作；将作业人员分组。指定每个作业班组工作负责人，交代负责内容并强调监护要求；就技术和安全问题向作业人员提问，保证每位作业人员掌握。 2）作业班组工作负责人组织作业人员按要求对安全措施进行布置，操作应正确规范。 3）作业班组工作负责人进行安全措施自检，合格后，通知作业指导教师进行检查。 4）作业指导教师对安全措施检查合格后，由作业班组工作负责人填写工作票，并办理许可手续（作业指导教师、作业工作负责人在作业工作票指定位置签字）。 5）作业班组列队，由作业班组工作负责人宣读作业工作票，交代安全注意事项，作业工作人员确认后在作业工作票上指定位置签字，作业班组方可开始作业。 6）作业指导教师对整个作业进行巡视，及时纠正不安全行为，作业班组工作负责人对作业人员进行安全监护	
锁具检查	主机、软件、电脑钥匙、编码锁等检查	1）检查微机防误系统主机电源运行正常，开机正常。 2）检查微机防误闭锁软件运行正常。 3）检查微机防误闭锁软件中五防布置图的一次接线、名称、编号与站内现场情况一致，图中各元件名称正确，编码锁设置位置正确。 4）检查电脑钥匙运行正常，微机防误系统与电脑钥匙的通信正常。 5）检查备用编码锁开锁正常	

续表

作业流程	作业项目	作业内容及工艺标准	备注
锁具维护、更换、新增及编码正确性检查	锁具维护及编码正确性检查	1）设置开锁任务。在微机防误系统中，选择需要维护的锁具，设置开锁任务。 2）下达开锁任务。将开锁任务下达到电脑钥匙中，携带电脑钥匙，前往设备区，找到对应的五防锁具。 3）锁具附件维护。检查附件结构坚固、焊接牢固、无变形，与编码锁配合能承受设备正常操作时的机械强度，正常操作时开启关闭灵活，不妨碍编码锁的装设或取下。 4）锁具维护。检查锁具外观正常，清洁无锈蚀，如外观脏污或锈蚀，则需用抹布或砂纸清除干净。外标识牌清晰齐全、命名正确，无褪色脱落，如标识错误或不清晰，需重新打印标牌，重新粘贴。 5）锁具编码正确性检查。检查锁具开锁机构灵活、无卡阻现象，具体为：将电脑钥匙插入欲操作设备的五防锁具，待语音提示“条件符合，可以操作”后，用手指往里按压开锁按钮，语音提示“锁已打开”，确定开锁成功后，松开开锁按钮，语音提示“操作完成”后拔出电脑钥匙，则表明该五防锁具编码正确，锁具正常。 6）向锁孔里注入少量机油，以保证其转动灵活，解锁顺利。 7）如语音提示“条件符合，可以操作"后，用手指往里按压开锁按钮，但锁具无法打开，则可能为锁具故障，需更换编码锁	
	锁具更换、新增及编码正确性检查	1）设备采码。如需更换或新增编码锁，则需进行设备采码，单击“设备采码”，选择需要采码的编码锁，生成采码票，打开任务管理窗口，传送采码票到电脑钥匙，按电脑钥匙提示逐项采集编码。 2）初始化钥匙。在数据采集后，需要对电脑钥匙进行初始化，方可传票操作，电脑钥匙初始化完成后，系统自动下发锁码。 3）设置开锁任务。在微机防误系统中，选择需要维护的锁具，设置开锁任务。 4）下达开锁任务。将开锁任务下达到电脑钥匙中，携带电脑钥匙，前往设备区，找到对应的五防锁具。 5）锁具编码正确性检查。检查锁具开锁机构灵活、无卡阻现象，具体为：将电脑钥匙插入欲操作设备的五防锁具，待语音提示“条件符合，可以操作”后，用手指往里按压开锁按钮，语音提示“锁已打开”，确定开锁成功后，松开开锁按钮，语音提示“操作完成”后拔出电脑钥匙，则表明更换、新增的该锁具正常，编码正确	
现场清理	场地清理	1）对作业设备、材料、工器具等进行整理，对照记录进行检查清点。 2）检查作业现场无遗留物，清扫作业场地	
收尾工作	自检及填写记录报告	1）由作业班组工作负责人组织学员进行全面检查，自检作业项目是否具备验收条件，填写作业自检报告。 2）由作业班组工作负责人按要求填写作业报告和作业记录	

续表

作业流程	作业项目	作业内容及工艺标准	备注
工作结束	结束	经作业指导教师验收合格后，作业指导教师和作业学员检查确认施工器具已全部撤离工作现场、作业现场无遗留物	
	总结	全体作业人员列队，作业指导教师对作业情况进行总结	
	人员撤离	所有作业人员撤离作业场地	

10.4.6 作业指导书执行情况评估

评估内容	符合性	优秀		可操作项	
		良好		不可操作项	
		一般			
	可操作性	优秀		修改项	
		良好		增补项	
		一般		删除项	
存在问题					
改进意见					

10.5 接地螺栓及接地标识维护

10.5.1 适用范围

本节适用于变电运维人员实施变电运维一体化项目作业，变电运维一体化作业实操培训可参考执行。

10.5.2 参考资料

下列文件对于本节的应用是必不可少的。凡是注日期的引用文件，仅所注日期的版本适用于本节。凡是不注日期的引用文件，其最新版本（包括所有的修改单）适用于本节。

DL/T 687　微机型防止电气误操作系统通用技术条件

DL/T 1708　电力系统顺序控制技术规范

Q/GDW 1799.1　国家电网公司电力安全工作规程　变电部分

Q/GDW 671　微机型防止电气误操作系统技术规范

国网〔运检/3〕828—2017　国家电网公司变电运维管理规定（试行）

国网安监〔2018〕1119 号　国家电网有限公司关于印发防止电气误操作安全管理规定的通知

国网设备变电〔2018〕51 号　国网设备部关于切实加强防止变电站电气误操作运维管理工作的通知

国网设备变电〔2021〕20号 国网设备部关于印发防止变电站电气误操作十二项措施的通知

10.5.3 作业前准备工作

10.5.3.1 作业人员要求

√	序号	责任人	工作要求	备注
	1	作业负责人	1）熟悉微机防误系统的基本原理和操作流程。 2）了解接地螺栓及接地标识的工作原理和性能。 3）掌握接地螺栓及接地标识维护的方法。 4）具有一定的现场工作经验，熟悉并能严格遵守电力生产和工作现场的相关安全管理规定。 5）作业负责人必须经国家电网公司《电力安全工作规程》考试合格并由本单位批准	
	2	作业人员	1）现场工作人员的身体状况、精神状态良好。 2）作业辅助人员（外来）必须经负责施教的人员对其进行安全措施、作业范围、安全注意事项等方面施教后方可参加工作。 3）特殊工种（电焊工）必须持有效证件上岗。 4）所有作业人员必须具备必要的电气知识，掌握本专业作业技能及《国家电网公司电力安全工作规程 变电部分》的相关知识，并经考试合格	

10.5.3.2 作业材料及工器具准备

√	序号	名称	规格	单位	数量	备注
	1	作业指导书		份	1	
	2	微机防误系统				
	3	接地螺栓		个	若干	
	4	接地标识		个	若干	
	5	活动扳手		把	各1	
	6	十字螺丝刀		把	1	
	7	一字螺丝刀		把	1	
	8	抹布		块	若干	
	9	砂纸		块	若干	
	10	电焊机		个	1	根据现场需要

10.5.3.3 作业危险点分析及安全预控措施

√	序号	危险点分析	安全控制措施
	1	触电伤害	1）微机防误系统运维不得少于2人；工作负责人开工前，向工作班人员认真宣读工作票，交代现场带电部位、工作范围、现场安全措施及安全注意事项，进入间隔前，认真核对设备名称、编号，核对无误后方可开始工作。 2）运维调试时，必须有2人进行，一人监护，一人操作，必要时操作人员戴绝缘手套

续表

√	序号	危险点分析	安全控制措施
	2	机械伤人	1）搬运装置或装置备件时，应2人一起搬运。 2）施工器具使用应符合安全规程、制造厂的规定
	3	走错设备间隔	1）维护前，应确保微机防误系统运行正常。 2）逐个核对接地螺栓对应的设备双重名称，防止维护时跑错设备间隔
	4	信息安全	1）未经允许不得在微机防误系统主机上使用移动存储设备或者移动互联设备。 2）不得触碰除本次信息维护内容以外的任何网络设备。 3）未经相关信息部门允许不得在内网机安装任何应用程序

10.5.4 作业流程图

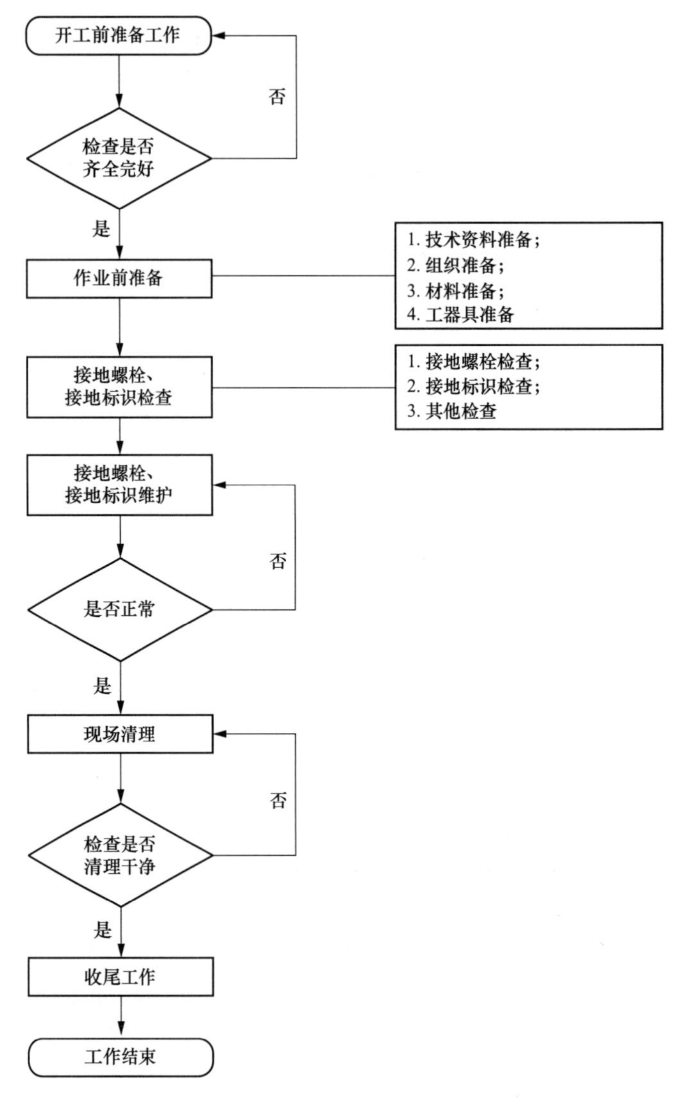

10.5.5 主要作业流程及工艺标准

作业流程	作业项目	作业内容及工艺标准	备注
作业前准备	人员检查	1）所有作业人员必须掌握《国家电网公司电力安全工作规程 变电部分》相关知识，并经考试合格。 2）作业人员应精神饱满，身体状态良好。 3）正确佩戴安全帽，着装符合安全要求。 4）作业指导教师对出勤情况进行记录	
	场地检查	1）作业场地整洁，无积水、污物，必要时进行清理。 2）检查急救箱，急救物品应齐备。 3）检查电源容量和电压符合要求	
	设备、工具、材料、资料检查	1）检查作业中需要使用的设备处于良好状态，必要时提前试运行。设备摆放位置合理。 2）对照工器具清单检查工器具，应齐全、完好、清洁。安全工器具和试验设备符合技术要求。工具摆放整齐。 3）对照材料清单检查材料齐全、合格。 4）对照资料清单准备作业工作票、作业指导书和作业记录	
	安全、组织、技术准备	1）全体作业人员列队，作业指导教师交代作业安全、组织和技术要求：对所有作业人员布置作业任务、作业内容、操作要求和重要注意事项。明确作业过程中的危险因素、防范措施和事故紧急处理措施；强调操作要点并进行安全和技术交底，必要时，应进行演示操作；将作业人员分组。指定每个作业班组工作负责人，交代负责内容并强调监护要求；就技术和安全问题向作业人员提问，保证每位作业人员掌握。 2）作业班组工作负责人组织作业人员按要求对安全措施进行布置，操作应正确规范。 3）作业班组工作负责人进行安全措施自检，合格后，通知作业指导教师进行检查。 4）作业指导教师对安全措施检查合格后，由作业班组工作负责人填写工作票，并办理许可手续（作业指导教师、作业工作负责人在作业工作票指定位置签字）。 5）作业班组列队，由作业班组工作负责人宣读作业工作票，交代安全注意事项，作业工作人员确认后在作业工作票上指定位置签字，作业班组方可开始作业。 6）作业指导教师对整个作业进行巡视，及时纠正不安全行为，作业班组工作负责人对作业人员进行安全监护	
检查及维护	接地螺栓检查及维护	1）检查螺栓结构坚固、焊接牢固、无变形，与编码锁配合能承受设备正常操作时的机械强度。 2）检查接地螺栓应不妨碍编码锁的装设或取下。 3）如影响操作，则需改变接地螺栓位置，需由持有电焊工证书的专业人员，对原有接地螺栓拆除，并在不影响编码锁使用的地方重新焊接。	

续表

作业流程	作业项目	作业内容及工艺标准	备注
检查及维护	接地螺栓检查及维护	4）检查接地螺栓外观正常，清洁无锈蚀，如外观脏污或锈蚀，则需用抹布或砂纸清除干净。 5）检查接地螺栓锁具开锁正常	
	接地标识检查及维护	检查接地标识牌清晰齐全、命名正确，无褪色脱落，如标识错误、不清晰或脱落，需将重新粘贴备用的接地标识牌	
现场清理	场地清理	1）对作业设备、材料、工器具等进行整理，对照记录进行检查清点。 2）检查作业现场无遗留物，清扫作业场地	
收尾工作	自检及填写记录报告	1）由作业班组工作负责人组织学员进行全面检查，自检作业项目是否具备验收条件，填写作业自检报告。 2）由作业班组工作负责人按要求填写作业报告和作业记录	
工作结束	结束	经作业指导教师验收合格后，作业指导教师和作业学员检查确认施工器具已全部撤离工作现场、作业现场无遗留物	
	总结	全体作业人员列队，作业指导教师对作业情况进行总结	
	人员撤离	所有作业人员撤离作业场地	

10.5.6 作业指导书执行情况评估

<table>
<tr><td rowspan="6">评估内容</td><td rowspan="3">符合性</td><td>优秀</td><td></td><td>可操作项</td><td rowspan="6"></td></tr>
<tr><td>良好</td><td></td><td rowspan="2">不可操作项</td></tr>
<tr><td>一般</td><td></td></tr>
<tr><td rowspan="3">可操作性</td><td>优秀</td><td></td><td>修改项</td></tr>
<tr><td>良好</td><td></td><td>增补项</td></tr>
<tr><td>一般</td><td></td><td>删除项</td></tr>
<tr><td>存在问题</td><td colspan="5"></td></tr>
<tr><td>改进意见</td><td colspan="5"></td></tr>
</table>

10.6 独立微机防误装置防误主机用户信息维护

10.6.1 适用范围

本节适用于变电运维人员实施独立微机防误装置防误主机用户信息维护工作，变电运维一体化作业实操培训可参考执行。

10.6.2 参考资料

下列文件对于本节的应用是必不可少的。凡是注日期的引用文件，仅所注日期的版本适用于本节。凡是不注日期的引用文件，其最新版本（包括所有的修改单）适用于本节。

DL/T 687　微机型防止电气误操作系统通用技术条件

DL/T 1708　电力系统顺序控制技术规范

Q/GDW 1799.1　国家电网公司电力安全工作规程　变电部分

Q/GDW 671　微机型防止电气误操作系统技术规范

国网〔运检/3〕828—2017　国家电网公司变电运维管理规定（试行）

国网安监〔2018〕1119号　国家电网有限公司关于印发防止电气误操作安全管理规定的通知

国网设备变电〔2018〕51号　国网设备部关于切实加强防止变电站电气误操作运维管理工作的通知

国网设备变电〔2021〕20号　国网设备部关于印发防止变电站电气误操作十二项措施的通知

10.6.3　作业前准备工作

10.6.3.1　作业人员要求

√	序号	责任人	工作要求	备注
	1	作业负责人	1）熟悉微机防误系统的基本原理和操作流程。 2）掌握独立微机防误装置主机用户信息维护及权限检查验证的方法。 3）具有一定的现场工作经验，熟悉并能严格遵守电力生产和工作现场的相关安全管理规定。 4）作业负责人必须经国家电网公司《电力安全工作规程》考试合格并由本单位批准	
	2	作业人员	1）现场工作人员的身体状况、精神状态良好。 2）作业辅助人员（外来）必须经负责施教的人员对其进行安全措施、作业范围、安全注意事项等方面施教后方可参加工作。 3）所有作业人员必须具备必要的电气知识，掌握本专业作业技能及《国家电网公司电力安全工作规程　变电部分》的相关知识，并经考试合格	

10.6.3.2　作业危险点分析及安全预控措施

√	序号	危险点分析	安全控制措施
	1	错误配置用户权限	应根据用户岗位职责不同，正确、合理配置相应权限
	2	信息安全	1）未经允许不得在系统内网（交换机、内网机等）使用移动存储设备或者移动互联设备。 2）不得触碰除本次信息维护内容以外的任何网络设备。 3）未经相关信息部门允许不得在内网机安装任何应用程序

10.6.4 作业流程图

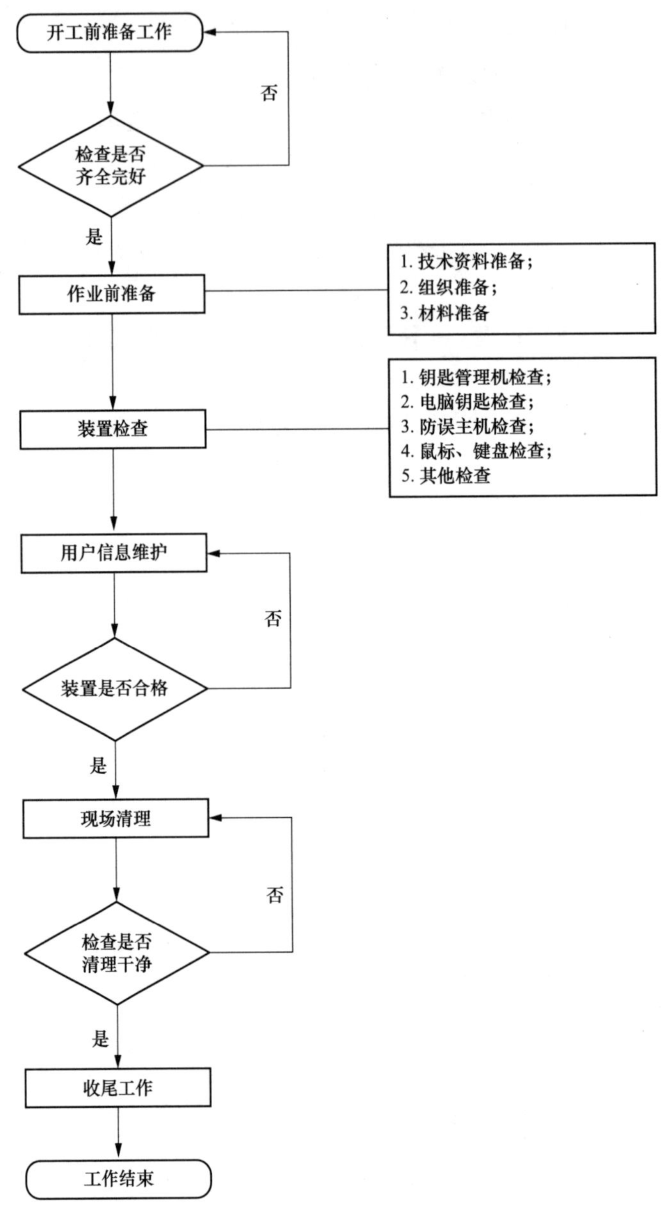

10.6.5 主要作业流程及工艺标准

作业流程	作业项目	作业内容及工艺标准	备注
作业前准备	人员检查	1）所有作业人员必须掌握《国家电网公司电力安全工作规程　变电部分》相关知识，并经考试合格。 2）作业人员应精神饱满，身体状态良好。 3）正确佩戴安全帽，着装符合安全要求。 4）作业指导教师对出勤情况进行记录	

续表

作业流程	作业项目	作业内容及工艺标准	备注
作业前准备	场地检查	检查防误主机工作台整洁，必要时整理台面	
	设备、工具、材料、资料检查	1）检查防误主机等处于良好状态，必要时提前试运行。设备摆放位置合理。 2）检查防误主机、电脑钥匙、钥匙管理机等运行正常。 3）检查防误主机鼠标、键盘运行正常。 4）对照资料清单准备作业指导书和作业记录	
	安全、组织、技术准备	1）全体作业人员列队，作业指导教师作业交代安全、组织和技术要求：对所有作业人员布置作业任务、作业内容、操作要求和重要注意事项。明确作业过程中的危险因素、防范措施和事故紧急处理措施；强调操作要点并进行安全和技术交底，必要时，应进行演示操作；将作业人员分组。指定每个作业班组工作负责人，交代负责内容并强调监护要求；就技术和安全问题向作业人员提问，保证每位作业人员掌握。 2）作业班组工作负责人组织作业人员按要求对安全措施进行布置，操作应正确规范。 3）作业班组工作负责人进行安全措施自检。合格后，通知作业指导教师进行检查。 4）作业指导教师对安全措施检查合格后，由作业班组工作负责人填写作业指导书，并履行交底手续（作业指导教师、作业工作负责人在作业指导书指定位置签字）。 5）作业班组列队，由作业班组工作负责人宣读作业指导书，交代安全注意事项。作业工作人员确认后在作业指导书上指定位置签字，作业班组方可开始作业。 6）作业指导教师对整个作业进行巡视，及时纠正不安全行为。作业班组工作负责人对作业人员进行安全监护	
防误主机用户信息维护	以珠海优特防误主机为例	1）双击防误主机桌面上的五防软件图标。 2）登录管理员账号。 3）点击“数据管理”→“用户管理”。 4）进入“班组角色”界面，根据角色不同设置相应权限，为班长、值长、值班员等配置相应权限，完成班组所有角色配置。 5）返回，进入“用户定义”界面，点击“增加”，填写用户名、电话号码、部门、值别、登录密码等信息。 6）根据需要，勾选用户名，点击“修改”或“删除”，“修改”同“增加”操作。 7）点击“保存”，关闭窗口	
现场清理	场地清理	检查作业现场无遗留物	
收尾工作	自检及填写记录报告	1）由作业班组工作负责人组织学员进行全面检查，自检作业项目是否具备验收条件，填写作业自检报告 2）由作业班组工作负责人按要求填写作业报告和作业记录	

续表

作业流程	作业项目	作业内容及工艺标准	备注
工作结束	结束	经作业指导教师验收合格后，作业指导教师和作业学员检查确认施工器具已全部撤离工作现场、作业现场无遗留物	
	总结	全体作业人员列队，作业指导教师对作业情况进行总结	
	人员撤离	所有作业人员撤离作业场地	

10.6.6 作业指导书执行情况评估

<table>
<tr><td rowspan="6">评估内容</td><td rowspan="3">符合性</td><td>优秀</td><td></td><td>可操作项</td><td rowspan="6"></td></tr>
<tr><td>良好</td><td></td><td rowspan="2">不可操作项</td></tr>
<tr><td>一般</td><td></td></tr>
<tr><td rowspan="3">可操作性</td><td>优秀</td><td></td><td>修改项</td></tr>
<tr><td>良好</td><td></td><td>增补项</td></tr>
<tr><td>一般</td><td></td><td>删除项</td></tr>
<tr><td>存在问题</td><td colspan="5"></td></tr>
<tr><td>改进意见</td><td colspan="5"></td></tr>
</table>

10.7 智能解锁钥匙箱维护、消缺

10.7.1 适用范围

本节适用于变电运维人员实施智能解锁钥匙箱维护、消缺作业，变电运维一体化作业实操培训可参考执行。

10.7.2 参考资料

下列文件对于本节的应用是必不可少的。凡是注日期的引用文件，仅所注日期的版本适用于本节。凡是不注日期的引用文件，其最新版本（包括所有的修改单）适用于本节。

DL/T 687　微机型防止电气误操作系统通用技术条件

DL/T 1708　电力系统顺序控制技术规范

Q/GDW 1799.1　国家电网公司电力安全工作规程　变电部分

Q/GDW 671　微机型防止电气误操作系统技术规范

国网〔运检/3〕828—2017　国家电网公司变电运维管理规定（试行）

国网安监〔2018〕1119 号　国家电网有限公司关于印发防止电气误操作安全管理规定的通知

国网设备变电〔2018〕51 号　国网设备部关于切实加强防止变电站电气误操作运维管理工作的通知

国网设备变电〔2021〕20 号　国网设备部关于印发防止变电站电气误操作十二项

措施的通知

10.7.3 作业前准备工作

10.7.3.1 作业人员要求

√	序号	责任人	工作要求	备注
	1	作业负责人	1）熟悉智能解锁钥匙箱的基本原理、技术参数、性能和诊断程序。 2）掌握智能解锁钥匙箱的维护程序和方法。 3）具有一定的现场工作经验，熟悉并能严格遵守电力生产和工作现场的相关安全管理规定。 4）作业负责人必须经国家电网公司《电力安全工作规程》考试合格并由本单位批准	
	2	作业人员	1）现场工作人员的身体状况、精神状态良好。 2）作业辅助人员（外来）必须经负责施教的人员对其进行安全措施、作业范围、安全注意事项等方面施教后方可参加工作。 3）所有作业人员必须具备必要的电气知识，基本掌握本专业作业技能及《国家电网公司电力安全工作规程　变电部分》的相关知识，并经考试合格	

10.7.3.2 作业材料及工器具准备

√	序号	名称	规格	单位	数量	备注
	1	作业指导书		份	1	
	2	智能解锁钥匙箱		个	1	
	3	十字螺丝刀		把	1	
	4	一字螺丝刀		把	1	
	5	美工刀		把	1	
	6	万用表		个	1	
	7	通信模块备件		个	1	
	8	天线备件		个		
	9	钥匙箱开门机构备件		个	若干	
	10	抹布		块	若干	

10.7.3.3 作业危险点分析及安全预控措施

√	序号	危险点分析	安全控制措施
	1	低压触电伤害	1）工作负责人开工前，向工作班人员认真宣读工作票，交代现场安全措施及安全注意事项。 2）运维调试时，必须有 2 人进行，一人监护，一人操作。必要时操作人员戴绝缘手套。 3）维护消缺前如需拆开钥匙箱，应断开钥匙箱的电源，防止工作人员触电

续表

√	序号	危险点分析	安全控制措施
	2	野蛮操作导致装置损坏	钥匙箱门、背板等拆解前应注意检查所有螺丝、卡扣等都已取下，防止因暴力操作导致装置损坏
	3	信息安全	不得触碰除本次信息维护内容以外的任何网络设备

10.7.4 作业流程图

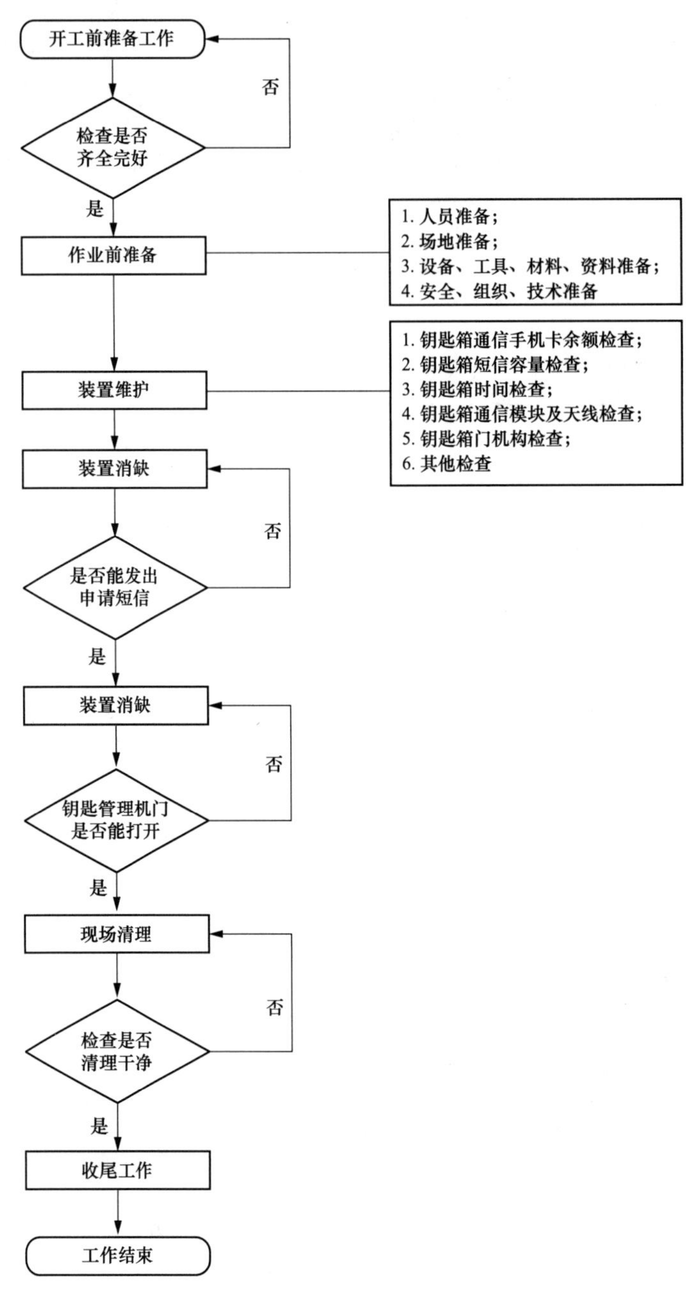

10.7.5 主要作业流程及工艺标准

作业流程	作业项目	作业内容及工艺标准	备注
作业前准备	人员检查	1）所有作业人员必须掌握《国家电网公司电力安全工作规程 变电部分》相关知识，并经考试合格。 2）作业人员应精神饱满，身体状态良好。 3）正确佩戴安全帽，着装符合安全要求。 4）作业指导教师对出勤情况进行记录	
	场地检查	1）作业场地整洁，无积水、污物，必要时进行清理。 2）检查急救箱，急救物品应齐备。 3）检查电源容量和电压符合要求	
	设备、工具、材料、资料检查	1）检查作业中需要使用的设备处于良好状态，必要时提前试运行。设备摆放位置合理。 2）对照工器具清单检查工器具，应齐全、完好、清洁。安全工器具和试验设备符合技术要求。工具摆放整齐。 3）对照材料清单检查材料，应齐全、合格。 4）对照资料清单准备作业工作票、作业指导书和作业记录	
	安全、组织、技术准备	1）全体作业人员列队，作业指导教师作业交代安全、组织和技术要求：对所有作业人员布置作业任务、作业内容、操作要求和重要注意事项。明确作业过程中的危险因素、防范措施和事故紧急处理措施；强调操作要点并进行安全和技术交底，必要时，应进行演示操作；将作业人员分组。指定每个作业班组工作负责人，交代负责内容并强调监护要求；就技术和安全问题向作业人员提问，保证每位作业人员掌握。 2）作业班组工作负责人组织作业人员按要求对安全措施进行布置，操作应正确规范。 3）作业班组工作负责人进行安全措施自检。合格后，通知作业指导教师进行检查。 4）作业指导教师对安全措施检查合格后，由作业班组工作负责人填写工作票，并办理许可手续（作业指导教师、作业工作负责人在作业工作票指定位置签字）。 5）作业班组列队，由作业班组工作负责人宣读作业工作票，交代安全注意事项。作业工作人员确认后在作业工作票上指定位置签字，作业班组方可开始作业。 6）作业指导教师对整个作业进行巡视，及时纠正不安全行为。作业班组工作负责人对作业人员进行安全监护	
智能解锁钥匙箱维护	装置维护	1）拨打运营商客服电话（移动10086、电信10000、联通10010），查询通信手机卡是否欠费。 2）检查钥匙管理机短信记录是否已满。 3）检查钥匙管理机时间、防误专责人信息等是否正确。 4）测试解锁操作，观察是否能正常打开钥匙管理机门。 5）使用毛刷、抹布等对智能解锁钥匙箱进行清扫。 6）维护过程中如发现缺陷异常，则按消缺流程处置	

续表

作业流程	作业项目	作业内容及工艺标准	备注
智能解锁钥匙箱消缺	发不出申请短信	1）拨打运营商客服电话（移动10086、电信10000、联通10010），查询通信手机卡是否欠费，如因欠费导致及时缴费，尝试解锁操作。 2）排除手机卡欠费后，清理钥匙管理机短信记录，再次尝试解锁操作，观察是否能发出申请短信。 3）如清理钥匙管理机短信记录仍发不出申请短信，则检查智能解锁钥匙箱通信模块及天线是否正常。 4）检查确认为通信模块或天线故障后，使用螺丝刀打开钥匙箱背板，更换新的通信模块或天线。 5）更换掉的通信模块或天线要做好标识并存放好，便于日后将故障件发回厂家分析	
	收到授权短信，钥匙管理机门无法打开	1）检查钥匙管理机时间是否正常，如果时间错误，则进入钥匙管理机"设置"，修改时间，尝试解锁操作。 2）排除钥匙管理机时间问题外，清理钥匙管理机短信记录，再次尝试解锁操作，观察是否能打开钥匙管理机门。 3）上述方法仍无法打开门时，则考虑为开门机构损坏导致。 4）使用螺丝刀等工具打开钥匙箱，更换新的开门机构。 5）更换掉的开门机构做好标识并存放好，便于日后将故障开门机构发回厂家分析	
现场清理	场地清理	1）对作业设备、材料、工器具等进行整理，对照记录进行检查清点。 2）检查作业现场无遗留物；清扫作业场地	
收尾工作	自检及填写记录报告	1）由作业班组工作负责人组织学员进行全面检查，自检作业项目是否具备验收条件，填写作业自检报告。 2）由作业班组工作负责人按要求填写作业报告和作业记录	
工作结束	结束	经作业指导教师验收合格后，作业指导教师和作业学员检查确认施工器具已全部撤离工作现场、作业现场无遗留物	
	总结	全体作业人员列队，作业指导教师对作业情况进行总结	
	人员撤离	所有作业人员撤离作业场地	

10.7.6　作业指导书执行情况评估

<table>
<tr><td rowspan="6">评估内容</td><td rowspan="3">符合性</td><td>优秀</td><td></td><td>可操作项</td><td></td></tr>
<tr><td>良好</td><td></td><td rowspan="2">不可操作项</td><td rowspan="2"></td></tr>
<tr><td>一般</td><td></td></tr>
<tr><td rowspan="3">可操作性</td><td>优秀</td><td></td><td>修改项</td><td></td></tr>
<tr><td>良好</td><td></td><td>增补项</td><td></td></tr>
<tr><td>一般</td><td></td><td>删除项</td><td></td></tr>
<tr><td>存在问题</td><td colspan="5"></td></tr>
<tr><td>改进意见</td><td colspan="5"></td></tr>
</table>

11 消防、安防、视频监控系统部分

11.1 消防器材、设施及系统检查维护

11.1.1 适用范围

本节适用于变电运维人员实施变电运维一体化项目作业，变电运维一体化作业实操培训可参考执行。

11.1.2 参考资料

下列文件对于本节的应用是必不可少的。凡是注日期的引用文件，仅所注日期的版本适用于本节。凡是不注日期的引用文件，其最新版本（包括所有的修改单）适用于本节。

GB 50016　建筑设计防火规范

GB 50116　火灾自动报警系统设计规范

GB 50166　火灾自动报警系统施工及验收标准

DL 5027　电力设备典型消防规程

XF 836　建设工程消防验收评定规则

XF 503　建筑消防设施检测技术规程

11.1.3 作业前准备工作

11.1.3.1 作业人员要求

√	序号	责任人	工作要求	备注
	1	作业负责人	1）熟悉火灾报警系统的基本原理。 2）掌握火灾报警系统的维护程序和方法。 3）具有一定的现场工作经验，熟悉并能严格遵守电力生产和工作现场的相关安全管理规定。 4）作业负责人必须经本单位批准	
	2	作业人员	1）现场工作人员的身体状况、精神状态良好。 2）了解消防系统设备及设施有关技术标准要求。 3）所有作业人员必须具备必要的电气知识，熟悉现场安全作业要求，并经国家电网公司《电力安全工作规程》考试合格	

11.1.3.2 作业材料及工器具准备

√	序号	名称	规格	单位	数量	备注
	1	作业指导书		份	1	
	2	数字万用表	可测量交直流电压、电流、电阻、电容等	个	1	
	3	感烟探测器功能试验器	检测杆高度≥2.5m 加配聚烟罩 内置电源线 连续工作时间不低于 2h	个	1	
	4	感温探测器功能试验器	检测杆高度≥2.5m 内置电源线 连续工作时间不低于 2h	个	1	
	5	火焰探测器功能试验器	红外线波长≥850nm，紫外线波长≤280nm 检测杆高度≥2.5m	个	1	
	6	螺丝刀	大、中、小号，十字、平口	套	1	
	7	斜口钳		把	2	
	8	老虎钳	大、小号	把	2	
	9	手电钻		把	1	
	10	扳手	大、中、小号	套	1	
	11	安全带		副	3	
	12	绝缘梯		个	1	
	13	秒表		个	1	

11.1.3.3 作业危险点分析及安全预控措施

√	序号	危险点分析	安全控制措施
	1	触电伤害	1）工作负责人开工前，向工作班成员认真宣读工作票，交代现场带电部位、工作范围、现场安全措施及安全注意事项。 2）运维调试时，必须有 2 人进行，一人监护，一人操作。 3）维护前，应将火灾报警系统设置在手动状态，防止误操作
	2	机械伤人	1）搬运装置或装置备件时，应 2 人一起搬运。 2）施工器具使用应符合安全规程、制造厂的规定
	3	防坠落和物体打击	1）登高作业时应使用安全带。 2）工器具、材料携带时使用工具包
	4	信息安全	1）未经允许不得在系统内网（交换机、内网机等）使用移动存储设备或者移动互联设备。 2）不得触碰除本次信息维护内容以外的任何网络设备。 3）未经相关信息部门允许不得在内网机安装任何应用程序

11.1.4 作业流程图

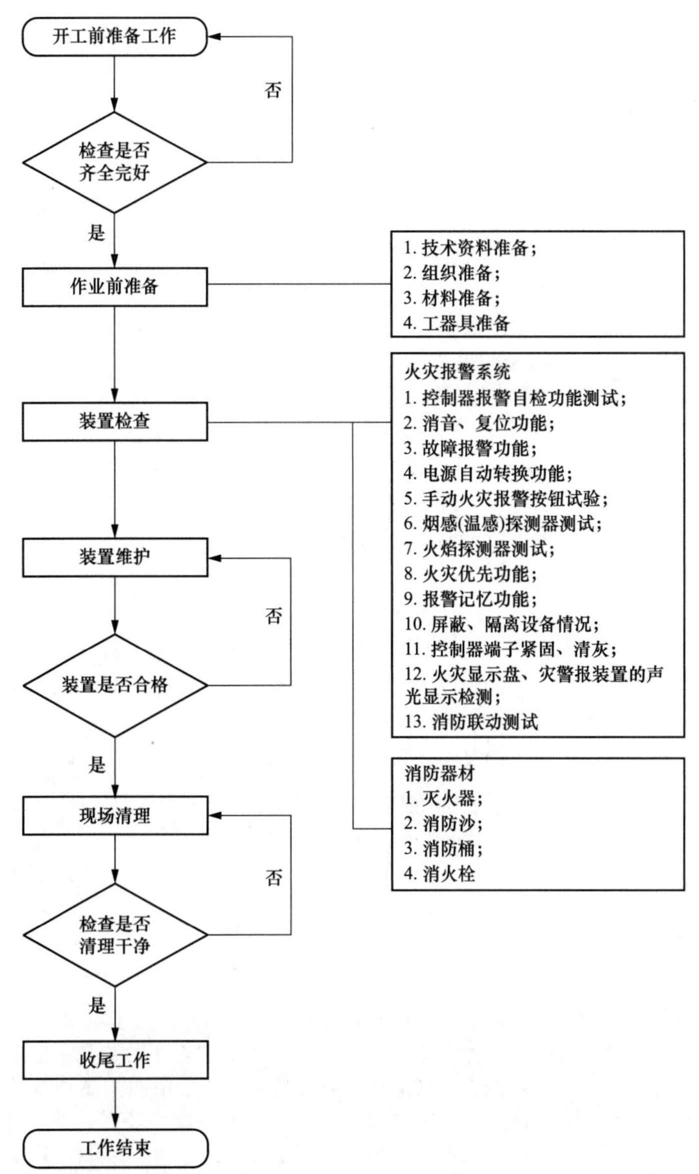

11.1.5 主要作业流程及工艺标准

作业流程	作业项目	作业内容及工艺标准	备注
作业前准备	人员检查	1）所有作业人员必须掌握《国家电网公司电力安全工作规程　变电部分》相关知识，并经考试合格。 2）作业人员应精神饱满，身体状态良好。 3）正确佩戴安全帽，着装符合安全要求	
	场地检查	1）作业场地整洁，无积水、污物，必要时进行清理。 2）检查急救箱，急救物品应齐备	

续表

作业流程	作业项目	作业内容及工艺标准	备注
作业前准备	设备、工具、材料、资料检查	1）检查作业中需要使用的设备处于良好状态，必要时提前试运行。运维测试工器具摆放位置合理。 2）对照工器具清单检查工器具，应齐全、完好、清洁。安全工器具和试验设备符合技术要求。工具摆放整齐。 3）对照材料清单检查材料，应齐全、合格。 4）对照资料清单准备作业工作票、作业指导书和作业记录	
	安全、组织、技术准备	1）全体作业人员列队，工作负责人交代安全、组织和技术要求：对所有作业人员布置作业任务、作业内容、操作要求和重要注意事项。明确作业过程中的危险因素、防范措施和事故紧急处理措施；强调操作要点并进行安全和技术交底。 2）工作负责人进行安全措施自检。合格后，方可开展工作。 3）工作负责人按要求办理工作票和许可手续。 4）工作负责人对作业人员进行安全监护	
火灾报警系统	控制器报警自检功能测试	火灾报警控制器应有本机自检功能，按下报警控制器自检键，控制器应完成系统自检，自检期间，如非自检回路有火灾报警信号输入，火灾报警控制器应能发出声、光报警信号	
	消音、复位功能	当报警控制器接到报警信号后，按下消音键，观察能否消除声信号；光报警信号能否保持；按下复位键后，看能否手动复位。火灾报警控制器处于报警状态时，声报警信号应能手动消除，光报警信号在控制器复位前不能手动消除；同时应具有手动复位功能	
	故障报警功能	卸下系统回路中的任一探测器或将连接线路断线，观察报警控制器能否在100s内发出与火灾报警信号有明显区别的声、光报警信号。用秒表记录故障报警时间。当火灾报警控制器内部、火灾报警控制器与探测器、火灾报警控制器与传输火灾报警信号的部件间发生故障时，报警控制器应在100s内发出与火灾报警信号有明显区别的声、光报警信号	
	电源自动转换功能	接通电源，观察火灾报警控制器是否处于正常工作状态；关闭主电源开关，查看备用电源能否正常工作；恢复主电源，查看主电工作情况；观察主、备电源的工作状态显示情况。火灾报警控制器应具有电源转换装置，当主电源断电时，能自动转换到备用电源；当主电源恢复时，能自动转换到主电源；主、备电源的工作状态应有指示	
	手动火灾报警按钮试验	手动按下火灾报警按钮，手动试验2个以上火灾报警按钮，观察手动报警按钮确认灯指示情况及控制室消防控制设备信号显示情况。现场触发手动火灾报警按钮时，报警按钮应能输出火灾报警信号，同时报警按钮的确认灯应有可见指示，控制室消防控制设备应能收到火灾报警信号并显示其报警部位	
	烟感（温感）探测器测试	用感烟（感温）探测器模拟故障，触发2个以上探测器动作，现场声光报警指示灯动作，控制室消防控制设备应能收到火灾报警信号并显示其报警部位	

续表

作业流程	作业项目	作业内容及工艺标准	备注
火灾报警系统	火焰探测器测试	用火焰探测器功能试验器模拟故障，触发火焰探测器，控制室消防控制设备应能收到火灾报警信号并显示其报警部位	
	火灾优先功能	在故障状态下，给感烟探测器加烟或按下手动火灾报警按钮，观察火灾报警信号能否优先输入报警控制器，发出声、光火灾报警信号。当火灾和故障同时发生时，火灾报警信号应优先输入火灾报警控制器，发出声、光火灾报警信号	
	报警记忆功能	查看报警控制器报警计时装置情况，使用打印机记录火灾报警时间的，查看能否打印出月、日、时、分等信息，打印机能否正常工作。火灾报警控制器应具有显示或记录火灾报警时间的计时装置	
	屏蔽、隔离设备功能	屏蔽或者隔离某一部件，驱使动作应不发信号，不参与逻辑。	
	控制器端子紧固、清灰	逐个检查复紧控制柜内部端子排上的接线端子，确保接线无松动、锈蚀。紧固完成后对控制柜内部清灰，清理灰尘应使用干的专用无纺棉，清灰时断开主电源	
	火灾显示盘、火灾警报装置的声光显示检测	查看火灾显示盘在火警、故障状态下能否正常工作。火灾显示盘应能接收来自火灾报警控制器的火灾报警信号、主电源断电、短路及其他故障报警信号；发出声、光报警信号，指示火灾发生部位，并予保持	
	消防联动测试	模拟火焰探测器动作和感温电缆动作（有 2 个及以上独立的火灾探测器同时发信号）或者一只火灾探测器与一只手动火灾报警按钮的报警信号、主变压器断路器跳闸，则变压器固定式灭火装置动作	
消防器材	灭火器	灭火器压力正常，表面保持清洁、设施完好	
	消防沙	消防沙池、消防沙箱完好，无开裂、漏沙，消防用沙应保持充足和干燥	
	消防桶（等）	消防箱、消防桶、消防铲、消防斧、消防钩完好、清洁，无锈蚀、破损	
	消火栓	室内外消火栓完好，无渗漏水，消防水带、水枪等配件完好	
现场清理	场地清理	1）对作业设备、材料、工器具等进行整理，对照记录进行检查清点。 2）检查作业现场无遗留物。关闭电源，清扫作业场地	
收尾工作	自检及填写记录报告	1）工作负责人进行全面检查，自检作业项目是否具备验收条件，填写作业自检报告。 2）工作负责人按要求填写作业报告和作业记录	
验收	验收	经业主单位运维人员验收合格后，工作负责人检查确认施工器具已全部撤离工作现场、作业现场无遗留物	
工作结束	人员撤离	所有作业人员撤离作业场地	

11.1.6 作业指导书执行情况评估

<table>
<tr><td rowspan="6">评估内容</td><td rowspan="3">符合性</td><td>优秀</td><td></td><td>可操作项</td><td rowspan="6"></td></tr>
<tr><td>良好</td><td></td><td rowspan="2">不可操作项</td></tr>
<tr><td>一般</td><td></td></tr>
<tr><td rowspan="3">可操作性</td><td>优秀</td><td></td><td>修改项</td></tr>
<tr><td>良好</td><td></td><td>增补项</td></tr>
<tr><td>一般</td><td></td><td>删除项</td></tr>
<tr><td>存在问题</td><td colspan="5"></td></tr>
<tr><td>改进意见</td><td colspan="5"></td></tr>
</table>

11.2 安防装置维护

11.2.1 适用范围

本节适用于变电运维人员实施变电运维一体化项目作业，变电运维一体化作业实操培训可参考执行。

11.2.2 参考资料

下列文件对于本节的应用是必不可少的。凡是注日期的引用文件，仅所注日期的版本适用于本节。凡是不注日期的引用文件，其最新版本（包括所有的修改单）适用于本节。

GB 55029 安全防范工程通用规范

GB 50348 安全防范工程技术标准

GB 50395 视频安防监控系统工程设计规范

GB 50394 入侵报警系统工程设计规范

GB 50396 出入口控制系统工程设计规范

11.2.3 作业前准备工作

11.2.3.1 作业人员要求

√	序号	责任人	工作要求	备注
	1	作业负责人	1）熟悉安防系统的基本原理和诊断程序。 2）了解安防系统的工作原理、技术参数和性能。 3）掌握安防系统的维护程序和方法。 4）具有一定的现场工作经验，熟悉并能严格遵守电力生产和工作现场的相关安全管理规定。 5）作业负责人必须经本单位批准	
	2	作业人员	1）现场工作人员的身体状况、精神状态良好。 2）作业辅助人员（外来）必须经负责施教的人员对其进行安全措施、作业范围、安全注意事项等方面施教后方可参加工作。	

续表

√	序号	责任人	工作要求	备注
	2	作业人员	3）特殊工种（电焊工）必须持有效证件上岗。 4）所有作业人员必须具备必要的电气知识，基本掌握本专业作业技能及《国家电网公司电力安全工作规程　变电部分》的相关知识，并考试合格	

11.2.3.2　作业材料及工器具准备

√	序号	名称	规格	单位	数量	备注
	1	作业指导书		份	1	
	2	活动扳手	6 寸、10 寸	把	各 1	
	3	剥线钳		把	1	
	4	斜口钳		把	1	
	5	十字螺丝刀		把	1	
	6	一字螺丝刀		把	1	
	7	美工刀		把	1	
	8	绝缘尺		把	1	
	9	抹布		块	若干	
	10	扎带		根	若干	
	11	网线测试仪		个	1	
	12	万用表		个	1	
	13	绝缘梯		个	1	

11.2.3.3　作业危险点分析及安全预控措施

√	序号	危险点分析	安全控制措施
	1	触电伤害	1）安防系统运维不得少于 2 人；工作负责人开工前，向工作班人员认真宣读工作票，交代现场带电部位、工作范围、现场安全措施及安全注意事项，进入间隔前，认真核对设备名称、编号。核对无误后方可开始工作。 2）运维调试时，必须有两人进行，一人监护，一人操作。必要时操作人员戴绝缘手套。 3）调试时临时电源必须接在漏电保安器的下端，在拆接电源时必须有 2 人一起，一人监护，一人操作。 4）维护前，应将装置总电源空气断路器断开，防止工作人员触电
	2	机械伤人	1）搬运装置或装置备件时，应 2 人一起搬运。 2）施工器具使用应符合安全规程、制造厂的规定
	3	信息安全	1）未经允许不得在系统内网（交换机、内网机等）使用移动存储设备或者移动互联设备。 2）不得触碰除本次信息维护内容以外的任何网络设备。 3）未经相关信息部门允许不得在内网机安装任何应用程序

11.2.4 作业流程图

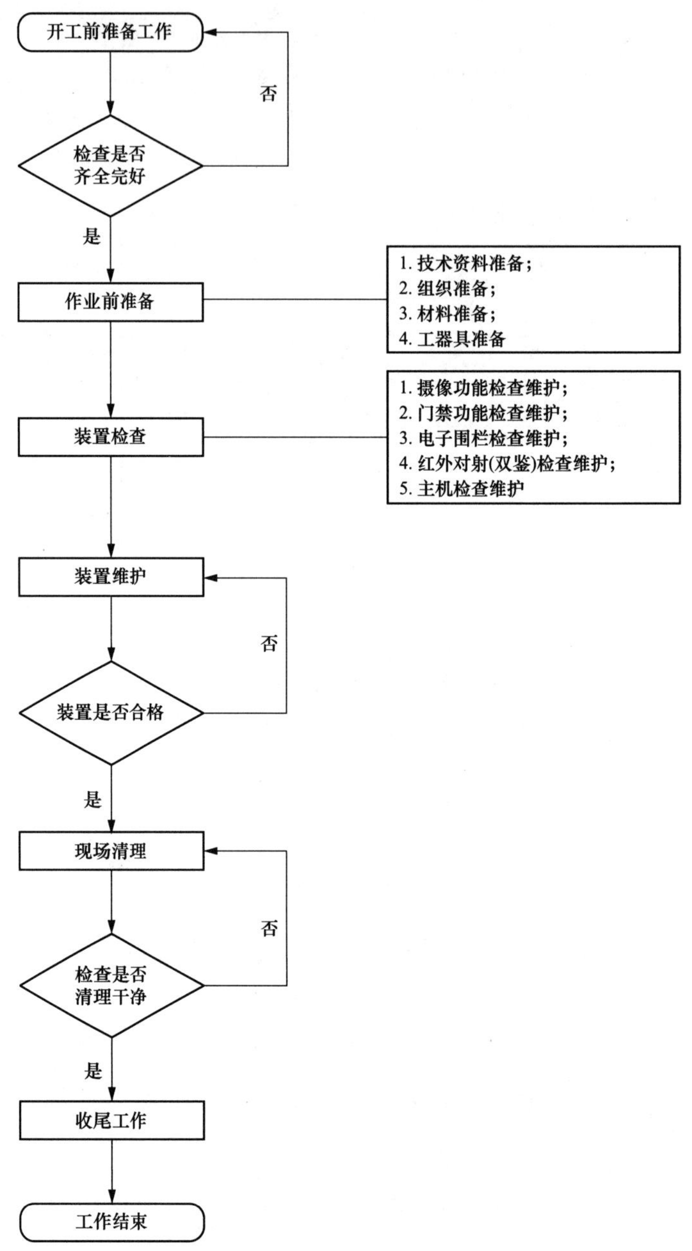

11.2.5 主要作业流程及工艺标准

作业流程	作业项目	作业内容及工艺标准	备注
作业前准备	人员检查	1）所有作业人员必须掌握《国家电网公司电力安全工作规程 变电部分》相关知识，并经考试合格。 2）作业人员应精神饱满，身体状态良好。 3）正确佩戴安全帽，着装符合安全要求	

续表

作业流程	作业项目	作业内容及工艺标准	备注
作业前准备	场地检查	1）作业场地整洁，无积水、污物，必要时进行清理。 2）检查急救箱，急救物品应齐备	
	设备、工具、材料、资料检查	1）检查作业中需要使用的设备处于良好状态，必要时提前试运行。设备摆放位置合理。 2）对照工器具清单检查工器具，应齐全、完好、清洁。安全工器具和试验设备符合技术要求。工具摆放整齐。 3）对照材料清单检查材料，应齐全、合格。 4）对照资料清单准备作业工作票、作业指导书和作业记录	
	安全、组织、技术准备	1）全体作业人员列队，作业指导教师作业交代安全、组织和技术要求：对所有作业人员布置作业任务、作业内容、操作要求和重要注意事项。明确作业过程中的危险因素、防范措施和事故紧急处理措施；强调操作要点并进行安全和技术交底，必要时，应进行演示操作；将作业人员分组。指定每个作业班组工作负责人，交代负责内容并强调监护要求；就技术和安全问题向作业人员提问，保证每位作业人员掌握。 2）作业班组工作负责人组织作业人员按要求对安全措施进行布置，操作应正确规范。 3）作业班组工作负责人进行安全措施自检。合格后，通知作业指导教师进行检查。 4）作业指导教师对安全措施检查合格后，由作业班组工作负责人填写工作票，并办理许可手续（作业指导教师、作业工作负责人在作业工作票指定位置签字）。 5）作业班组列队，由作业班组工作负责人宣读作业工作票，交代安全注意事项。作业工作人员确认后在作业工作票上指定位置签字，作业班组方可开始作业。 6）作业指导教师对整个作业作业进行巡视，及时纠正不安全行为。作业班组工作负责人对作业人员进行安全监护	
装置检查及维护	安防摄像和照明灯故障排查与维护	1）当人员闯入周界，安防摄像机会自动对准闯入人员，安防照明灯会自动点亮。安防照明灯检查维护见下文，其他摄像机问题见 11.3。 2）安防照明灯出现故障不亮，用万用表测量灯的电源电压，如果电压不正常，更换电源或电源线；如果电压正常，测试安防系统在有周界告警时，系统侧输出接点是否正确动作，若不正确，更换接点或继电器；若正确动作，则检查照明灯侧接点是否正常闭合，若不正常，则安防系统至就地信号电缆故障，更换备用芯或信号电缆；若都正常，则考虑更换照明灯。也可以考虑一开始就量照明灯的电阻，若阻值异常（无穷大或者为零），考虑灯的故障	
	门禁故障排查与维护	1）门禁正常在线，远程能控制门禁分合；就地能通过按钮、刷卡分合门禁。	

续表

作业流程	作业项目	作业内容及工艺标准	备注
装置检查及维护	门禁故障排查与维护	2）门禁离线。检查汇聚交换机侧和就地门禁侧网线是否有松动，重新插拔看是否恢复；若无法恢复，则用网络测试仪测试网线是否故障，若故障，重新制作水晶头或者更换网线，若网络测试无问题，则是门禁本体故障。检查门禁主机本身供电是否正常，若供电不正常，处理供电故障；若供电正常，则主机主板可能已经被坏，需重新更换门禁主机主板。 3）门禁主机不工作或刷卡器面板无显示，同 2）的门禁本体故障。 4）卡或密码可以开门，内部出门开关却打不开门，用螺丝刀打开开门按钮面板，查看后面的界限是否正常，如断线或接线脱落，直接接上便恢复正常。 5）卡或密码无法开门，但是按钮可以开门，则可能设置被无意更改，需打开门禁管理软件，查看实时事件，观察传上来的数据是什么提示，一般为无效卡号或无效时区，下载卡数据或同步时间就可以解决问题。 6）电磁锁无法吸合，需检查门禁主板给电磁锁供电是否正常，如果正常，则需检查电磁锁安装使用后门框是否变形，如变形，则重新安装则可恢复正常	
	电子围栏故障排查与维护	1）电子围栏应在线，穿绝缘靴、戴绝缘手套用绝缘杆将电子围栏任意两根高压导线搭接在一起，应发出报警声。 2）如果主机状态栏显示不正常，一般是因为前端围栏存在电缆暴露或高压绝缘破坏，导致合金线连接处打火或漏电，此时断开电子围栏就地电源，用万用表分段测试各个接头处的电阻值，看电阻值是否在正常范围内。如果不在，则更换金属合金线，同时检测高压导线是否因断裂值过大问题。如果有，则需更换高压导线，并保持良好的绝缘度。 3）当出现主机持续报警时，一般是前端存在开路、短路和对地短路情况，此时断开电子围栏就地电源，用万用表检测回路的通断情况加以确认。 4）就地主机不工作或无显示，可能是因为主机供电过低或者主机被烧坏，检查主机供电是否正常。如果供电电源正常，则主机可能已经被烧，烧坏的原因可能是供电电压过高，或遭受雷击。 5）就地主机处于报警状态，但联动报警设备不报警时，或主机联动输出异常，用万用表测试主机联动输出端子常开常闭是否正常切换，若切换不正常，则就地主机输出模块故障，若切换正常，则是联动线缆松动或联动设备故障。若线缆松动，请紧固；若是联动声光报警装置故障，则对声光报警装置进行维修。 6）后台无法显示在线或后台无法报警，检查前端和汇聚交换机侧网线有无松动；重新插拔或者制作水晶头，查看是否恢复	

续表

作业流程	作业项目	作业内容及工艺标准	备注
装置检查及维护	红外对射（双鉴）故障排查与维护	1）拿绝缘杆（或任意物体）放置在红外对射（或穿过红外双鉴）处，主机应发出报警声（界面上有提示）。 2）若无报警，检查对射装置电源是否正常，若不正常，恢复电源；若正常，则对射装置本体故障，进行维修。 3）后台无法显示在线或后台无法报警，检查前端和交换机侧网线有无松动；重新插拔或者制作水晶头，查看是否恢复	
	安防平台故障排查与维护	1）平台无法登陆需要检查工作站的网络和服务器的网络。 2）平台功能无法查看，需要重启服务器。 3）若联动功能无法正常工作，则重新检查确认配置是否正确，若正确则需重启。 4）主机清扫需在系统操作界面上点关机键，若无法关闭，直接长按主机实体关机按钮；拔出主机电源；打开主机各侧箱门，用鼓风机、毛刷对主机进行清扫；插上主机电源，按主机实体开机按钮开机	
现场清理	场地清理	1）对作业设备、材料、工器具等进行整理，对照记录进行检查清点。 2）检查作业现场无遗留物；关闭电源，清扫作业场地	
收尾工作	自检及填写记录报告	1）由作业班组工作负责人组织学员进行全面检查，自检作业项目是否具备验收条件，填写作业自检报告。 2）由作业班组工作负责人按要求填写作业报告和作业记录	
工作结束	结束	经作业指导教师验收合格后，作业指导教师和作业学员检查确认施工器具已全部撤离工作现场、作业现场无遗留物	
	总结	全体作业人员列队，作业指导教师对作业情况进行总结	
	人员撤离	所有作业人员撤离作业场地	

11.2.6 作业指导书执行情况评估

<table>
<tr><td rowspan="6">评估内容</td><td rowspan="3">符合性</td><td>优秀</td><td></td><td>可操作项</td><td rowspan="6"></td></tr>
<tr><td>良好</td><td></td><td rowspan="2">不可操作项</td></tr>
<tr><td>一般</td><td></td></tr>
<tr><td rowspan="3">可操作性</td><td>优秀</td><td></td><td>修改项</td></tr>
<tr><td>良好</td><td></td><td>增补项</td></tr>
<tr><td>一般</td><td></td><td>删除项</td></tr>
<tr><td>存在问题</td><td colspan="5"></td></tr>
<tr><td>改进意见</td><td colspan="5"></td></tr>
</table>

11.3 视频监控设施及系统检查维护

11.3.1 适用范围

本节适用于变电运维人员实施变电运维一体化项目作业，变电运维一体化作业实操培训可参考执行。

11.3.2 参考资料

下列文件对于本节的应用是必不可少的。凡是注日期的引用文件，仅所注日期的版本适用于本节。凡是不注日期的引用文件，其最新版本（包括所有的修改单）适用于本节。

GB 50115 工业电视系统工程设计规范

GB 50464 视频显示系统工程技术规范

DL/T 5588 电力系统视频监控系统设计规程

DL/T 283 电力视频监控系统及接口

DL/T 1907 变电站视频监控图像质量评价

11.3.3 作业前准备工作

11.3.3.1 作业人员要求

√	序号	责任人	工作要求	备注
	1	作业负责人	1）熟悉摄像机装置的基本原理和诊断程序。 2）了解摄像机装置的工作原理、技术参数和性能。 3）掌握摄像机装置的维护程序和方法。 4）具有一定的现场工作经验，熟悉并能严格遵守电力生产和工作现场的相关安全管理规定。 5）作业负责人必须经本单位批准	
	2	作业人员	1）现场工作人员的身体状况、精神状态良好。 2）作业辅助人员（外来）必须经负责施教的人员，对其进行安全措施、作业范围、安全注意事项等方面施教后方可参加工作。 3）所有作业人员必须具备必要的电气知识，基本掌握本专业作业技能及《国家电网公司电力安全工作规程　变电部分》的相关知识，并经考试合格。 4）登高作业需要登高证	

11.3.3.2 作业材料及工器具准备

√	序号	名称	规格	单位	数量	备注
	1	作业指导书		份	1	
	2	活动扳手	6寸、10寸	把	各1	

续表

√	序号	名称	规格	单位	数量	备注
	3	剥线钳		把	1	
	4	斜口钳		把	1	
	5	十字螺丝刀		把	1	
	6	一字螺丝刀		把	1	
	7	美工刀		把	1	
	8	万用表		个	1	
	9	绝缘尺		把	1	
	10	抹布		块	若干	
	11	扎带		根	若干	
	12	绝缘梯		个	1	
	13	调试笔记本		台	1	
	14	网络电缆测试仪		台	1	

11.3.3.3 作业危险点分析及安全预控措施

√	序号	危险点分析	安全控制措施
	1	触电伤害	1）视频监控系统维护不得少于2人；工作负责人开工前，向工作班人员认真宣读工作票，交代现场带电部位、工作范围、现场安全措施及安全注意事项，进入间隔前，认真核对设备名称、编号。核对无误后方可开始工作。 2）调试时，必须由2人进行，一人监护，一人操作。必要时操作人员戴绝缘手套。 3）调试时临时电源必须接在漏电保安器的下端，在拆接电源时必须有2人一起，一人监护，一人操作。 4）维护前，应将装置总电源空气断路器断开，防止工作人员触电
	2	机械伤人	1）搬运装置或装置备件时，应2人一起搬运。 2）施工器具使用应符合安全规程、制造厂的规定
	3	信息安全	1）未经允许不得在系统内网（交换机、内网机等）使用移动存储设备或者移动互联设备。 2）不得触碰除本次信息维护内容以外的任何网络设备。 3）未经相关信息部门允许不得在内网机安装任何应用程序

11.3.4 作业流程图

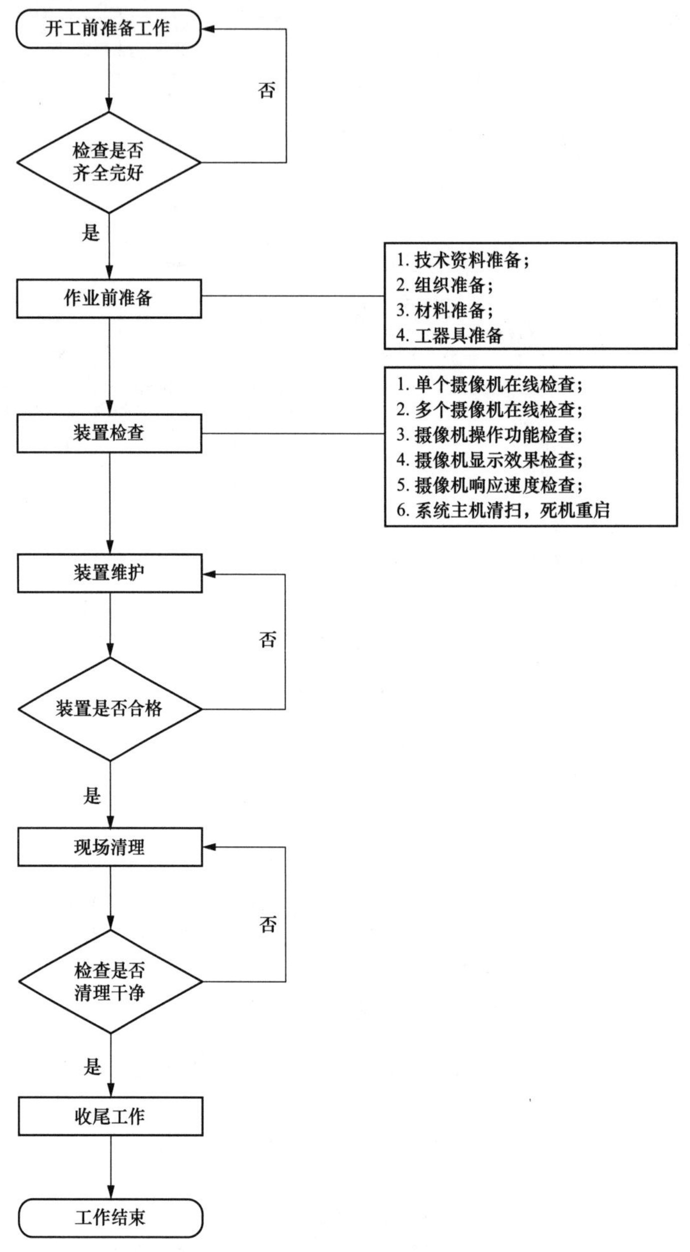

11.3.5 主要作业流程及工艺标准

作业流程	作业项目	作业内容及工艺标准	备注
作业前准备	人员检查	1）所有作业人员必须掌握《国家电网公司电力安全工作规程　变电部分》相关知识，并经考试合格。 2）作业人员应精神饱满，身体状态良好。 3）正确佩戴安全帽，着装符合安全要求	

续表

作业流程	作业项目	作业内容及工艺标准	备注
作业前准备	场地检查	1）作业场地整洁，无积水、污物，必要时进行清理。 2）检查急救箱，急救物品应齐备	
	设备、工具、材料、资料检查	1）检查作业中需要使用的设备处于良好状态，必要时提前试运行。设备摆放位置合理。 2）对照工器具清单检查工器具，应齐全、完好、清洁。安全工器具和试验设备符合技术要求。工具摆放整齐。 3）对照材料清单检查材料，应齐全、合格。 4）对照资料清单准备作业工作票、作业指导书和作业记录	
	安全、组织、技术准备	1）全体作业人员列队，作业指导教师作业交代安全、组织和技术要求：对所有作业人员布置作业任务、作业内容、操作要求和重要注意事项。明确作业过程中的危险因素、防范措施和事故紧急处理措施；强调操作要点并进行安全和技术交底，必要时，应进行演示操作；将作业人员分组。指定每个作业班组工作负责人，交代负责内容并强调监护要求；就技术和安全问题向作业人员提问，保证每位作业人员掌握。 2）作业班组工作负责人组织作业人员按要求对安全措施进行布置，操作应正确规范。 3）作业班组工作负责人进行安全措施自检。合格后，通知作业指导教师进行检查。 4）作业指导教师对安全措施检查合格后，由作业班组工作负责人填写工作票，并办理许可手续（作业指导教师、作业工作负责人在作业工作票指定位置签字）。 5）作业班组列队，由作业班组工作负责人宣读作业工作票，交代安全注意事项。作业工作人员确认后在作业工作票上指定位置签字，作业班组方可开始作业。 6）作业指导教师对整个作业作业进行巡视，及时纠正不安全行为。作业班组工作负责人对作业人员进行安全监护	
装置检查及维护	摄像机检查	在视频监控系统上检查摄像机有无在线，能否自如缩放和转动，视频是否清晰，响应速度是否有卡顿	
	单台摄像机离线处理	1）确定摄像机 IP、名称。 2）打开故障摄像机的汇聚箱，查看汇聚交换机的网口灯；若网口灯常亮不闪烁，则为摄像机本身故障；若网口灯不亮，则优先考虑接触不良，重新插拔两侧网口、换另一个网口，看是否恢复，若仍不恢复，则考虑网线或摄像机本身故障；若网口灯闪烁，将网线拔出汇聚交换机，插到调试笔记本，通过 IP 直接访问摄像机，如果不能访问则是摄像机本身故障；如果能访问，则是汇聚交换机到接入交换机之间的问题，重新插拔网线，更换接口，看是否恢复正常，若否，则考虑两个交换机之间网线（光纤）故障。 3）网线检查。用网络电缆测试仪对故障段网线检查，若有故障，则进行更换。	

续表

作业流程	作业项目	作业内容及工艺标准	备注
装置检查及维护	单台摄像机离线处理	4）光纤检查。更换备用芯，若无效，则用光纤测试仪对故障段光纤检查，若有故障，则进行更换。 5）摄像机本身故障。需测试电源适配器的电压，电压不正常则是电源适配器问题，需要更换电源适配器，如果电压正常，需要重启摄像机，看看摄像机会不会自检转动，如果不转动自检，则是摄像机问题，需要更换摄像机	
	多台摄像机离线处理	1）检查故障摄像机所在的NVR是否死机，若死机，需重启；若故障，需联系专业技术人员维修。 2）检查接入交换机和汇聚交换机，若失电，恢复电源；若网口灯不闪，则重启交换机。 3）检查接入交换机和汇聚交换机之间网线和光纤，处理步骤同单台摄像机离线处理的3）和4）	
	摄像机无法遥控故障处理	1）确定摄像机名称。 2）依次检查接入交换机至汇聚交换机、汇聚交换机至摄像机之间的网线（光纤），是否接触不良，接触不良重新插拔或换口；测试若有故障，进行备用芯更换或整体更换；若无问题，则摄像机本体问题，进行摄像机本体更换	
	摄像机无图像显示或视频不清晰故障处理	1）确定摄像机名称。 2）依次检查接入交换机至汇聚交换机、汇聚交换机至摄像机之间的网线（光纤），是否接触不良，接触不良重新插拔或换口；测试若有故障，进行备用芯更换或整体更换；若无问题，则摄像机本体问题，进行摄像机镜头擦拭或本体更换	
	摄像机响应速度卡顿处理	1）停止服务器无关进程，重启服务器。 2）若无效，依次检查接入交换机至汇聚交换机、汇聚交换机至摄像机之间的网线（光纤），是否接触不良，接触不良重新插拔或换口；测试若有故障，进行备用芯更换或整体更换；若无问题，则摄像机本体问题，进行摄像机镜片擦拭或镜头更换或本体更换	
	系统主机清扫，死机重启	1）在系统操作界面上点关机键，若无法关闭，直接长按主机实体关机按钮。 2）拔出主机电源。 3）打开主机各侧箱门，用鼓风机、毛刷对主机进行清扫。 4）插上主机电源。 5）按主机实体开机按钮开机	
现场清理	场地清理	1）对作业设备、材料、工器具等进行整理，对照记录进行检查清点。 2）检查作业现场无遗留物；关闭电源，清扫作业场地	

续表

作业流程	作业项目	作业内容及工艺标准	备注
收尾工作	自检及填写记录报告	1）由作业班组工作负责人组织学员进行全面检查，自检作业项目是否具备验收条件，填写作业自检报告。 2）由作业班组工作负责人按要求填写作业报告和作业记录	
工作结束	结束	经作业指导教师验收合格后，作业指导教师和作业学员检查确认施工器具已全部撤离工作现场、作业现场无遗留物	
	总结	全体作业人员列队，作业指导教师对作业情况进行总结	
	人员撤离	所有作业人员撤离作业场地	

11.3.6 作业指导书执行情况评估

<table>
<tr><td rowspan="6">评估内容</td><td rowspan="3">符合性</td><td>优秀</td><td></td><td>可操作项</td><td rowspan="6"></td></tr>
<tr><td>良好</td><td></td><td rowspan="2">不可操作项</td></tr>
<tr><td>一般</td><td></td></tr>
<tr><td rowspan="3">可操作性</td><td>优秀</td><td></td><td>修改项</td></tr>
<tr><td>良好</td><td></td><td>增补项</td></tr>
<tr><td>一般</td><td></td><td>删除项</td></tr>
<tr><td>存在问题</td><td colspan="5"></td></tr>
<tr><td>改进意见</td><td colspan="5"></td></tr>
</table>

12 在线监测部分

12.1 油色谱装置维护

12.1.1 适用范围

本节适用于变电运维人员实施变电运维一体化项目作业，变电运维一体化作业实操培训可参考执行。

12.1.2 参考资料

下列文件对于本节的应用是必不可少的。凡是注日期的引用文件，仅所注日期的版本适用于本节。凡是不注日期的引用文件，其最新版本（包括所有的修改单）适用于本节。

DL/T 1498.2 变电设备在线监测装置技术规范 第2部分：变压器油中溶解气体在线监测装置

DL/Z 249 变压器油中溶解气体在线监测装置选用导则

Q/GDW 536 变压器油中溶解气体在线监测装置技术规范

Q/GDW 538 变电设备在线监测系统运行管理规范

Q/GDW 539 变电设备在线监测系统安装验收规范

12.1.3 作业前准备工作

12.1.3.1 作业人员要求

√	序号	责任人	工作要求	备注
	1	作业负责人	1）熟悉油色谱装置的基本原理和诊断程序。 2）了解油色谱装置的工作原理、技术参数和性能。 3）掌握油色谱装置的维护程序和方法。 4）具有一定的现场工作经验，熟悉并能严格遵守电力生产和工作现场的相关安全管理规定。 5）作业负责人必须经本单位批准	
	2	作业人员	1）现场工作人员的身体状况、精神状态良好。 2）作业辅助人员（外来）必须经负责施教的人员对其进行安全措施、作业范围、安全注意事项等方面施教后方可参加工作。 3）特殊工种（电焊工）必须持有效证件上岗。	

续表

√	序号	责任人	工作要求	备注
	2	作业人员	4）所有作业人员必须具备必要的电气知识，基本掌握本专业作业技能及《国家电网公司电力安全工作规程　变电部分》的相关知识，并经考试合格	

12.1.3.2　作业材料及工器具准备

√	序号	名称	规格	单位	数量	备注
	1	作业指导书		份	1	
	2	油色谱在线监测装置		套	1	
	3	活动扳手	6寸、10寸	把	各1	
	4	开口扳手	8×10、10×12	把	各1	
	5	内六角扳手	6号	把	1	
	6	剥线钳		把	1	
	7	斜口钳		把	1	
	8	铁皮剪		把	1	
	9	十字螺丝刀		把	1	
	10	一字螺丝刀		把	1	
	11	美工刀		把	1	
	12	割刀		把	1	
	13	万用表		个	1	
	14	绝缘尺		把	1	
	15	抹布		块	若干	
	16	扎带		根	若干	

12.1.3.3　作业危险点分析及安全预控措施

√	序号	危险点分析	安全控制措施
	1	触电伤害	1）在线监测运维不得少于2人；工作负责人开工前，向工作班人员认真宣读工作票，交代现场带电部位、工作范围、现场安全措施及安全注意事项，进入间隔前，认真核对设备名称、编号。核对无误后方可开始工作。 2）运维调试时，必须有2人进行，一人监护，一人操作。必要时操作人员戴绝缘手套。 3）调试时临时电源必须接在漏电保安器的下端，在拆接电源时必须有2人一起，一人监护，一人操作。 4）维护前，应将装置总电源空气断路器断开，防止工作人员触电
	2	机械伤人	1）搬运装置或装置备件时，应2人一起搬运。 2）施工器具使用应符合安全规程、制造厂的规定

续表

√	序号	危险点分析	安全控制措施
	3	错误操作导致装置损坏	维护前，应确保在线监测装置与变压器进、出口阀门关闭，防止外部残油、气体进入变压器本体
	4	信息安全	1）未经允许不得在系统内网（交换机、内网机等）使用移动存储设备或者移动互联设备。 2）不得触碰除本次信息维护内容以外的任何网络设备。 3）未经相关信息部门允许不得在内网机安装任何应用程序

12.1.4 作业流程图

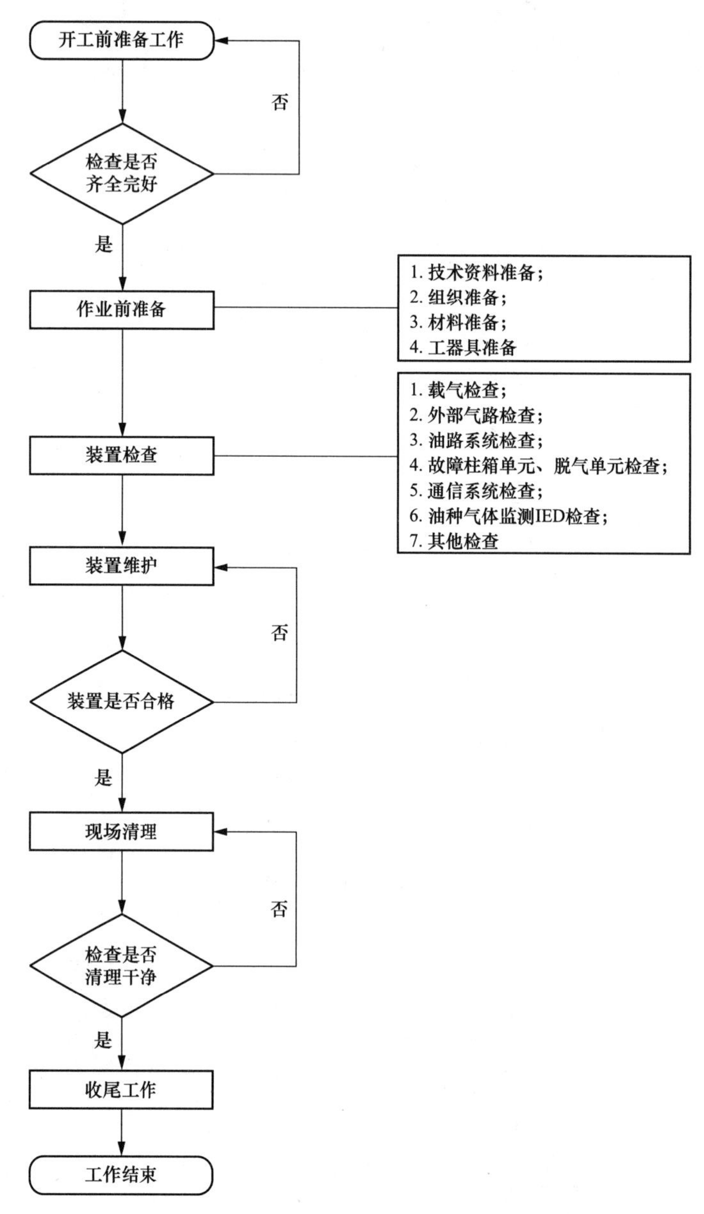

12.1.5 主要作业流程及工艺标准

作业流程	作业项目	作业内容及工艺标准	备注
作业前准备	人员检查	1）所有作业人员必须掌握《国家电网公司电力安全工作规程　变电部分》相关知识，并经考试合格。 2）作业人员应精神饱满，身体状态良好。 3）正确佩戴安全帽，着装符合安全要求	
	场地检查	1）作业场地整洁，无积水、污物，必要时进行清理。 2）检查急救箱，急救物品应齐备	
	设备、工具、材料、资料检查	1）检查作业中需要使用的设备处于良好状态，必要时提前试运行。设备摆放位置合理。 2）对照工器具清单检查工器具，应齐全、完好、清洁。安全工器具和试验设备符合技术要求。工具摆放整齐。 3）对照材料清单检查材料，应齐全、合格。 4）对照资料清单准备作业工作票、作业指导书和作业记录	
	安全、组织、技术准备	1）作业工作负责人填写工作票，并办理许可手续。 2）全体作业人员列队，作业负责人交代安全、组织和技术要求：对所有作业人员布置作业任务、作业内容、操作要求和重要注意事项。明确作业过程中的危险因素、防范措施和事故紧急处理措施；强调操作要点并进行安全和技术交底，必要时，就技术和安全问题向作业人员提问，保证每位作业人员掌握。 3）作业工作人员确认后在作业工作票上指定位置签字，作业班组方可开始作业。 4）作业负责人对作业人员进行安全监护，及时纠正不安全行为	
装置检查及维护	载气更换（以钢瓶作为载气的设备）	1）关闭仪器电源开关。 2）打开仪器柜门，顺时针旋紧载气钢瓶开关阀门至完全关闭的位置。 3）使用一个10mm的扳手将载气减压阀出口处的ϕ3mm不锈钢管取下来，过程中可能有少量的气体从接头处释放出来。 4）从主机中慢慢取出载气钢瓶，注意减压阀上传感器的连线不能用力拉伸，用合适的活口扳手（或者27的开口扳手）将减压阀从钢瓶上卸下来。 5）按照相反的步骤，换入新的载气钢瓶。钢瓶总阀应全开，减压阀出口压力应调节至0.47～0.5MPa，注意更换载气后，对减压阀调压时，应轻旋调压口，使低压表缓慢上升至规定量程，防止低压出口压力过大冲坏载气电磁阀。 6）用检漏液分别涂抹载气瓶总开关、减压阀的各个接头处，确保不会漏气。 7）更换掉的空瓶要做好标识并存放好，便于日后的补充及空瓶的回收	

续表

作业流程	作业项目	作业内容及工艺标准	备注
装置检查及维护	载气单元故障（自产载气设备）	1）气源泵检查。气源泵通常出现的故障为不产气、产气压达不到正常值、漏气，把气源泵出口拆除，接上压力表，给气源泵供电保证气源泵工作，查看工作 30s 后是否压力表压力超过 0.4MPa，如果能超过 0.4MPa 则说明气源泵工作正常；否则需要更换气源泵。 2）气路检查。在气源泵工作正常的情况下，用检漏液对各个气路连接点进行涂抹，是否发现漏气，发现漏气则进行相应的处理，更换气路密封垫或者气路管保证不在漏气。 3）储气罐、净化管检查。储气罐、净化管由于工艺的原因，罐壁有薄弱换机或者有及其微小砂眼，导致罐体漏气，可以用检漏液进行检漏，也可在各出口接压力表憋压试漏；发现漏气必须进行更换。 4）电磁阀检查。电磁阀动作是否正常，电磁阀本体是否有漏气现象，比如关不死或者无法打开，检查电磁阀阀体和气路两通连接部分漏气，拆开电磁阀出口，用流程进行控制电磁阀通断，确认是否正常出气或关闭；电磁阀本体和气路两通连接处可以通过检漏液涂抹法确认是否漏气，如果发现电磁阀漏气、开关故障必须更换电磁阀。 5）电源检查。载气单元供电有 AC 220V 和 DC 24V 供电；其中 AC 220 供给气源泵，DC 24V 控制电磁阀，通过万用表测量可以确认供电是否正常，如果不正常排查开关电源和电源板控制系统	
	外部气路漏气	1）外部气路漏气检查。用检漏液对外部气路各连接点进行涂抹，看是否起泡，如果起泡则进行相应的处理，更换密封垫、更换减压阀。 2）处理完漏气点后，应用钢瓶高压载气进行吹扫，把检漏液和灰尘吹扫干净，防止检漏液和灰尘进入载气系统	
	油路系统故障	1）不进油、进油慢。首先确认油阀是否正常，截止阀是否正常开启，拆除油路管，如果开启仍不出油，有可能阀芯卡死造成不出油或者阀芯归位造成的不出油，需要更换取样阀；如果主板本体出油正常，查看主机进油电磁阀进口是否进油正常，如果油速正常，则排查进油电磁阀是否进油正常，对于不正常的部件直接进行更换。 2）不回油、回油慢。先确认回油泵正常工作；回油泵正常工作后查看回油电磁阀是否能够正常打开，回油电磁阀出口端是否能正常出油、并油速能达到回油压力；确认回油阀是否为单相阀（阀门只能出油不能回油），是单相阀则要拆除阀芯进行回油。 3）渗油现象。渗油主要表现为油色谱在线监测主机内部渗油和外部渗油，外部渗油主要表现为油阀密封不好渗油、油阀螺距不吻合渗油、油路管砂眼漏油；维护时，对于密封不好的重新更换密封垫，螺距不吻合的应予以调整。内部渗油表现为磁驱齿轮泵本体漏油，电磁阀渗油、各油路连接点渗油；各油路管密封垫老化的及时更换密封垫，齿轮泵渗油、电磁阀渗油更换相应部件。	

续表

作业流程	作业项目	作业内容及工艺标准	备注
装置检查及维护	油路系统故障	4）维护完成后，应先连接主变本体，打开进回油阀门，对油路管进行冲洗，再接入油色谱装置。防止进油管道中空气和杂物污染进入本体，引起主变本体油污染	
	柱箱单元、脱气单元故障	1）色谱柱检查。通过谱图出峰情况判定色谱柱工况，对于分离度差，可以判定为色谱老化；样品出峰变宽、峰挤在一起、不出峰全是噪声的情况，可以判定为色谱柱污染；色谱柱异常，应整体更换柱箱单元。 2）温控系统故障。温度采集异常，更换温度传感器；如本身加热棒异常，需整体更换柱箱单元。 3）检测器故障。测量检测器电压是否正常，测量公共端对两极是否平衡，如果缺相说明检测器断线；如果正常，把检测器线拆掉，测量检测器电阻，两个极对公共端是否平衡，电阻正常，说明检测器无故障；电阻无穷大说明断线，需整体更换柱箱单元。 4）脱气单元故障。需要进行整套更换脱气模块	
	通信系统故障	1）光缆、光纤跳线检查。用激光手电、发光体等对光缆接头或耦合器的一头照光；在另一头看是否有可见光，如有可见光则表明光缆没有断，否则更换光缆、光纤跳线。 2）光纤收发器损坏。如光纤收发器电源正常，检查光纤收发器电口指示灯和光口指示灯，如果不亮，判断光纤收发器故障，更换为同型号光纤收发器	
	油中气体监测IED故障	1）先对油中气体监测IED断电重启，观察是否能够正常运行。 2）通过VNC或者下位机远程的方式联机至油中气体监测IED，检查油中气体监测IED通信、远程指令是否正常，如异常则判断油中气体监测IED故障。 3）如油中气体监测IED故障，应对油中气体监测IED整体更换。 4）按照原油中气体监测IED参数进行配置：配置IP地址，采集软件、61850服务端上传软件或者RS-485通信的设备ID	
现场清理	场地清理	1）对作业设备、材料、工器具等进行整理，对照记录进行检查清点。 2）检查作业现场无遗留物	
收尾工作	自检及填写记录报告	1）由作业负责人组织作业人员进行全面检查，自检作业项目是否具备验收条件，填写作业自检报告。 2）由作业负责人按要求填写作业报告和作业记录	
工作结束	结束	经验收合格后，作业负责人和作业人员检查确认施工器具已全部撤离工作现场、作业现场无遗留物	

续表

作业流程	作业项目	作业内容及工艺标准	备注
工作结束	总结	全体作业人员列队，作业负责人对作业情况进行总结	
	人员撤离	所有作业人员撤离作业场地	

12.1.6 作业指导书执行情况评估

<table>
<tr><td rowspan="6">评估内容</td><td rowspan="3">符合性</td><td>优秀</td><td></td><td>可操作项</td><td rowspan="6"></td></tr>
<tr><td>良好</td><td></td><td rowspan="2">不可操作项</td></tr>
<tr><td>一般</td><td></td></tr>
<tr><td rowspan="3">可操作性</td><td>优秀</td><td></td><td>修改项</td></tr>
<tr><td>良好</td><td></td><td>增补项</td></tr>
<tr><td>一般</td><td></td><td>删除项</td></tr>
<tr><td>存在问题</td><td colspan="5"></td></tr>
<tr><td>改进意见</td><td colspan="5"></td></tr>
</table>

12.2 油色谱数据分析跟踪

12.2.1 适用范围

本节适用于变电运维人员实施变电运维一体化项目作业，变电运维一体化作业实操培训可参考执行。

12.2.2 参考资料

下列文件对于本节的应用是必不可少的。凡是注日期的引用文件，仅所注日期的版本适用于本节。凡是不注日期的引用文件，其最新版本（包括所有的修改单）适用于本节。

GB/T 17623　绝缘油中溶解气体组分含量的气相色谱测定法

DL/T 722　变压器油中溶解气体分析和判断导则

DL/T 1432.2　变电设备在线监测装置检验规范　第2部分：变压器油中溶解气体在线监测装置

Q/GDW 539　变电设备在线监测系统安装验收规范

Q/GDW 540.2　变电设备在线监测装置检验规范　第2部分：变压器油中溶解气体在线监测装置

Q/GDW 536　变压器油中溶解气体在线监测装置技术规范

设备变电〔2021〕77号　提升油中溶解气体检测规范化水平指导意见

12.2.3 作业前准备工作

12.2.3.1 作业人员要求

√	序号	责任人	工作要求	备注
	1	作业负责人	1）熟悉在线监测装置的基本原理和诊断程序。 2）了解在线监测装置的工作原理、技术参数和性能。 3）掌握在线监测装置的维护程序和方法。 4）具有一定的现场工作经验，熟悉并能严格遵守电力生产和工作现场的相关安全管理规定。 5）作业负责人必须经本单位批准	
	2	作业人员	1）现场工作人员的身体状况、精神状态良好。 2）作业辅助人员（外来）必须经负责施教的人员，对其进行安全措施、作业范围、安全注意事项等方面施教后方可参加工作。 3）所有作业人员必须具备必要的电气知识，基本掌握本专业作业技能及《国家电网公司电力安全工作规程　变电部分》的相关知识，并经考试合格	

12.2.3.2 作业材料及工器具准备

√	序号	名称	规格	单位	数量	备注
	1	作业指导书		份	1	
	2	在线监测装置	含站端监控单元	套	1	

12.2.3.3 作业危险点分析及安全预控措施

√	序号	危险点分析	安全控制措施
	1	软件配置错误	1）油色谱数据分析跟踪时，不得更改参数配置。 2）油色谱数据分析跟踪时，不得篡改油色谱数据。 3）无法读取数据时，或装置不合格、数据无效时，应开展油色谱装置维护，并按《油色谱装置维护作业指导书》开展维护工作，油色谱数据分析跟踪时不得对油色谱装置开展工作
	2	信息安全	1）未经允许不得在系统内网（交换机、内网机等）使用移动存储设备或者移动互联设备。 2）不得触碰除本次信息维护内容以外的任何网络设备。 3）未经相关信息部门允许不得在内网机安装任何应用程序

12.2.4 作业流程图

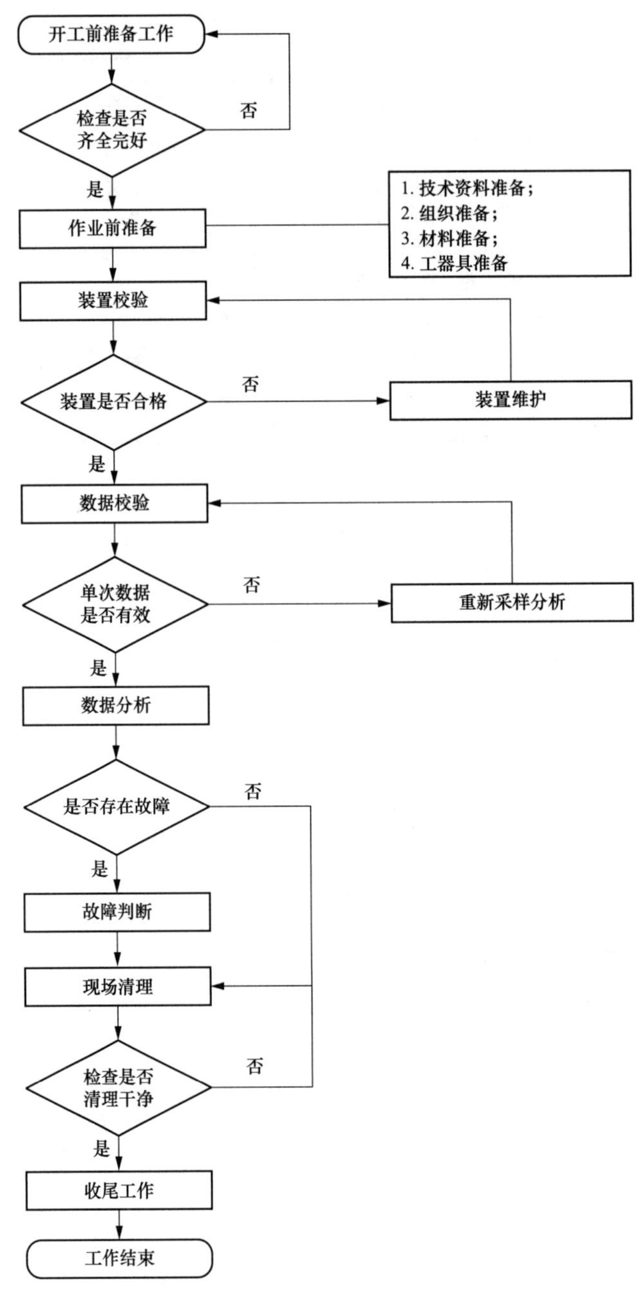

12.2.5 主要作业流程及工艺标准

作业流程	作业项目	作业内容及工艺标准	备注
作业前准备	人员检查	1）所有作业人员必须掌握《国家电网公司电力安全工作规程　变电部分》相关知识，并经考试合格。 2）作业人员应精神饱满，身体状态良好。 3）正确佩戴安全帽，着装符合安全要求	

续表

作业流程	作业项目	作业内容及工艺标准	备注
作业前准备	场地检查	1）作业场地整洁，无积水、污物，必要时进行清理。 2）检查急救箱，急救物品应齐备	
	设备、工具、材料、资料检查	1）检查作业中需要使用的设备处于良好状态，必要时提前试运行。设备摆放位置合理。 2）对照工器具清单检查工器具，应齐全、完好、清洁。安全工器具和试验设备符合技术要求。工具摆放整齐。 3）对照材料清单检查材料，应齐全、合格。 4）对照资料清单准备作业工作票、作业指导书和作业记录	
	安全、组织、技术准备	1）作业工作负责人填写工作票，并办理许可手续。 2）全体作业人员列队，作业负责人交代安全、组织和技术要求：对所有作业人员布置作业任务、作业内容、操作要求和重要注意事项。明确作业过程中的危险因素、防范措施和事故紧急处理措施；强调操作要点并进行安全和技术交底，必要时，就技术和安全问题向作业人员提问，保证每位作业人员掌握。 3）作业工作人员确认后在作业工作票上指定位置签字，作业班组方可开始作业。 4）作业负责人对作业人员进行安全监护，及时纠正不安全行为	
装置检验	油色谱在线监测装置合格性校验	1）配置总烃≥50μL/L 的油样，对相同油样连续监测分析次数不少于 8 次，取连续 6 次测量结果，重复性以总烃测量结果的相对标准偏差，满足：750kV 及以上变电站装置的测量重复性不大于 3%，500kV 及以下变电站装置的测量重复性不大于 5%。 2）油中溶解气体监测 IED 的监测数据与取油样的气相色谱试验数据之差的绝对值不大于试验数据的 30%	
数据检验	油色谱在线监测装置单次数据有效性校验	1）油中溶解气体在线监测装置（色谱原理）的谱图形态识别。正常色谱峰近似于对称形正态分布曲线，如出现色谱出峰波形畸变、基线不稳定、峰形异常、色谱出峰呈一条粗直线状（细直线状）、峰未完全分开、不出峰等异常情况，单次数据应视为无效数据。 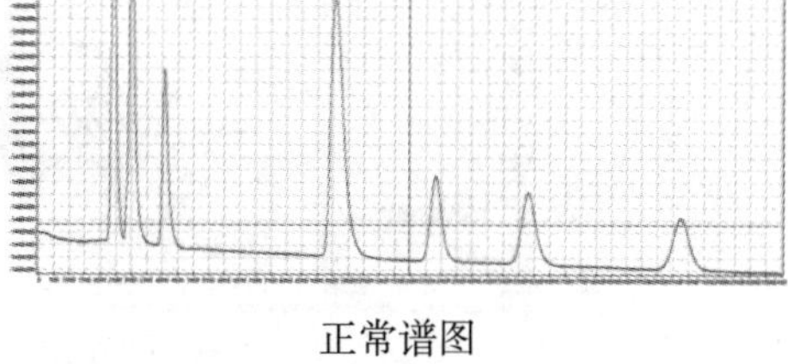 正常谱图	

续表

作业流程	作业项目	作业内容及工艺标准	备注
数据检验	油色谱在线监测装置单次数据有效性校验	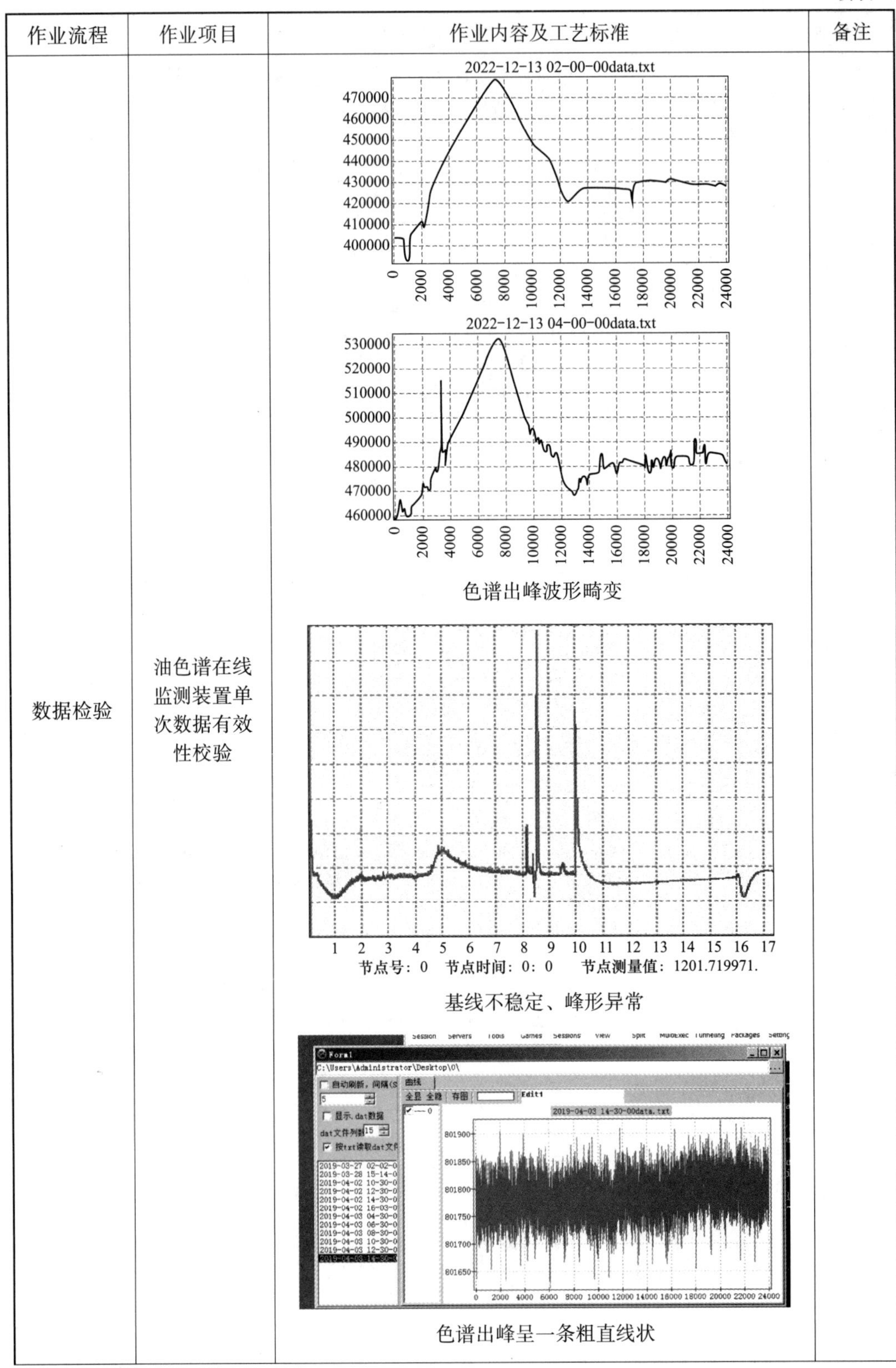 色谱出峰波形畸变 基线不稳定、峰形异常 色谱出峰呈一条粗直线状	

续表

<table>
<tr><th>作业流程</th><th>作业项目</th><th>作业内容及工艺标准</th><th>备注</th></tr>
<tr><td>数据检验</td><td>油色谱在线监测装置单次数据有效性校验</td><td> 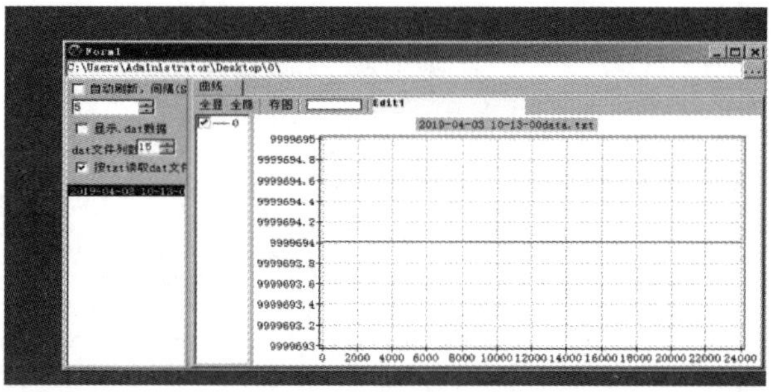色谱出峰呈一条细直线状 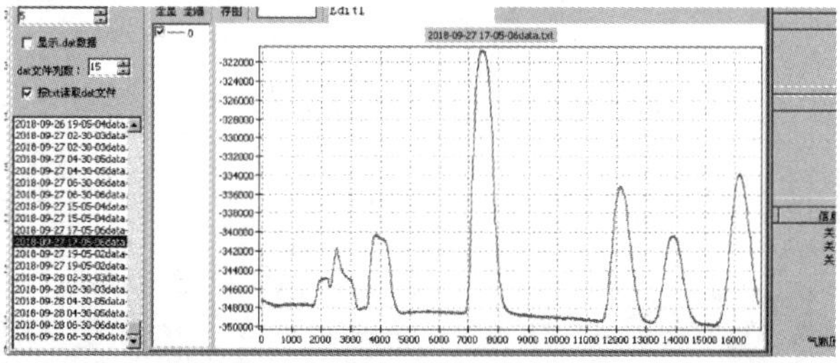
峰未完全分开 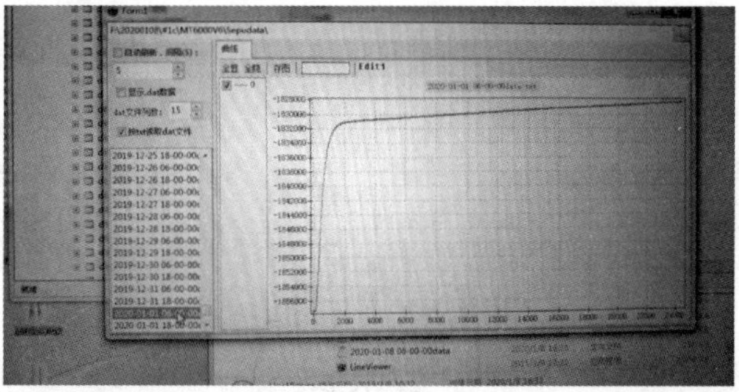
不出峰
2）查阅装置工作日志，如有故障代码，提示装置工作存在异常，此时的在线数据存疑，单次数据应视为无效数据</td><td></td></tr>
<tr><td>数据分析</td><td>在线监测数据分析</td><td>1）特征气体分析。根据设备类型、电压等级，对油中溶解气体中氢气、乙炔、总烃三项气体含量开展单相分析，正常值应不大于下表规定。
油中溶解气体含量注意值　（μL/L）
<table>
<tr><th>设备名称</th><th>气体组分</th><th>330kV 及以上</th><th>220kV 及以下</th></tr>
<tr><td rowspan="3">变压器、电抗器</td><td>总烃</td><td>150</td><td>150</td></tr>
<tr><td>乙炔</td><td>1</td><td>5</td></tr>
<tr><td>氢气</td><td>150</td><td>150</td></tr>
</table></td><td></td></tr>
</table>

续表

<table>
<tr><th>作业流程</th><th>作业项目</th><th>作业内容及工艺标准</th><th>备注</th></tr>
<tr><td>数据分析</td><td>在线监测数据分析</td><td>
续表
<table>
<tr><td>套管</td><td>甲烷</td><td>100</td><td>100</td></tr>
<tr><td></td><td>乙炔</td><td>1</td><td>1</td></tr>
<tr><td></td><td>氢气</td><td>500</td><td>500</td></tr>
<tr><td>电流互感器</td><td>总烃</td><td>100</td><td>100</td></tr>
<tr><td></td><td>乙炔</td><td>1</td><td>2</td></tr>
<tr><td></td><td>氢气</td><td>150</td><td>150</td></tr>
<tr><td>电压互感器</td><td>总烃</td><td>100</td><td>100</td></tr>
<tr><td></td><td>乙炔</td><td>2</td><td>3</td></tr>
<tr><td></td><td>氢气</td><td>150</td><td>150</td></tr>
</table>
2）气体增长速率分析：分别计算氢气、乙炔、总烃、一氧化碳、二氧化碳绝对产气速率，计算公式为 γ（mL/d）$=\frac{\text{第二次气体浓度}(\mu L/L)-\text{第一次气体浓度}(\mu L/L)}{\text{两次取样间隔天数}}\times$设备总油量（$m^3$），计算后的绝对产气速率应不大于下表规定

绝对产气速率注意值　（μL/L）
<table>
<tr><th>气体组分</th><th>密封式</th><th>开放式</th></tr>
<tr><td>氢气</td><td>10</td><td>5</td></tr>
<tr><td>乙炔</td><td>0.2</td><td>0.1</td></tr>
<tr><td>总烃</td><td>12</td><td>6</td></tr>
<tr><td>一氧化碳</td><td>100</td><td>50</td></tr>
<tr><td>二氧化碳</td><td>200</td><td>100</td></tr>
</table>
</td><td></td></tr>
<tr><td>故障判断</td><td>故障类型判断</td><td>
如在线监测数据分析确实存在异常，以 CH_4/H_2，C_2H_4/C_2H_6，C_2H_2/C_2H_4 的比值编码，通过三比值法判断故障类型。编码规则及故障类型判断方法见下表

编　码　规　则
<table>
<tr><th rowspan="2">气体范围</th><th colspan="3">比值范围的编码</th></tr>
<tr><th>C_2H_2/C_2H_4</th><th>CH_4/H_2</th><th>C_2H_4/C_2H_6</th></tr>
<tr><td><0.1</td><td>0</td><td>1</td><td>0</td></tr>
<tr><td>≥0.1～<1</td><td>1</td><td>0</td><td>0</td></tr>
<tr><td>≥1～<3</td><td>1</td><td>2</td><td>1</td></tr>
<tr><td>≥3</td><td>2</td><td>2</td><td>2</td></tr>
</table>
</td><td></td></tr>
</table>

续表

<table>
<tr><th>作业流程</th><th>作业项目</th><th>作业内容及工艺标准</th><th>备注</th></tr>
<tr><td>故障判断</td><td>故障类型判断</td><td>

故障类型判断方法

<table>
<tr><th colspan="3">编码组合</th><th rowspan="2">故障类型判断</th><th rowspan="2">故障实例</th></tr>
<tr><th>C_2H_2/C_2H_4</th><th>CH_4/H_2</th><th>C_2H_2/C_2H_6</th></tr>
<tr><td rowspan="5">0</td><td>0</td><td>1</td><td>低温过热（低于150℃）</td><td>绝缘导线过热，注意CO和CO_2的含量及CO_2/CO的值</td></tr>
<tr><td>2</td><td>0</td><td>低温过热（150～300℃）</td><td rowspan="3">分接开关接触不良，引线夹件螺丝松动或接头焊接不良，涡流引起铜过热，铁心漏磁，局部短路，层间绝缘不良、铁心多点接地等</td></tr>
<tr><td>2</td><td>1</td><td>中温过热（300～700℃）</td></tr>
<tr><td>0,1,2</td><td>2</td><td>高温过热（高于700℃）</td></tr>
<tr><td>1</td><td>0</td><td>局部放电</td><td>高温度、含气量引起油中低能量密集的局部放电</td></tr>
<tr><td rowspan="2">2</td><td>0，1</td><td>0,1,2</td><td>低能放电</td><td rowspan="2">引线对电位未固定的部件之间 连续火花放电，分接抽头引线和油隙闪络，不同电位之间的 油中火花放电或悬浮电位之间 的电火花放电</td></tr>
<tr><td>2</td><td>0,1,2</td><td>低能放电兼过热</td></tr>
<tr><td rowspan="2">1</td><td>0，1</td><td>0,1,2</td><td>电弧放电</td><td rowspan="2">线圈匝间、层间短路、相间闪 络、分接抽头引线间油隙闪络、引起对箱壳放电、线圈熔断、分接开关飞弧、因环路电流引 起电弧、引线对其他接地体放电</td></tr>
<tr><td>2</td><td>0,1,2</td><td>电弧放电兼过热</td></tr>
</table>

</td><td></td></tr>
<tr><td>现场清理</td><td>场地清理</td><td>1）对作业设备、材料、工器具等进行整理，对照记录进行检查清点。
2）检查作业现场无遗留物</td><td></td></tr>
<tr><td>收尾工作</td><td>自检及填写记录报告</td><td>1）由作业负责人组织作业人员进行全面检查，自检作业项目是否具备验收条件，填写作业自检报告。
2）由作业负责人按要求填写作业报告和作业记录</td><td></td></tr>
<tr><td rowspan="3">工作结束</td><td>结束</td><td>经验收合格后，作业负责人和作业人员检查确认施工器具已全部撤离工作现场、作业现场无遗留物</td><td></td></tr>
<tr><td>总结</td><td>全体作业人员列队，作业负责人对作业情况进行总结</td><td></td></tr>
<tr><td>人员撤离</td><td>所有作业人员撤离作业场地</td><td></td></tr>
</table>

12.2.6 作业指导书执行情况评估

<table>
<tr><td rowspan="6">评估内容</td><td rowspan="3">符合性</td><td>优秀</td><td></td><td>可操作项</td><td rowspan="6"></td></tr>
<tr><td>良好</td><td></td><td rowspan="2">不可操作项</td></tr>
<tr><td>一般</td><td></td></tr>
<tr><td rowspan="3">可操作性</td><td>优秀</td><td></td><td>修改项</td></tr>
<tr><td>良好</td><td></td><td>增补项</td></tr>
<tr><td>一般</td><td></td><td>删除项</td></tr>
<tr><td>存在问题</td><td colspan="5"></td></tr>
<tr><td>改进意见</td><td colspan="5"></td></tr>
</table>

12.3 站端主机和终端设备检查维护、异常重启

12.3.1 适用范围

本节适用于变电运维人员实施变电运维一体化项目作业，变电运维一体化作业实操培训可参考执行。

12.3.2

下列文件对于本节的应用是必不可少的。凡是注日期的引用文件，仅所注日期的版本适用于本节。凡是不注日期的引用文件，其最新版本（包括所有的修改单）适用于本节。

DL/T 1498 变电设备在线监测装置技术规范

Q/GDW 535 变电设备在线监测装置通用技术规范

Q/GDW 538 变电设备在线监测系统运行管理规范

Q/GDW 539 变电设备在线监测系统安装验收规范

12.3.3 作业前准备工作

12.3.3.1 作业人员要求

√	序号	责任人	工作要求	备注
	1	作业负责人	1）熟悉在线监测装置的基本原理和诊断程序。 2）了解在线监测装置的工作原理、技术参数和性能。 3）掌握在线监测装置的维护程序和方法。 4）具有一定的现场工作经验，熟悉并能严格遵守电力生产和工作现场的相关安全管理规定。 5）作业负责人必须经本单位批准	
	2	作业人员	1）现场工作人员的身体状况、精神状态良好。 2）作业辅助人员（外来）必须经负责施教的人员对其进行安全措施、作业范围、安全注意事项等方面施教后方可参加工作。 3）特殊工种（电焊工）必须持有效证件上岗。 4）所有作业人员必须具备必要的电气知识，基本掌握本专业作业技能及《国家电网公司电力安全工作规程　变电部分》的相关知识，并经考试合格	

12.3.3.2 作业材料及工器具准备

√	序号	名称	规格	单位	数量	备注
	1	作业指导书		份	1	
	2	在线监测装置		套	1	
	3	十字螺丝刀		把	1	
	4	一字螺丝刀		把	1	
	5	万用表		个	1	
	6	绝缘胶布		卷	1	
	7	毛刷		把	1	
	8	RS-232 转接线		个	1	
	9	RS-485 转接线		个	1	
	10	2M 线，网线	2×0.5	m	1	
	11	扎带		根	若干	

12.3.3.3 作业危险点分析及安全预控措施

√	序号	危险点分析	安全控制措施
	1	触电伤害	1）站端主机和终端设备检查维护、异常重启不得少于 2 人；作业负责人开工前，向作业人员认真宣读工作票，交代现场带电部位、工作范围、现场安全措施及安全注意事项，进入间隔前，认真核对设备名称、编号。核对无误后方可开始工作。 2）站端主机和终端设备检查维护、异常重启现场周围应装设安全围栏，工作中不得随意翻越遮栏，不得私自变动现场安全措施。 3）调试时，必须有 2 人进行，一人监护，一人操作。必要时操作人员戴绝缘手套。 4）调试时临时电源必须接在漏电保安器的下端，在拆接电源时必须有 2 人一起，一人监护，一人操作。 5）维护前，应将装置总电源空气断路器断开，防止工作人员触电
	2	机械伤人	1）搬运装置或装置备件时，应 2 人一起搬运。 2）施工器具使用应符合安全规程、制造厂的规定
	3	信息安全	1）未经允许不得在系统内网（交换机、内网机等）使用移动存储设备或者移动互联设备。 2）不得触碰除本次信息维护内容以外的任何网络设备。 3）未经相关信息部门允许不得在内网机安装任何应用程序

12.3.4 作业流程图

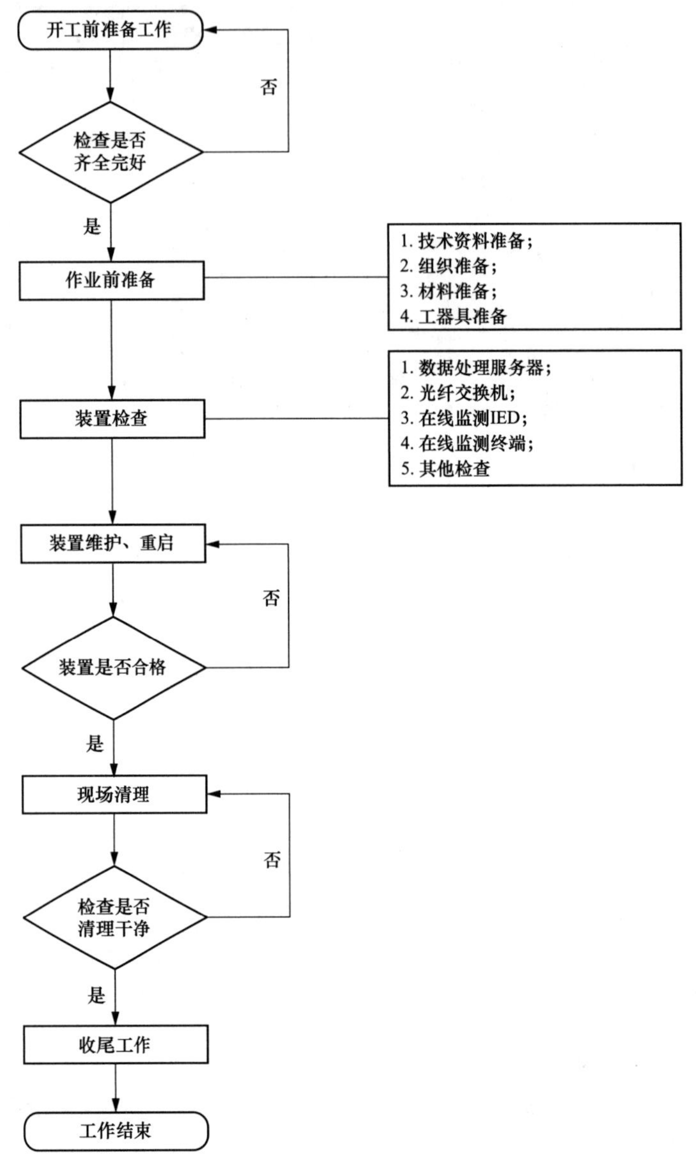

12.3.5 主要作业流程及工艺标准

作业流程	作业项目	作业内容及工艺标准	备注
作业前准备	人员检查	1）所有作业人员必须掌握《国家电网公司电力安全工作规程　变电部分》相关知识，并经考试合格。 2）作业人员应精神饱满，身体状态良好。 3）正确佩戴安全帽，着装符合安全要求	
	场地检查	1）作业场地整洁，无积水、污物，必要时进行清理。 2）检查急救箱，急救物品应齐备	

续表

作业流程	作业项目	作业内容及工艺标准	备注
作业前准备	设备、工具、材料、资料检查	1）检查作业中需要使用的设备处于良好状态，必要时提前试运行。设备摆放位置合理。 2）对照工器具清单检查工器具，应齐全、完好、清洁。安全工器具和试验设备符合技术要求。工具摆放整齐。 3）对照材料清单检查材料，应齐全、合格。 4）对照资料清单准备作业工作票、作业指导书和作业记录	
	安全、组织、技术准备	1）作业工作负责人填写工作票，并办理许可手续。 2）全体作业人员列队，作业负责人交代安全、组织和技术要求：对所有作业人员布置作业任务、作业内容、操作要求和重要注意事项。明确作业过程中的危险因素、防范措施和事故紧急处理措施；强调操作要点并进行安全和技术交底，必要时，就技术和安全问题向作业人员提问，保证每位作业人员掌握。 3）作业工作人员确认后在作业工作票上指定位置签字。作业班组方可开始作业。 4）作业负责人对作业人员进行安全监护，及时纠正不安全行为	
装置维护、重启	数据处理服务器维护、重启	1）装置外观检查是否正常，指示灯是否正确。 2）开机，检查进入系统和各种操作是否正常。正常则跳到步骤 7）。 3）电源指示灯指示异常、装置黑屏无法开机等，用万用变测量电源输入是否正常，电源输入异常，检查电源回路，接线是否松动，有无断线、短路等；电源输入正常，则数据服务器电源板异常，更换电源板（或装置整体更换）。 4）装置死机、装置无法进入系统、蓝屏等，对数据处理服务器断电重启，重启后恢复正常，故障消除；重启后未恢复正常，修复、重装操作系统；仍不能恢复正常的，更换数据处理服务器。 5）前端软件闪退、无响应等，卸载前端软件并重装；如不能恢复，检查软件与系统兼容性，必要时，应更换操作系统。 6）数据处理服务器无数据，检查光电转化器是否存在故障，光纤、网线等通信线路是否接触不良、断线，必要时更换。 7）维护完成后，用毛刷对数据处理服务器清扫灰尘	
	光纤交换机维护、重启	1）装置外观检查是否正常，指示灯是否正确。 2）通过后台系统直接 ping 前端终端，检查是否正常。正常则跳到步骤 5）。 3）电源指示灯指示异常，用万用变测量电源输入是否正常，电源输入异常，检查电源回路，接线是否松动，有无断线、短路等；电源输入正常，则交换机故障，更换交换机。	

续表

作业流程	作业项目	作业内容及工艺标准	备注
装置维护、重启	光纤交换机维护、重启	4）交换机通信异常。检查交换机网口、光纤接口是否松动，数据指示灯是否闪烁，必要时，采取紧固网线、光纤接口、更换交换机接口、更换网线、光纤等方式处置。 5）维护完成后，用毛刷对交换机清扫灰尘	
	在线监测 IED 维护、重启	1）装置外观检查是否正常，指示灯是否正确。 2）将计算机通过转接线接入 IED，检查是否正常。正常则跳到步骤 5）。 3）电源指示灯指示异常、装置无法开机等，用万用表测量电源输入是否正常，若电源输入异常，检查电源回路，接线是否松动，有无断线、短路等；若电源输入正常，则在线监测 IED 异常，更换电源板（或装置整体更换）。 4）将计算机通过转接线接入 IED，读取装置日志，检查装置是否存在异常告警，如异常，根据告警代码、日志等信息处置。 5）维护完成后，用毛刷对在线监测 IED 清扫灰尘	
	在线监测终端维护、重启	1）装置外观检查是否正常，指示灯是否正确。 2）将计算机通过转接线接入在线监测终端，检查是否正常。正常则跳到步骤 5）。 3）电源指示灯指示异常、装置无法开机等，用万用表测量电源输入是否正常，若电源输入异常，检查电源回路，接线是否松动，有无断线、短路等；若电源输入正常，则在线监测终端异常，更换电源板（或装置整体更换）。 4）将计算机通过转接线接入在线监测终端，读取装置日志，检查装置是否存在异常告警，如异常，根据告警代码、日志等信息处置。 5）维护完成后，用毛刷对在线监测终端清扫灰尘	
现场清理	场地清理	1）对作业设备、材料、工器具等进行整理，对照记录进行检查清点。 2）检查作业现场无遗留物	
收尾工作	自检及填写记录报告	1）由作业负责人组织作业人员进行全面检查，自检作业项目是否具备验收条件，填写作业自检报告。 2）由作业负责人按要求填写作业报告和作业记录	
工作结束	结束	经验收合格后，作业负责人和作业人员检查确认施工器具已全部撤离工作现场、作业现场无遗留物	
	总结	全体作业人员列队，作业负责人对作业情况进行总结	
	人员撤离	所有作业人员撤离作业场地	

12.3.6 作业指导书执行情况评估

<table>
<tr><td rowspan="6">评估内容</td><td rowspan="3">符合性</td><td>优秀</td><td></td><td>可操作项</td><td rowspan="6"></td></tr>
<tr><td>良好</td><td></td><td rowspan="2">不可操作项</td></tr>
<tr><td>一般</td><td></td></tr>
<tr><td rowspan="3">可操作性</td><td>优秀</td><td></td><td>修改项</td></tr>
<tr><td>良好</td><td></td><td>增补项</td></tr>
<tr><td>一般</td><td></td><td>删除项</td></tr>
<tr><td>存在问题</td><td colspan="5"></td></tr>
<tr><td>改进意见</td><td colspan="5"></td></tr>
</table>

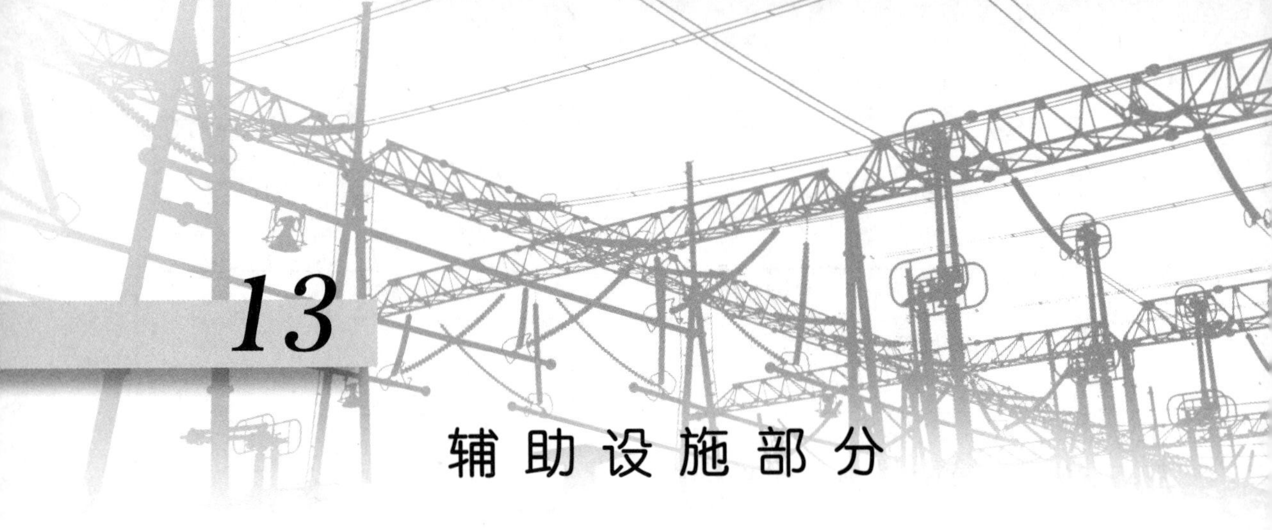

13 辅助设施部分

13.1 封堵设施检查维护

13.1.1 适用范围

本节适用于变电运维人员实施变电运维一体化项目作业，变电运维一体化作业实操培训可参考执行。

13.1.2 参考资料

下列文件对于本节的应用是必不可少的。凡是注日期的引用文件，仅所注日期的版本适用于本节。凡是不注日期的引用文件，其最新版本（包括所有的修改单）适用于本节。

GB 23864　防火封堵材料

DL 5027　电力设备典型消防规程

DL/T 5707　电力工程电缆防火封堵施工工艺导则

Q/GDW 1799.1　国家电网公司电力安全工作规程　变电部分

国网（运检/3）828—2017　国家电网公司变电运维管理规定（试行）

国家电网设备〔2018〕979号　国家电网有限公司关于印发十八项电网重大反事故措施（修订版）的通知

国家电网有限公司输变电工程标准工艺　变电工程电气分册

13.1.3 作业前准备工作

13.1.3.1 作业人员要求

√	序号	责任人	工作要求	备注
	1	作业负责人	1）具有一定的现场工作经验，熟悉并能严格遵守电力生产和工作现场的相关安全管理规定。 2）作业负责人必须经国家电网公司批准	
	2	作业人员	1）现场工作人员的身体状况、精神状态良好。 2）作业辅助人员（外来）必须经负责施教的人员对其进行安全措施、作业范围、安全注意事项等方面施教后方可参加工作。 3）作业应分工明确，任务落实到人，穿全棉长袖工作服，加强监护，防止误碰、误动其他运行设备。	

续表

√	序号	责任人	工作要求	备注
	2	作业人员	4）所有作业人员必须具备必要的电气知识，基本掌握本专业作业技能及《国家电网公司电力安全工作规程 变电部分》的相关知识，并经考试合格	

13.1.3.2 作业材料及工器具准备

√	序号	名称	规格	单位	数量	备注
	1	作业指导书		份	1	
	2	防火堵料		块	若干	
	3	捕鼠器		个	若干	
	4	饵料		包	若干	
	5	耐火隔板		块	若干	
	6	防火包		个	若干	
	7	防火涂料		桶	若干	
	8	稀释剂		桶	若干	
	9	无金属毛刷		个	若干	
	10	干抹布		块	若干	
	11	组合工具		套	1	

13.1.3.3 作业危险点分析及安全预控措施

√	序号	危险点分析	安全控制措施
	1	触电伤害	1）封堵检查维护不得少于2人，工作负责人开工前，向工作班人员交代现场带电部位、工作范围、现场安全措施及安全注意事项。严禁误入工作内容以外的带电运行间隔屏柜，工作前核实清楚设备名称、编号，严格遵守现场安全措施指引开展工作。 2）作业人员与带电设备之间保持设备不停电时的安全距离，1000kV不小于8.7m，500kV不小于5m，220kV不小于3m，110kV不小于1.5m，35kV不小于1m，10kV不小于0.7m。 3）封堵检查维护时，严禁误碰与工作无关的低压设备、端子或裸露部分等，必要时进行绝缘化处理或断开低压回路空气断路器，防止工作人员低压触电。 4）使用有绝缘柄的工具，其外裸导电部分应采取绝缘措施，必要时戴绝缘手套，保持对地绝缘，禁止使用锉刀、金属尺和带有金属物的毛刷、毛掸工具
	2	误碰	1）严禁误碰与工作无关的运行设备，施工工具应做好绝缘防护，防止造成运行设备异常。 2）在电缆竖井、电缆沟、电缆层等处工作时禁止踩踏运行电缆，掀、覆盖板时注意不要砸伤电缆

续表

√	序号	危险点分析	安全控制措施
	3	机械伤人	搬运盖板或其他重物时，应 2 人一起；放倒搬运，注意不要砸伤人员
	4	中毒、窒息	1）戴防护手套，防止小动物咬伤。 2）进入电缆井、电缆层前，应先通风，再用气体检测仪检查内部的易燃易爆及有毒气体的含量是否超标，电缆沟的盖板开启后，应自然通风一段时间，经测试合格后方可工作

13.1.4 作业流程图

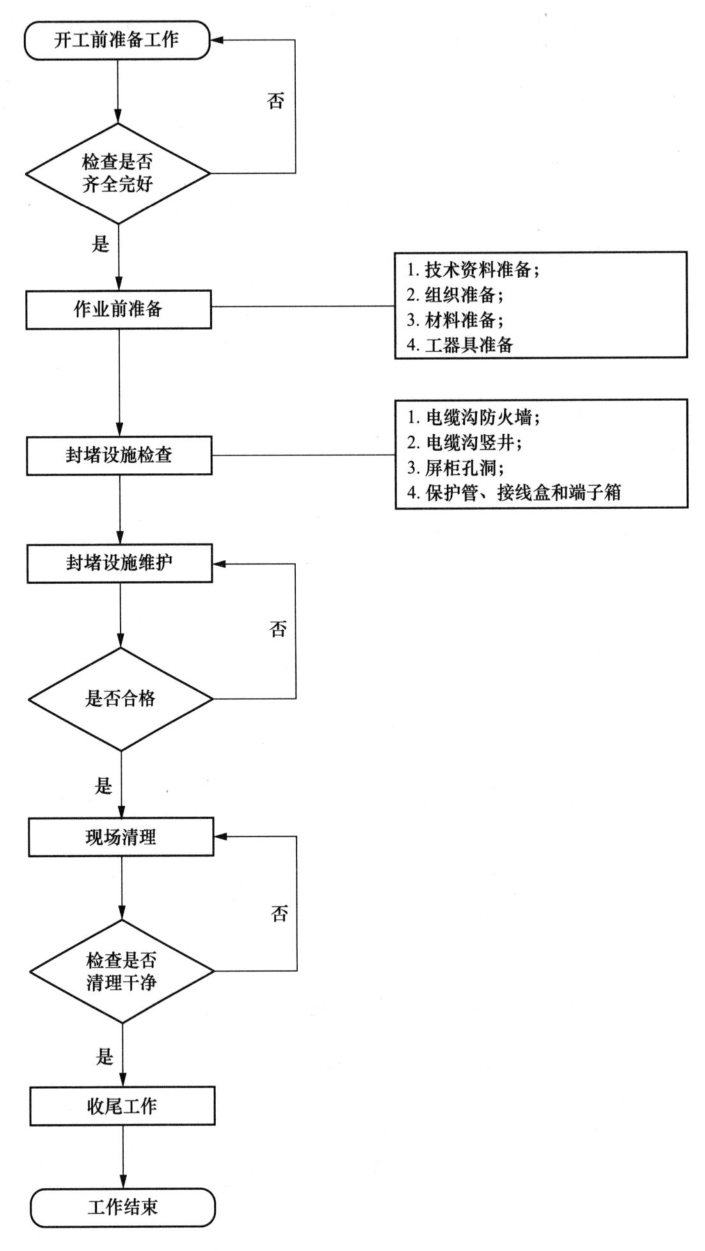

13.1.5 主要作业流程及工艺标准

作业流程	作业项目	作业内容及工艺标准	备注
作业前准备	人员检查	1）所有作业人员必须掌握《国家电网公司电力安全工作规程　变电部分》相关知识，并经考试合格。 2）作业人员应精神饱满，身体状态良好。 3）正确佩戴安全帽，着装符合安全要求。 4）作业指导教师对出勤情况进行记录	
	场地检查	1）作业场地整洁，无积水、污物，必要时进行清理。 2）检查急救箱，急救物品应齐备	
	设备、工具、材料、资料检查	1）检查作业中需要使用的设备处于良好状态，必要时提前试运行，设备摆放位置合理。 2）对照工器具清单检查工器具，应齐全、完好、清洁，安全工器具和试验设备符合技术要求，工具摆放整齐。 3）对照材料清单检查材料，应齐全、合格。 4）对照资料清单准备作业工作票、作业指导书和作业记录	
	安全、组织、技术准备	1）全体作业人员列队，作业指导教师作业交代安全、组织和技术要求，对所有作业人员布置作业任务、作业内容、操作要求和重要注意事项，明确作业过程中的危险因素、防范措施和事故紧急处理措施，强调操作要点并进行安全和技术交底，必要时，应进行演示操作。将作业人员分组，指定每个作业班组工作负责人，交代负责内容并强调监护要求，就技术和安全问题向作业人员提问，保证每位作业人员掌握。 2）作业班组工作负责人组织作业人员按要求对安全措施进行布置，操作应正确规范。 3）作业班组工作负责人进行安全措施自检，合格后，通知作业指导教师进行检查。 4）作业指导教师对安全措施检查合格后，由作业班组工作负责人填写工作票，并办理许可手续（作业指导教师、作业工作负责人在作业工作票指定位置签字）。 5）作业班组列队，由作业班组工作负责人宣读作业工作票，交代安全注意事项。作业工作人员确认后在作业工作票上指定位置签字，作业班组方可开始作业。 6）作业指导教师对整个作业进行巡视，及时纠正不安全行为，作业班组工作负责人对作业人员进行安全监护	
封堵设施检查	电缆沟防火墙封堵检查	1）防火墙安装方式应符合要求，两侧采用防火隔板封隔，中间采用无机涂料、防火包或耐火砖堆砌，其厚度根据产品性能而定（一般不小于250mm）。 2）防火墙内的电缆周围封堵密实。 3）沟底、防火隔板的缝隙用有机堵料做线脚封堵，有机堵料呈几何图形，面层平整。防火墙上部的电缆盖板上标记符合要求，涂刷红色的明显标记	

续表

作业流程	作业项目	作业内容及工艺标准	备注
封堵设施检查	电缆竖井封堵检查	1）托架应稳固。 2）防火托板无破损，强度符合要求。 3）空隙口、电缆周围的封堵完好	
	屏柜孔洞封堵检查	1）孔洞底部铺设防火板，防火板呈几何图形，安装平整牢固。 2）孔隙口及电缆周围的封堵完好、严密，有机堵料并呈几何图形，面层平整	
	保护管、接线盒、端子箱内封堵检查	1）电缆管口的封堵严密，管口的堵料呈圆弧形。 2）二次接线盒留孔处封堵密实，有机堵料呈几何形状，面层平整。 3）开孔较大的二次接线盒加装防火板进行隔离封堵	
封堵设施维护	封堵维护工作	1）施工前清除电缆表面的灰尘、油污。涂刷前，将涂料搅拌均匀，若涂料太稠时应根据涂料产品加相应的稀释剂稀释。 2）水平敷设的电缆，宜沿着电缆的走向均匀涂刷，垂直敷设电缆，宜自上而下涂刷，涂刷次数及厚度应符合产品的要求，每次涂刷的间隔时间不得少于规定时间。 3）遇电缆密集或束敷设时，应逐根涂刷，不得漏涂，电缆穿越墙、洞、楼板两端涂刷涂料，涂料的长度距建筑的距离不得小于1m，涂刷要整齐。 4）施工时将有机防火堵料密实嵌于需封堵的孔隙中，所有穿层周围必须包裹一层有机堵料（不得小于20mm），并均匀密实。 5）有机防火堵料与其他防火材料配合封堵时，有机防火堵料应高于隔板20mm，呈几何形状。 6）电缆预留孔和电缆保护管两端口应用有机防火堵料封堵严密，堵料嵌入管口的深度不小于50mm	
现场清理	场地清理	1）对作业设备、材料、工器具等进行整理，对照记录进行检查清点。 2）检查作业现场无遗留物，清扫作业场地	
收尾工作	自检及填写记录报告	1）由作业班组工作负责人组织学员进行全面检查，自检作业项目是否具备验收条件，填写作业自检报告 2）由作业班组工作负责人按要求填写作业报告和作业记录	
工作结束	结束	经作业指导教师验收合格后，作业指导教师和作业学员检查确认施工器具已全部撤离工作现场、作业现场无遗留物	
	总结	全体作业人员列队，作业指导教师对作业情况进行总结	
	人员撤离	所有作业人员撤离作业场地	

13.1.6 作业指导书执行情况评估

<table>
<tr><td rowspan="6">评估内容</td><td rowspan="3">符合性</td><td>优秀</td><td></td><td>可操作项</td><td></td></tr>
<tr><td>良好</td><td></td><td rowspan="2">不可操作项</td><td rowspan="2"></td></tr>
<tr><td>一般</td><td></td></tr>
<tr><td rowspan="3">可操作性</td><td>优秀</td><td></td><td>修改项</td><td></td></tr>
<tr><td>良好</td><td></td><td>增补项</td><td></td></tr>
<tr><td>一般</td><td></td><td>删除项</td><td></td></tr>
<tr><td>存在问题</td><td colspan="5"></td></tr>
<tr><td>改进意见</td><td colspan="5"></td></tr>
</table>

13.2 配电箱、检修电源箱检查维护及典型故障处理

13.2.1 适用范围

本节适用于变电运维人员实施变电运维一体化项目作业，变电运维一体化作业实操培训可参考执行。

13.2.2 参考资料

下列文件对于本节的应用是必不可少的。凡是注日期的引用文件，仅所注日期的版本适用于本节。凡是不注日期的引用文件，其最新版本（包括所有的修改单）适用于本节。

Q/GDW 1799.1 国家电网公司电力安全工作规程 变电部分

国网〔运检/3〕828—2017 国家电网公司变电运维管理规定（试行）

国家电网设备〔2018〕979 号 国家电网有限公司关于印发十八项电网重大反事故措施（修订版）的通知

国家电网有限公司输变电工程标准工艺 变电工程电气分册

13.2.3 作业前准备工作

13.2.3.1 作业人员要求

√	序号	责任人	工作要求	备注
	1	作业负责人	1）具有一定的现场工作经验，熟悉并能严格遵守电力生产和工作现场的相关安全管理规定。 2）作业负责人必须经国家电网公司批准	
	2	作业人员	1）现场工作人员的身体状况、精神状态良好。 2）作业辅助人员（外来）必须经负责施教的人员对其进行安全措施、作业范围、安全注意事项等方面施教后方可参加工作。 3）作业应分工明确，任务落实到人，穿全棉长袖工作服，加强监护，防止误碰、误动其他运行设备。	

续表

√	序号	责任人	工作要求	备注
	2	作业人员	4）所有作业人员必须具备必要的电气知识，基本掌握本专业作业技能及《国家电网公司电力安全工作规程　变电部分》的相关知识，并经考试合格	

13.2.3.2　作业材料及工器具准备

√	序号	名称	规格	单位	数量	备注
	1	作业指导书		份	1	
	2	组合工具		套	1	
	3	万用表		个	1	
	4	无金属毛刷		个	若干	
	5	导线		m	若干	
	6	干抹布		块	若干	
	7	空气断路器		个	若干	
	8	漏电保安器		个	若干	
	9	插座		个	若干	

13.2.3.3　作业危险点分析及安全预控措施

√	序号	危险点分析	安全控制措施
	1	触电伤害	1）配电箱、检修电源箱检查维护不得少于2人；工作负责人开工前，向工作班人员交代现场带电部位、工作范围、现场安全措施及安全注意事项。严禁误入工作内容以外的带电运行间隔屏柜，工作前核实清楚设备名称、编号，严格遵守现场安全措施指引开展工作。 2）作业人员与带电设备之间保持设备不停电时的安全距离，1000kV不小于8.7m，500kV不小于5m，220kV不小于3m，110kV不小于1.5m，35kV不小于1m，10kV不小于0.7m。 3）配电箱、检修电源箱检查维护时，严禁误碰与工作无关的低压设备、端子或裸露部分等，必要时进行绝缘化处理或断开低压回路空气断路器，防止工作人员低压触电。 4）使用有绝缘柄的工具，其外裸导电部分应采取绝缘措施，必要时戴绝缘手套，保持对地绝缘，禁止使用锉刀、金属尺和带有金属物的毛刷、毛掸工具
	2	设备停电或损坏	工作中严禁误动误碰与工作无关运行设备，工作中发现设备故障异常及时汇报，按正常工作程序处理，严禁擅自处理
	3	交直流短路或接地	按顺序拆接线，严格用绝缘胶布包好导线接头，并做好标记

13.2.4 作业流程图

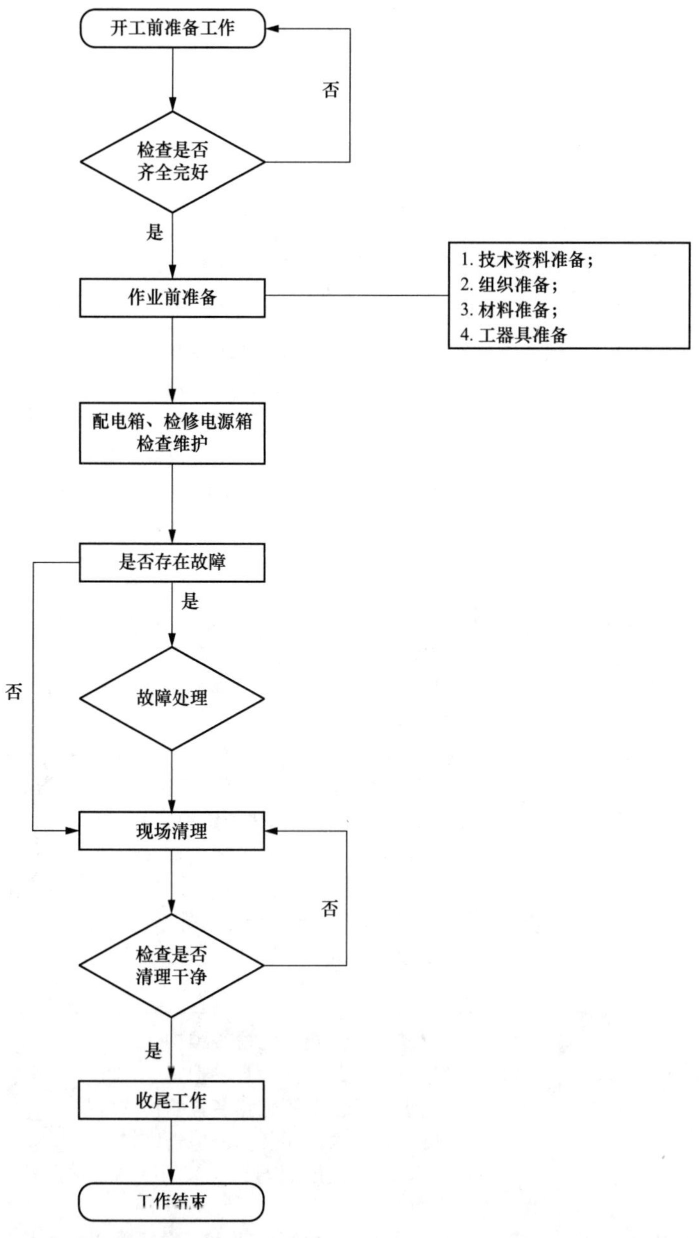

13.2.5 主要作业流程及工艺标准

作业流程	作业项目	作业内容及工艺标准	备注
作业前准备	人员检查	1）所有作业人员必须掌握《国家电网公司电力安全工作规程　变电部分》相关知识，并经考试合格。 2）作业人员应精神饱满，身体状态良好。 3）正确佩戴安全帽，着装符合安全要求。 4）作业指导教师对出勤情况进行记录	

续表

作业流程	作业项目	作业内容及工艺标准	备注
作业前准备	场地检查	1）作业场地整洁，无积水、污物，必要时进行清理。 2）检查急救箱，急救物品应齐备	
	设备、工具、材料、资料检查	1）检查作业中需要使用的设备处于良好状态，必要时提前试运行，设备摆放位置合理。 2）对照工器具清单检查工器具，应齐全、完好、清洁，安全工器具和试验设备符合技术要求，工具摆放整齐。 3）对照材料清单检查材料，应齐全、合格。 4）对照资料清单准备作业工作票、作业指导书和作业记录	
	安全、组织、技术准备	1）全体作业人员列队，作业指导教师作业交代安全、组织和技术要求，对所有作业人员布置作业任务、作业内容、操作要求和重要注意事项，明确作业过程中的危险因素、防范措施和事故紧急处理措施，强调操作要点并进行安全和技术交底，必要时，应进行演示操作。将作业人员分组，指定每个作业班组工作负责人，交代负责内容并强调监护要求，就技术和安全问题向作业人员提问，保证每位作业人员掌握。 2）作业班组工作负责人组织作业人员按要求对安全措施进行布置，操作应正确规范。 3）作业班组工作负责人进行安全措施自检，合格后，通知作业指导教师进行检查。 4）作业指导教师对安全措施检查合格后，由作业班组工作负责人填写工作票，并办理许可手续（作业指导教师、作业工作负责人在作业工作票指定位置签字）。 5）作业班组列队，由作业班组工作负责人宣读作业工作票，交代安全注意事项。作业工作人员确认后在作业工作票上指定位置签字，作业班组方可开始作业。 6）作业指导教师对整个作业进行巡视，及时纠正不安全行为，作业班组工作负责人对作业人员进行安全监护	
配电箱、检修电源箱检查维护	配电箱、检修电源箱检查维护	1）每半年进行1次箱体的检查维护。 2）每月进行1次封堵的检查维护。 3）每季度进行1次驱潮加热装置的检查维护。 4）每季度进行1次照明装置的检查维护。 5）每半年进行1次熔断器、空气断路器、接触器、插座的检查维护。 6）配电箱、检修电源箱内部应干净、整齐，无灰尘、蛛网等异物，箱内无积水、无凝露现象，箱内通风孔畅通、无堵塞。 7）电缆芯绝缘层外观无破损，备用电缆芯线需分别绝缘包扎处理。 8）箱外标识牌清晰，无褪色脱落，箱内元器件标识齐全、命名正确、清晰。 9）检修电源箱内应有交流回路电气示意图，明确空气断路器及插座接线布置，级差配置。	

续表

作业流程	作业项目	作业内容及工艺标准	备注
配电箱、检修电源箱检查维护	配电箱、检修电源箱检查维护	10）端子排的二次线必须穿有清晰的标号牌，清楚注明二次线的对侧端子排号及二次回路号。 11）二次电缆必须挂有清晰的电缆走向牌，清楚注明二次电缆的型号、两侧所接位置，电缆走向牌排列要整齐。 12）箱门与箱体间铰链连接牢固，并用软铜线连接。 13）二次接地线及二次电缆屏蔽层应与接地铜排可靠连接，不可混用。 14）箱体及底座应可靠接地，并使用黄绿相间的接地标识。 15）端子排在端子箱内的布置要整齐。 16）接到端子排的二次线相互之间保持水平、平行，连接牢固，且线芯裸露部分不应大于5mm。 17）每个接线端子不得超过两根接线，不同截面芯线不得接在同一个接线端子上。 18）端子排正、负电源之间以及正电源与分、合闸回路之间，宜以空端子或绝缘隔板隔开。 19）箱体与基础间电缆孔洞采用绝缘、防火材料封堵，封堵应完好、平整、无缝隙，箱门密封条完好，密封可靠。 20）端子箱内应加装驱潮加热装置，装置应设置为自动或常投状态，驱潮加热装置电源应单独设置，可手动投退。温湿度传感器应安装于箱内中上部，发热元器件悬空安装于箱内底部，与箱内导线及元器件保持足够的距离	
典型故障处理	电源空气断路器等故障处理	1）发现配电箱、检修电源箱空气断路器、漏电保安器、插座等损坏故障时，应先核实并断开箱内回路上级电源空气断路器，然后用万用表测量被检修设备确无电压。 2）拆除相关回路接线，并做好标记。 3）更换配电箱、检修电源箱空气断路器、漏电保安器、插座等后，按照标记恢复接线，投入回路电源，检查工作正常。 4）标签标识恢复	
现场清理	场地清理	1）对作业设备、材料、工器具等进行整理，对照记录进行检查清点。 2）检查作业现场无遗留物，清扫作业场地	
收尾工作	自检及填写记录报告	1）由作业班组工作负责人组织学员进行全面检查，自检作业项目是否具备验收条件，填写作业自检报告。 2）由作业班组工作负责人按要求填写作业报告和作业记录	
工作结束	结束	经作业指导教师验收合格后，作业指导教师和作业学员检查确认施工器具已全部撤离工作现场，作业现场无遗留物	
	总结	全体作业人员列队，作业指导教师对作业情况进行总结	
	人员撤离	所有作业人员撤离作业场地	

13.2.6 作业指导书执行情况评估

<table>
<tr><td rowspan="6">评估内容</td><td rowspan="3">符合性</td><td>优秀</td><td></td><td>可操作项</td><td></td></tr>
<tr><td>良好</td><td></td><td rowspan="2">不可操作项</td><td rowspan="2"></td></tr>
<tr><td>一般</td><td></td></tr>
<tr><td rowspan="3">可操作性</td><td>优秀</td><td></td><td>修改项</td><td></td></tr>
<tr><td>良好</td><td></td><td>增补项</td><td></td></tr>
<tr><td>一般</td><td></td><td>删除项</td><td></td></tr>
<tr><td>存在问题</td><td colspan="5"></td></tr>
<tr><td>改进意见</td><td colspan="5"></td></tr>
</table>

13.3 防汛排水设施检查维护

13.3.1 适用范围

本节适用于变电运维人员实施变电运维一体化项目作业，变电运维一体化作业实操培训可参考执行。

13.3.2 参考资料

下列文件对于本节的应用是必不可少的。凡是注日期的引用文件，仅所注日期的版本适用于本节。凡是不注日期的引用文件，其最新版本（包括所有的修改单）适用于本节。

GB 50268 给水排水管道工程施工及验收规范

GB 50242 建筑给排水及采暖工程施工质量验收规范

国网〔运检/3〕828—2017 国家电网公司变电运维管理规定（试行）

国家电网设备〔2018〕979号 国家电网有限公司关于印发十八项电网重大反事故措施（修订版）的通知

中华人民共和国防汛条例

国家电网有限公司输变电工程标准工艺 变电工程电气分册

13.3.3 作业前准备工作

13.3.3.1 作业人员要求

√	序号	责任人	工作要求	备注
	1	作业负责人	1）具有一定的现场工作经验，熟悉并能严格遵守电力生产和工作现场的相关安全管理规定。 2）作业负责人必须经国家电网公司批准	
	2	作业人员	1）现场工作人员的身体状况、精神状态良好。 2）作业辅助人员（外来）必须经负责施教的人员对其进行安全措施、作业范围、安全注意事项等方面施教后方可参加工作。 3）作业应分工明确，任务落实到人，穿全棉长袖工作服，加强监护，防止误碰、误动其他运行设备。	

续表

√	序号	责任人	工作要求	备注
	2	作业人员	4）所有作业人员必须具备必要的电气知识，基本掌握本专业作业技能及《国家电网公司电力安全工作规程　变电部分》的相关知识，并经考试合格	

13.3.3.2　作业材料及工器具准备

√	序号	名称	规格	单位	数量	备注
	1	作业指导书		份	1	
	2	绝缘梯		个	1	
	3	组合工具		套	1	
	4	万用表		个	1	
	5	绝缘电阻表		个	若干	
	6	备品		个	若干	
	7	绝缘电阻表		个	若干	
	8	水管		m	若干	
	9	空气断路器		个	若干	

13.3.3.3　作业危险点分析及安全预控措施

√	序号	危险点分析	安全控制措施
	1	触电伤害	1）防汛排水设施检查维护不得少于2人，工作负责人开工前，向工作班人员交代现场带电部位、工作范围、现场安全措施及安全注意事项。严禁误入工作内容以外的带电运行间隔屏柜，工作前核实清楚设备名称、编号，严格遵守现场安全措施指引开展工作。 2）作业人员与带电设备之间保持设备不停电时的安全距离，1000kV不小于8.7m，500kV不小于5m，220kV不小于3m，110kV不小于1.5m，35kV不小于1m，10kV不小于0.7m。 3）防汛排水设施检查维护时，严禁误碰与工作无关的低压设备、端子或裸露部分等，必要时进行绝缘化处理或断开低压回路空气断路器，防止工作人员低压触电。 4）使用有绝缘柄的工具，其外裸导电部分应采取绝缘措施，必要时戴绝缘手套，保持对地绝缘，禁止使用锉刀、金属尺和带有金属物的毛刷、毛掸工具
	2	设备停电或损坏	工作中严禁误动误碰运行设备，工作中发现设备故障异常及时汇报，按正常工作程序处理，严禁擅自处理
	3	窒息	在有限空间作业前必须按“先通风，再检测，后作业”的要求，并检测有限空间内气体种类、浓度等，气体检测不合格禁止作业

13.3.4 作业流程图

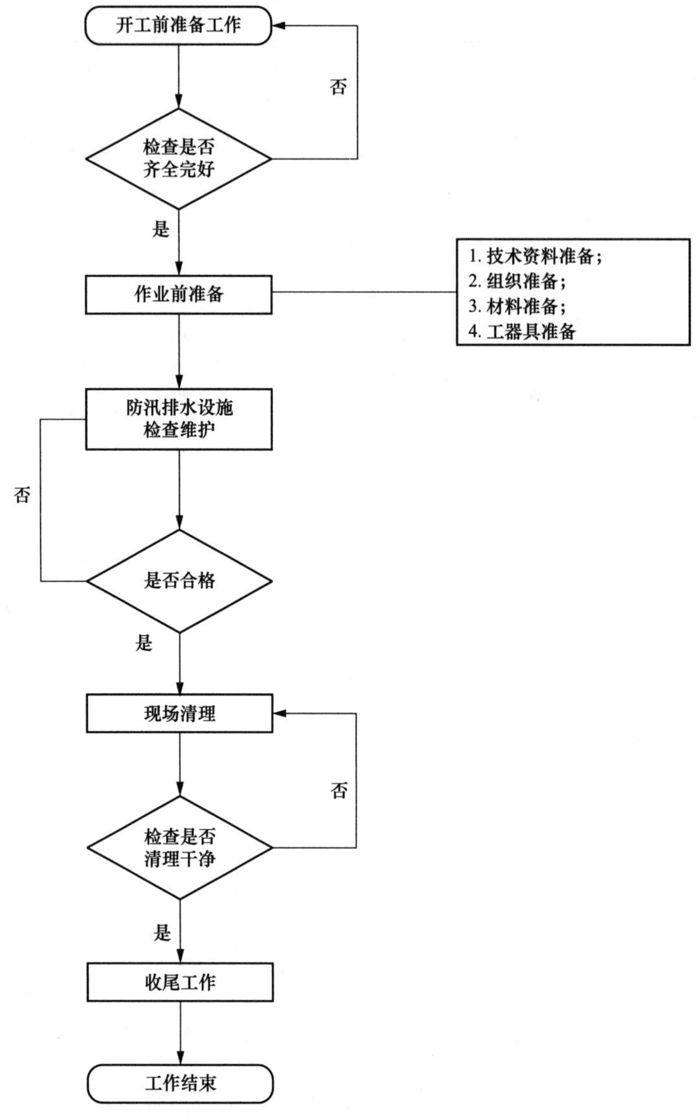

13.3.5 主要作业流程及工艺标准

作业流程	作业项目	作业内容及工艺标准	备注
作业前准备	人员检查	1）所有作业人员必须掌握《国家电网公司电力安全工作规程 变电部分》相关知识，并经考试合格。 2）作业人员应精神饱满，身体状态良好。 3）正确佩戴安全帽，着装符合安全要求。 4）作业指导教师对出勤情况进行记录	
	场地检查	1）作业场地整洁，无积水、污物，必要时进行清理。 2）检查急救箱，急救物品应齐备	

续表

作业流程	作业项目	作业内容及工艺标准	备注
作业前准备	设备、工具、材料、资料检查	1）检查作业中需要使用的设备处于良好状态，必要时提前试运行，设备摆放位置合理。 2）对照工器具清单检查工器具，应齐全、完好、清洁，安全工器具和试验设备符合技术要求，工具摆放整齐。 3）对照材料清单检查材料，应齐全、合格。 4）对照资料清单准备作业工作票、作业指导书和作业记录	
	安全、组织、技术准备	1）全体作业人员列队，作业指导教师作业交代安全、组织和技术要求，对所有作业人员布置作业任务、作业内容、操作要求和重要注意事项，明确作业过程中的危险因素、防范措施和事故紧急处理措施，强调操作要点并进行安全和技术交底，必要时，应进行演示操作。将作业人员分组，指定每个作业班组工作负责人，交代负责内容并强调监护要求，就技术和安全问题向作业人员提问，保证每位作业人员掌握。 2）作业班组工作负责人组织作业人员按要求对安全措施进行布置，操作应正确规范。 3）作业班组工作负责人进行安全措施自检，合格后，通知作业指导教师进行检查。 4）作业指导教师对安全措施检查合格后，由作业班组工作负责人填写工作票，并办理许可手续（作业指导教师、作业工作负责人在作业工作票指定位置签字）。 5）作业班组列队，由作业班组工作负责人宣读作业工作票，交代安全注意事项，作业工作人员确认后在作业工作票上指定位置签字，作业班组方可开始作业。 6）作业指导教师对整个作业进行巡视，及时纠正不安全行为，作业班组工作负责人对作业人员进行安全监护	
防汛排水设施检查维护	防汛排水设施检查	1）检查潜水泵、塑料布、塑料管、沙袋、铁锹完好。 2）检查应急灯处于良好状态，电源充足，外观无破损。 3）检查站内地面排水畅通、无积水。 4）检查站内外排水沟（管、渠）道应完好、畅通，无杂物堵塞。 5）检查变电站各处房屋无渗漏，各处门窗完好，关闭严密。 6）检查集水井（池）内无杂物、淤泥，雨水井盖板完整，无破损，安全标识齐全。 7）检查防汛通信与交通工具完好。 8）检查雨衣、雨靴外观完好。 9）检查防汛器材检验不超周期，合格证齐全。 10）检查变电站屋顶落水口无堵塞，落水管固定牢固，无破损。 11）检查站内所有沟道、围墙无沉降、损坏。 12）检查水泵运转正常（包括备用泵），主备电源、手自动切换正常。控制回路及元器件无过热，指示正常。变电站内外围墙、挡墙和护坡有无异常，无开裂、坍塌。 13）检查变电站围墙排水孔护网完好，安装牢固	

续表

作业流程	作业项目	作业内容及工艺标准	备注
防汛排水设施检查维护	防汛排水设施维护	1）每年汛前应对水泵、管道等排水系统、电缆沟（或电缆隧道）、通风回路、防汛设备进行检查、疏通，确保畅通和完好通畅。对于破坏、损坏的电缆沟、排水沟，要及时修复。 2）每年汛前对污水泵、潜水泵、排水泵进行通电启动试验、注油，保证处于完好状态。对于损坏的水泵，要及时修理、更换。 3）对电源回路中的漏电保安器进行动作试验	
现场清理	场地清理	1）对作业设备、材料、工器具等进行整理，对照记录进行检查清点。 2）检查作业现场无遗留物，清扫作业场地	
收尾工作	自检及填写记录报告	1）由作业班组工作负责人组织学员进行全面检查，自检作业项目是否具备验收条件，填写作业自检报告。 2）由作业班组工作负责人按要求填写作业报告和作业记录	
工作结束	结束	经作业指导教师验收合格后，作业指导教师和作业学员检查确认施工器具已全部撤离工作现场、作业现场无遗留物	
	总结	全体作业人员列队，作业指导教师对作业情况进行总结	
	人员撤离	所有作业人员撤离作业场地	

13.3.6 作业指导书执行情况评估

<table>
<tr><td rowspan="6">评估内容</td><td rowspan="3">符合性</td><td>优秀</td><td></td><td>可操作项</td><td rowspan="6"></td></tr>
<tr><td>良好</td><td></td><td rowspan="2">不可操作项</td></tr>
<tr><td>一般</td><td></td></tr>
<tr><td rowspan="3">可操作性</td><td>优秀</td><td></td><td>修改项</td></tr>
<tr><td>良好</td><td></td><td>增补项</td></tr>
<tr><td>一般</td><td></td><td>删除项</td></tr>
<tr><td>存在问题</td><td colspan="5"></td></tr>
<tr><td>改进意见</td><td colspan="5"></td></tr>
</table>

13.4 安全设施检查维护

13.4.1 适用范围

本节适用于变电运维人员实施变电运维一体化项目作业，变电运维一体化作业实操培训可参考执行。

13.4.2 参考资料

下列文件对于本节的应用是必不可少的。凡是注日期的引用文件，仅所注日期的版本适用于本节。凡是不注日期的引用文件，其最新版本（包括所有的修改单）适用于本节。

Q/GDW 1799.1 国家电网公司电力安全工作规程 变电部分

Q/GDW 434.1 国家电网公司安全设施标准 第1部分：变电

国网〔运检/3〕828—2017 国家电网公司变电运维管理规定（试行）

国家电网设备〔2018〕979号 国家电网有限公司关于印发十八项电网重大反事故措施（修订版）的通知

国家电网有限公司输变电工程标准工艺 变电工程电气分册

13.4.3 作业前准备工作

13.4.3.1 作业人员要求

√	序号	责任人	工作要求	备注
	1	作业负责人	1）具有一定的现场工作经验，熟悉并能严格遵守电力生产和工作现场的相关安全管理规定。 2）作业负责人必须经国家电网公司批准	
	2	作业人员	1）现场工作人员的身体状况、精神状态良好。 2）作业辅助人员（外来）必须经负责施教的人员对其进行安全措施、作业范围、安全注意事项等方面施教后方可参加工作。 3）作业应分工明确，任务落实到人，穿全棉长袖工作服，加强监护，防止误碰、误动其他运行设备。 4）所有作业人员必须具备必要的电气知识，基本掌握本专业作业技能及《国家电网公司电力安全工作规程 变电部分》的相关知识，并经考试合格	

13.4.3.2 作业材料及工器具准备

√	序号	名称	规格	单位	数量	备注
	1	作业指导书		份	1	
	2	组合工具		套	1	
	3	玻璃胶		包	若干	
	4	抹布		个	若干	
	5	清洁水		桶	若干	
	6	绝缘梯		个	1	
	7	标识牌		块	若干	
	8	围栏		个	若干	
	9	警示牌		块	若干	

13.4.3.3 作业危险点分析及安全预控措施

√	序号	危险点分析	安全控制措施
	1	触电伤害	1）安全设施检查维护不得少于2人，工作负责人开工前，向工作班人员交代现场带电部位、工作范围、现场安全措施及安全注意事项。严禁误入工作内容以外的带电运行间隔，工作前核实清楚设备名称、编号，严格遵守现场安全措施指引开展工作。 2）作业人员与带电设备之间保持设备不停电时的安全距离，1000kV不小于8.7m，500kV不小于5m，220kV不小于3m，110kV不小于1.5m，35kV不小于1m，10kV不小于0.7m。 3）现场搬运梯子必须放倒抬运，严禁使用金属材质梯子
	2	高空坠落	1）登高作业时必须系安全带，不抛掷工器具。 2）架梯上进行工作，必须置好防滑措施，应有专人扶持

13.4.4 作业流程图

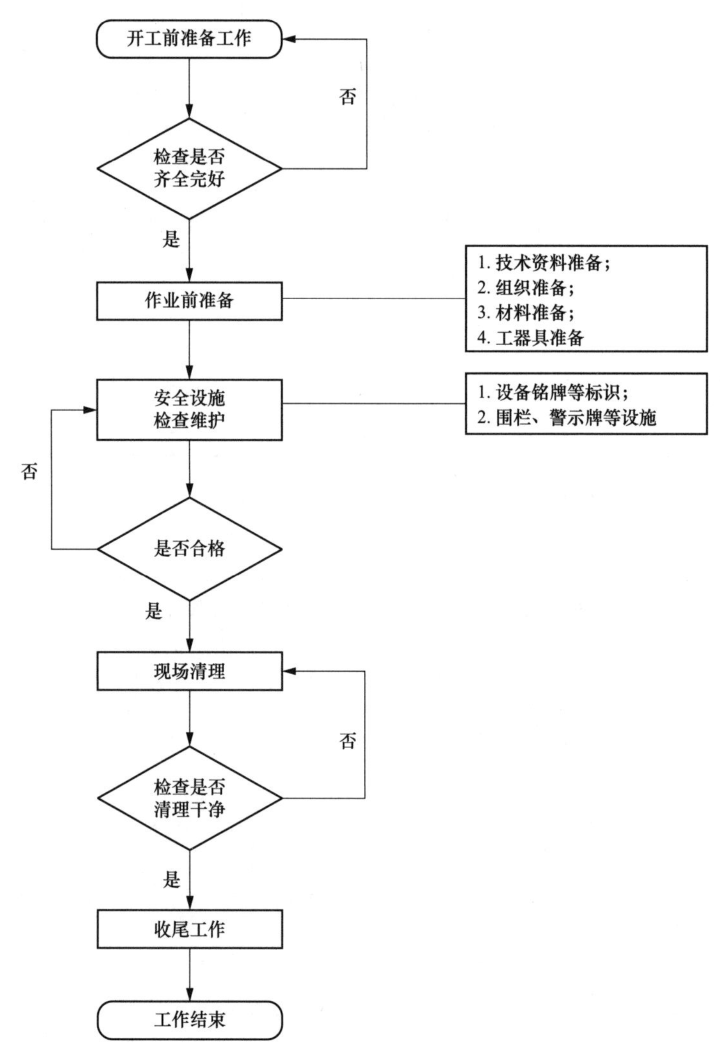

13.4.5 主要作业流程及工艺标准

作业流程	作业项目	作业内容及工艺标准	备注
作业前准备	人员检查	1）所有作业人员必须掌握《国家电网公司电力安全工作规程　变电部分》相关知识，并经考试合格。 2）作业人员应精神饱满，身体状态良好。 3）正确佩戴安全帽，着装符合安全要求。 4）作业指导教师对出勤情况进行记录	
	场地检查	1）作业场地整洁，无积水、污物，必要时进行清理。 2）检查急救箱，急救物品应齐备	
	设备、工具、材料、资料检查	1）检查作业中需要使用的设备处于良好状态，必要时提前试运行，设备摆放位置合理。 2）对照工器具清单检查工器具，应齐全、完好、清洁，安全工器具和试验设备符合技术要求，工具摆放整齐。 3）对照材料清单检查材料，应齐全、合格。 4）对照资料清单准备作业工作票、作业指导书和作业记录	
	安全、组织、技术准备	1）全体作业人员列队，作业指导教师作业交代安全、组织和技术要求，对所有作业人员布置作业任务、作业内容、操作要求和重要注意事项，明确作业过程中的危险因素、防范措施和事故紧急处理措施，强调操作要点并进行安全和技术交底，必要时，应进行演示操作。将作业人员分组，指定每个作业班组工作负责人，交代负责内容并强调监护要求，就技术和安全问题向作业人员提问，保证每位作业人员掌握。 2）作业班组工作负责人组织作业人员按要求对安全措施进行布置，操作应正确规范。 3）作业班组工作负责人进行安全措施自检，合格后，通知作业指导教师进行检查。 4）作业指导教师对安全措施检查合格后，由作业班组工作负责人填写工作票，并办理许可手续（作业指导教师、作业工作负责人在作业工作票指定位置签字）。 5）作业班组列队，由作业班组工作负责人宣读作业工作票，交代安全注意事项。作业工作人员确认后在作业工作票上指定位置签字，作业班组方可开始作业。 6）作业指导教师对整个作业进行巡视，及时纠正不安全行为，作业班组工作负责人对作业人员进行安全监护	
安全设施检查维护	设备铭牌等标识检查维护	1）检查有无设备缺少设备铭牌，检查设备铭牌规格是否符合要求，检查设备铭牌是否设备一致。 2）检查设备铭牌是否松动或脱落。 3）检查设备铭牌是否清晰，是否脏污，有无锈蚀。 4）检查设备铭牌安装位置是否合适。 5）发现问题后取下原设备铭牌，对安装位置进行清洁处理，对新设备铭牌涂抹适量玻璃胶，将新设备铭牌安装牢固	

续表

作业流程	作业项目	作业内容及工艺标准	备注
安全设施检查维护	围栏、警示牌安全设施检查维护	1）检查存放警示牌、围栏的安全工器具室的温湿度符合规定要求，警示牌摆放整齐。 2）检查是否缺少警示牌、围栏，检查围栏是否安装牢固，检查围栏完好性，是否存在破损。 3）检查警示牌规格是否符合要求。 4）检查警示牌是否安装正确，是否松动或脱落。 5）检查警示牌是否清晰，是否脏污，有无锈蚀 6）发现问题及时更换警示牌、围栏	
	数据记录	记录检查情况，对存在问题记录清晰	
现场清理	场地清理	1）对作业设备、材料、工器具等进行整理，对照记录进行检查清点。 2）检查作业现场无遗留物。清扫作业场地	
收尾工作	自检及填写记录报告	1）由作业班组工作负责人组织学员进行全面检查，自检作业项目是否具备验收条件，填写作业自检报告。 2）由作业班组工作负责人按要求填写作业报告和作业记录	
工作结束	结束	经作业指导教师验收合格后，作业指导教师和作业学员检查确认施工器具已全部撤离工作现场、作业现场无遗留物	
	总结	全体作业人员列队，作业指导教师对作业情况进行总结	
	人员撤离	所有作业人员撤离作业场地	

13.4.6 作业指导书执行情况评估

<table>
<tr><td rowspan="6">评估内容</td><td rowspan="3">符合性</td><td>优秀</td><td></td><td>可操作项</td><td rowspan="6"></td></tr>
<tr><td>良好</td><td></td><td rowspan="2">不可操作项</td></tr>
<tr><td>一般</td><td></td></tr>
<tr><td rowspan="3">可操作性</td><td>优秀</td><td></td><td>修改项</td></tr>
<tr><td>良好</td><td></td><td>增补项</td></tr>
<tr><td>一般</td><td></td><td>删除项</td></tr>
<tr><td>存在问题</td><td colspan="5"></td></tr>
<tr><td>改进意见</td><td colspan="5"></td></tr>
</table>

13.5 通风系统检查维护及典型故障处理

13.5.1 适用范围

本节适用于变电运维人员实施变电运维一体化项目作业，变电运维一体化作业实操培训可参考执行。

13.5.2 参考资料

下列文件对于本节的应用是必不可少的。凡是注日期的引用文件，仅所注日期的版本适用于本节。凡是不注日期的引用文件，其最新版本（包括所有的修改单）适用于本节。

GB 50243 通风与空调工程施工质量验收规范

GB 50019 工业建筑供暖通风与空气调节设计规范

GB 50738 通风与空调工程施工规范

Q/GDW 1799.1 国家电网公司电力安全工作规程 变电部分

国网〔运检/3〕828—2017 国家电网公司变电运维管理规定（试行）

国家电网设备〔2018〕979 号 国家电网有限公司关于印发十八项电网重大反事故措施（修订版）的通知

国家电网有限公司输变电工程标准工艺 变电工程电气分册

13.5.3 作业前准备工作

13.5.3.1 作业人员要求

√	序号	责任人	工作要求	备注
	1	作业负责人	1）具有一定的现场工作经验，熟悉并能严格遵守电力生产和工作现场的相关安全管理规定。 2）作业负责人必须经国家电网公司批准	
	2	作业人员	1）现场工作人员的身体状况、精神状态良好。 2）作业辅助人员（外来）必须经负责施教的人员对其进行安全措施、作业范围、安全注意事项等方面施教后方可参加工作。 3）作业应分工明确，任务落实到人，穿全棉长袖工作服，加强监护，防止误碰、误动其他运行设备。 4）所有作业人员必须具备必要的电气知识，基本掌握本专业作业技能及《国家电网公司电力安全工作规程 变电部分》的相关知识，并经考试合格	

13.5.3.2 作业材料及工器具准备

√	序号	名称	规格	单位	数量	备注
	1	作业指导书		份	1	
	2	绝缘梯		个	1	

续表

√	序号	名称	规格	单位	数量	备注
	3	组合工具		套	1	
	4	万用表		个	1	
	5	无金属毛刷		个	若干	
	6	绝缘胶布		个	若干	
	7	导线		m	若干	
	8	干抹布		块	若干	
	9	空气断路器		个	若干	
	10	电机		个	若干	
	11	扇叶		个	若干	

13.5.3.3 作业危险点分析及安全预控措施

√	序号	危险点分析	安全控制措施
	1	触电伤害	1）通风系统检查、维护、试验和消缺不得少于2人，工作负责人开工前，向工作班人员交代现场带电部位、工作范围、现场安全措施及安全注意事项。严禁误入工作内容以外的带电运行间隔，工作前核实清楚设备名称、编号，严格遵守现场安全措施指引开展工作。 2）通风系统检查、维护、试验和消缺时，严禁误碰与工作无关的低压设备、端子或裸露部分等，必要时进行绝缘化处理或断开低压回路空气断路器，防止工作人员低压触电。 3）使用有绝缘柄的工具，其外裸导电部分应采取绝缘措施，必要时戴绝缘手套，保持对地绝缘，禁止使用锉刀、金属尺和带有金属物的毛刷工具
	2	机械伤人	作业人员在进行通风系统机械部分检查、维护和消缺时，应断开故障风机各方面电源，并悬挂“禁止合闸，有人工作!”标识牌，防止风机突然转动伤人
	3	高空坠落	1）登高作业时必须系安全带，不抛掷工器具。 2）架梯上进行工作，必须置好防滑措施，应有专人扶持
	4	中毒、窒息	进入装有通风系统的设备室前应先通风15min，经测试合格后方可工作

13.5.4 作业流程图

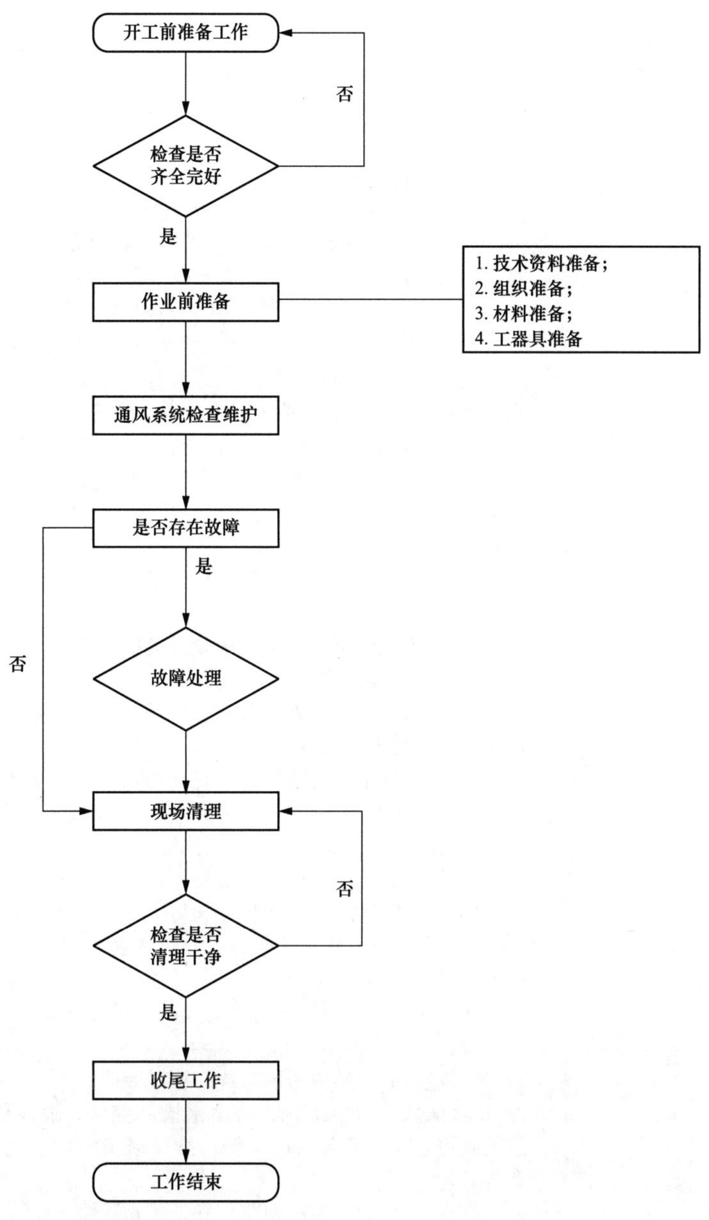

13.5.5 主要作业流程及工艺标准

作业流程	作业项目	作业内容及工艺标准	备注
作业前准备	人员检查	1）所有作业人员必须掌握《国家电网公司电力安全工作规程　变电部分》相关知识，并经考试合格。 2）作业人员应精神饱满，身体状态良好。 3）正确佩戴安全帽，着装符合安全要求。 4）作业指导教师对出勤情况进行记录	

续表

作业流程	作业项目	作业内容及工艺标准	备注
作业前准备	场地检查	1）作业场地整洁，无积水、污物，必要时进行清理。 2）检查急救箱，急救物品应齐备	
	设备、工具、材料、资料检查	1）检查作业中需要使用的设备处于良好状态，必要时提前试运行，设备摆放位置合理。 2）对照工器具清单检查工器具，应齐全、完好、清洁，安全工器具和试验设备符合技术要求，工具摆放整齐。 3）对照材料清单检查材料，应齐全、合格。 4）对照资料清单准备作业工作票、作业指导书和作业记录	
	安全、组织、技术准备	1）全体作业人员列队，作业指导教师作业交代安全、组织和技术要求，对所有作业人员布置作业任务、作业内容、操作要求和重要注意事项，明确作业过程中的危险因素、防范措施和事故紧急处理措施，强调操作要点并进行安全和技术交底，必要时，应进行演示操作。将作业人员分组，指定每个作业班组工作负责人，交代负责内容并强调监护要求，就技术和安全问题向作业人员提问，保证每位作业人员掌握。 2）作业班组工作负责人组织作业人员按要求对安全措施进行布置，操作应正确规范。 3）作业班组工作负责人进行安全措施自检，合格后，通知作业指导教师进行检查。 4）作业指导教师对安全措施检查合格后，由作业班组工作负责人填写工作票，并办理许可手续（作业指导教师、作业工作负责人在作业工作票指定位置签字）。 5）作业班组列队，由作业班组工作负责人宣读作业工作票，交代安全注意事项，作业工作人员确认后在作业工作票上指定位置签字，作业班组方可开始作业。 6）作业指导教师对整个作业进行巡视，及时纠正不安全行为，作业班组工作负责人对作业人员进行安全监护	
通风系统检查维护	通风系统检查维护	1）每月进行一次站内通风系统的检查维护。 2）检查通风口防小动物、防雨水措施完善，通风管道、夹层无破损，隧道、通风口通畅，排风扇扇叶中无鸟窝或杂草等异物。 3）检查风机电源、控制回路完好，各元器件无异常。 4）检查风机安装牢固，无破损、锈蚀。叶片无裂纹、断裂，无擦刮。外壳接地良好，标识清晰。 5）检查通风系统工作运行正常，注意不能拆检内部部件，防止触电及损坏。 6）将风机电源合上，观察风机转动，检查风机运转正常、无异常声响，再关掉风机电源，用毛刷、抹布清理风机内部杂物和灰尘。注意风机维护时必须先关掉风机电源，防止突然转动伤人，风机转动正常，无异响，风机扇叶无变形，风机内无杂物、清洁	

续表

作业流程	作业项目	作业内容及工艺标准	备注
典型故障	风机故障处理	将风机电源合上，观察风机不转，处理如下： 1）检查是否有异物卡涩，清除异物，恢复风机正常运转。 2）检查风机电源、控制开关是否正常。 3）若控制开关损坏，需断开风机电源进行更换。 4）若电机本身故障，应更换电机，更换电机应为同功率的电机，更换前应将回路电源断开，拆除损坏电机接线时，应做好标记，更换电机后应检查电机安装牢固，运行正常，无异常声响	
	电源空气开关故障处理	1）确定风机电源空气断路器等损坏，断开上级电源。 2）用万用表测量被检修设备，确认无电压后更换空气断路器、漏电保安器、插座等设备。 3）对风机空气断路器更换后的裸露线路应进行绝缘化处理，防止低压触电。 4）恢复风机相关的空气断路器二次标准化，确保标签正确、完好	
现场清理	场地清理	1）对作业设备、材料、工器具等进行整理，对照记录进行检查清点。 2）检查作业现场无遗留物，清扫作业场地	
收尾工作	自检及填写记录报告	1）由作业班组工作负责人组织学员进行全面检查，自检作业项目是否具备验收条件，填写作业自检报告。 2）由作业班组工作负责人按要求填写作业报告和作业记录	
工作结束	结束	经作业指导教师验收合格后，作业指导教师和作业学员检查确认施工器具已全部撤离工作现场、作业现场无遗留物	
	总结	全体作业人员列队，作业指导教师对作业情况进行总结	
	人员撤离	所有作业人员撤离作业场地	

13.5.6 作业指导书执行情况评估

<table>
<tr><td rowspan="6">评估内容</td><td rowspan="3">符合性</td><td>优秀</td><td></td><td>可操作项</td><td rowspan="6"></td></tr>
<tr><td>良好</td><td></td><td rowspan="2">不可操作项</td></tr>
<tr><td>一般</td><td></td></tr>
<tr><td rowspan="3">可操作性</td><td>优秀</td><td></td><td>修改项</td></tr>
<tr><td>良好</td><td></td><td>增补项</td></tr>
<tr><td>一般</td><td></td><td>删除项</td></tr>
<tr><td>存在问题</td><td colspan="5"></td></tr>
<tr><td>改进意见</td><td colspan="5"></td></tr>
</table>

13.6 室内六氟化硫（SF_6）氧量报警仪检查维护

13.6.1 适用范围

本节适用于变电运维人员实施变电运维一体化项目作业，变电运维一体化作业实操培训可参考执行。

13.6.2 参考资料

下列文件对于本节的应用是必不可少的。凡是注日期的引用文件，仅所注日期的版本适用于本节。凡是不注日期的引用文件，其最新版本（包括所有的修改单）适用于本节。

GB 12358 作业场所环境气体检测报警仪 通用技术要求

DL/T 1555 六氟化硫气体泄漏在线监测报警装置运行维护导则

DL/T 1987 六氟化硫气体泄漏在线监测报警装置技术条件

DL/T 639 六氟化硫电气设备运行、试验及检修人员安全防护导则

国网〔运检/3〕828—2017 国家电网公司变电运维管理规定（试行）

国家电网设备〔2018〕979 号 国家电网有限公司关于印发十八项电网重大反事故措施（修订版）的通知

13.6.3 作业前准备工作

13.6.3.1 作业人员要求

√	序号	责任人	工作要求	备注
	1	作业负责人	1）具有一定的现场工作经验，熟悉并能严格遵守电力生产和工作现场的相关安全管理规定。 2）作业负责人必须经国家电网公司批准	
	2	作业人员	1）现场工作人员的身体状况、精神状态良好。 2）作业辅助人员（外来）必须经负责施教的人员对其进行安全措施、作业范围、安全注意事项等方面施教后方可参加工作。 3）作业应分工明确，任务落实到人，穿全棉长袖工作服，加强监护，防止误碰、误动其他运行设备。 4）所有作业人员必须具备必要的电气知识，基本掌握本专业作业技能及《国家电网公司电力安全工作规程 变电部分》的相关知识，并经考试合格	

13.6.3.2 作业材料及工器具准备

√	序号	名称	规格	单位	数量	备注
	1	作业指导书		份	1	

续表

√	序号	名称	规格	单位	数量	备注
	2	组合工具		套	1	
	3	手持式 SF_6 气体检漏仪		个	1	
	4	万用表		个	1	
	5	无金属毛刷		个	若干	
	6	医用酒精		瓶	1	
	7	干抹布		块	若干	

13.6.3.3 作业危险点分析及安全预控措施

√	序号	危险点分析	安全控制措施
	1	触电伤害	1）室内六氟化硫（SF_6）氧量报警仪检查维护不得少于2人；工作负责人开工前，向工作班人员交代现场带电部位、工作范围、现场安全措施及安全注意事项。严禁误入工作内容以外的带电运行间隔，工作前核实清楚设备名称、编号，严格遵守现场安全措施指引开展工作。 2）作业人员与带电设备之间保持设备不停电时的安全距离，1000kV不小于8.7m，500kV不小于5m，220kV不小于3m，110kV不小于1.5m，35kV不小于1m，10kV不小于0.7m。 3）室内 SF_6 氧量报警仪检查维护时，断开低压回路电源，防止工作人员低压触电。 4）使用有绝缘柄的工具，其外裸导电部分应采取绝缘措施，必要时戴绝缘手套，保持对地绝缘，禁止使用锉刀、金属尺和带有金属物的毛刷工具
	2	SF_6 气体泄漏	1）进入开关室前，SF_6 气体浓度报警装置无报警，语音提示工作场所 SF_6 气体含量正常，开启通风系统15min后，用手持检漏仪测量 SF_6 气体含量合格后（$\leqslant 1000\mu L/L$），人员才能进入。 2）进入 SF_6 配电装置室和电缆沟工作前，应先检测含氧量（不低于18%）和 SF_6 气体含量正常。 3）配电装置发生 SF_6 气体大量泄漏的情况下，人员应迅速撤离现场，开启所有排风机进行排风。 4）SF_6 配电室门不能锁死，便于人员逃生。 5）严禁单人进入 SF_6 配电室从事工作

13.6.4 作业流程图

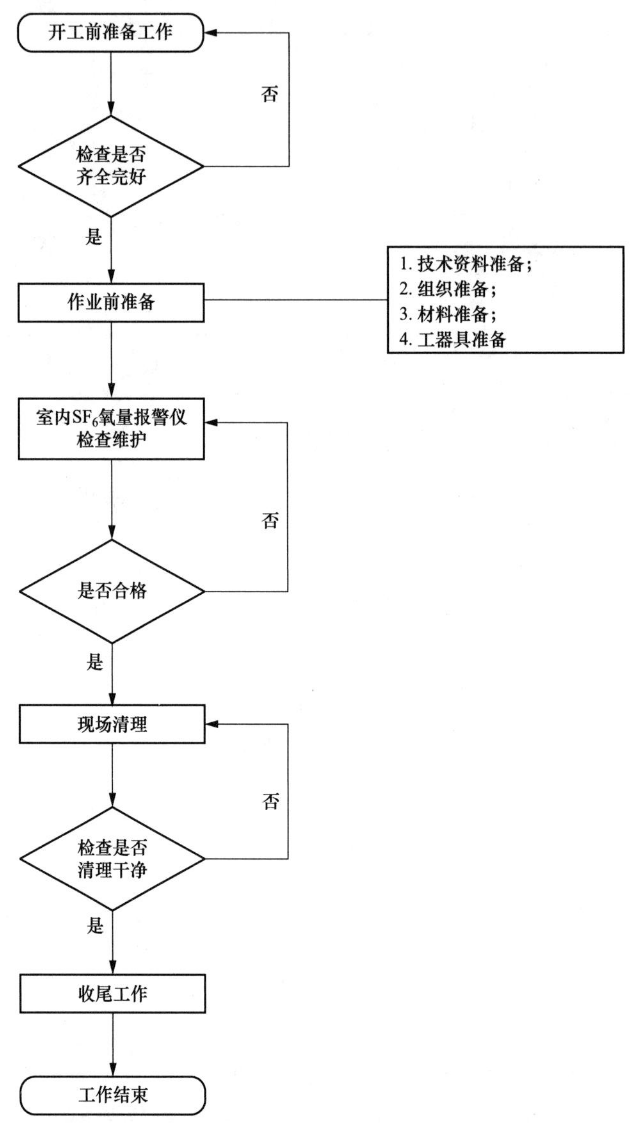

13.6.5 主要作业流程及工艺标准

作业流程	作业项目	作业内容及工艺标准	备注
作业前准备	人员检查	1）所有作业人员必须掌握《国家电网公司电力安全工作规程　变电部分》相关知识，并经考试合格。 2）作业人员应精神饱满，身体状态良好。 3）正确佩戴安全帽，着装符合安全要求。 4）作业指导教师对出勤情况进行记录	
	场地检查	1）作业场地整洁，无积水、污物，必要时进行清理。 2）检查急救箱，急救物品应齐备	

续表

作业流程	作业项目	作业内容及工艺标准	备注
作业前准备	设备、工具、材料、资料检查	1）检查作业中需要使用的设备处于良好状态，必要时提前试运行，设备摆放位置合理。 2）对照工器具清单检查工器具，应齐全、完好、清洁，安全工器具和试验设备符合技术要求，工具摆放整齐。 3）对照材料清单检查材料，应齐全、合格。 4）对照资料清单准备作业工作票、作业指导书和作业记录	
	安全、组织、技术准备	1）全体作业人员列队，作业指导教师作业交代安全、组织和技术要求，对所有作业人员布置作业任务、作业内容、操作要求和重要注意事项，明确作业过程中的危险因素、防范措施和事故紧急处理措施，强调操作要点并进行安全和技术交底，必要时，应进行演示操作。将作业人员分组，指定每个作业班组工作负责人，交代负责内容并强调监护要求，就技术和安全问题向作业人员提问，保证每位作业人员掌握。 2）作业班组工作负责人组织作业人员按要求对安全措施进行布置，操作应正确规范。 3）作业班组工作负责人进行安全措施自检，合格后，通知作业指导教师进行检查。 4）作业指导教师对安全措施检查合格后，由作业班组工作负责人填写工作票，并办理许可手续（作业指导教师、作业工作负责人在作业工作票指定位置签字）。 5）作业班组列队，由作业班组工作负责人宣读作业工作票，交代安全注意事项。作业工作人员确认后在作业工作票上指定位置签字，作业班组方可开始作业。 6）作业指导教师对整个作业进行巡视，及时纠正不安全行为，作业班组工作负责人对作业人员进行安全监护	
室内 SF_6 氧量报警仪检查维护	报警仪检查维护	1）检查主机电源正常。 2）检查主机外观整洁，安装牢固，无破损，无灰尘。 3）检查各装置连接线连接紧密无松脱，无灰尘。 4）检查主机显示器是否显示，功能键是否灵敏有效。 5）检查排风控制装置外观整洁，安装牢固，无破损，无灰尘。 6）检查排风装置电源在合上位置。 7）检查排风控制装置与各装置接线连接紧密无松脱，无灰尘。 8）检查排风控制装置上各项显示正确。 9）用干抹布对系统各组件除去灰尘，当各采集模块通风孔堆积灰尘较多时，请拔掉电源。用毛刷口朝下清理，避免灰尘进入模块内	

续表

作业流程	作业项目	作业内容及工艺标准	备注
室内 SF_6 氧量报警仪检查维护	探头清洁	1）将仪器停电。 2）首先检查探头防护罩是否完好（防护罩能有效防止灰尘、水汽、油脂阻塞探头，未加防护罩时禁用仪器）。 3）拉下防护罩，用工业毛巾清洁防护罩。 4）如果探头本身也脏，可将工业毛巾浸入高纯度酒精等温和清洗剂几秒钟，然后清洁探头（使用仪器前，要检查探头和防护罩确无灰尘或油脂）。 5）禁止使用汽油、矿物油等溶剂进行清洗，其会残留在探头并降低仪器灵敏度（必要时按制造商要求，配合其技术人员完成对报警装置及探头的维护）	
现场清理	场地清理	1）对作业设备、材料、工器具等进行整理，对照记录进行检查清点。 2）检查作业现场无遗留物；清扫作业场地	
收尾工作	自检及填写记录报告	1）由作业班组工作负责人组织学员进行全面检查，自检作业项目是否具备验收条件，填写作业自检报告。 2）由作业班组工作负责人按要求填写作业报告和作业记录	
工作结束	结束	经作业指导教师验收合格后，作业指导教师和作业学员检查确认施工器具已全部撤离工作现场、作业现场无遗留物	
	总结	全体作业人员列队，作业指导教师对作业情况进行总结	
	人员撤离	所有作业人员撤离作业场地	

13.6.6 作业指导书执行情况评估

<table>
<tr><td rowspan="6">评估内容</td><td rowspan="3">符合性</td><td>优秀</td><td></td><td>可操作项</td><td></td></tr>
<tr><td>良好</td><td></td><td rowspan="2">不可操作项</td><td rowspan="2"></td></tr>
<tr><td>一般</td><td></td></tr>
<tr><td rowspan="3">可操作性</td><td>优秀</td><td></td><td>修改项</td><td></td></tr>
<tr><td>良好</td><td></td><td>增补项</td><td></td></tr>
<tr><td>一般</td><td></td><td>删除项</td><td></td></tr>
<tr><td>存在问题</td><td colspan="5"></td></tr>
<tr><td>改进意见</td><td colspan="5"></td></tr>
</table>

13.7 照明系统检查维护、定期试验及典型故障处理

13.7.1 适用范围

本节适用于变电运维人员实施变电运维一体化项目作业，变电运维一体化作业实操培训可参考执行。

13.7.2 参考资料

下列文件对于本节的应用是必不可少的。凡是注日期的引用文件，仅所注日期的版本适用于本节。凡是不注日期的引用文件，其最新版本（包括所有的修改单）适用于本节。

GB 50034 建筑照明设计标准

DL/T 5390 发电厂和变电站照明设计技术规定

Q/GDW 1799.1 国家电网公司电力安全工作规程 变电部分

国网〔运检/3〕828—2017 国家电网公司变电运维管理规定（试行）

国家电网设备〔2018〕979 号 国家电网有限公司关于印发十八项电网重大反事故措施（修订版）的通知

国家电网有限公司输变电工程标准工艺 变电工程电气分册

13.7.3 作业前准备工作

13.7.3.1 作业人员要求

√	序号	责任人	工作要求	备注
	1	作业负责人	1）具有一定的现场工作经验，熟悉并能严格遵守电力生产和工作现场的相关安全管理规定。 2）作业负责人必须经国家电网公司批准	
	2	作业人员	1）现场工作人员的身体状况、精神状态良好。 2）作业辅助人员（外来）必须经负责施教的人员对其进行安全措施、作业范围、安全注意事项等方面施教后方可参加工作。 3）作业应分工明确，任务落实到人，穿全棉长袖工作服，加强监护，防止误碰、误动其他运行设备。 4）所有作业人员必须具备必要的电气知识，基本掌握本专业作业技能及《国家电网公司电力安全工作规程 变电部分》的相关知识，并经考试合格	

13.7.3.2 作业材料及工器具准备

√	序号	名称	规格	单位	数量	备注
	1	作业指导书		份	1	
	2	万用表		个	1	
	3	组合工具		套	1	

续表

√	序号	名称	规格	单位	数量	备注
	4	无金属毛刷		个	若干	
	5	绝缘胶布		个	若干	
	6	绝缘梯		个	1	
	7	导线		m	若干	
	8	灯泡		个	若干	
	9	空气断路器		个	若干	
	10	干抹布		块	若干	

13.7.3.3 作业危险点分析及安全预控措施

√	序号	危险点分析	安全控制措施
	1	触电伤害	1）照明系统检查、维护、试验和消缺工作时不得少于2人，工作负责人开工前，向工作班人员交代现场带电部位、工作范围、现场安全措施及安全注意事项。严禁误入工作内容以外的带电运行间隔屏柜，工作前核实清楚设备名称、编号，严格遵守现场安全措施指引开展工作。 2）作业人员与带电设备之间保持设备不停电时的安全距离，1000kV不小于8.7m，500kV不小于5m，220kV不小于3m，110kV不小于1.5m，35kV不小于1m，10kV不小于0.7m。 3）照明系统检查、维护、试验和消缺工作时，严禁误碰与工作无关的低压设备、端子或裸露部分等，必要时进行绝缘化处理或断开低压回路空气断路器，防止工作人员低压触电。 4）使用有绝缘柄的工具，其外裸导电部分应采取绝缘措施，必要时戴绝缘手套，保持对地绝缘，禁止使用锉刀、金属尺和带有金属物的毛刷、毛掸工具
	2	设备停电或损坏	工作中严禁误动误碰与工作无关运行设备，工作中发现设备故障异常及时汇报，按正常工作程序处理，严禁擅自处理
	3	高空坠落	1）登高作业时必须系安全带，不抛掷工器具。 2）架梯上进行工作，必须置好防滑措施，应有专人扶持

13.7.4 作业流程图

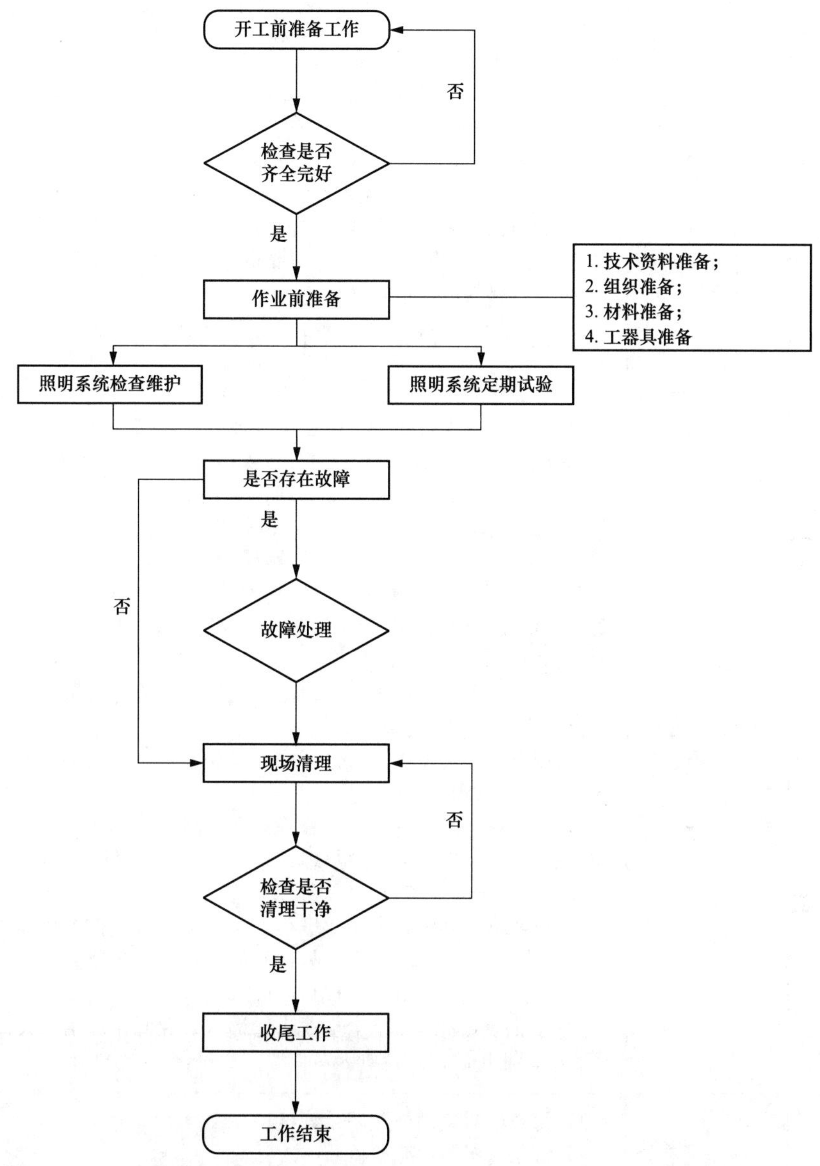

13.7.5 主要作业流程及工艺标准

作业流程	作业项目	作业内容及工艺标准	备注
作业前准备	人员检查	1）所有作业人员必须掌握《国家电网公司电力安全工作规程　变电部分》相关知识，并经考试合格。 2）作业人员应精神饱满，身体状态良好。 3）正确佩戴安全帽，着装符合安全要求。 4）作业指导教师对出勤情况进行记录	

续表

作业流程	作业项目	作业内容及工艺标准	备注
作业前准备	场地检查	1）作业场地整洁，无积水、污物，必要时进行清理。 2）检查急救箱，急救物品应齐备	
	设备、工具、材料、资料检查	1）检查作业中需要使用的设备处于良好状态，必要时提前试运行，设备摆放位置合理。 2）对照工器具清单检查工器具，应齐全、完好、清洁，安全工器具和试验设备符合技术要求，工具摆放整齐。 3）对照材料清单检查材料，应齐全、合格。 4）对照资料清单准备作业工作票、作业指导书和作业记录	
	安全、组织、技术准备	1）全体作业人员列队，作业指导教师作业交代安全、组织和技术要求，对所有作业人员布置作业任务、作业内容、操作要求和重要注意事项，明确作业过程中的危险因素、防范措施和事故紧急处理措施，强调操作要点并进行安全和技术交底，必要时，应进行演示操作。将作业人员分组，指定每个作业班组工作负责人，交代负责内容并强调监护要求，就技术和安全问题向作业人员提问，保证每位作业人员掌握。 2）作业班组工作负责人组织作业人员按要求对安全措施进行布置，操作应正确规范。 3）作业班组工作负责人进行安全措施自检，合格后，通知作业指导教师进行检查。 4）作业指导教师对安全措施检查合格后，由作业班组工作负责人填写工作票，并办理许可手续（作业指导教师、作业工作负责人在作业工作票指定位置签字）。 5）作业班组列队，由作业班组工作负责人宣读作业工作票，交代安全注意事项。作业工作人员确认后在作业工作票上指定位置签字，作业班组方可开始作业。 6）作业指导教师对整个作业进行巡视，及时纠正不安全行为，作业班组工作负责人对作业人员进行安全监护	
照明系统检查维护	照明系统检查维护	1）每季度对室内外照明系统维护一次。 2）每季度对事故照明试验一次。 3）用干抹布或无金属毛刷轻轻擦去表面污垢，必要时断开照明设备电源。 4）开启照明回路电源（合上照明设施空气断路器）或按下事故照明回路实验按钮，检查所有照明灯具。 5）照明设施各部件（空气断路器、接线盒、接头、电缆、插座）完好无破损、无裂纹，照明控制屏、配电箱灯具等设施整洁。 6）照明系统各空气断路器二次标准化，标签应正确、完好。 7）灯具亮度应适中，发现损坏灯具或照明设施部件损坏，断开照明设施电源。	

续表

作业流程	作业项目	作业内容及工艺标准	备注
照明系统检查维护	照明系统检查维护	8）用万用表测量被检修设备，确认无电压后更换空气断路器、插座、导线等设备。 9）对于照明设备裸露线路应进行处理，防止低压触电。 10）对事故照明不能正常切换的，一定要查明原因并消除故障	
照明系统定期试验	事故照明切换试验	1）检查事故照明 UPS 屏运行正常，合上事故照明开关。 2）断开事故照明 UPS 屏交流输入电源空气断路器。 3）检查事故照明 UPS 屏显示“市电异常”“直流供电”，事故照明灯亮。 4）断开事故照明 UPS 屏直流输入电源空气断路器。 5）检查事故照明 UPS 屏显示“市电异常”“直流异常”“旁路供电”，事故照明灯亮。 6）依次合上事故照明 UPS 屏直流输入电源空气断路器、事故照明 UPS 屏交流输入电源空气断路器。 7）检查事故照明 UPS 屏运行正常，断开事故照明开关	
典型故障处理	照明、电源空气断路器故障处理	1）发现空气断路器故障时应先核实并断开照明箱回路上级电源空气断路器，然后用万用表测量被检修设备确无电压。 2）拆除照明空气断路器、电源空气断路器回路接线，并做好标记。 3）更换照明空气断路器、电源空气断路器后，按照标记恢复接线，投入回路电源，检查工作正常	
	灯具、照明箱损坏	1）拆除损坏灯具、照明箱回路前，核实并断开灯具、照明箱回路电源。 2）确认无电压后拆除灯具、照明箱回路接线，并做好标记。 3）更换灯具、照明箱后，按照标记恢复接线，投入回路电源，检查工作正常	
现场清理	场地清理	1）对作业设备、材料、工器具等进行整理，对照记录进行检查清点。 2）检查作业现场无遗留物，清扫作业场地	
收尾工作	自检及填写记录报告	1）由作业班组工作负责人组织学员进行全面检查，自检作业项目是否具备验收条件，填写作业自检报告。 2）由作业班组工作负责人按要求填写作业报告和作业记录	
工作结束	结束	经作业指导教师验收合格后，作业指导教师和作业学员检查确认施工器具已全部撤离工作现场、作业现场无遗留物	
	总结	全体作业人员列队，作业指导教师对作业情况进行总结	
	人员撤离	所有作业人员撤离作业场地	

13.7.6 作业指导书执行情况评估

<table>
<tr><td rowspan="6">评估内容</td><td rowspan="3">符合性</td><td>优秀</td><td></td><td>可操作项</td><td rowspan="6"></td></tr>
<tr><td>良好</td><td></td><td rowspan="2">不可操作项</td></tr>
<tr><td>一般</td><td></td></tr>
<tr><td rowspan="3">可操作性</td><td>优秀</td><td></td><td>修改项</td></tr>
<tr><td>良好</td><td></td><td>增补项</td></tr>
<tr><td>一般</td><td></td><td>删除项</td></tr>
<tr><td>存在问题</td><td colspan="5"></td></tr>
<tr><td>改进意见</td><td colspan="5"></td></tr>
</table>

13.8 生产辅助设施及辅助一体化平台功能检查、清扫、维护

13.8.1 适用范围

本节适用于变电运维人员实施变电运维一体化项目作业，变电运维一体化作业实操培训可参考执行。

13.8.2 参考资料

Q/GDW 10248 输变电工程建设标准强制性条文实施管理规程

Q/GDW 1799.1 国家电网公司电力安全工作规程 变电部分

国网〔运检/3〕828—2017 国家电网公司变电验收管理规定（试行）

国家电网设备〔2018〕979 号 国家电网有限公司关于印发十八项电网重大反事故措施（修订版）的通知

国家电网公司输变电工程标准工艺标准库

13.8.3 作业前准备工作

13.8.3.1 作业人员要求

√	序号	责任人	工作要求	备注
	1	作业负责人	1）熟悉微机防误系统的基本原理和操作流程。 2）了解五防编码锁的工作原理和性能。 3）掌握锁具维护、更换、新增及编码正确性检查的方法。 4）具有一定的现场工作经验，熟悉并能严格遵守电力生产和工作现场的相关安全管理规定。 5）作业负责人必须经国家电网公司《电业安全工作规程》考试合格并由所在运维单位批准	
	2	作业人员	1）现场工作人员的身体状况、精神状态良好。 2）作业辅助人员（外来）必须经负责施教的人员对其进行安全措施、作业范围、安全注意事项等方面施教后方可参加工作。 3）特殊工种（电焊工）必须持有效证件上岗。	

续表

√	序号	责任人	工作要求	备注
	2	作业人员	4）所有作业人员必须具备必要的电气知识，掌握本专业作业技能及《国家电网公司电力安全工作规程　变电部分》的相关知识，并经考试合格。	

13.8.3.2　作业材料及工器具准备

√	序号	名称	规格	单位	数量	备注
	1	实训指导书		份	1	
	2	作业安全交底卡		份	1	
	3	生产辅助设施及辅助一体化平台客户端装置		套	1	
	4	220V 电源		个	1	
	5	万用表		个	1	
	6	绝缘螺丝刀	一字、十字	把	2	
	7	除污剂		瓶	1	
	8	清洁棉布		块	2	

13.8.3.3　作业危险点分析及安全预控措施

√	序号	危险点分析	安全控制措施
	1	低压触电伤害	1）开展工作不得少于 2 人；工作负责人开工前，向工作班人员认真宣读工作交底卡，交代现场带电部位、工作范围、现场安全措施及安全注意事项，工作前认真核对设备名称、编号。核对无误后方可开始工作。 2）运维检查维护时，必须有 2 人进行，一人监护，一人操作。 3）电源调试拆接必须接在漏电保安器的下端，在拆接电源时必须有 2 人一起，一人监护，一人操作。 4）装置检查前，检查现场无相关设备施工。如有，则需停止工作人员撤离后方可开展
	2	错误操作导致装置损坏	1）装置本体维护前，应做好设备防护并处于停运状态，防止装置损伤。 2）工作过程中注意各设备连接处不得意外受力
	3	信息安全	1）未经允许不得在系统内网（交换机、内网机等）使用移动存储设备或者移动互联设备。 2）不得触碰除本次信息维护内容以外的任何网络设备。 3）未经相关信息部门允许不得在内网机安装任何应用程序

13.8.4 作业流程图

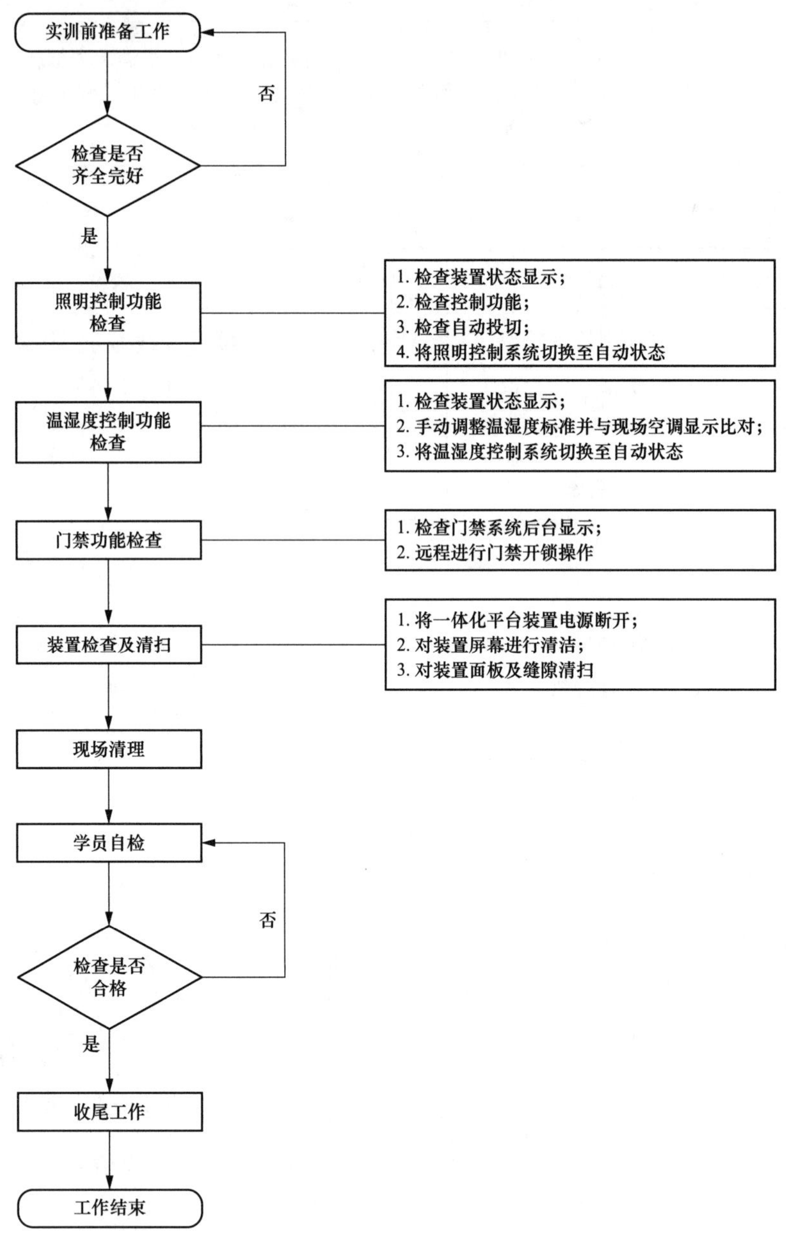

13.8.5 主要作业流程及工艺标准

作业程序	项目	操作内容及工艺标准	备注
开工前准备工作	人员检查	1）所有实训人员必须掌握《国家电网公司电力安全工作规程　变电部分》相关知识，并经考试合格。 2）实训人员应精神饱满，身体状态良好。 3）正确佩戴安全帽，着装符合安全要求。 4）实训指导教师对出勤情况进行记录	

续表

作业程序	项目	操作内容及工艺标准	备注
开工前准备工作	场地检查	1）实训场地整洁，无积水、污物，必要时进行清理。 2）检查急救箱，急救物品应齐备。 3）检查电源容量和电压符合要求	
	设备、工具、材料、资料检查	1）检查作业中需要使用的设备处于良好状态，必要时提前试运行。设备摆放位置合理。 2）对照工器具清单检查工器具，应齐全、完好、清洁。安全工器具和试验设备符合技术要求。工具摆放整齐。 3）对照材料清单检查材料，应齐全、合格。 4）对照资料清单准备实训工作交底卡和实训记录	
	人员检查	1）所有实训人员必须掌握《国家电网公司电力安全工作规程　变电部分》相关知识，并经考试合格。 2）实训人员应精神饱满，身体状态良好。 3）正确佩戴安全帽，着装符合安全要求。 4）实训指导教师对出勤情况进行记录	
功能检查	照明控制功能检查	1）检查照明控制系统装置状态显示是否与现场实际一致。 2）将照明控制系统切换至手动控制模式后，分别对各组照明进行投切，检查控制功能是否正确。 3）进入系统设置，检查自动投切设备是否正确。 4）检查完毕后，将照明控制系统切换至自动状态	
	温湿度控制功能检查	1）检查温湿度控制系统装置状态显示是否与现场实际一致，现场空调（除湿机）状态与控制系统显示一致。 2）将温湿度控制系统切换至手动控制模式后，手动调整温湿度标准，与现场空调（除湿机）显示是否一致后恢复设置。 3）检查完毕后，将温湿度控制系统切换至自动状态	
	门禁功能检查	1）检查门禁系统后台显示是否与现场一致。 2）远程进行门禁开锁操作，检查是否正确。 3）检查历史告警信息有无新增及是否正确	
装置维护及清扫	装置检查及清扫	1）将生产辅助设施及辅助一体化平台装置电源断开。 2）测量后确无电压后，使用除污剂及棉布对装置屏幕进行清洁。 3）使用刷子对装置面板及周围缝隙进行清洁，清洁过程严禁拆除面板	
现场清理	场地清理	1）对作业设备、材料、工器具等进行整理，对照记录进行检查清点。 2）检查作业现场无遗留物，清扫作业场地	
收尾工作	自检及填写记录报告	1）由作业班组工作负责人组织学员进行全面检查，自检作业项目是否具备验收条件，填写作业自检报告。 2）由作业班组工作负责人按要求填写作业报告和作业记录	

续表

作业程序	项目	操作内容及工艺标准	备注
工作结束	结束	经作业指导教师验收合格后，作业指导教师和作业学员检查确认施工器具已全部撤离工作现场、作业现场无遗留物	
	总结	全体作业人员列队，作业指导教师对作业情况进行总结	
	人员撤离	所有作业人员撤离作业场地	

13.8.6 作业指导书执行情况评估

评估内容	符合性	优秀		可操作项	
		良好		不可操作项	
		一般			
	可操作性	优秀		修改项	
		良好		增补项	
		一般		删除项	
存在问题					
改进意见					

13.9 一匙通系统定期检查、维护及一般性消缺

13.9.1 适用范围

本节适用于变电运维人员实施变电运维一体化项目作业，变电运维一体化作业实操培训可参考执行。

13.9.2 参考资料

DL/T 1708—2017 电力系统顺序控制规范

国网〔运检/3〕828—2017 国家电网公司变电运维管理规定（试行）

国网安监〔2018〕1119号 国家电网有限公司关于印发防止电气误操作安全管理规定的通知

国家电网设备〔2018〕979号 国家电网有限公司关于印发十八项电网重大反事故措施（修订版）的通知

13.9.3 作业前准备工作

13.9.3.1 作业人员要求

√	序号	责任人	工作要求	备注
	1	作业负责人	1）熟悉微机防误系统的基本原理和操作流程。 2）了解电脑钥匙的工作原理和性能。 3）掌握电脑钥匙功能检测的方法。	

续表

√	序号	责任人	工作要求	备注
	1	作业负责人	4）具有一定的现场工作经验，熟悉并能严格遵守电力生产和工作现场的相关安全管理规定。 5）作业负责人必须经国家电网公司《电业安全工作规程》考试合格并由所在运维单位批准	
	2	作业人员	1）现场工作人员的身体状况、精神状态良好。 2）作业辅助人员（外来）必须经负责施教的人员，对其进行安全措施、作业范围、安全注意事项等方面施教后方可参加工作。 3）特殊工种必须持有效证件上岗。 4）所有作业人员必须具备必要的电气知识，掌握本专业作业技能及《国家电网有限公司电力安全工作规程》的相关知识，并经考试合格	

13.9.3.2 实训教材及工器具准备

√	序号	名称	规格	单位	数量	备注
	1	实训指导书		份	1	
	2	作业安全交底卡		份	1	
	3	一匙通系统		套	1	
	4	220V 电源		个	1	
	5	万用表		个	1	
	6	活动扳手	8 寸	把	1	
	7	绝缘螺丝刀	一字、十字	把	1	
	8	除污剂		瓶	1	
	9	清洁棉布		块	2	

13.9.3.3 作业危险点分析及安全预控措施

√	序号	危险点分析	安全控制措施
	1	低压触电伤害	1）开展工作不得少于 2 人；工作负责人开工前，向工作班人员认真宣读工作交底卡，交代现场带电部位、工作范围、现场安全措施及安全注意事项，工作前认真核对设备名称、编号。核对无误后方可开始工作。 2）运维检查维护时，必须有 2 人进行，一人监护，一人操作。 3）电源调试拆接必须接在漏电保安器的下端，在拆接电源时必须有 2 人一起，一人监护，一人操作
	2	机械伤人	1）机械部分检查，需做好防护措施，防止损伤人员。 2）施工器具使用应符合安全规程、制造厂的规定
	3	错误操作导致装置损坏	1）巡检机器人本体维护前，应做好设备防护并处于停运状态，防止装置损伤。

续表

√	序号	危险点分析	安全控制措施
	3	错误操作导致装置损坏	2）工作过程中注意各设备连接处不得意外受力，特别是传动和信号天线连接部分
	4	信息安全	1）未经允许不得在系统内网（交换机、内网机等）使用移动存储设备或者移动互联设备。 2）不得触碰除本次信息维护内容以外的任何网络设备。 3）未经相关信息部门允许不得在内网机安装任何应用程序

13.9.4　作业流程图

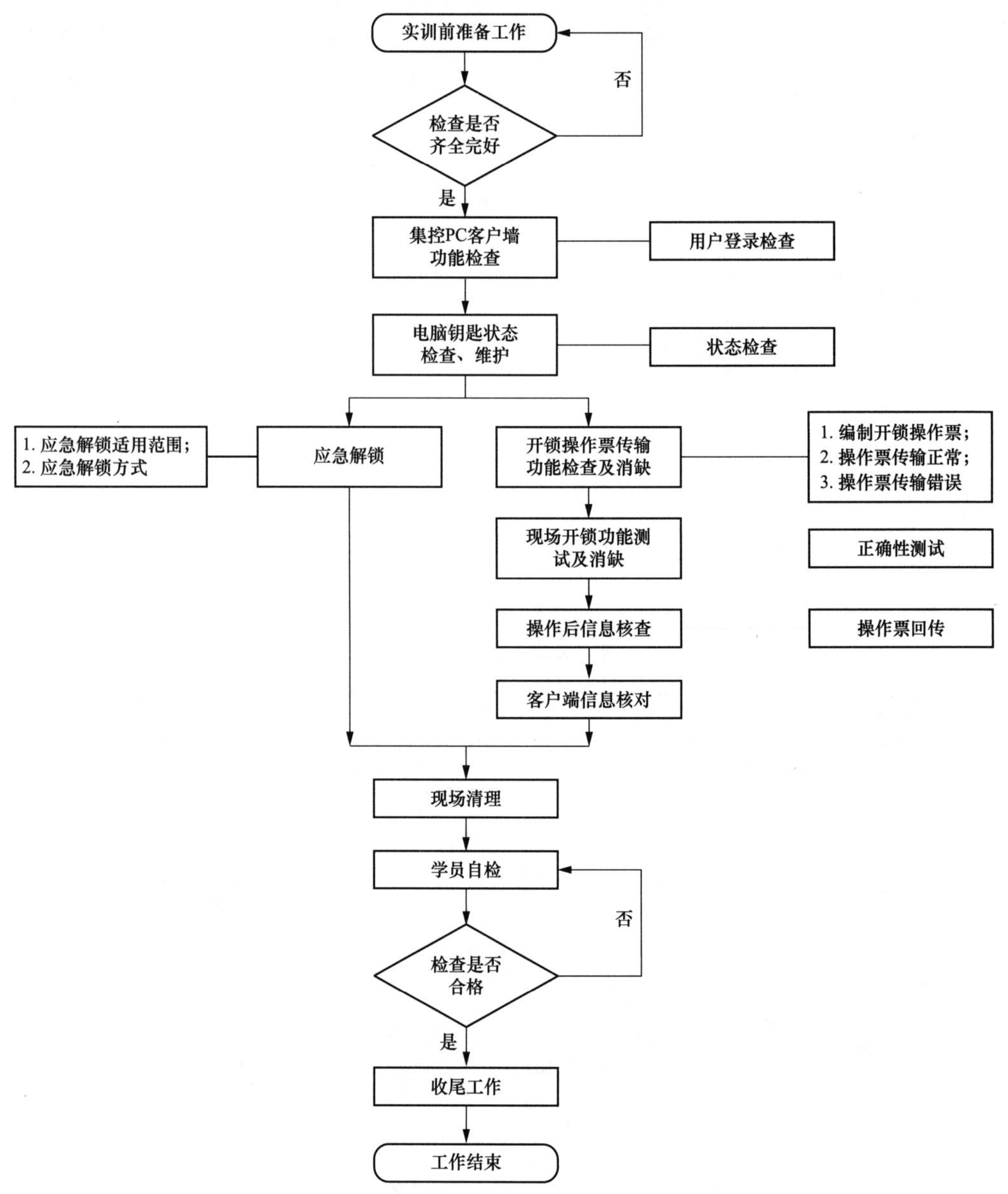

13.9.5 主要作业流程及工艺标准

作业流程	作业项目	操作内容及工艺标准	备注
开工前准备工作	人员检查	1）所有实训人员必须掌握《国家电网公司电力安全工作规程 变电部分》相关知识，并经考试合格。 2）实训人员应精神饱满，身体状态良好。 3）正确佩戴安全帽，着装符合安全要求。 4）实训指导教师对出勤情况进行记录	
	场地检查	1）实训场地整洁，无积水、污物，必要时进行清理。 2）检查急救箱，急救物品应齐备。 3）检查电源容量和电压符合要求	
	设备、工具、材料、资料检查	1）检查作业中需要使用的设备处于良好状态，必要时提前试运行。设备摆放位置合理。 2）对照工器具清单检查工器具，应齐全、完好、清洁。安全工器具和试验设备符合技术要求。工具摆放整齐。 3）对照材料清单检查材料，应齐全、合格。 4）对照资料清单准备实训工作交底卡和实训记录	
	人员检查	1）所有实训人员必须掌握《国家电网公司电力安全工作规程 变电部分》相关知识，并经考试合格。 2）实训人员应精神饱满，身体状态良好。 3）正确佩戴安全帽，着装符合安全要求。 4）实训指导教师对出勤情况进行记录	
集控PC客户端功能检查	用户登录检查	1）启动集控PC客户端软件，进行登录。 2）检查系统登录账号与运维人员配置一致	
电脑钥匙状态检查、维护	状态检查	1）使用前，确保电池以及电池盖可靠扣好。 2）电脑钥匙外观无破损、变形；液晶显示屏显示正常。 3）钥匙电量显示正常，满足使用需要。 4）如钥匙无法开机，一般为电池电压不足，进行充电	
开锁操作票传输功能检查及消缺	编制开锁操作票	1）按照需求登录相关权限人员账号。 2）编制测试开锁操作票	
	操作票传输正常	操作票正确传输后，拿至现场预备操作	
	操作票传输错误	1）电脑钥匙不能自学或自学有故障，再次按自学程序操作，如不能消除，则更换主控设备传输口。 2）电脑钥匙有票未进入接收票状态，将电脑钥匙进入接收操作票状态。 3）红外传输窗被脏物严重堵，清理脏物，把红外传输窗清理干净	

续表

作业流程	作业项目	操作内容及工艺标准	备注
现场开锁功能测试及消缺	正确性测试	1）现场选择操作票内锁具进行开锁操作，应显示“锁码正确，请操作”并可靠打开。 2）选择相邻非操作票内锁具进行开锁操作，应提示“锁编码不正确”告警并无法打开。 3）电脑钥匙已经显示“锁码正确，请操作”，但仍不能打开机械锁，进行电脑钥匙电量检查，如电量正常，则需更换机械编码锁并在系统内重新设置	
操作后信息核查	操作票回传	1）操作票执行完毕回传。根据提示将电脑钥匙插入传输适配器传输口，回传工作自动完成，系统提示“操作票执行完毕”，电脑钥匙自动关闭电源。 2）操作票执行中止回传。选择电脑钥匙菜单中的“中止”（参见所用电脑钥匙的使用说明书），根据提示将电脑钥匙插入传输适配器传输口，回传工作自动完成，系统提示“××变电站×号任务钥匙回传”，电脑钥匙自动关闭电源	
	客户端信息核对	1）查询系统中的已完成的历史任务的信息，与现场实际操作信息进行比对无误。 2）查询系统中各锁具状态显示，与现场实际比对无误	
应急解锁	应急解锁适用范围	1）应急解锁是指在事故情况下不使用系统进行模拟、传票，直接使用万能解锁钥匙对现场设备进行解锁操作。 2）锁具或电脑钥匙损坏，无法正常开锁	
	应急解锁方式	1）将机械解锁钥匙插入机械编码锁中并旋转90°，打开机械编码锁，即可打开柜门箱门等设备的锁。 2）应急解锁操作后，应及时利用系统中的设备状态设置功能对设备状态进行设置，使计算机中显示的设备状态和现场保持一致	
现场清理	场地清理	1）对作业设备、材料、工器具等进行整理，对照记录进行检查清点。 2）检查作业现场无遗留物。清扫作业场地	
收尾工作	自检及填写记录报告	1）由作业班组工作负责人组织学员进行全面检查，自检作业项目是否具备验收条件，填写作业自检报告。 2）由作业班组工作负责人按要求填写作业报告和作业记录	
工作结束	结束	经作业指导教师验收合格后，作业指导教师和作业学员检查确认施工器具已全部撤离工作现场、作业现场无遗留物	
	总结	全体作业人员列队，作业指导教师对作业情况进行总结	
	人员撤离	所有作业人员撤离作业场地	

13.9.6 作业指导书执行情况评估

<table>
<tr><td rowspan="6">评估内容</td><td rowspan="3">符合性</td><td>优秀</td><td></td><td>可操作项</td><td rowspan="6"></td></tr>
<tr><td>良好</td><td></td><td rowspan="2">不可操作项</td></tr>
<tr><td>一般</td><td></td></tr>
<tr><td rowspan="3">可操作性</td><td>优秀</td><td></td><td>修改项</td></tr>
<tr><td>良好</td><td></td><td>增补项</td></tr>
<tr><td>一般</td><td></td><td>删除项</td></tr>
<tr><td>存在问题</td><td colspan="5"></td></tr>
<tr><td>改进意见</td><td colspan="5"></td></tr>
</table>

13.10 巡检机器人检查、试验、清扫及一般性消缺

13.10.1 适用范围

本节适用于变电运维人员实施变电运维一体化项目作业，变电运维一体化作业实操培训可参考执行。

13.10.2 参考资料

国家电网公司信息安全工作纲要防护技术要求与措施分册

变电站智能机器人巡检系统技术规范

变电站智能巡检机器人运行管理规范

13.10.3 作业前准备工作

13.10.3.1 作业人员要求

√	序号	责任人	工作要求	备注
	1	作业负责人	1）熟悉微机防误系统的基本原理和操作流程。 2）了解电脑钥匙的工作原理和性能。 3）掌握电脑钥匙功能检测的方法。 4）具有一定的现场工作经验，熟悉并能严格遵守电力生产和工作现场的相关安全管理规定。 5）作业负责人必须经国家电网公司《电力安全工作规程》考试合格并由所在运维单位批准	
	2	作业人员	1）现场工作人员的身体状况、精神状态良好。 2）作业辅助人员（外来）必须经负责施教的人员对其进行安全措施、作业范围、安全注意事项等方面施教后方可参加工作。 3）特殊工种必须持有效证件上岗。 4）所有作业人员必须具备必要的电气知识，掌握本专业作业技能及《国家电网公司电力安全工作规程》的相关知识，并经考试合格	

13.10.3.2 实训教材及工器具准备

√	序号	名称	规格	单位	数量	备注
	1	实训指导书		份	1	
	2	作业安全交底卡		份	1	
	3	巡检机器人		台	1	
	4	机器人充电房		座	1	
	5	机器人后台系统		套	1	
	6	网络交换机		台	1	
	7	路由器		台	1	
	8	户外 AP 箱		台	1	
	9	220V 电源		个	1	
	10	万用表		个	1	
	11	活动扳手	6 寸、8 寸	把	2	
	12	绝缘螺丝刀	一字、十字	把	2	
	13	除污剂		瓶	1	
	14	清洁棉布		块	2	
	15	粘合堵漏剂		瓶	1	

13.10.3.3 作业危险点分析及安全预控措施

√	序号	危险点分析	安全控制措施
	1	低压触电伤害	1）开展工作不得少于 2 人；工作负责人开工前，向工作班人员认真宣读工作交底卡，交代现场带电部位、工作范围、现场安全措施及安全注意事项，工作前认真核对设备名称、编号。核对无误后方可开始工作。 2）运维检查维护时，必须有 2 人进行，一人监护，一人操作。 3）电源调试拆接必须接在漏电保安器的下端，在拆接电源时必须有 2 人一起，一人监护，一人操作
	2	机械伤人	1）机械部分检查，需做好防护措施，防止损伤人员。 2）施工器具使用应符合安全规程、制造厂的规定
	3	错误操作导致装置损坏	1）巡检机器人本体维护前，应做好设备防护并处于停运状态，防止装置损伤。 2）工作过程中注意各设备连接处不得意外受力，特别是传动和信号天线连接部分
	4	信息安全	1）未经允许不得在系统内网（交换机、内网机等）使用移动存储设备或者移动互联设备。 2）不得触碰除本次信息维护内容以外的任何网络设备。 3）未经相关信息部门允许不得在内网机安装任何应用程序

13.10.4 作业流程图

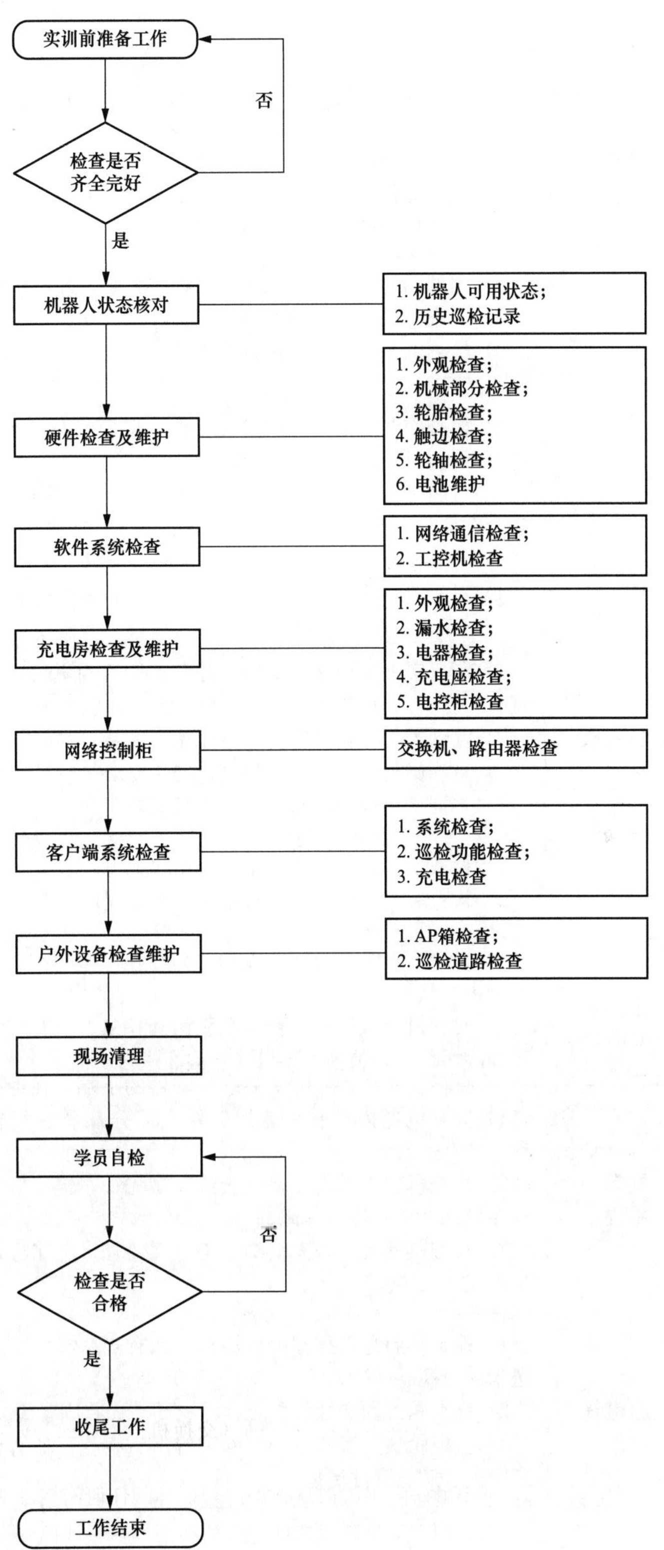
实训前准备工作
否
检查是否
齐全完好
是
机器人状态核对
1. 机器人可用状态;
2. 历史巡检记录
硬件检查及维护
1. 外观检查;
2. 机械部分检查;
3. 轮胎检查;
4. 触边检查;
5. 轮轴检查;
6. 电池维护
软件系统检查
1. 网络通信检查;
2. 工控机检查
充电房检查及维护
1. 外观检查;
2. 漏水检查;
3. 电器检查;
4. 充电座检查;
5. 电控柜检查
网络控制柜
交换机、路由器检查
客户端系统检查
1. 系统检查;
2. 巡检功能检查;
3. 充电检查
户外设备检查维护
1. AP箱检查;
2. 巡检道路检查
现场清理
学员自检
否
检查是否
合格
是
收尾工作
工作结束

13.10.5 主要作业流程及工艺标准

作业流程	作业项目	操作内容及工艺标准	备注
开工前准备工作	人员检查	1）所有实训人员必须掌握《国家电网公司电力安全工作规程 变电部分》相关知识，并经考试合格。 2）实训人员应精神饱满，身体状态良好。 3）正确佩戴安全帽，着装符合安全要求。 4）实训指导教师对出勤情况进行记录	
	场地检查	1）实训场地整洁，无积水、污物，必要时进行清理。 2）检查急救箱，急救物品应齐备。 3）检查电源容量和电压符合要求	
	设备、工具、材料、资料检查	1）检查作业中需要使用的设备处于良好状态，必要时提前试运行。设备摆放位置合理。 2）对照工器具清单检查工器具，应齐全、完好、清洁。安全工器具和试验设备符合技术要求。工具摆放整齐。 3）对照材料清单检查材料，应齐全、合格。 4）对照资料清单准备实训工作交底卡和实训记录	
	人员检查	1）所有实训人员必须掌握《国家电网公司电力安全工作规程 变电部分》相关知识，并经考试合格。 2）实训人员应精神饱满，身体状态良好。 3）正确佩戴安全帽，着装符合安全要求。 4）实训指导教师对出勤情况进行记录	
机器人状态核对		1）检查巡检机器人处于正常可用状态。 2）检查后台系统巡视检查记录是否按周期开展	
硬件检查及维护	外观检查	1）机器人外壳是否存在破损，如存在轻微裂纹，试用粘合剂进行封堵。 2）检查机器人外壳是否存在积污和积灰，如有使用干棉布和除污剂进行清洁（不可使用湿布进行清洁）	
	机械部分检查	1）检查机器人云台、轮胎、外壳部分螺丝是否存在松动，如有进行紧固。 2）检查机器人外设装置（天线，激光头，镜头等）是否存在松动，如有进行紧固。 3）检查机器人后台充电头是否存在松动，金属板接触面是否同一水平	
	轮胎检查	1）检查轮胎是否存在严重磨损，如有则联系厂家进行发送备件更换。 2）检查轮毂固定螺栓是否存在松动，如有则紧固。 3）检查轮毂是否有变形、断裂等严重损伤，如有则联系厂家进行发送备件更换	

续表

作业流程	作业项目	操作内容及工艺标准	备注
硬件检查及维护	触边检查	运行机器人开始行走，使用物体抵触机器人尾部观察机器人是否停止，如尝试多次未停止，应联系厂家处理	
	轮轴检查	断电后轻轻推动机器人，听取轮胎转动声音是否均匀，是否存在异响，是否存在单胎卡滞现象，如有，检查轮毂是否存在异物，如有异物则进行清除	
	电池维护	机器人如长时间停用，应保持每15天进行一次充电，防止电池长时间无电造成容量亏损	
软件系统检查	网络通信检查	检查网络通信情况，分别在上位机通过ping命令（windows键＋R，然后输入CMD按回车），观察网络通信情况，检查车载AP、户外AP等设备的通信情况，如果出现长时间的网络延迟、或通信中断，应联系厂家处理	
	工控机检查	检查下位机工控机状态，远程连接到下位机，查看系统运行是否流畅，检查磁盘是否已满，如有，应联系厂家人员处理	
充电房检查及维护	外观检查	检查充电房外观与充电房前面的斜坡是否存在变形、不平整等情况，如有则观察是否影响机器人爬坡，如机器人不能正常爬坡，则对斜坡进行维护；斜坡上禁止防止任何物品，防止损伤机器人传动系统	
	漏水检查	充电房内部地面是否存在水渍，判断是否存在漏水情况，如有则对渗漏点进行处理，如涉及备件无法彻底处理者，则采取临时封堵后联系厂家完成渗漏部件更换	
	电器检查	检查充电房内的卷帘门上下运动是否正常、照明灯是否正常、防盗窗开关是否正常	
	充电座检查	断开充电座电源，检查充电座是否固定牢固，使用绝缘螺丝刀检查充电座弹片弹簧是否有力	
	电控柜检查	检查充电房内电控柜内电气设备运行是否正常，连接是否牢固；输入输出电压是否正常	
网络控制柜	交换机、路由器检查	检查网络控制柜内设备连接是否牢固，网口是否插紧	
客户端系统检查	系统检查	检查客户端系统状态，查看系统运行是否流畅，检查磁盘是否已满	
	巡检功能检查	开启巡检程序，发送巡检任务，观察、高清图片是否清晰，红外测温是否准确	
	充电检查	发送充电任务观察机器人充电状态是否正常	

续表

作业流程	作业项目	操作内容及工艺标准	备注
户外设备检查维护	AP 箱检查	检查户外 AP 箱安装是否牢固，天线是否松动，供电是否正常	
	巡检道路检查	有机器人巡检道路是否存在塌陷、障碍物等影响巡检机器人通过的情况，如有则根据情况进行清理；如障碍物无法清理（如施工现场固定围栏等）则重新编制机器人巡视路线	
现场清理	场地清理	1）对作业设备、材料、工器具等进行整理，对照记录进行检查清点。 2）检查作业现场无遗留物，清扫作业场地	
收尾工作	自检及填写记录报告	1）由作业班组工作负责人组织学员进行全面检查，自检作业项目是否具备验收条件，填写作业自检报告。 2）由作业班组工作负责人按要求填写作业报告和作业记录	
工作结束	结束	经作业指导教师验收合格后，作业指导教师和作业学员检查确认施工器具已全部撤离工作现场、作业现场无遗留物	
	总结	全体作业人员列队，作业指导教师对作业情况进行总结	
	人员撤离	所有作业人员撤离作业场地	

13.10.6 作业指导书执行情况评估

评估内容	符合性	优秀		可操作项	
		良好		不可操作项	
		一般			
	可操作性	优秀		修改项	
		良好		增补项	
		一般		删除项	
存在问题					
改进意见					

13.11 除湿机、空调系统检查、维护

13.11.1 适用范围

本节适用于变电运维人员实施变电运维一体化项目作业，变电运维一体化作业实操培训可参考执行。

13.11.2 参考资料

Q/GDW 1799.1 国家电网公司电力安全工作规程 变电部分

国网〔运检/3〕828—2017 国家电网公司变电运维管理规定（试行）

国家电网设备〔2018〕979号 国家电网有限公司关于印发十八项电网重大反事故措施（修订版）的通知

13.11.3 作业前准备工作

13.11.3.1 作业人员要求

√	序号	责任人	工作要求	备注
	1	作业负责人	1）熟悉微机防误系统的基本原理和操作流程。 2）了解电脑钥匙的工作原理和性能。 3）掌握电脑钥匙功能检测的方法。 4）具有一定的现场工作经验，熟悉并能严格遵守电力生产和工作现场的相关安全管理规定。 5）作业负责人必须经国家电网公司《电力安全工作规程》考试合格并由所在运维单位批准	
	2	作业人员	1）现场工作人员的身体状况、精神状态良好。 2）作业辅助人员（外来）必须经负责施教的人员对其进行安全措施、作业范围、安全注意事项等方面施教后方可参加工作。 3）特殊工种必须持有效证件上岗。 4）所有作业人员必须具备必要的电气知识，掌握本专业作业技能及《国家电网公司电力安全工作规程　变电部分》的相关知识，并经考试合格	

13.11.3.2 作业材料及工器具准备

√	序号	名称	规格	单位	数量	备注
	1	实训指导书		本	1	
	2	作业安全交底卡		份	1	
	3	万用表		个	1	
	4	活动扳手		个	2	
	5	螺丝刀		把	2	
	6	除污剂		瓶	1	
	7	毛刷		个	2	
	8	水管		米	10	

13.11.3.3 作业危险点分析及安全预控措施

√	序号	危险点分析	安全控制措施
	1	低压触电伤害	1）运维检查维护时，必须有两人进行，一人监护，一人操作。 2）使用由绝缘柄的工具，其外裸导电部分应采取绝缘措施。 3）工作前进行验电，同时采取遮蔽有电部分，若不能遮蔽，需将有电设备停电

续表

√	序号	危险点分析	安全控制措施
	2	机械伤人	1）机械部分检查，需做好防护措施，防止损伤人员。 2）施工器具使用应符合安全规程、制造厂的规定
	3	错误操作导致设备损坏	1）空调、除湿机维护前应关闭。 2）检查维护排水储水装置时拆卸方法，避免损伤设备

13.11.4 作业流程图

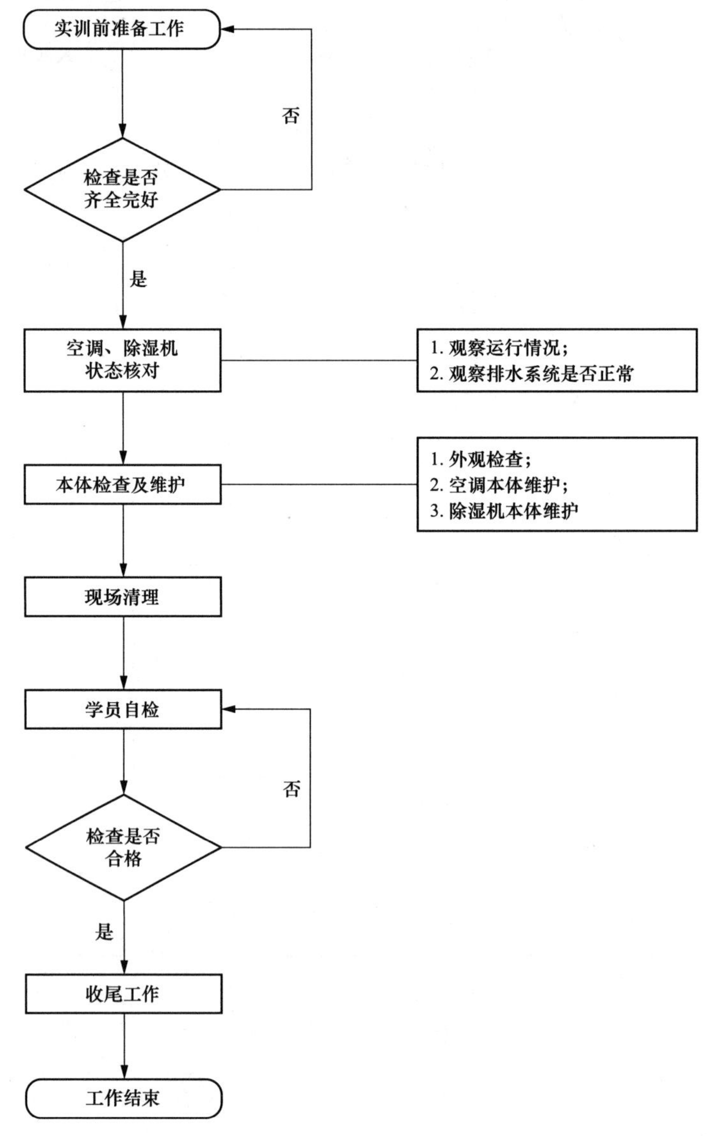

13.11.5 主要作业流程及工艺标准

作业程序	项目	操作内容及工艺标准	备注
开工前准备工作	人员检查	1）所有实训人员必须掌握《国家电网公司电力安全工作规程　变电部分》相关知识，并经考试合格。 2）实训人员应精神饱满，身体状态良好。 3）正确佩戴安全帽，着装符合安全要求。 4）实训指导教师对出勤情况进行记录	
	场地检查	1）实训场地整洁，无积水、污物，必要时进行清理。 2）检查电源容量和电压符合要求	
	设备、工具、材料、资料检查	1）检查作业中需要使用的设备处于良好状态，必要时提前试运行。设备摆放位置合理。 2）对照工器具清单检查工器具，应齐全、完好、清洁。安全工器具和试验设备符合技术要求。工具摆放整齐。 3）对照材料清单检查材料，应齐全、合格。 4）对照资料清单准备实训工作交底卡和实训记录	
	人员检查	1）所有实训人员必须掌握《国家电网公司电力安全工作规程　变电部分》相关知识，并经考试合格。 2）实训人员应精神饱满，身体状态良好。 3）正确佩戴安全帽，着装符合安全要求。 4）实训指导教师对出勤情况进行记录	
空调、除湿机状态核对	设备检查	1）将空调、除湿机开关打至运行位置，观察运行情况，听运行声音有无异常。 2）观察空调、除湿机排水系统是否正常，有无堵塞。 3）检查空调、除湿机运行设置是否正确	
本体检查及维护	外观检查	1）空调、除湿机外观有无损伤。 2）空调、除湿机显示屏显示有无告警信号。 3）空调、除湿机底部是否有积水	
	空调本体维护	1）关闭空调电源。 2）拆除外罩，取下滤网。 3）在室外对滤网使用水管及毛刷进行冲洗和清洁。 4）清洁后对滤网进行晾晒干燥。 5）复装滤网，恢复外罩。 6）打开空调电源，恢复运行	
	除湿机本体维护	1）关闭除湿机电源。 2）拆除固定装置，取下储水箱，清空箱内积水。 3）清除储水箱底物积污。 4）拆除外罩，使用毛刷、抹布清理风机内部杂物和灰尘后恢复外罩。 5）插入清洁后的储水箱，复装固定装置。 6）打开除湿机电源，恢复运行	

续表

作业程序	项目	操作内容及工艺标准	备注
现场清理	场地清理	1）对作业设备、材料、工器具等进行整理，对照记录进行检查清点。 2）检查作业现场无遗留物，清扫作业场地	
收尾工作	自检及填写记录报告	1）由作业班组工作负责人组织学员进行全面检查，自检作业项目是否具备验收条件，填写作业自检报告。 2）由作业班组工作负责人按要求填写作业报告和作业记录	
工作结束	结束	经作业指导教师验收合格后，作业指导教师和作业学员检查确认施工器具已全部撤离工作现场、作业现场无遗留物	
	总结	全体作业人员列队，作业指导教师对作业情况进行总结	
	人员撤离	所有作业人员撤离作业场地	

13.11.6　作业指导书执行情况评估

评估内容	符合性	优秀		可操作项	
		良好		不可操作项	
		一般			
	可操作性	优秀		修改项	
		良好		增补项	
		一般		删除项	
存在问题					
改进意见					

13.12　站用供水系统、排水系统检查、维护

13.12.1　适用范围

本节适用于变电运维人员实施变电运维一体化项目作业，变电运维一体化作业实操培训可参考执行。

13.12.2　参考资料

DL/T 5143　变电站和换流站给排水设计规程

Q/GDW 1799.1　国家电网公司电力安全工作规程　变电部分

国网〔运检/3〕828—2017　国家电网公司变电运维管理规定（试行）

国家电网公司输变电工程标准工艺标准库

13.12.3 作业前准备工作

13.12.3.1 作业人员要求

√	序号	责任人	工作要求	备注
	1	作业负责人	1）熟悉微机防误系统的基本原理和操作流程。 2）了解电脑钥匙的工作原理和性能。 3）掌握电脑钥匙功能检测的方法。 4）具有一定的现场工作经验，熟悉并能严格遵守电力生产和工作现场的相关安全管理规定。 5）作业负责人必须经国家电网公司《电力安全工作规程》考试合格并由所在运维单位批准	
	2	作业人员	1）现场工作人员的身体状况、精神状态良好。 2）作业辅助人员（外来）必须经负责施教的人员，对其进行安全措施、作业范围、安全注意事项等方面施教后方可参加工作。 3）特殊工种必须持有效证件上岗。 4）所有作业人员必须具备必要的电气知识，掌握本专业作业技能及《国家电网公司电力安全工作规程　变电部分》的相关知识，并经考试合格	

13.12.3.2 作业材料及工器具准备

√	序号	名称	规格	单位	数量	备注
	1	实训指导书		份	1	
	2	作业安全交底卡		份	1	
	3	活动扳手		把	2	
	4	螺丝刀	一字、十字	把	2	
	5	密封胶带	防水型	卷	2	
	6	万用表		个	1	

13.12.3.3 作业危险点分析及安全预控措施

√	序号	危险点分析	安全控制措施
	1	与带电设备安全距离不够造成触电伤害	与带电设备保持足够的安全距离，500kV电力设备安全距离不小于5m，220kV电力设备安全距离不小于3m，110kV电力设备安全距离不小于1.5m，35kV电力设备安全距离不小于1m，10kV电力设备安全距离不小于0.7m
	2	误碰、误动、误登运行设备	工作中严禁误动误碰运行设备，工作中发现设备故障异常及时汇报，按正常工作程序处理，严禁擅自处理
	3	人身伤害	应做好高处作业安全措施，穿戴安全防护设备。防止踏空、滑倒

13.12.4 作业流程图

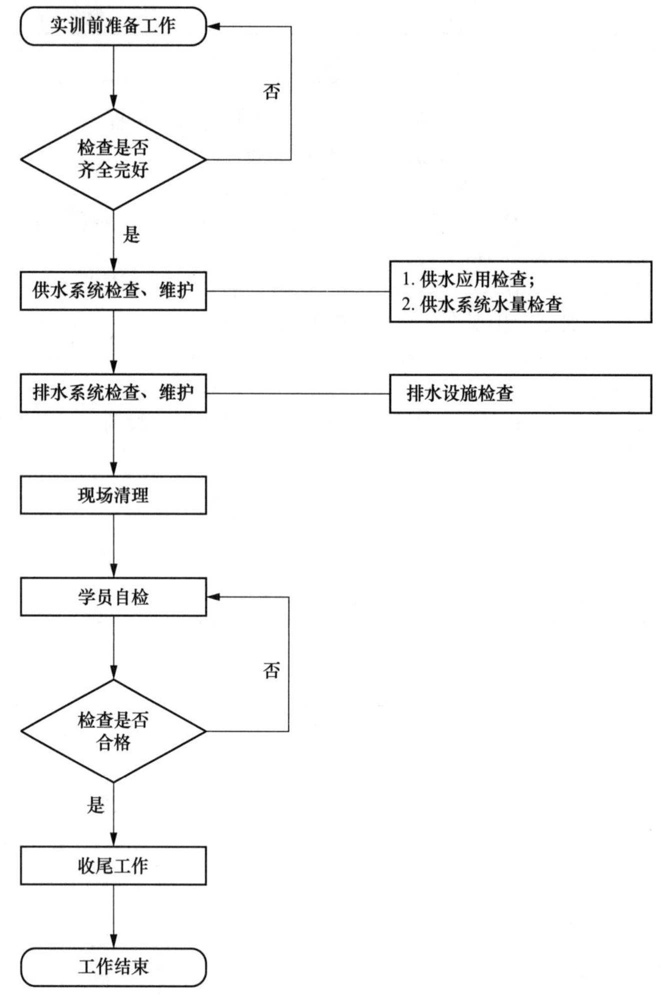

13.12.5 主要作业流程及工艺标准

作业流程	作业项目	操作内容及工艺标准	备注
开工前准备工作	人员检查	1）所有实训人员必须掌握《国家电网公司电力安全工作规程　变电部分》相关知识，并经考试合格。 2）实训人员应精神饱满，身体状态良好。 3）正确佩戴安全帽，着装符合安全要求。 4）实训指导教师对出勤情况进行记录	
	场地检查	1）实训场地整洁，无积水、污物，必要时进行清理。 2）检查电源容量和电压符合要求	
	设备、工具、材料、资料检查	1）检查作业中需要使用的设备处于良好状态，必要时提前试运行。设备摆放位置合理。	

续表

作业流程	作业项目	操作内容及工艺标准	备注
开工前准备工作	设备、工具、材料、资料检查	2）对照工器具清单检查工器具，应齐全、完好、清洁。安全工器具和试验设备符合技术要求。工具摆放整齐。 3）对照材料清单检查材料，应齐全、合格。 4）对照资料清单准备实训工作交底卡和实训记录	
	人员检查	1）所有实训人员必须掌握《国家电网公司电力安全工作规程 变电部分》相关知识，并经考试合格。 2）实训人员应精神饱满，身体状态良好。 3）正确佩戴安全帽，着装符合安全要求。 4）实训指导教师对出勤情况进行记录	
工作手续办理		1）根据现场供水及排水系统情况，编制作业控制卡。 2）对工作任务进行分工并交底，确认签字	
供水系统检查、维护	供水应用检查	1）检查各系统供水水量、水压、水质符合要求，管道、喷头无腐蚀生锈，给水管路保持畅通。 2）检查各系统供水管理有无渗漏，如有则进行紧固后缠绕密封胶带。 3）检查储水箱（如有）内储水水位情况，进水口过滤及消毒装置是否运行正常，滤芯是否需要更换。 4）开启深井泵（如有）查看运行是否正常，测量泵电机电压供给是否正常	
	供水系统水量检查	1）抄录供水端口水表指数。 2）对水表用水量按月进行差异比对，判断供水管路无异常渗漏	
排水系统检查、维护	排水设施检查	1）检查试用各生活用排水通畅，无堵塞，无渗漏。 2）检查站内各地面排水口无堵塞，变形。 3）检查站内集污池内储量，如达到80%，联系人员进行清理	
现场清理	场地清理	1）对作业设备、材料、工器具等进行整理，对照记录进行检查清点。 2）检查作业现场无遗留物。清扫作业场地	
收尾工作	自检及填写记录报告	1）由作业班组工作负责人组织学员进行全面检查，自检作业项目是否具备验收条件，填写作业自检报告。 2）由作业班组工作负责人按要求填写作业报告和作业记录	
工作结束	结束	经作业指导教师验收合格后，作业指导教师和作业学员检查确认施工器具已全部撤离工作现场、作业现场无遗留物	
	总结	全体作业人员列队，作业指导教师对作业情况进行总结	
	人员撤离	所有作业人员撤离作业场地	

13.12.6 作业指导书执行情况评估

<table>
<tr><td rowspan="6">评估内容</td><td rowspan="3">符合性</td><td>优秀</td><td></td><td>可操作项</td><td rowspan="6"></td></tr>
<tr><td>良好</td><td></td><td rowspan="2">不可操作项</td></tr>
<tr><td>一般</td><td></td></tr>
<tr><td rowspan="3">可操作性</td><td>优秀</td><td></td><td>修改项</td></tr>
<tr><td>良好</td><td></td><td>增补项</td></tr>
<tr><td>一般</td><td></td><td>删除项</td></tr>
<tr><td>存在问题</td><td colspan="5"></td></tr>
<tr><td>改进意见</td><td colspan="5"></td></tr>
</table>

附录 变电运维人员参与新、改（扩）建工程验收

A.1 适用范围

本节适用于变电运维人员参与新、改（扩）建工程可研初设审查、厂内验收（关键点见证、驻厂监造）、到货验收、隐蔽工程验收、中间验收、竣工（预）验收、启动验收作业指导。

A.2 参考资料

下列文件对于本节的应用是必不可少的。凡是注日期的引用文件，仅所注日期的版本适用于本节。凡是不注日期的引用文件，其最新版本（包括所有的修改单）适用于本节。

GB/T 31464 电网运行准则

DL/T 1040 电网运行准则

DL/T 1362 输变电工程项目质量管理规程

DL/T 5161 电气装置安装工程质量检验及评定规程（所有部分）

国网〔运检/3〕827—2017 国家电网公司变电验收管理规定（试行）

国家电网设备〔2018〕979 号 国家电网公司关于印发十八项电网重大反事故措施（修订版）的通知

A.3 作业前准备工作

A.3.1 作业人员要求

√	序号	责任人	工作要求	备注
	1	作业负责人	（1）熟悉变电运检验收流程、标准。 （2）具有一定的现场工作经验，熟悉并能严格遵守电力生产和工作现场的相关安全管理规定。 （3）作业负责人必须经本单位批准	
	2	作业人员	（1）现场作业人员的身体状况、精神状态良好。 （2）熟悉变电设备结构原理和技术特点，熟练掌握变电运检验收项目、验收标准和验收方法，具备设备验收相关能力。 （3）所有作业人员必须具备必要的电气知识，基本掌握本专业作业技能及《国家电网公司电力安全工作规程 变电部分》的相关知识，并经考试合格	

A.3.2 作业材料及工器具准备

√	序号	名称	规格	单位	数量	备注
	1	作业指导书		份	1	
	2	验收标准卡		份	1	

续表

√	序号	名称	规格	单位	数量	备注
	3	项目可研初设评审记录		份	1	模板见 A.7
	4	关键点见证记录		份	1	
	5	出厂验收记录		份	1	
	6	到货验收记录		份	1	
	7	隐蔽工程验收记录		份	1	
	8	中间验收记录		份	1	
	9	竣工（预）验收及整改记录		份	1	
	10	工程遗留问题记录		份	1	

A.3.3 作业危险点分析及安全预控措施

√	序号	危险点分析	安全控制措施
	1	人身伤害	（1）验收人员在现场工作中应高度重视人身安全，针对带电设备、启停操作中的设备、瓷质设备、充油设备、含有毒气体设备、运行异常设备及其他高风险设备或环境等应开展安全风险分析，确认无风险或采取可靠的安全防护措施后方可开展工作，严防工作中发生人身伤害。 （2）作业人员不得单独滞留在高压设备区，验收时，应与带电设备保持足够的安全距离，应满足《国家电网公司电力安全工作规程　变电部分》（Q/GDW 1799.1）中“表1设备不停电时的安全距离”的要求

A.4 作业流程图

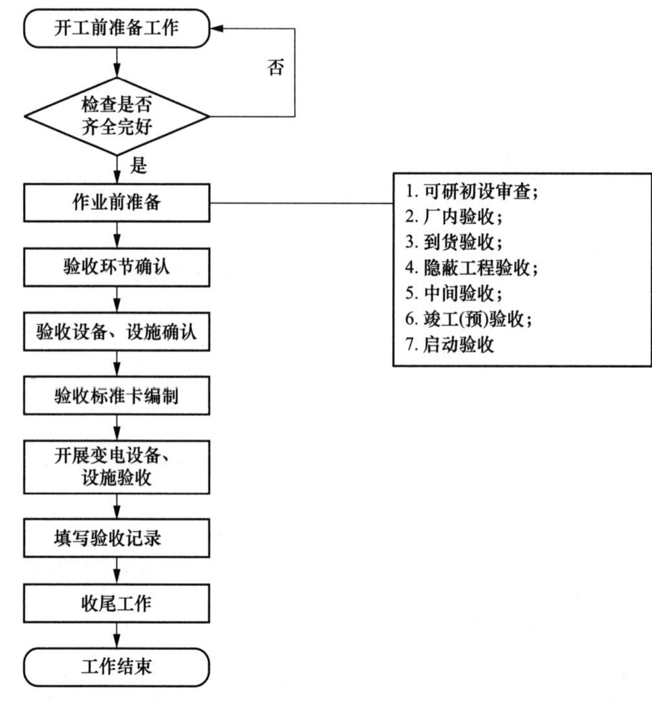

A.5 主要作业流程及工艺标准

作业流程	作业项目	作业内容及工艺标准	备注
作业前准备	人员检查	（1）所有作业人员必须掌握《国家电网公司电力安全工作规程 变电部分》相关知识，并经考试合格。 （2）作业人员应精神饱满，身体状态良好。 （3）正确佩戴安全帽，着装符合安全要求	
工程验收	可研初设审查	（1）根据本单位变电生产设备、设施维护管理分工，明确验收设备、设施，编制可研初设审查验收标准卡。 （2）验收人员提前对可研报告、初设资料等文件进行审查，并提出相关意见。审查内容主要如下。 1）系统部分。 a. 系统接入方案。 b. 短路电流计算及主要设备选择，及设备更换选择原则。 c. 电气设备的绝缘配合及防止过电压措施。 d. 确定电气设备及绝缘子串的防污要求。 2）一次部分。 a. 变电站电气主接线型式。 b. 变电站电气主接线及主要电气设备选择原则主要参数要求。 c. 确定电气设备总平面布置方案、配电装置型式及电气连接方式。 d. 设备及建筑物的防雷保护方式。 e. 主变压器的容量、台数、卷数、接线组别、调压方式（有载或无励磁、调压范围、分接头）及阻抗等参数。 f. 无功补偿装置的总容量及分组容量、型式、连接方式。 g. 选择中性点接地方式，中性点设备电气参数，对不接地系统电容电流进行评估。 h. 断路器设备的选型及电气参数。 i. 防误系统的具体配置，远方集控操作及电源供给要求。 j. 大型设备运输方案。 k. 避雷器选型及其配置情况。 l. 接地系统设计方案、接地电阻控制目标值及接地装置的敷设方式。 m. 站用负荷，站用电系统的接线方式、配电装置的布置，外引站用电源。 n. 事故照明系统。 3）站用交直流电源系统。 a. 站用交直流一体化电源系统的结构、功能、监控范围。 b. 交直流系统接线方式。 c. 蓄电池及充电设备主要参数。 d. 直流负荷统计及计算。 e. 不停电电源系统接线配置。	

续表

作业流程	作业项目	作业内容及工艺标准	备注
工程验收	可研初设审查	4）辅助控制系统。 a. 系统联动配合方案、设备配置、传输通道、主站接口。 b. 图像监视及安全警卫子系统。 c. 全站图像监视、范围及摄像设备布点方案。 d. 安全警戒设计。 e. 火灾报警子系统结构、布线要求及主机、控制模块、联动方案。 f. 环境监测子系统、结构、监测范围、传感器配置布点。 g. 在线监测等其他辅助电气设施的配置及布置。 5）土建部分。 a. 站址所处位置、站址地理状况和相关交通运输条件。 b. 站区地层分布、地质构造，土壤情况。 c. 站外出线走廊规划、周边公共基础设施、建构筑物、地下管沟、道路、绿化设施等布置方案、站区主要出入口与站外主道路的衔接及设备运输情况。 d. 主要建构筑物基础方案、型式及埋置深度、地基处理方案。 e. 站区所采取的抗震烈度。 f. 变电站用水解决方案。 6）拆旧物资利用。 a. 废旧物资技术鉴定报告审查，报废结论审查。 b. 拆旧物资利用方案审查，转备品保管方案审查。 7）停电实施方案。 a. 大型改造过程中临时供电过渡方案审查。 b. 大型改造过程中负荷转移方案审查。 c. 大型改造过程与带电设备安全措施审查。 d. 每一阶段需完成的工作内容，对现有系统的停电配合要求。 （3）做好评审记录，填写《项目可研初设评审记录》	
	厂内验收	（1）根据本单位变电生产设备、设施维护管理分工，明确验收设备、设施，编制厂内验收标准卡。 （2）厂内验收包括关键点见证及出厂验收。 （3）关键点见证主要工作方法。 1）调阅监造日志和记录（含图片、视频等信息）。 2）抽样检查主要材料，如变压器电磁线抽检。 3）抽样检查关键工艺的检验记录，如抽样检查突发短路试验。 （4）关键点见证主要内容。 1）审查供应商的质量管理体系及运行情况。 2）查验主要生产工序的生产工装设备、操作规程、检测手段、测量试验设备。 3）查验有关人员的上岗资格、设备制造和装配场所环境。 4）查验外购主要原材料、组部件的质量证明文件、试验、检验报告。 5）查验外协加工件、材料的质量证明以及供应商提交的进厂检验资料，并与实物相核对。	

续表

作业流程	作业项目	作业内容及工艺标准	备注
工程验收	厂内验收	6）在制造现场对主要及关键组部件的制造工序、工艺和制造质量进行监督和见证。 7）查验在合同中约定的产品制造过程中拟采用的新技术、新材料、新工艺的鉴定资料和实验报告。 8）掌握设备生产、加工、装配和试验的实际进展情况。 9）做好见证信息的记录工作，在15个工作日内完成关键点见证工作总结并提交物资管理部门。 （5）关键点见证发现问题时，验收人员应及时告知物资部门、制造厂家，提出整改意见，填入“关键点见证记录”。 （6）出厂验收内容。 1）应检查见证报告，见证项目应符合合同规定。 2）所有附件出厂时均应按实际使用方式经过整体预装。 3）检查组部件、材料、安装结构、试验项目是否符合技术要求。 4）是否满足现场运行、检修要求。 5）制造中发现的问题及时得到消除。 6）出厂试验结果应合格，订货合同或协议中明确增加的试验项目应进行。 7）其他型式试验项目、特殊试验项目应提供合格、有效的试验报告。 8）出厂验收不合格产品及整改内容未完成产品出厂后不得进行到货签收。 （7）验收发现质量问题时，验收人员应及时告知物资部门、制造厂家，提出整改意见，填入“出厂验收记录”	
	到货验收	（1）根据本单位变电生产设备、设施维护管理分工，明确验收设备、设施，编制到货验收标准卡。 （2）到货验收应检查运输过程是否引起货物质量的损坏，并审核设备、材料的质量证明。 （3）到货后，应检查设备运输过程记录，查看包装、运输安全措施是否完好。 （4）设备运抵现场后应检查确认各项记录数值是否超标。 （5）检查实物与供货单及供货合同一致。 （6）随产品提供的产品清单、产品合格证（含组附件）、出厂试验报告、产品使用说明书（含组附件）等资料齐全完整。 （7）验收发现质量问题时，验收人员应及时告知物资部门、制造厂家，提出整改意见，填入“到货验收记录”	
	隐蔽工程验收	（1）根据本单位变电生产设备、设施维护管理分工，明确验收设备、设施，编制隐蔽工程验收标准卡。 （2）隐蔽工程验收主要项目。 1）变压器（电抗器）器身检查。 2）变压器（电抗器）冷却器密封试验。 3）变压器（电抗器）密封试验。 4）组合电器设备封盖前检查。	

续表

<table>
<tr><th>作业流程</th><th>作业项目</th><th>作业内容及工艺标准</th><th>备注</th></tr>
<tr><td rowspan="4">工程验收</td><td>隐蔽工程验收</td><td>5）高压配电装置母线（含封闭母线桥）隐蔽前检查。
6）站用高、低压配电装置母线隐蔽前检查。
7）直埋电缆（隐蔽前）检查。
8）屋内、外接地装置隐蔽前检查。
9）避雷针及接地引下线检查。
10）其他有必要的隐蔽性验收项目。
（3）验收发现质量问题时，验收人员应及时告知项目管理单位、施工单位，提出整改意见，填入“隐蔽性工程验收记录”</td><td></td></tr>
<tr><td>中间验收</td><td>（1）根据本单位变电生产设备、设施维护管理分工，明确验收设备、设施，编制中间验收标准卡。
（2）中间验收分为主要建（构）筑物基础基本完成、土建交付安装前、投运前（包括电气安装调试工程）等3个阶段。
（3）验收发现质量问题时，验收人员应及时告知项目管理单位、施工单位，提出整改意见，填入“中间验收记录”</td><td></td></tr>
<tr><td>竣工（预）验收</td><td>（1）根据本单位变电生产设备、设施维护管理分工，明确验收设备、设施，编制竣工（预）验收标准卡。
（2）验收内容。
1）工程质量管理体系及实施。
2）主设备的安装试验记录。
3）工程技术资料，包括出厂合格证及试验资料、隐蔽工程检查验收记录等。
4）抽查装置外观和仪器、仪表合格证。
5）电气试验记录。
6）现场试验检查。
7）技术监督报告及反事故措施执行情况。
8）工程生产准备情况。
（3）验收发现质量问题时，验收人员应及时告知项目管理单位、施工单位，提出整改意见并填入“竣工（预）验收及整改记录”</td><td></td></tr>
<tr><td>启动验收</td><td>（1）根据本单位变电生产设备、设施维护管理分工，明确验收设备、设施，编制启动验收标准卡。
（2）按照启动试运行方案进行系统调试，启动送电。
（3）试运行期间（不少于24h），对设备进行巡视、检查、监测和记录。
（4）试运行完成后，对各类设备进行一次全面检查。
（5）验收发现质量问题时，验收人员应及时告知项目管理单位、施工单位，要求立即进行整改，未能及时整改的填入“工程遗留问题记录”</td><td></td></tr>
<tr><td rowspan="2">工作结束</td><td>总结</td><td>全体作业人员列队，作业负责人对作业情况进行总结</td><td></td></tr>
<tr><td>人员撤离</td><td>所有作业人员撤离作业场地</td><td></td></tr>
</table>

A.6 作业指导书执行情况评估

<table>
<tr><td rowspan="6">评估内容</td><td rowspan="3">符合性</td><td>优秀</td><td></td><td>可操作项</td><td rowspan="6"></td></tr>
<tr><td>良好</td><td></td><td rowspan="2">不可操作项</td></tr>
<tr><td>一般</td><td></td></tr>
<tr><td rowspan="3">可操作性</td><td>优秀</td><td></td><td>修改项</td></tr>
<tr><td>良好</td><td></td><td>增补项</td></tr>
<tr><td>一般</td><td></td><td>删除项</td></tr>
<tr><td>存在问题</td><td colspan="5"></td></tr>
<tr><td>改进意见</td><td colspan="5"></td></tr>
</table>

A.7 验收记录模板

项目可研初设评审记录（模板）

<table>
<tr><td colspan="2">项目名称</td><td colspan="5"></td></tr>
<tr><td colspan="2">建设管理单位</td><td colspan="2"></td><td colspan="2">建设管理单位联系人</td><td></td></tr>
<tr><td colspan="2">设计单位</td><td colspan="2"></td><td colspan="2">设计单位联系人</td><td></td></tr>
<tr><td colspan="2">参加评审运检单位</td><td colspan="5"></td></tr>
<tr><td colspan="2">参加评审人员</td><td colspan="2"></td><td colspan="2">评审日期</td><td></td></tr>
<tr><td>序号</td><td>审查内容</td><td>存在问题</td><td>标准依据</td><td>整改建议</td><td>是否采纳（是/否）</td><td>未采纳原因</td></tr>
<tr><td></td><td></td><td></td><td></td><td></td><td></td><td></td></tr>
<tr><td></td><td></td><td></td><td></td><td></td><td></td><td></td></tr>
<tr><td></td><td></td><td></td><td></td><td></td><td></td><td></td></tr>
<tr><td></td><td></td><td></td><td></td><td></td><td></td><td></td></tr>
<tr><td></td><td></td><td></td><td></td><td></td><td></td><td></td></tr>
<tr><td></td><td></td><td></td><td></td><td></td><td></td><td></td></tr>
<tr><td></td><td></td><td></td><td></td><td></td><td></td><td></td></tr>
<tr><td></td><td></td><td></td><td></td><td></td><td></td><td></td></tr>
<tr><td></td><td></td><td></td><td></td><td></td><td></td><td></td></tr>
<tr><td></td><td></td><td></td><td></td><td></td><td></td><td></td></tr>
<tr><td></td><td></td><td></td><td></td><td></td><td></td><td></td></tr>
<tr><td></td><td></td><td></td><td></td><td></td><td></td><td></td></tr>
<tr><td></td><td></td><td></td><td></td><td></td><td></td><td></td></tr>
<tr><td></td><td></td><td></td><td></td><td></td><td></td><td></td></tr>
<tr><td></td><td></td><td></td><td></td><td></td><td></td><td></td></tr>
<tr><td></td><td></td><td></td><td></td><td></td><td></td><td></td></tr>
<tr><td></td><td></td><td></td><td></td><td></td><td></td><td></td></tr>
<tr><td colspan="7">注　详细问题见各设备验收细则可研初设审查验收标准卡，验收标准卡可采用具备电子签名的PDF 电子版或签字扫描版。</td></tr>
</table>

关键点见证记录（模板）

项目名称			
建设管理单位		建设管理单位联系人	
物资部门		物资部门联系人	
供应商名称		供应商联系人	
设备/材料型号		生产工号	
参加见证单位			
参加见证人员			
开始时间		结束时间	

序号	见证内容	问题描述（可附图或照片）	整改建议	是否已整改（是/否）

注 详细问题见各设备验收细则关键点见证标准卡，验收标准卡可采用具备电子签名的 PDF 电子版或签字扫描版。

出厂验收记录（模板）

项目名称			
建设管理单位		建设管理单位联系人	
物资部门		物资部门联系人	
供应商名称		供应商联系人	
设备型号		生产工号	
参加出厂验收单位			
参加验收人员			
开始时间		结束时间	

序号	验收内容	问题描述（可附图或照片）	整改建议	是否已整改（是/否）

注 详细问题见各设备验收细则出厂验收标准卡，验收标准卡可采用具备电子签名的 PDF 电子版或签字扫描版。

到货验收记录（模板）

项目名称			
建设管理单位		建设管理单位联系人	
设备型号		出厂编号	
供应商名称		供应商联系人	
参加到货验收单位			
参加验收人员			
验收日期			

序号	验收内容	问题描述（可附图或照片）	整改建议	是否已整改（是/否）

注 详细问题见各设备验收细则到货验收标准卡，验收标准卡可采用具备电子签名的PDF电子版或签字扫描版。

隐蔽工程验收记录（模板）

<table>
<tr><td colspan="5">项目名称</td></tr>
<tr><td colspan="2">建设管理单位</td><td></td><td>建设管理单位联系人</td><td></td></tr>
<tr><td colspan="2">验收项目</td><td colspan="3"></td></tr>
<tr><td colspan="2">施工单位名称</td><td></td><td>施工单位联系人</td><td></td></tr>
<tr><td colspan="2">参加验收单位</td><td colspan="3"></td></tr>
<tr><td colspan="2">参加验收人员</td><td colspan="3"></td></tr>
<tr><td colspan="2">开始时间</td><td></td><td>结束时间</td><td></td></tr>
<tr><td>序号</td><td>验收内容</td><td>问题描述（可附图或照片）</td><td>整改建议</td><td>是否已整改（是/否）</td></tr>
<tr><td></td><td></td><td></td><td></td><td></td></tr>
<tr><td></td><td></td><td></td><td></td><td></td></tr>
<tr><td></td><td></td><td></td><td></td><td></td></tr>
<tr><td></td><td></td><td></td><td></td><td></td></tr>
<tr><td></td><td></td><td></td><td></td><td></td></tr>
<tr><td></td><td></td><td></td><td></td><td></td></tr>
<tr><td></td><td></td><td></td><td></td><td></td></tr>
<tr><td></td><td></td><td></td><td></td><td></td></tr>
<tr><td></td><td></td><td></td><td></td><td></td></tr>
<tr><td></td><td></td><td></td><td></td><td></td></tr>
<tr><td></td><td></td><td></td><td></td><td></td></tr>
<tr><td></td><td></td><td></td><td></td><td></td></tr>
<tr><td></td><td></td><td></td><td></td><td></td></tr>
<tr><td></td><td></td><td></td><td></td><td></td></tr>
<tr><td></td><td></td><td></td><td></td><td></td></tr>
<tr><td></td><td></td><td></td><td></td><td></td></tr>
<tr><td colspan="5">**注** 详细问题见各设备验收细则隐蔽工程验收标准卡，验收标准卡可采用具备电子签名的 PDF 电子版或签字扫描版。</td></tr>
</table>

中间验收记录（模板）

<table>
<tr><td colspan="5">项目名称</td></tr>
<tr><td colspan="2">建设管理单位</td><td></td><td>建设管理单位联系人</td><td></td></tr>
<tr><td colspan="2">验收项目</td><td colspan="3"></td></tr>
<tr><td colspan="2">施工单位名称</td><td></td><td>施工单位联系人</td><td></td></tr>
<tr><td colspan="2">参加验收单位</td><td colspan="3"></td></tr>
<tr><td colspan="2">参加验收人员</td><td colspan="3"></td></tr>
<tr><td colspan="2">开始时间</td><td></td><td>结束时间</td><td></td></tr>
<tr><td>序号</td><td>验收内容</td><td>问题描述（可附图或照片）</td><td>整改建议</td><td>是否已整改（是/否）</td></tr>
<tr><td></td><td></td><td></td><td></td><td></td></tr>
<tr><td></td><td></td><td></td><td></td><td></td></tr>
<tr><td></td><td></td><td></td><td></td><td></td></tr>
<tr><td></td><td></td><td></td><td></td><td></td></tr>
<tr><td></td><td></td><td></td><td></td><td></td></tr>
<tr><td></td><td></td><td></td><td></td><td></td></tr>
<tr><td></td><td></td><td></td><td></td><td></td></tr>
<tr><td></td><td></td><td></td><td></td><td></td></tr>
<tr><td></td><td></td><td></td><td></td><td></td></tr>
<tr><td></td><td></td><td></td><td></td><td></td></tr>
<tr><td></td><td></td><td></td><td></td><td></td></tr>
<tr><td></td><td></td><td></td><td></td><td></td></tr>
<tr><td></td><td></td><td></td><td></td><td></td></tr>
<tr><td></td><td></td><td></td><td></td><td></td></tr>
<tr><td></td><td></td><td></td><td></td><td></td></tr>
<tr><td></td><td></td><td></td><td></td><td></td></tr>
<tr><td colspan="5">**注** 详细问题见各设备验收细则中间验收标准卡，验收标准卡可采用具备电子签名的 PDF 电子版或签字扫描版。</td></tr>
</table>

竣工（预）验收及整改记录（模板）

序号	设备类型	安装位置/运行编号	问题描述（可附图或照片）	整改建议	发现人	发现时间	整改情况	复验结论	复验人	备注（属于重大问题的，注明联系单编号）
注 详细问题见重大问题联系单、各设备验收细则竣工（预）验收标准卡或前期各阶段验收卡，验收标准卡可采用具备电子签名的PDF电子版或签字扫描版。										

工程遗留问题记录（模板）

<table>
<tr><td>工程项目名称</td><td colspan="3"></td></tr>
<tr><td>建设管理单位
（部门）</td><td>（盖章）</td><td>运维管理单位</td><td>（盖章）</td></tr>
<tr><td>建设管理单位
（部门）联系人</td><td></td><td>运维管理单位
联系人</td><td></td></tr>
<tr><td>投运日期</td><td colspan="3"></td></tr>
<tr><td colspan="4">遗留问题记录清单</td></tr>
<tr><td>序号</td><td>问题描述（可附图或照片）</td><td>整改责任单位</td><td>限期完成日期</td></tr>
<tr><td></td><td></td><td></td><td></td></tr>
<tr><td></td><td></td><td></td><td></td></tr>
<tr><td></td><td></td><td></td><td></td></tr>
<tr><td></td><td></td><td></td><td></td></tr>
<tr><td></td><td></td><td></td><td></td></tr>
<tr><td></td><td></td><td></td><td></td></tr>
<tr><td></td><td></td><td></td><td></td></tr>
<tr><td></td><td></td><td></td><td></td></tr>
<tr><td></td><td></td><td></td><td></td></tr>
<tr><td></td><td></td><td></td><td></td></tr>
<tr><td></td><td></td><td></td><td></td></tr>
<tr><td></td><td></td><td></td><td></td></tr>
<tr><td></td><td></td><td></td><td></td></tr>
<tr><td></td><td></td><td></td><td></td></tr>
<tr><td></td><td></td><td></td><td></td></tr>
<tr><td></td><td></td><td></td><td></td></tr>
<tr><td></td><td></td><td></td><td></td></tr>
</table>